Hermann Haken
Arne Wunderlin

Die Selbststrukturierung der Materie

Wolkenstraßen in einem Altocumulus translucidus. Auf dem Schutzumschlag ist ein Ausschnitt dieser Photographie von G. Liljequist wiedergegeben.
Abdruck aus G. Liljequist, K. Cehak: Allgemeine Meteorologie. 3. Auflage. Vieweg, Braunschweig 1984.

Hermann Haken
Arne Wunderlin

Die Selbststrukturierung der Materie

Synergetik in der unbelebten Welt

Mit 234 Abbildungen

Springer Fachmedien Wiesbaden GmbH

Prof. Dr. Dr. h. c. mult. Hermann Haken
Dr. Arne Wunderlin
Institut für Theoretische Physik und Synergetik
Universität Stuttgart
Pfaffenwaldring 57
7000 Stuttgart 80

Ursprünglich erschienen bei Friedr. Vieweg & Sohn Verlagsgesellschaft mbH, Braunschweig 1991
Softcover reprint of the hardcover 1st edition 1991

Satz: Vieweg, Braunschweig
Umschlaggestaltung: Schrimpf und Partner, Wiesbaden

ISBN 978-3-528-06315-3 ISBN 978-3-322-83602-1 (eBook)
DOI 10.1007/978-3-322-83602-1

Vorwort

Die Synergetik, die Lehre vom Zusammenwirken, wurde von einem von uns (Hermann Haken) im Jahre 1969 im Laufe einer Vorlesung an der Fakultät für Physik an der Universität Stuttgart gegründet. Schon in den ersten Anfängen dieser neuen Wissenschaftsdisziplin ist es gelungen, eine Vielzahl von renommierten Forschern für die Problemstellungen dieses Gebietes zu interessieren. Der Anspruch der Synergetik nämlich, interdisziplinär zu wirken, insbesondere auch Verbindungen zwischen Natur- und Geisteswissenschaften herzustellen, hat inzwischen, nicht nur unter Wissenschaftlern, zu ihrer besonderen Attraktivität beigetragen. Dieses Buch ist einem wichtigen Teilaspekt der Wissenschaftsdisziplin gewidmet, nämlich den Anwendungen in der unbelebten Natur, der Forschungsdomäne von Physik und Chemie. Aber auch neue Entwicklungen auf dem Gebiet der Mustererkennung durch Computer haben wir hier aufgenommen. Jedoch ist ein Folgeband geplant, der auch andere Aspekte der Synergetik abdecken will, insbesondere eben ihre Beziehung zu den geisteswissenschaftlichen Fragestellungen.

Mittlerweile ist eine ganze Serie von Büchern erschienen, die sich mit dem Thema Synergetik befassen. Vor allem handelt es sich dabei um Spezialliteratur. Es gibt jedoch ein populärwissenschaftliches Buch „Erfolgsgeheimnisse der Natur", verfaßt von einem von uns (H. H.), das die Synergetik ohne jegliche mathematische Formeln darlegt. Die „Bringschuld des Wissenschaftlers", die Popularisierung neuer moderner wissenschaftlicher Erkenntnisse, bot den Anlaß zur Publikation dieses Buches.

Die Entwicklung ist inzwischen rasend schnell vorangeschritten. Insbesondere bei mathematisch und naturwissenschaftlich interessierten Laien, bei Lehrern und Schülern der Leistungskurse in den Naturwissenschaften, aber auch bei Studenten der ersten Semester entstand das Bedürfnis nach einem Buch, das zwischen der populären Darstellung einerseits und der Spezialliteratur der Synergetikbände andererseits vermittelt.

Das vorliegende Buch soll nun diese Lücke schließen. Es wendet sich an Lehrer, Schüler der höheren Klassen, Studenten in den ersten Semestern und an mathematisch und naturwissenschaftlich interessierte Laien.

Dabei haben uns viele Kollegen geholfen. Frau Ursula Funke hat durch ihre unermüdliche Unterstützung zum Gelingen dieses Buches beigetragen. Rudolf Friedrich hat das Manuskript gelesen und wertvolle Anregungen zur Verbesserung gegeben. Wolfgang Wischert hat den ersten Teil des Manuskripts sehr sorgfältig gelesen. Die Abbildungen und Fotographien hat ein Team um Wolfgang Lorenz erstellt, nämlich Christa Müller, Bernd Hölle und Martin Schindel. Die beiliegenden Programme wurden von Armin Fuchs und Michael Bestehorn erstellt. Große Teile des Manuskripts hat uns Frau Irmgard Möller geschrieben. Bei ihnen und den anderen Kollegen des Instituts für Theoretische Physik und Synergetik der hiesigen Universität bedanken wir uns sehr herzlich.

Stuttgart, im Dezember 1990

Hermann Haken
Arne Wunderlin

Inhaltsverzeichnis

Schwierige Abschnitte und solche, die zum Verständnis nicht unbedingt benötigt werden, sind mit einem Stern gekennzeichnet.

1 Einleitung 1

1.1 Strukturen – wohin wir auch blicken 1

1.1.1 Strukturen aus Menschenhand 3

1.1.2 Strukturen des Lebens 3

1.1.3 Geordnete Strukturen der unbelebten Natur 4

1.1.4 Scheinbar ungeordnete Strukturen, Fraktale und Chaos 16

1.2 Wie entstehen Strukturen? 24

1.2.1 Das Dilemma der Thermodynamik 24

1.2.2 Die Grundideen der Synergetik 30

1.3 Der Kreis schließt sich: Von Organisation zu Selbstorganisation 41

1.4 Hinweis zum Lesen des Buchs 42

2 Die Thermodynamik und ihre Grenzen 43

2.1 Aufbau der phänomenologischen Thermodynamik 44

2.1.1 Zum Begriff der Temperatur 44

2.1.2 Die Wärmemenge 47

2.1.3 Innere Energie und Arbeit 47

2.1.4 Der Begriff des Systems in der Thermodynamik 49

2.1.5 Der erste Hauptsatz der Thermodynamik 50

2.1.6 Der zweite Hauptsatz der Thermodynamik 53

2.1.7 Idealisierte Prozesse der Thermodynamik... 55
2.1.8 Der Carnotsche Kreisprozeß 59
2.1.9 Der maximale Wirkungsgrad 64
2.1.10 Die Festlegung der absoluten Temperatur... 66
2.1.11 Die Entropie.................................... 69
2.1.12 Die Vorzugsrichtung des Zeitpfeils.......... 74
2.1.13 Das Grundproblem der Thermodynamik ... 75
2.1.14 Zusammenfassung 79
Anhang zu Kapitel 2.1 79
2.2 Zur statistischen Begründung der Thermodynamik.. 83
2.2.1 Einführung 83
2.2.2 Der Begriff der Information 86
2.2.3 Makroskopische und mikroskopische Zustände 88
2.2.4 Die Berechnung der Wahrscheinlichkeiten 92
2.2.5 Das Prinzip der unvoreingenommenen Schätzung und das Jaynessche Prinzip 102
2.2.6 Die Maxwellsche Geschwindigkeitsverteilung 103
2.2.7 Die statistische Begründung der Thermodynamik 118

3 Zur irreversiblen Thermodynamik 125
3.1 Vorbemerkungen 125
3.2 Die Hypothese des lokalen thermischen Gleichgewichts 127
3.3 Ein Beispiel: Die Wärmeleitung.......................... 131
3.3.1 Physikalische Grundlagen....................... 131
3.3.2 Die Entropieproduktion 136
3.3.3 Verallgemeinerte Kräfte und Flüsse 139
3.3.4 Das Prinzip der minimalen Entropieproduktion 140
3.3.5 Ein weiteres Beispiel: Die Diffusion 145
3.4 Abschließende Bemerkungen............................ 147

4 Der Laser als Paradigma der Selbstorganisation 150
4.1 Zum Begriff der Selbstorganisation 150
4.2 Aufbau eines Festkörperlasers 155
4.3 Zur Wechselwirkung zwischen Licht und Atomen 158
4.3.1 Die spontane Emission 161
4.3.2 Die Absorption 162
4.3.3 Die induzierte Emission 163
4.3.4 Zusammenfassung der beteiligten Prozesse 164
4.3.5 Eine Zwischenbetrachtung 169
4.3.6 Neuinterpretation der Lasergleichung (4-27) 173
4.4 Die Verknüpfung zwischen dem mikroskopischen und dem makroskopischen Geschehen 176
4.4.1 Phasenlage zwischen Atomen und Lichtfeld 176
4.4.2 Das Versklavungsprinzip 182
4.5 Konkurrenz und Koexistenz von Laserwellen 185
4.5 Das Rauschen einer Lampe bzw. eines Lasers 190
4.7 Die Analogie zu Phasenübergängen von Systemen im thermischen Gleichgewicht 200

5 Die grundlegenden Konzepte der Synergetik ... 205
5.1 Das Vorhaben 205
5.2 Die Analyse eines vorliegenden Systems 206
5.3 Ein Blick in die Theorie dynamischer Systeme 209
5.4 Die Bedeutung von Attraktoren 218
5.4.1 Stationäre Zustände und Attraktoren 218
5.4.2 Die Umgebung eines stationären Zustandes 219
5.4.3 Das Auftreten einer Instabilität 224
5.5 Das Versklavungsprinzip der Synergetik 225
5.5.1 Konsequenzen aus der Analyse der linearisierten Version 225

5.5.2 Die vollständigen nichtlinearen Gleichungen 226
5.5.3 Die Hierarchie der Zeitskalen 228
5.5.4 Formulierung des Versklavungsprinzips ... 231
5.5.5 Die Ordnungsparametergleichungen 233
*5.6 Charakterisierung der Instabilitäten 234
*5.7 Phänomenologische Synergetik 241
5.8 Makroskopische Synergetik 247
5.9 Ein Beispiel aus der Lasertheorie 247

6 Strukturbildung in Flüssigkeiten und Gasen 252

6.1 Einleitung 252
6.2 Das Bénardproblem 267
6.2.1 Vorstellung des Modells 267
6.2.2 Bedingungen für die Konvektionsinstabilität 272
6.2.3 Das Rollenmuster (Wolkenstraße) 279
*6.2.4 Ein mathematisches Modell 287
6.2.5 Höhere Instabilitäten des Rollenmusters ... 296
6.2.6 Bienenwabenmuster 300
6.2.7 Erweiterungen des Systems 301
6.2.8 Das Bénardproblem auf der Kugel 304
6.3 Das Taylorproblem 310
6.4 Einige Strömungsformen der Erdatmosphäre in den mittleren Breiten 315
6.4.1 Übersicht 315
6.4.2 Der „Antrieb" 315
6.4.3 Der Einfluß der Erddrehung.................... 317
6.4.4 Atmosphärische Strömungen auf verschiedenen Maßstäben 321
6.4.5 Die mittleren Breiten 323
6.4.6 Eine Zusammenfassung 331
6.5 Zur Turbulenz 332
6.5.1 Zur Entstehung turbulenter Zustände 332
6.5.2 Ähnlichkeitsbetrachtungen bei der vollentwickelten Turbulenz 335

6.5.3 Der Trägheitsbereich ... 340
6.5.4 Zur statistischen Theorie der vollentwickelten Turbulenz ... 343

7 Strukturbildung in der Chemie ... 345
7.1 Einleitung ... 345
7.2 Mathematische Formulierung der Reaktionsgleichungen ... 346
7.3 Die Entstehung makroskopischer Strukturen ... 353
7.4 Ein typisches Beispiel, die Belousov Zhabotinsky-Reaktion ... 359

8 Mustererkennung durch synergetische Computer ... 360
8.1 Einige Grundbegriffe der Mustererkennung ... 360
8.2 Eine Dynamik für zwei Merkmale ... 365
8.3 Eine Dynamik für viele Merkmale ... 369
8.4 Die Erkennung von Gesichtern ... 374
*8.5 Das mathematische Modell des synergetischen Computers ... 378

9 Aspekte chaotischen Verhaltens ... 381
9.1 Einleitung ... 381
9.2 Zeitlich kontinuierliche und diskrete Systeme ... 383
9.3 Die logistische Abbildung ... 387
9.3.1 Fixpunkte ... 387
9.3.2 Stabilität der Fixpunkte ... 390
9.3.3 Höhere Instabilitäten ... 392
*9.3.4 Zur mathematischen Formulierung der Selbstähnlichkeit im Fall der logistischen Abbildung ... 403
*9.3.5 Die Feigenbaumkonstante δ ... 411
9.3.6 Abschließende Bemerkungen ... 418
9.4 Andere Wege zum Chaos ... 419
9.4.1 Das Lorenzmodell ... 419
9.4.2 Die Smalesche Vorstellung ... 425

9.4.3 Der von Ruelle und Takens vorgeschlagene Weg 429
9.4.4 Die Intermittenz 431
9.5 Zurück zum Bénardproblem 432
9.6 Zur Charakterisierung des Chaos 434
9.6.1 Die Lyapunov-Exponenten 434
9.6.2 Die fraktale Dimension 436
9.7 Zusammenfassung 440

10 Grenzen und Fehlinterpretationen von Thermodynamik und statistischer Physik 442

Programmiervorschläge 450

Bildquellenverzeichnis 458

Literaturverzeichnis 460

Namen- und Sachwortverzeichnis 462

1
Einleitung

1.1 Strukturen – wohin wir auch blicken

1.1.1 Strukturen aus Menschenhand

Sehen wir uns in unserer Umgebung um, so erkennen wir, daß die Welt nicht etwas Diffuses, Undefiniertes ist, sondern vielmehr aus ganz bestimmten Strukturen besteht. In unserem Zimmer oder Büro erblicken wir Möbel, den Fernseher, Plattenspieler, Bilder, Vasen, PCs und vieles andere. Die Zimmer sind nur Teil einer größeren Struktur: Einfamilienhäuser oder ganzer Wohnblöcke. Diese selbst bilden wieder Dörfer oder Städte, die durch mannigfaltige Verkehrswege verbunden sind. Dem Verkehr dienen vielfältige Strukturen, die für die Benutzung durch andere Strukturen geschaffen worden sind. Hierzu gehören Fahrräder, Autos, Eisenbahnen oder Flugzeuge. Die Entstehung all dieser Strukturen können wir in gewissem Umfange nachvollziehen, obwohl uns natürlich in den einzelnen speziellen Fällen das Fachwissen fehlt. Aber immer können wir, wenn wir wollen, damit befaßte Menschen fragen, wie diese Strukturen entstanden sind, oder durch ein Fachstudium lernen, wie wir solche Strukturen konstruieren können.

Daneben gibt es aber eine für uns wirklich rätselhafte Welt, wo wir niemanden fragen können, wie die Strukturen entstanden sind. Wir berühren dabei zugleich die tiefsten Fragen unseres Seins, beispielsweise: Was sind die Ursprünge des Kosmos? Wie haben sich Milchstraßen gebildet? Wie ist unser Sonnensystem entstanden? Und wohl das größte Rätsel von allen: Wie wurde das Leben als solches hervorgebracht, und wie bildeten sich die einzelnen Tiere und Pflanzen aus? All dieses ist von alleine entstanden, hat sich von selbst organisiert, oder, um ein Schlagwort

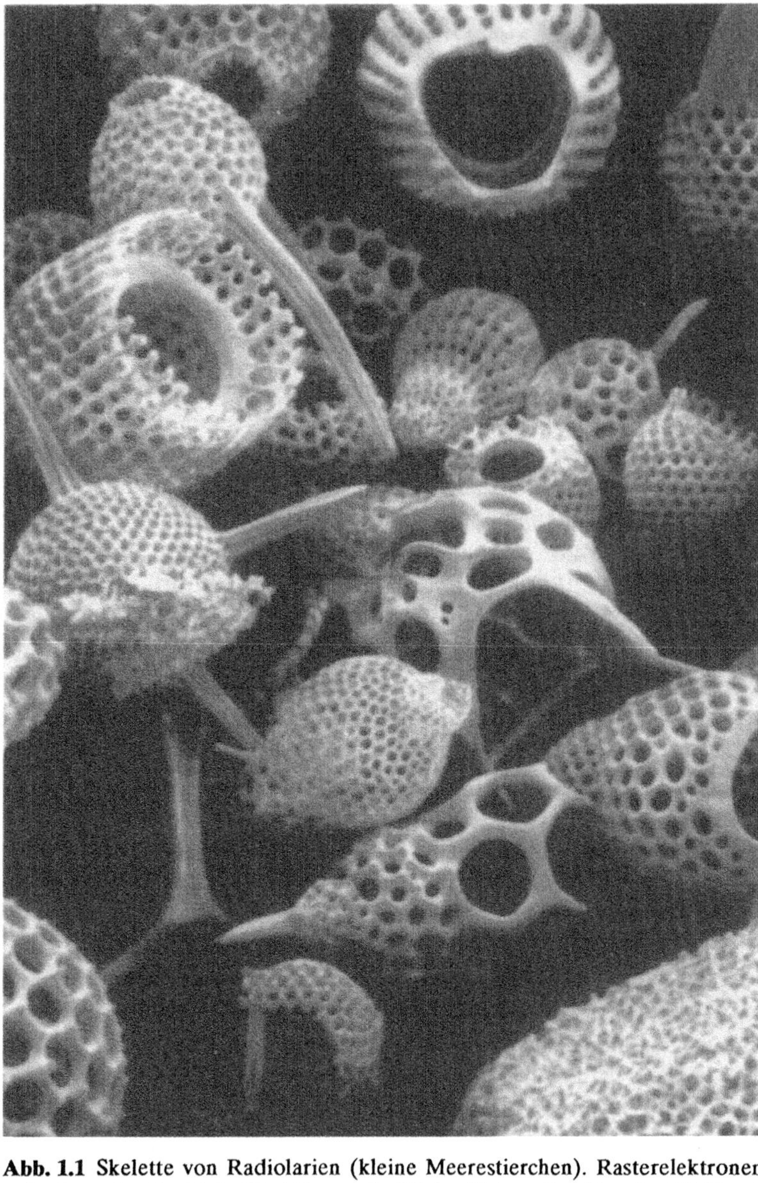

Abb. 1.1 Skelette von Radiolarien (kleine Meerestierchen). Rasterelektronenaufnahme des Instituts für Wissenschaftliche Fotografie (Manfred P. Kage), Lauterstein.

zu verwenden, alles ist durch Prozesse der Selbstorganisation aus der Materie hervorgegangen.

1.1.2 Strukturen des Lebens

Bei den Strukturen der lebenden Natur besticht uns oft deren hoher Grad an Ordnung, wie sie sich etwa in den Skeletten von Radiolarien, kleiner Meerestierchen, manifestieren (Abb. 1.1). Aber nicht nur räumliche Strukturen fesseln unsere Aufmerksamkeit, auch die hochkoordinierten Bewegungsvorgänge, etwa beim Gehen, Traben oder Galopp eines Pferdes (Abb. 1.2), faszinieren uns, wirken doch hier unzählige Nervenzellen, Muskeln, Gelenke und andere Zellen in höchst komplizierter Weise zusammen. Dieses Zusammenwirken der Nervenzellen kommt zu seiner höchsten Vollendung bei der Wahrnehmung und den Denkvorgängen des Menschen. Hier haben wir es mit Vorgängen zu tun, die bis an die tiefsten Wurzeln unserer Existenz rühren. Letztlich handelt es sich auch hier wieder um Strukturbildungen, nämlich Denkstrukturen auf einer höchst abstrakten Ebene. Wenn wir an all diese Strukturbildungen denken, so drängt sich die Frage auf, ob sich hier jeweils allgemeine Gesetzmäßigkeiten oder Regeln finden lassen, die all diesen Strukturbildungen zugrundeliegen. Andererseits mag man bei der Suche nach der Antwort angesichts der ungeheuren Komplexität dies als eine absurde, nie zu beantwortende Frage auffassen. Trotzdem hat sich aber in den letzten Jahrzehnten schon wohl mehr als ein Hoffnungsschimmer gezeigt, der merkwürdigerweise gar nicht von der Untersuchung der belebten Natur ausgeht, sondern von der der unbelebten.

Abb. 1.2 Gangarten bei Pferden als Beispiel für Bewegungsmuster

1.1.3 Geordnete Strukturen der unbelebten Natur

Auch hier finden wir schon Strukturbildungen vieler Art, wobei uns natürlich die regelmäßigen Strukturen am ehesten ins Auge fallen. Hierzu gehören z. B. Sanddünen (Abb. 1.3) oder Wirbelstraßen einer Flüssigkeit (Abb. 1.4), geologische Formationen, etwa mehr oder minder genau hexagonal angeordnete Steine, wie von Götterhand hingelegt (Abb. 1.5), oder die hexagonalen Basaltblöcke (Abb. 1.6). Sehen wir uns Wetterkarten an, so erkennen wir oft mehr oder minder regelmäßige Strukturen. Aber auch

Abb. 1.3 Sanddünen

schon beim bloßen Anblick von Wolken (Abb. 1.7) fallen uns derartige Formationen zuweilen auf. Wenn wir nach den Mechanismen solcher Strukturbildungen fragen oder gar nach dem Vorhandensein allgemeiner Gesetzmäßigkeiten, so ist es sicher zweckmäßig, solche Strukturbildungen im Labor unter wohldefinierten Bedingungen nachzuvollziehen.

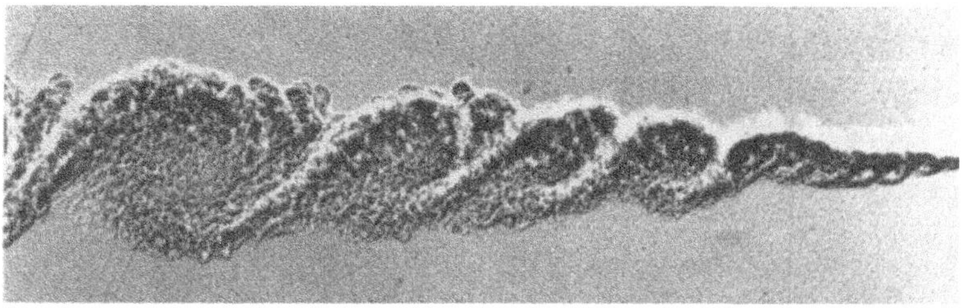

Abb. 1.4 Wirbelstraßen

Abb. 1.5 Hexagonale Anordnungen von Steinhaufen auf Spitzbergen (Norwegen). © by Scientific American 1988

Abb. 1.6 Basaltsäulen

Abb. 1.7 Hexagonale Muster von Wolken

Ein schon seit der Jahrhundertwende bekanntes Beispiel ist die sogenannte Bénard-Erscheinung. Wird nämlich eine Flüssigkeit von unten her erhitzt, so wird die Wärme von unten nach oben zunächst durch die mikroskopische, unsichtbare Wärmebewegung transportiert. Wird hingegen der Temperaturunterschied zwischen unterer und oberer Begrenzung der Flüssigkeit zu groß, so setzt eine makroskopische Bewegung ein. In einigen Fällen zeigt sich hierbei, wenn man von oben auf die Flüssigkeit schaut, eine hexagonale Struktur (Abb. 1.8). In der Mitte jeder Zelle steigt die Flüssigkeit nach oben, um sich an der Oberfläche abzukühlen und dann an den Rändern wieder nach unten zu sinken. Hierbei erhebt sich schon die für uns fundamentale Frage,

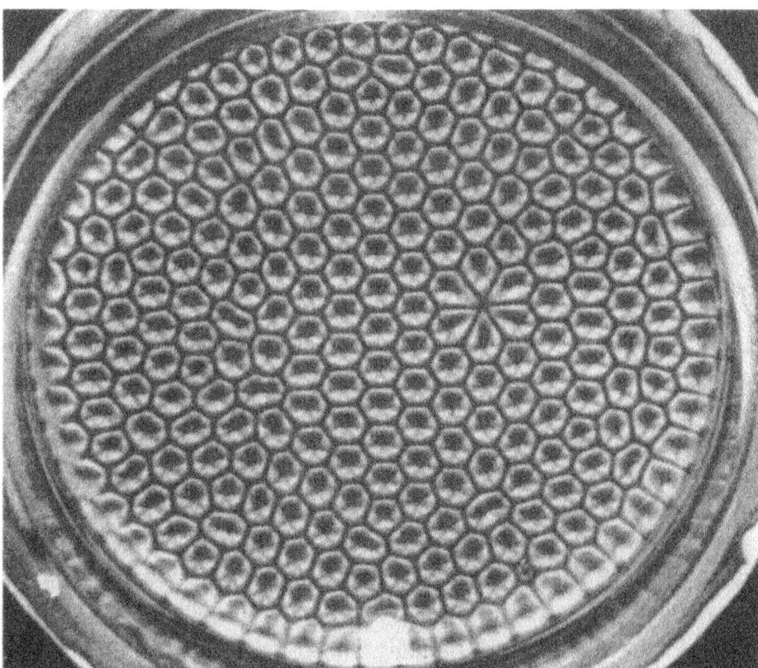

Abb. 1.8 Hexagonale Zellen in einer von unten erhitzten Flüssigkeit (Bénard-Instabilität)

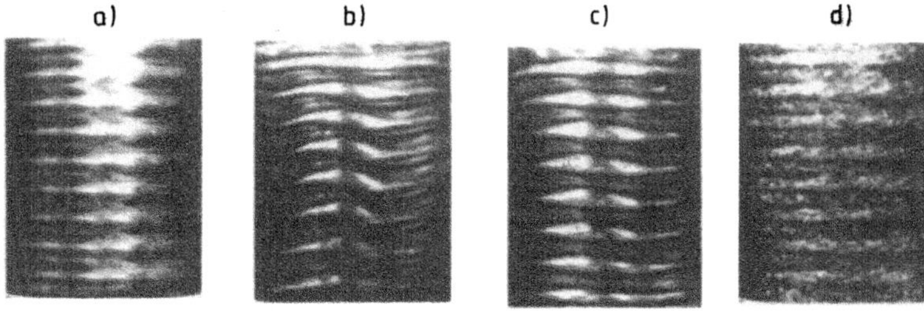

Abb. 1.9 Hierarchie von Instabilitäten bei dem Taylor-Problem. Das Bild zeigt einen durchsichtigen Zylinder von der Seite, in dessen Innerem ein weiterer Zylinder rotiert. Zwischen den beiden Zylindern befindet sich eine Flüssigkeit. Mit ansteigender Umdrehungszahl des inneren Zylinders (Bildfolge a bis d) treten jeweils qualitativ neue Muster auf:
a) die üblichen Taylor-Wirbel,
b) Schwingungen der Taylor-Wirbel mit einer Frequenz,
c) Schwingungen der Taylor-Wirbel mit zwei Frequenzen,
d) deterministisches Chaos.

woher es die einzelnen Moleküle der Flüssigkeit, die ja im Vergleich zu der Bienenwabenstruktur winzig klein sind, sozusagen „wissen", daß sie sich in ihrer Bewegung auf für sie außerordentlich große Entfernungen in einer regelmäßigen Struktur zu organisieren haben.

Ein anderes berühmtes Experiment ist der sogenannte Taylorsche Versuch (Abb 1.9). Hierbei befindet sich eine Flüssigkeit zwischen zwei Zylindern, die konzentrisch um eine Achse herum angeordnet sind. Wird der innere Zylinder in Rotation bewegt, so folgt bei kleinen Rotationsgeschwindigkeiten die Flüssigkeit in gleichmäßigen Stromlinien. Übersteigt die Rotationsgeschwindigkeit des inneren Zylinders hingegen eine kritische Größe, so setzt eine Bewegung der Flüssigkeit nach außen, dann wieder nach innen, ein, so daß es sich hier um eine Art Rollenbewegung handelt. Wird die Rotationsgeschwindigkeit des inneren Zylinders weiter erhöht, so fangen die Rollen an hin- und herzuschwingen, sodann wird die Schwingung komplizierter, um schließlich in eine sehr unregelmäßige, als chaotisch bezeichnete, Schwingung überzugehen.

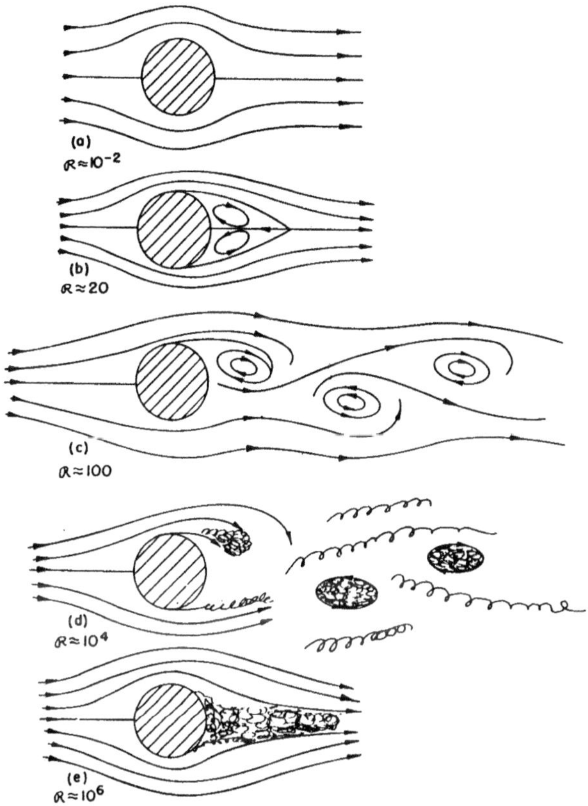

Abb. 1.10 Hierarchie von Instabilitäten bei der Strömung einer Flüssigkeit um einen Zylinder. Von oben nach unten wächst die Anströmgeschwindigkeit gemessen in der Reynolds-Zahl R.

a) laminare Strömung,
b) Bildung zweier stationärer Wirbel,
c) periodische Ablösung der Wirbel,
d) turbulent werdende Wirbel,
e) ausgebildete Turbulenz.

Auch die in Abbildung 1.4 gezeigte Wirbelstraße gehört zu derartigen Phänomenen. Wird ein in eine Flüssigkeit getauchter Zylinder von der Flüssigkeit umströmt, so bilden sich je nach Anströmgeschwindigkeit verschiedene Muster aus, die mit wachsender Anströmgeschwindigkeit bei jeweils kritischen Werten

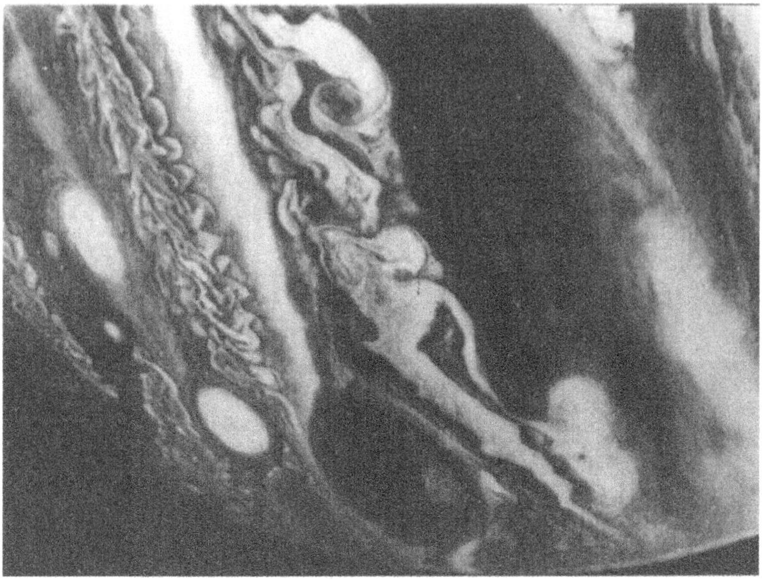

Abb. 1.11 Wirbelstraßen in der Atmosphäre des Jupiters

dieser Geschwindigkeit sich schlagartig in ihrem Muster ändern (Abb. 1.10). Weitere Musterbildungen beobachten wir auch in Planeten, Atmosphären, z. B. der nach wie vor für uns rätselhafte rote Fleck auf dem Jupiter (Abb. 1.11). Strukturbildungen finden wir auch in hocherhitzten Gasen, den sogenannten Plasmen. Hier kommt es oft zu höchst komplizierten Wellenbewegungen, die ständig einander ablösen können.

Für das menschliche Wahrnehmungsvermögen weniger zugängliche, aber dennoch trotzdem fundamentale Erscheinungen gibt es bei der Erzeugung des Lichts, die ebenfalls mit hochgeordneten Strukturbildungen einhergehen. Ein wichtiges Beispiel ist die Lichtquelle Laser (Abb. 1.12), die sich in ihren Ausstrahlungseigenschaften ganz grundlegend von denen einer gewöhnlichen Lampe unterscheidet. Als Beispiel einer Lampe wollen wir hier ein hocherhitztes Gas betrachten, dessen einzelne

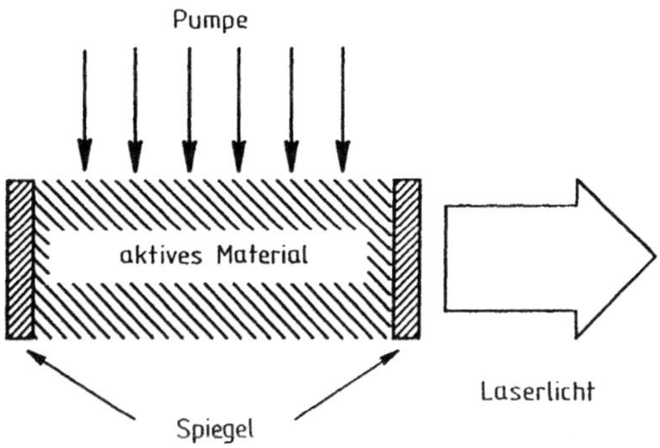

Abb. 1.12 Typischer experimenteller Aufbau eines Lasers. Zwischen den Spiegeln befindet sich das laseraktive Material, das von außen her, z.B. durch Lichteinstrahlung, energetisch angeregt wird („Pumpe"). Durch einen teilweise durchlässigen Spiegel tritt dann das Laserlicht aus.

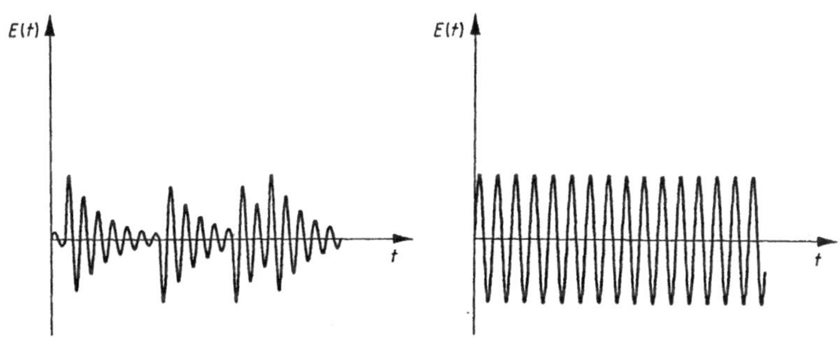

Abb. 1.13 Links: die elektrische Feldstärke E in Abhängigkeit von der Zeit t bei einer Lampe. Die einzelnen Atome senden unregelmäßig Wellenzüge aus, sodaß ein mikroskopisch chaotisches Licht entsteht.
Rechts: Wiederum die Feldstärke gegenüber der Zeit, aber jetzt für die kohärente Laserausstrahlung.

Atome Lichtwellen aussenden können. Hierbei werden die einzelnen Lichtwellen völlig unabhängig voneinander ausgesandt, und es entstehen damit Wellen, so als würde man eine Hand voll Kieselsteine ins Wasser werfen. Bei einem Laser hingegen wird wie von Geisterhand die Ausstrahlung der einzelnen Atome so koordiniert, daß eine ausgesprochen gleichmäßige und nicht endende Lichtwelle entsteht (Abb. 1.13). Solche kohärenten Wellen spielen auch in der nichtlinearen Optik eine fundamentale Rolle, z. B. wenn es sich darum handelt, daß durch sogenannte Frequenzverdoppelung rotes in ultraviolettes Licht in einem Kristall verwandelt wird.

Nicht nur in der Physik, auch in der Chemie gibt es eine Fülle von Musterbildungsvorgängen, wobei die Muster dem bloßen Auge erkennbar sind. Zum Beispiel findet bei der sogenannten Belousov-Zhabotinski-Reaktion in einem Gefäß, das ständig gerührt wird, ein periodischer Farbumschlag von rot nach blau nach rot usw. statt. Werden dem Gefäß ständig neue Stoffe zugeführt, deren Endprodukte dann wieder abgeführt werden, so kann diese Reaktion unendlich lange aufrechterhalten werden. Wird hingegen ein solches Gefäß nicht gerührt, so können sich hier in einer flachen Schale Kreise, die sich nach außen hin ausbreiten, oder Spiralen ausbilden (Abb. 1.14). Auch bei Ausfällungsreaktionen treten bestimmte Muster auf, etwa die schon seit dem letzten Jahrhundert bekannten Liesegang-Ringe (Abb 1.15).

Die Entstehung großflächiger Muster läßt eine für unsere weiteren Überlegungen wichtige Deutung zu. Denken wir uns nämlich das gesamte Volumen, in dem die chemische Reaktion abläuft, in kleine Volumenelemente unterteilt, so können wir den

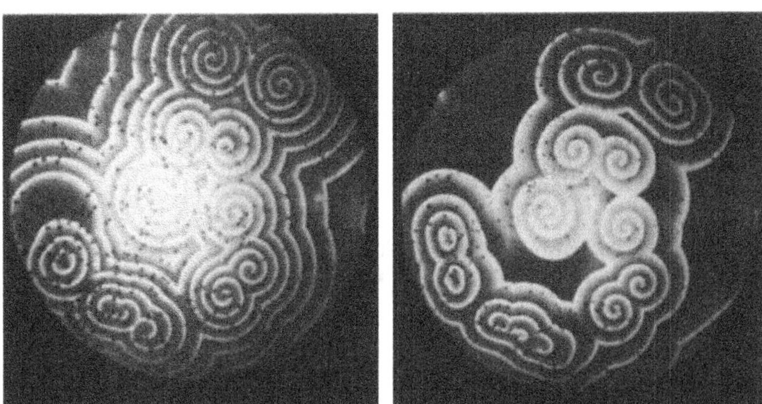

Abb. 1.14 Chemische Spiralwellen bei der Belousov-Zhabotinski-Reaktion.

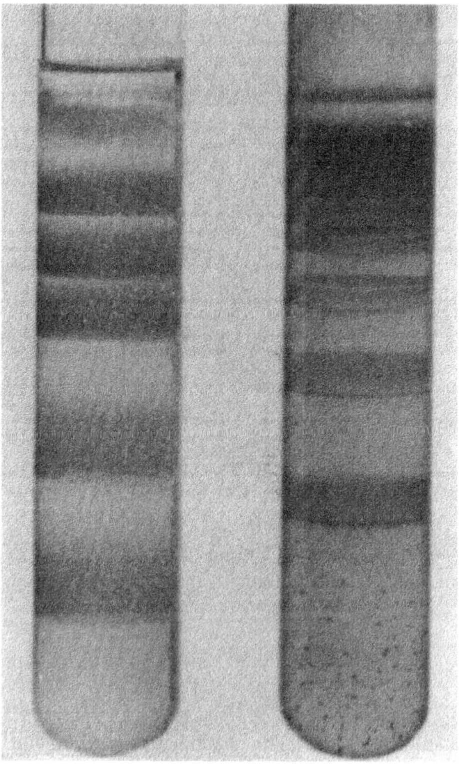

Abb. 1.15 Liesegang-Ringe im Reagenzglas. © by Scientific American 1969

ganzen Vorgang wie folgt beschreiben (Abb. 1.16): In jedem Volumenelement laufen chemische Prozesse ab, die sich mathematisch durch Addition oder Multiplikation von Konzentrationen beschreiben lassen. Umgekehrt werden Moleküle zwischen den verschiedenen Volumenelementen ausgetauscht, was man als eine Art Informationsaustausch auffassen kann. Insgesamt laufen hier also sehr viele Prozesse gleichzeitig ab, oder mit anderen Worten, wir können den chemischen Vorgang als eine Art Computer auffassen, wo viele Elemente gleichzeitig Rechenoperationen ausführen und Information austauschen. Als Gesamt-

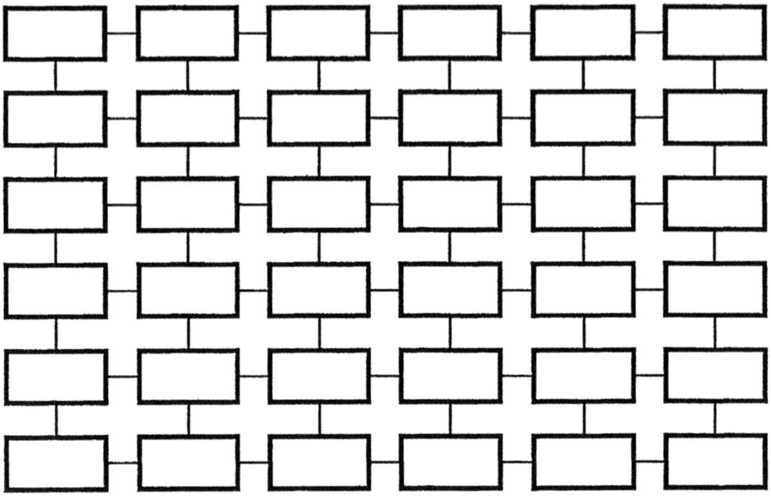

Abb. 1.16 Modell für den Ablauf einer chemischen Reaktion. Das Gesamtvolumen ist hier in einzelne Zellen unterteilt. In jeder einzelnen laufen die jeweiligen Reaktionen ab. Die Zellen sind untereinander durch Diffusionsvorgänge verkoppelt.

resultat entsteht ein makroskopisches Muster. Dies führt uns in einer direkten Weise zur Frage, ob wir nicht umgekehrt die Mustererkennung durch Menschen oder Maschinen als dualen Prozeß zur Musterbildung auffassen können. Dies werden wir im Laufe dieses Buches näher ausführen. Gewissermaßen aber, um den Leser schon neugierig zu machen, zeigen wir einige Resultate des synergetischen Computers. Werden in ihm etwa die Gesichter mit den zugehörigen Namen gespeichert (Abb. 1.17), und bietet man dem Computer auch nur den Teil eines Gesichtes an, so kann er das Gesicht vervollständigen und auch den dazugehörigen Namen angeben (Abb. 1.18). Der Computer ist also in diesem Sinne in der Lage, das angebotene Gesicht zu erkennen. Solche Computer vermögen auch Szenen zu analysieren und etwa die Dame und den Herrn auf dem Bild 1.19 nacheinander zu identifizieren. Die Rechnungen, die den Abbildungen 1.18 und 1.19 zugrundeliegen und die zu der Mustererkennung führten, haben

Abb. 1.17 Beispiele für im Computer gespeicherte Gesichter oder andere Figuren.

Abb. 1.18a Wirkungsweise des Computers als assoziatives Gedächtnis. Ein zunächst vorgegebener Buchstabe wird von dem Computer zu dem gesamten Gesicht plus Buchstabe ergänzt.

Abb. 1.18b Wird dem Computer auch nur ein Teil eines Gesichts gezeigt, so kann er dieses nebst dem gespeicherten Buchstaben rekonstruieren und somit insbesondere den Namen zu dem Teilgesicht assoziieren.

Abb. 1.19

Beispiel für eine Szene, die von dem Computer erkannt wird. Zuerst identifiziert er das Gesicht der Dame im Vordergrund, dann das des Herrn im Hintergrund.

wir auf einem herkömmlichen seriellen Computer durchgeführt. Wie wir im Laufe des Buches sehen werden, könnten diese Rechnungen aber um ein vielfaches schneller in Analogie zu den eben besprochenen chemischen Reaktionen auf bestimmten sogenannten parallelen Netzwerken durchgeführt werden, womit wir uns später noch befassen werden.

1.1.4 Scheinbar ungeordnete Strukturen, Fraktale und Chaos

Bei all den bisher betrachteten Strukturen der unbelebten Natur hatten wir es mit mehr oder weniger kontinuierlichen und darüber hinaus sogar geordneten regelmäßigen Mustern zu tun. Die belebte Natur bietet uns darüber hinaus eine Fülle von Beispielen verzweigter, ungeordneter Strukturen. Solche treffen wir etwa in den verschiedenartigsten Bäumen an (Abb. 1.20). Der Stamm verzweigt sich zu einem Satz großer Äste, diese wiederum zu kleineren, diese dann zu noch kleineren usw., bis wir schließlich zu den Blättern kommen. Ähnliche Erscheinungen finden wir

Abb. 1.20 Die feinen Verästelungen eines Baumes

Abb. 1.21 Eisblumen

auch in der unbelebten Natur, etwa bei Eisblumen (Abb. 1.21) am Fenster, oder bei dem Wachsen von Schneekristallen (Abb. 1.22). In vielen Fällen spielt hierbei der Begriff der Selbstähnlichkeit eine wichtige Rolle, auf den Mathematiker schon im letzten Jahrhundert gestoßen sind. Ein berühmtes Beispiel ist die von Koch erdachte Kurve, bei der das Konstruktionsprinzip darin besteht, eine vorhandene Gerade in drei Teile zu teilen und auf den mittleren Teil ein Dreieck aufzusetzen (Abb. 1.23). Dieses Konstruktionsprinzip läßt sich dann beliebig oft fortsetzen, wobei eine immer kompliziertere, in sich geknickte Kurve entsteht. Betrachtet man irgendeinen Ausschnitt aus dieser Kurve und ver-

Abb. 1.22 Beispiele für Schneekristalle

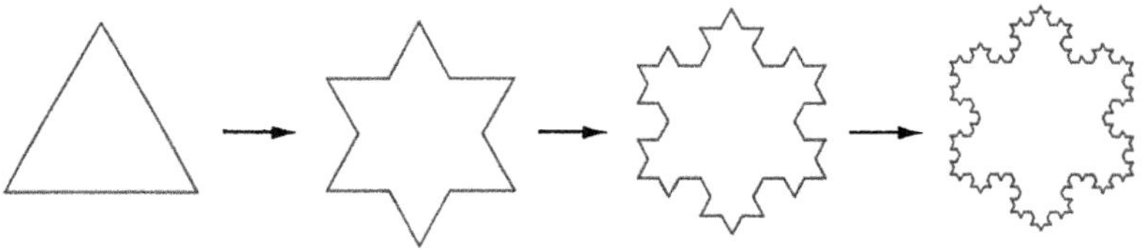

Abb. 1.23 Die Kochsche Konstruktion einer fraktalen Kurve

größert ihn um den Faktor 3, so entsteht wieder die ursprüngliche Kurve. Mit anderen Worten, die gesamte Kurve ist sich selbst auf allen Längenmaßstäben ähnlich. Baumartige Strukturen lassen sich auch im Labor erzeugen, etwa wenn man in einem Elektrolyten die Ausfällungen beobachtet (Abb. 1.24).

Abb. 1.24 Wachsen eines „Bäumchens" in einem Elektrolyten.

Die Entstehung solcher Strukturen läßt sich auch mit relativ einfachen Regeln am Computer verfolgen. Hierbei nimmt man an, daß sich bestimmte Teilchen auf dem Bildschirm von außen her nach innen bewegen, was man durch einen Zufallsprozeß beschreiben kann. (Siehe auch das Programm „Baum" im Anhang dieses Buches.) So kann man sich etwa vorstellen, daß der Computer das Werfen einer Münze oder eines Würfels nachahmt und je nach Ergebnis das Teilchen einen Schritt nach links, nach rechts, nach oben oder nach unten verschiebt. Es entsteht so eine ganz unregelmäßige Zick-zack-Bewegung des Teilchens. Nimmt man nun an, daß zunächst ein Kondensationskeim vorhanden ist, bei dem ein Teilchen, wenn es einmal aufgetroffen ist, haften bleibt, so kann man sich leicht vorstellen, daß sich beim Auftreffen immer neuer Teilchen auf schon vorhandene ein Geäst bildet, das auch Verzweigungen aufweisen kann. Auf diese Weise kann man sehr leicht am Computer ein Gebilde von Abbildung

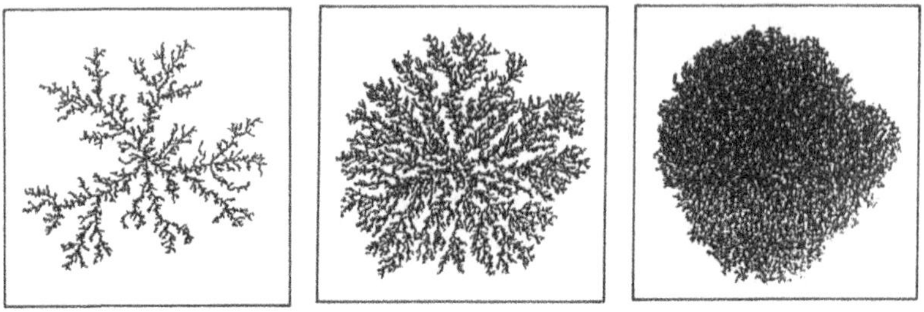

Abb. 1.25 Auf dem Computer erzeugtes Wachstum eines fraktalen Bäumchens

1.25 iterativ erzeugen. Wiederholt man den Versuch, so entsteht wegen des Zufallscharakters der Vorgänge ein anderes Gebilde, das aber qualitativ dem früher geformten Bäumchen ähnelt. Während also der Entstehungsprozeß einem bei Benutzung des Computers intuitiv einleuchtet, ist es schwieriger, die Klasse der jeweils entstehenden Bäumchen mathematisch zu charakterisieren. Immerhin gibt es heutzutage einige Begriffe, wie etwa den der fraktalen Dimension, die eine gewisse Klassifizierung ermöglichen. Hierauf werden wir später in unserem Buch eingehen.

Aber nicht nur räumliche Strukturen können, wie wir eben sahen, ganz bizarr ausfallen. Wie die räumlichen haben wir ja auch noch zeitliche Strukturen, etwa bei den Schwingungen, kennengelernt. Hierbei betreten wir das inzwischen hochmodern gewordene Gebiet des Chaos. Wir müssen aber sorgfältig zwischen verschiedenen Arten chaotischer Bewegung unterscheiden. Denken wir uns zunächst ein Gas in einem Behälter, so fliegen die Gasatome wild durcheinander. Hier herrscht, wie schon Boltzmann feststellte, mikroskopisches Chaos (Abb. 1.26). Daneben gibt es aber auch das sogenannte makroskopische, oder wie man häufiger sagt, deterministische Chaos (Abb. 1.27). Es handelt sich hier um unregelmäßige Schwankungen, die rein zufällig zu sein scheinen, obwohl ihnen eine ganz bestimmte deterministische Dynamik zugrundeliegt. Diese unregelmäßigen Schwankungen können an den verschiedensten Systemen beobachtet werden, z. B. an Flüssigkeiten, Lasern, mechanischen Schwingungen und vielen anderen.

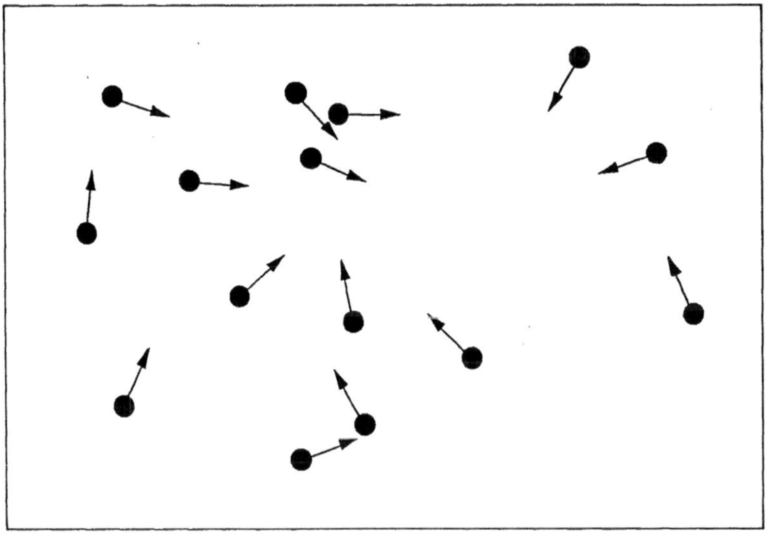

Abb. 1.26 Die wild durcheinander fliegenden Atome eines Gases bilden ein mikroskopisches Chaos.

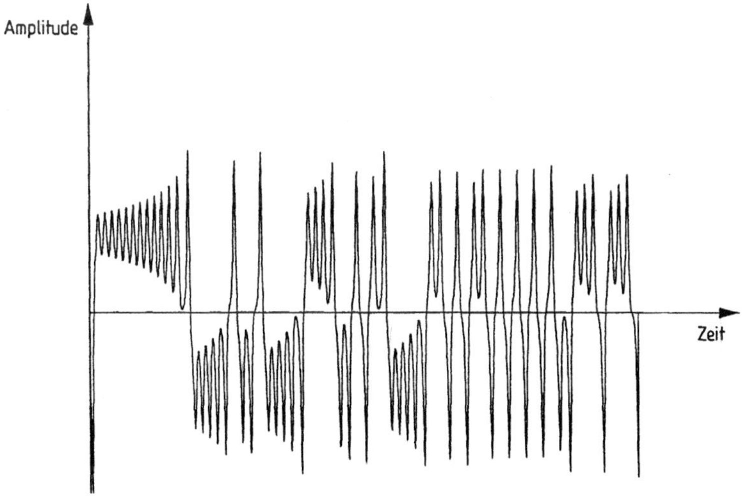

Abb. 1.27 Typischer Zeitverlauf einer Größe, z.B. einer Amplitude, beim deterministischen Chaos.

Abb. 1.28
Veranschaulichung des Zustandekommens einer deterministisch chaotischen Bewegung. Eine von oben auf eine senkrecht stehende Rasierklinge fallende Stahlkugel wird in weitem Bogen nach links abgelenkt, auch wenn sie nur ein klein wenig in ihrem Schwerpunkt von der Spitze der Rasierklinge nach links abweicht, im anderen Falle nach rechts.

Das Phänomen ist deshalb so überraschend, weil diesen Vorgängen ganz bestimmte Gleichungen zugrundeliegen, die den künftigen Zeitverlauf eindeutig festlegen, so wie wir das aus der Newtonschen Mechanik gewöhnt sind. Trotzdem entsteht aber ein völlig unregelmäßiger Verlauf, der auch nicht auf längere Zeiten vorhersagbar ist. Die Ursache für dieses so überraschend merkwürdige Verhalten läßt sich aber leicht in einem mechanischen Beispiel auffinden. Denken wir uns eine senkrecht stehende Rasierklinge, auf die wir von oben immer wieder eine kleine Stahlkugel fallen lassen (Abb. 1.28). Ersichtlich wird die Strahlkugel in einem weiten Bogen nach links wegfliegen, wenn sie auch nur ein kleines bißchen in ihrem Schwerpunkt links von der Rasierklinge auftrifft, im anderen Falle nach rechts. Aus einer winzigen Verschiebung entsteht also ein makroskopischer Effekt. Denken wir uns diesen Versuch wiederholt, indem wir die Stahlkugel immer wieder durch einen Mechanismus von unten nach oben bringen, und tragen wir die jeweiligen Auslenkungen nach rechts oder links nun senkrecht gegenüber der Zeit auf, so entsteht ein völlig unregelmäßiger Verlauf, so wie er in Abb. 1.27 dargestellt ist. Hier haben wir bereits den Prototyp des deterministischen Chaos aufgefunden. Eine der wesentlichen neueren Erkenntnisse ist, daß diese Erscheinungen weit verbreitet sind und z. B. eine Wettervorhersage auf längere Zeit unmöglich machen. So sagte der amerikanische Metereologe E. N. Lorenz, der diesen Effekt fand, daß der Schlag eines Schmetterlings in Peking das Wetter an der Westküste der USA beeinflussen könnte.

Wie wir bereits am Beispiel von Flüssigkeiten (Taylor-Instabilität) oder beim Laser sahen, kann ein und dasselbe System ganz verschiedenartige Zustände einnehmen (Abb. 1.29). So kann

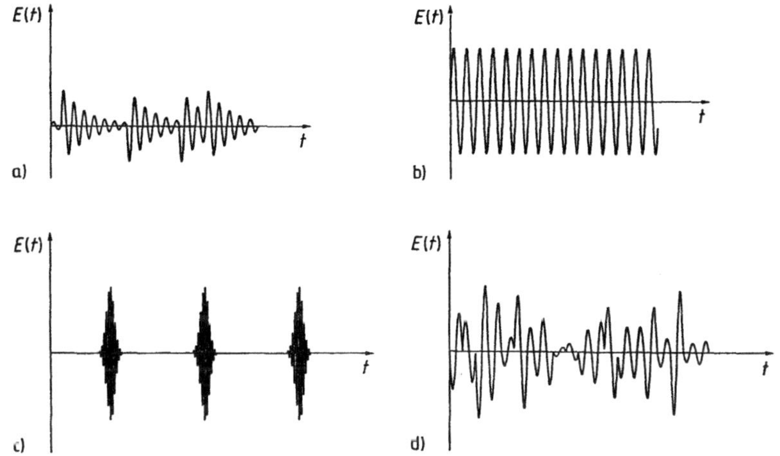

Abb. 1.29 Die Lichtfeldstärke E gegenüber der Zeit t bei verschiedenen Ausstrahlungen des Lasers.
a) Das mikroskopisch chaotische Licht einer Lampe,
b) das hochgeordnete Laserlicht,
c) ultrakurze Lichtimpulse des Lasers,
d) das deterministisch chaotische Laserlicht.
(Bei den hier wiedergegebenen Bildern handelt es sich um schematische Darstellungen.)

beim Laser, wenn er als Lampe betrieben wird, das mikroskopische Chaos herrschen, bei dem die einzelnen Atome unabhängig voneinander Lichtwellen aussenden und so das mikroskopische Chaos des normalen Lichtes erzeugen. Erhöhen wir die Pumpleistung in den Laser hinein, so kann dieser eine sehr schöne, gleichmäßige Schwingung ausführen. Das Licht ist also in einem hochgeordneten Zustand. Erhöhen wir die Pumpleistung weiter, so kann das Licht in einen neuen Ordnungszustand übergehen, bei der der Schwingung noch das Auftreten regelmäßiger kurzer Pulse überlagert ist. Hier sind also im Fachjargon dann zwei Frequenzen vorhanden, die Bewegung ist quasi-periodisch. Unter noch anderen Bedingungen, nämlich wenn wir das Reflexionsvermögen durch Spiegel herabsetzen und die Pumpleistung noch weiter erhöhen, kann der Laser, wenigstens im Prinzip, in das deterministische Chaos übergehen, die von ihm ausgestrahlte Lichtwelle ist also makroskopisch chaotisch. Wir stehen somit einer fundamentalen Frage gegenüber, nämlich, wie kommt es, daß ein- und dasselbe System ganz verschiedenartige Strukturen annehmen kann, die wir auch als ganz verschieden wahrnehmen, teils als geordnet, teils als ungeordnet. Insbesondere erhebt sich die Frage, wie das System es fertigbringt, von einem dieser Zustände in einen anderen spontan überzugehen. Die entstehenden Strukturen werden ja dem System nicht von außen her aufgeprägt, es findet sie vielmehr ganz von alleine, d.h. eben durch Selbstorganisation.

1.2 Wie entstehen Strukturen?

1.2.1 Das Dilemma der Thermodynamik

Die von uns aufgeführten Beispiele für die verschiedenartigsten Strukturen entstammen der Physik und Chemie, wenn wir einmal von den Anwendungen dieser Erkenntnisse auf die Computertechnologie absehen. Bei einer Erklärung dieser Phänomene müssen wir uns also an die entsprechenden Fachdisziplinen wenden, wobei die Physik als fundamentalere Wissenschaft uns die Erklärung schuldig ist. Derjenige Zweig der Physik, der sich mit Ordnung und Chaos befaßt, ist die Thermodynamik oder, dann auf mikroskopischem Gebiet, die statistische Physik. Einige Begriffsbildungen der Thermodynamik, oder auf deutsch Wärmelehre, sind uns nicht nur aus dem täglichen Leben bekannt, sondern werden uns sogar durch angeborene Empfindungsmöglichkeiten aufgeprägt. Es sind dies Begriffe wie Druck, Temperatur und Volumen. Auch der Begriff der Wärmemenge wird uns leicht zugänglich, wenn wir etwa einen Stoff, z.B. Butter, in einem Wasserbad erhitzen.

Bei diesem und ähnlichen Versuchen fällt uns auf, daß zwei Körper, die verschiedene Temperatur haben und in Kontakt gebracht werden, im Laufe der Zeit die Temperaturunterschiede ausgleichen und somit schließlich die gleiche Temperatur annehmen. Der umgekehrte Vorgang, nämlich daß bei zwei in Kontakt stehenden Körpern gleicher Temperatur der eine sich plötzlich erhitzt und der andere sich entsprechend abkühlt, wird in der Natur nie beobachtet. Diese Vorgänge laufen nur in einer Richtung ab; sie sind also nicht umkehrbar oder, anders ausgedrückt, sie sind *irreversibel.* Solche irreversiblen Ausgleichsvorgänge werden nicht nur bezüglich der Temperatur beobachtet, sondern z.B. auch bei räumlich nicht gleichmäßigen, sondern unterschiedlichen Stoffkonzentrationen. Schüttet man Tinte in Wasser, so wird sich die Tinte homogen über das Wasser verbreiten, nie mehr aber den ursprünglichen Tropfen bilden.

Ganz allgemein läßt sich feststellen, daß sich selbst überlassene Systeme einem homogenen Endzustand zustreben. Diese ganz allgemeine Tendenz sich selbst überlassener Systeme wurde im letzten Jahrhundert durch Arbeiten von Clausius, Helmholtz und anderen mathematisch erfaßbar. Hierzu führte Clausius den Begriff der Entropie ein, der zwar einfach zu formulieren ist, aber doch anschaulich nur schwer zugänglich ist. Die mathematische Formulierung stützt sich dabei auf die Entropieänderung eines Systems, wobei wir uns der Einfachheit halber z. B. Wasser in einem Gefäß vorstellen können, und das System aus dem Wasser alleine besteht. Erhitzen wir das Wasser, führen ihm also Wärme zu, so erhöht sich seine Entropie S um einen Betrag, der der *reversibel* (der Begriff wird in Abschnitt 2.1 präzise erklärt) zugeführten Wärmemenge proportional und der absoluten Temperatur umgekehrt proportional ist. Bezeichnen wir die Änderung der Entropie mit dS, dann ist

$$dS = \frac{dQ}{T}, \qquad (1\text{-}1)$$

wobei dQ die reversibel zugeführte Wärmemenge und T die absolute Temperatur sind. Bekanntlich unterscheidet sich die absolute Temperatur von den Celsiusgraden, indem man zu den Celsiusgraden noch 273° hinzuzählt.

Die Thermodynamik ist gegründet auf ihren beiden Hauptsätzen, die wir jetzt folgendermaßen angeben können. Der 1. Hauptsatz wurde aus der Erkenntnis heraus formuliert, daß Wärme eine Energieform sei. Damit gelang es, den Energiesatz, der ursprünglich nur für die klassische Mechanik formuliert wurde, auch auf Umwandlungen von Energie, wie sie in der Thermodynamik auftreten, auszudehnen. Der Hauptsatz besagt also, daß die Forderung der Energieerhaltung auch für Prozesse der Thermodynamik Gültigkeit besitzt.

Die Notwendigkeit der Formulierung des 2. Hauptsatzes ergab sich aus der Beobachtung, daß – wie wir am Beispiel des irreversiblen Temperaturausgleichs zwischen zwei Körpern unterschiedlicher Temperatur bereits erläutert haben – nicht alle Prozesse, die mit dem fundamentalen Postulat der Energieerhaltung verträglich sind, in der Natur auch tatsächlich ablaufen. Wie also kann man diese bisher anhand von Beispielen erläuterte Klasse von tatsächlich ablaufenden Prozessen aus den energetisch möglichen herausfinden? Eine Lösung aus dieser Schwierigkeit hat Clausius erfolgreich angeboten. Folgen wir dieser in der von ihm formulierten Darstellung, dann können wir folgenden Satz aufstellen:

Es läßt sich eine abstrakte Funktion, die oben eingeführte Entropie S nämlich, für den Zustand eines Systems auffinden, die bei den in der Natur realisierten Prozessen in einem isolierten System nur zunehmen kann. Bezeichnet man die Änderung von S wieder in der üblichen Darstellungsweise als dS, dann kann man diese Aussage mathematisch folgendermaßen formulieren: In einem isolierten System können nur Prozesse ablaufen, für die die Änderung der Entropie die folgende Umgleichung erfüllt

$$dS > 0. \qquad (1\text{-}2)$$

Gleichgewicht, also eine Situation in der ein Meßapparat keine Änderungen mehr anzeigt, ist dann erreicht, wenn

$$dS = 0. \qquad (1\text{-}3)$$

Eine chemische Reaktion beispielsweise ist dann zur Ruhe gekommen, Temperaturunterschiede haben sich ausgeglichen usw. In der so dargestellten Weise zusammengefaßt, handelt es sich beim zweiten Hauptsatz der Thermodynamik zwar um ein mathematisch korrekt formuliertes Rezept, physikalisches Verständnis jedoch, das wir anstreben, hat man damit noch kaum in dem erstrebenswerten Ausmaße erreicht: Es wurde bloß eine abstrakte

Funktion (auch eine Konstruktionsvorschrift, ausgedrückt durch Gleichung (1-1)) samt den ihr zugeschriebenen Eigenschaften angegeben.

Eine anschauliche Deutung der Entropie gelang erst Boltzmann; zu deren Verständnis müssen wir aber von der phänomenologischen Formulierung im Rahmen der Thermodynamik zur mikroskopischen statistischen Beschreibung im atomaren Bereich hinuntersteigen. Stellen wir uns hierzu ein Gas von Molekülen vor in einem ganz simplen Modell, bei dem das Gas nur aus vier Molekülen, die wir durchnumerieren (1, 2, 3, 4), besteht, wobei wir diese Moleküle auf zwei Kästen verteilen können (Abb. 1.30). Ersichtlich gibt es nur eine Möglichkeit, alle Moleküle im linken Kasten unterzubringen, dagegen sechs Möglichkeiten, die Moleküle gleichmäßig auf die beiden Kästen zu verteilen. Die Zahl der Verteilungsmöglichkeiten wollen wir mit W bezeichnen. Dann ist nach Boltzmann die Entropie dieser Verteilung durch $S = k_B \cdot \ln W$, wobei k_B die nach ihm benannte Konstante ist. Er-

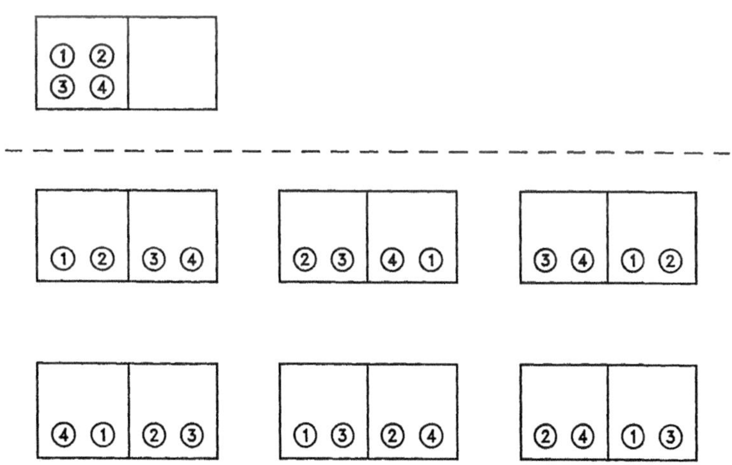

Abb. 1.30 Veranschaulichung des Boltzmannschen Prinzips der maximalen Entropie.
Oben links: Bei vier Kugeln im linken Kasten gibt es nur eine Möglichkeit, bei einer Gleichverteilung der Kugeln auf beide Kästen hingegen sechs Möglichkeiten.

sichtlich wächst die Entropie mit der größeren Zahl der Realisierungsmöglichkeiten *W* auf mikroskopischer Ebene an, damit wird das Anwachsen der Entropie identisch mit einer größeren Strukturlosigkeit: Bei dem Zustand maximaler Entropie ist die Kenntnis darüber, welcher mikroskopische Zustand eingenommen wird, am geringsten. In der Praxis kann es noch zu bestimmten Nebenbedingungen kommen, die von dem System erfüllt sein müssen, z.B. bestimmte Temperatur, bestimmter Druck usw., die von dem System eingehalten werden müssen. Dann ist eben das Maximum der Entropie unter diesen Nebenbedingungen aufzusuchen.

Übrigens hinkt unser Beispiel mit den Gasmolekülen noch insofern, als die Gasmoleküle ja selbst noch Geschwindigkeiten besitzen und deshalb wild durcheinander herumfliegen. Aber auch die Geschwindigkeit der Gasmoleküle läßt sich in einem bestimmten Raum, dem Geschwindigkeitsraum, darstellen, und wir kommen dann zu ähnlichen Abzählvorschriften wie beim Ortsraum, wobei aber noch die Nebenbedingung einer konstanten mittleren Energie zu erfüllen ist.

Was haben wir von diesem kurzen Exkurs in die Thermodynamik, den wir in Kapitel 2 übrigens noch wesentlich weiter ausbauen werden, gelernt? Nun, die Quintessenz ist, daß sich selbst überlassene Stoffe oder Systeme den Zustand größtmöglicher Strukturlosigkeit anstreben, wobei größtmögliche Strukturlosigkeit ein makroskopischer Zustand ist, während, wie wir am Beispiel des Gases sehen, mikroskopisch Chaos herrscht. Betrachten wir den gesamten Kosmos als ein sich selbst überlassenes System, so kommen wir hier ganz zwangsläufig zu der schon im letzten Jahrhundert entstandenen Vorstellung, daß schließlich die Welt den Wärmetod erleiden wird. Zu diesen hier entwickelten Vorstellungen stehen die Strukturbildungen, die wir zu Anfang dieses Kapitels besprochen haben, in einem krassen Gegensatz.

Ist die Thermodynamik also falsch? Wie wir in unserem Buche zeigen werden, ist die Thermodynamik keineswegs falsch, sondern sie reicht nicht aus, um die Strukturbildungen zu verstehen. Es ist gewissermaßen wie bei den euklidischen Axiomen:

Man kann aus ihnen nicht das Parallelenaxiom herleiten, das eben zusätzlich hinzukommt.

Trotzdem hat es nicht an Versuchen gefehlt, die Strukturbildung im Rahmen der Thermodynamik zu erklären. So vertrat der berühmte Physiker Schrödinger, einer der Begründer der Quantentheorie, die These, daß Pflanzen und Tieren durch Aufnahme von Nahrung, die von ihm sogenannte Negentropie, zugeführt wird, die dazu führt, daß die Entropie in den entsprechenden Lebewesen verringert und damit ein Ordnungszustand aufrechterhalten wird. Diese Ansicht wurde auch nachdrücklich von dem Chemiker Prigogine vertreten. Wie wir in diesem Buche explizit zeigen werden, ist diese Vorstellung jedoch falsch. Einen wichtigen Hinweis, wo die Lösung des Widerspruchs zu suchen sei, hatte der Biologe und Systemforscher von Bertalanffy schon in den vierziger Jahren gegeben. Er stellte nämlich fest, daß die Lebewesen sich in einem bestimmten Gleichgewicht, von ihm als Fließgleichgewicht bezeichnet, befinden, das durch eine ständige Nahrungsaufnahme aufrechterhalten wird. Über Fragen der Entropie äußerte sich von Bertalanffy hingegen nicht. In der Tat werden wir zeigen, daß bei Systemen im Fließgleichgewicht die statistische Entropie durchaus anwächst, auch wenn diese von einem ungeordneten in einen geordneten Zustand übergehen.

Übrigens ist der Begriff der thermodynamischen Entropie für solche Systeme fast immer unbrauchbar, da man bei diesen gar nicht mehr von einer einheitlichen Temperatur T sprechen kann, die ja in die mathematische Definition der Entropie gemäß Gleichung (1-1) eingeht. Hingegen kann man stets, wenigstens im Prinzip, die Zahl der Konfigurationen W bestimmen, so daß diese statistische Definition der Entropie auch bei Systemen, die durch einen Energie- oder Materiestrom gespeist werden, gilt. Diese Systeme bezeichnet man auch als *offene Systeme*; sie sind fern vom thermischen Gleichgewicht, aus dem sie gerade durch den Energie- und Wärmestrom, der in sie hineingeführt und wieder herausgebracht wird, gehalten werden. Ganz offensichtlich stehen wir hier vor der Aufgabe, ein neues Konzept, eine neue Theorie, zu entwickeln, die sich mit derartigen offenen Systemen, fern vom thermischen Gleichgewicht, befaßt. Diese Theorie ist die Synergetik, der dieses Buch gewidmet ist, und die wir in diesem einleitenden Kapitel kurz vorstellen wollen.

1.2.2 Die Grundideen der Synergetik

Das Wort Synergetik ist dem Griechischen entnommen und bedeutet so viel wie Lehre vom Zusammenwirken. Dieser Begriff wurde von einem von uns (H. H.) im Wintersemester 1969/1970 an der Universität Stuttgart eingeführt, um ein Gebiet zu kennzeichnen, das damals eigentlich noch gar nicht existierte. Es sollte eine neue Forschungseinrichtung begründen, die sich mit Systemen, die aus sehr vielen Teilen bestehen, befaßt, und die erklären sollte, wie durch das Zusammenwirken sehr vieler Teile Strukturen auf makroskopischer Ebene entstehen können. Praktisch alle in den Wissenschaften untersuchten Objekte können als Systeme aufgefaßt werden, die aus sehr vielen Teilen, Elementen bzw. Untersystemen bestehen (Abb. 1.31). Diese Teile können etwa Atome, Moleküle, biologische Zellen, Neuronen, Organe, aber auch ganze Tier- oder Menschengruppen sein. Die Frage, die sich einem von uns (H. H.) damals stellte, war: Liegen dem Entstehen makroskopischer Strukturen immer die gleichen Gesetzmäßigkeiten zugrunde, unabhängig von der Natur der einzelnen Teile? Angesichts der Verschiedenartigkeit der Teile, etwa Atome oder Menschen, mag diese Fragestellung absurd erscheinen. Wie sich aber in den letzten Jahrzehnten deutlich zeigte, gibt es tatsächlich solche Gesetzmäßigkeiten. Diese treten dann zutage, wenn wir uns auf qualitative Änderungen auf makrasko-

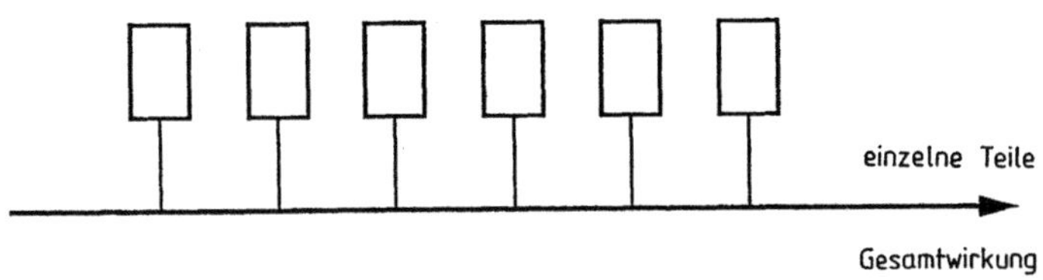

Abb. 1.31 Die Problemstellung der Synergetik. Durch das Zusammenwirken der einzelnen Teile eines Systems wird eine Gesamtwirkung auf makroskopischer Ebene hervorgebracht.

pischer Ebene beschränken. Das sind aber gerade die interessantesten Situationen, treten hier doch dann jeweils erstmalig die neuen Strukturen zutage. Wie sich darüber hinaus zeigte, lassen sich diese Gesetzmäßigkeiten durch ganz wenige Konzepte wie Instabilität, Ordner bzw. Ordnungsparameter, Versklavung, erfassen und in eine präzise mathematische Form gießen.

Das Ziel dieses Buches ist es, dem Leser ein Gefühl für die hier geltenden Gesetzmäßigkeiten zu geben und ihm die Begriffsbildungen wie Instabilität, Ordner und Versklavung näherzubringen. Bezüglich der mathematischen Formulierung wollen wir hierbei einen Mittelweg einschlagen. Das Buch wird sich nicht mit qualitativen Erörterungen, so wie sie in meinem (H. H.) populärwissenschaftlichen Buch „Erfolgsgeheimnisse der Natur" dargelegt sind, begnügen, sondern wird eine mathematische Formulierung anstreben. Diese wird aber auf einem Niveau gehalten, das es jedem Leser, der die Grundbegriffe der Differential- und Integralrechnung kennt, wie sie in der Oberstufe eines Gymnasiums unterrichtet wird, gestattet, unseren Ausführungen zu folgen. Dem Leser, der noch weiter in die Theorie eindringen will, stehen dann die mathematisch anspruchsvolleren Bücher "Synergetics" und "Advanced Synergetics" zur Verfügung. Wir glauben, daß damit eine wichtige Lücke zwischen dem populärwissenschaftlichen Buch „Erfolgsgeheimnisse der Natur" und den eben genannten Büchern geschlossen wird, so daß die Gesetzmäßigkeiten, die den Strukturbildungsvorgängen zugrunde liegen, auch für den interessierten Laien, der über die genannten mathematischen Kenntnisse verfügt, zugänglich werden.

Bevor wir uns aber den eigentlichen Beispielen, anhand derer wir uns die Gesetzmäßigkeiten der Synergetik klarmachen wollen, zuwenden, ist es sicher zweckmäßig, einige der wichtigsten Grundbegriffe bereits jetzt schon zu erläutern. Betrachten wir dazu eine von unten her erhitzte Flüssigkeit (Abb. 1.32). Durch die Erhitzung dehnen sich die Flüssigkeitsvolumina an der Unterseite aus. Die Flüssigkeit wird also spezifisch leichter und möchte nach oben steigen. Von oben her drückt hingegen die schwerere Flüssigkeit nach unten. Es ist gewissermaßen so wie bei einer breiten Treppe, wo eine Reihe von Menschen von unten

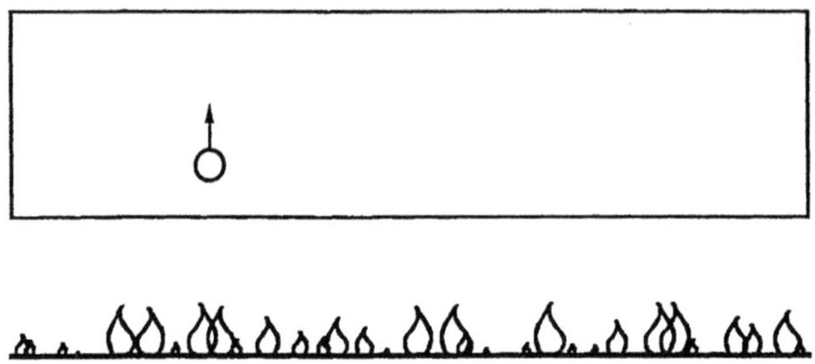

Abb. 1.32 In einer von unten erhitzten Flüssigkeit steigen an zunächst statistisch verteilten Stellen Flüssigkeitströpfchen auf, die aber gebremst werden und ihre Wärme an die Umgebung abgeben, so daß schließlich keine makroskopische Bewegung zustandekommt.

nach oben und eine andere Gruppe von Menschen von oben nach unten gelangen wollen. Oft kommt es dann zu einem großen Gedränge und einer erheblichen Behinderung. Die Flüssigkeit macht dies viel intelligenter, indem sie zunächst einmal durch kleine Schwankungen, die sogenannten Fluktuationen, verschiedene Bewegungsmöglichkeiten austestet, so wie dies in Abbildung 1.33 dargestellt ist. Bei solchen Tests stellt sich dann heraus, daß eine Konfiguration die Tendenz hat, immer mehr anzuwachsen, während andere Konfigurationen sich nicht durchsetzen können und wieder aussterben. Übrigens ist die Konfiguration, die sich hier durchsetzt, dadurch gekennzeichnet, daß sie am besten die Wärme von unten nach oben transportiert. Bei nur geringer Erhitzung der Flüssigkeit an der unteren Oberfläche ist die innere Reibung in der Flüssigkeit noch zu groß, als daß sich hier eine makroskopische Wärmebewegung ausbilden könnte. Wird aber die Temperaturdifferenz zwischen der unteren und oberen Oberfläche weiter erhöht, so gewinnen die Auftriebskräfte die Oberhand, und die makroskopische Bewegung kann einsetzen. Die Temperaturdifferenz $T_2 - T_1$ wird als Kontrollparameter bezeichnet, da mit ihr der makroskopische Zustand – Ruhe bzw. Rollenbewegung – des Systems kontrolliert wird. Jenseits einer kritischen Größe des Kontrollparameters wird der ruhende, homogene Zustand der Flüssigkeit durch einen inhomogenen, näm-

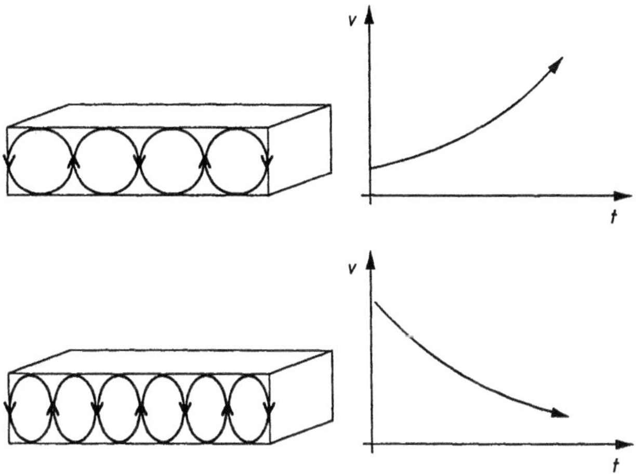

Abb. 1.33 Linke Seite: die von unten erhitzte Flüssigkeit kann verschiedene Bewegungsformen austesten. Wie rechts gezeigt ist, steigt bei der oberen Flüssigkeit die Vertikalgeschwindigkeit im Laufe der Zeit an, im unteren Falle klingt sie wieder ab.

lich den mit der kollektiven Bewegung, ersetzt. Der Zustand der homogenen Flüssigkeit ist dann in der Fachsprache instabil geworden.

Da es im vorliegenden Buch auf eine quantitative Erfassung dieser Erscheinungen ankommen wird, wollen wir einen kurzen Blick auf diese werfen. Legen wir einen horizontalen Schnitt durch die Flüssigkeit, etwa in der in Abb. 1.34 oben gezeichneten Weise, so können wir an jeder Stelle die Geschwindigkeit in senkrechter Richtung messen. Offensichtlich variiert diese Geschwindigkeit, wenn wir in der x-Richtung fortschreiten. Wenn wir ferner den Fall betrachten, wo sich die Flüssigkeitsbewegung erst entwickelt, so wird diese Vertikalgeschwindigkeit auch noch von der Zeit t abhängen. Wir haben also zu untersuchen, wie die Vertikalgeschwindigkeit v_z vom Ort und der Zeit abhängt. Da $v_z(x, t)$ ersichtlich in x-Richtung periodisch verläuft, liegt es nahe, hierfür den Ansatz in Form einer Sinuswelle zu machen, so wie dies in Abb. 1.34 unten dargestellt ist. Tatsächlich ergibt die ex-

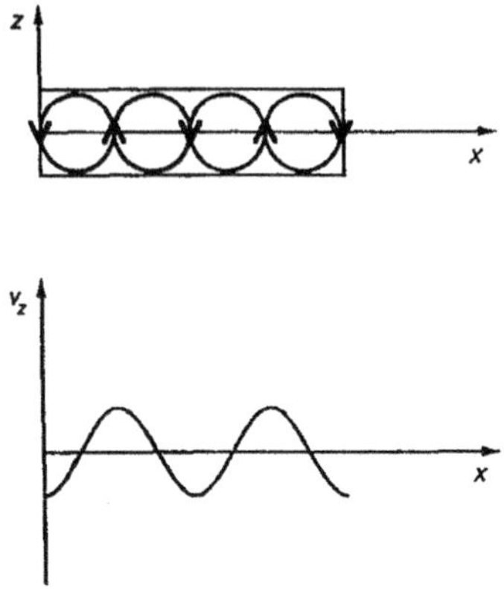

Abb. 1.34

Oberer Teil: ein Blick von der Seite auf eine von unten erhitzte Flüssigkeit mit ihren Flüssigkeitsrollen.

Unterer Teil: die Vertikalgeschwindigkeit v_z in Abhängigkeit von der x-Richtung längs des Schnittes durch die Mitte der Flüssigkeit.

perimentelle Untersuchung wie auch die theoretische Behandlung, daß sich v_z in dieser Weise darstellen läßt:

$$v_z(x, t) = A_1(t) \sin k_1 x. \tag{1-4}$$

Die Amplitude (Wellenhöhe) A_1 wird im allgemeinen – wie in Gleichung (1-4) angedeutet – noch von der Zeit abhängen.

Die „Wellenzahl" k_1 ist mit der Wellenlänge λ_1 durch die Formel

$$k_1 = 2\pi/\lambda_1 \tag{1-5}$$

verknüpft. Der Index 1 bei k_1 und λ_1 soll ausdrücken, daß wir es mit einer bestimmten Welle zu tun haben. Entsprechend können wir für die Konfiguration der Abb. 1.33 unten die Vertikalgeschwindigkeit in der Form

$$v_z(x, t) = A_2(t) \sin k_2 x \tag{1-6}$$

schreiben. Im Prinzip gibt es natürlich sehr viele weitere solche Wellen, die alle aussterben, und für die wir Ansätze analog zu Gleichung (1-6) machen können. Wenn wir so lange warten, bis alle Wellen der Form (1-6) (vgl. auch Abb. 1.33) abgeklungen sind, wird also die gesamte Flüssigkeitsdynamik durch den Ansatz (1-4) bestimmt. Ist die Amplitude $A_1 = 0$, so ist die Flüssigkeit in Ruhe und homogen, ist $A_1 \neq 0$, so tritt die Strukturierung – oder mit anderen Worten – der Ordnungszustand der Flüssigkeit zutage. Aus diesem Grunde bezeichnen wir $A_1(t)$ als den *Ordnungsparameter*, oder im Deutschen auch oft kurz als den *Ordner*. Im Rahmen der Theorie wird es darauf ankommen zu zeigen, warum gerade zu der speziellen Wellenlänge λ_1 ein von Null verschiedener Ordner $A_1(t)$ auftritt und warum alle anderen aussterben. Dazu müssen wir im Rahmen der Synergetik die Dynamik des Ordners $A_1(t)$ bestimmen. Dies geschieht durch Gleichungen, die die zeitliche Entwicklung, oder mit anderen Worten, die Evolution des Ordnungsparameters, beschreiben. Diese haben, wie wir im einzelnen nachweisen werden, die folgende Form: Die zeitliche Änderung von A_1 setzt sich immer aus zwei Teilen zusammen, nämlich aus einer Zuwachsrate und einer Verlustrate,

$$\text{zeitliche Änderung von } A_1 = \text{Zuwachsrate} - \text{Verlustrate}. \tag{1-7}$$

Die Zuwachsrate ist natürlich vor allem durch den Auftrieb gegeben, der ja die Bewegung bewirkt. Der Auftrieb selbst wird, wie wir schon vermuten können, von der Temperaturdifferenz $T_2 - T_1$, d.h. dem Kontrollparameter, abhängen.

Wie wir zeigen werden, hängt sowohl die Zuwachsrate als auch die Verlustrate vom Zustand des Systems, der durch die Amplitude A_1 beschrieben wird, ab, und zwar in einer sehr einfachen Weise. Wir erhalten eine Beziehung der Gestalt

$$\text{zeitliche Änderung von } A_1 = \lambda A_1 - \beta A_1^3. \tag{1-8}$$

Die Zuwachsrate ist proportional zu einem Wachstumsfaktor λ, der, wie die Theorie zeigen wird, von dem Kontrollparameter in der Form

$$\lambda \sim (T_2 - T_1) \tag{1-9}$$

abhängt. Ferner hängt diese Konstante noch von der Wellenzahl k_1 bzw. k_2 ab. Für die von der Flüssigkeit selektierte Bewegung wird nämlich λ positiv für ein spezielles k_1, während es für die anderen k negativ bleibt. Die Verlustrate erweist sich, wie wir aus Gl. (1-8) ersehen, als proportional zur dritten Potenz der Amplitude A_1. Diskutieren wir ein wenig die Bedeutung der Gleichung (1-8). Ist die Amplitude A_1 klein, so kann man zunächst das kubische Glied gegenüber dem linearen Glied in (1-8) vernachlässigen. Dies macht man sich leicht an einem Zahlenbeispiel klar. Wählen wir etwa λ und β der Einfachheit halber gleich 1, und wählen wir $A_1 = 0{,}1$, so ist das erste Glied auf der rechten Seite von Gleichung (1-8) gleich 0,1, das zweite Glied hingegen 0,001, also viel kleiner als das erste, so daß die Differenz positiv wird. Die zeitliche Änderung von A_1 ist also positiv, oder mit anderen Worten, A_1 wächst an. Wird aber nun A_1 immer größer, so gewinnt das kubische Glied immer mehr an Bedeutung. Im vorliegenden Zahlenbeispiel hat es für $A_1 = 1$ gerade die gleiche Größe wie das erste Glied. Die zeitliche Änderung von A_1 kommt also zum Stillstand. Mit anderen Worten geht nach einer Wachstumsphase die Flüssigkeitsbewegung in einen stationären Zustand über, wo die rechte Seite der Gleichung (1-8) zu Null wird (Abb. 1.35):

$$0 = \lambda A_1 - \beta A_1^3. \tag{1-10}$$

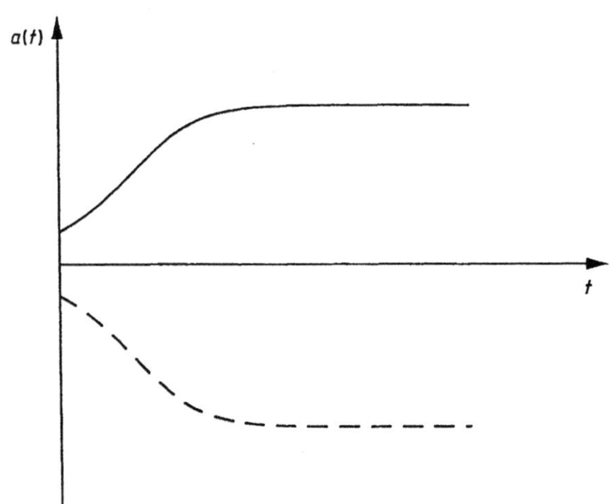

Abb. 1.35 Das Anwachsen der Amplitude der Flüssigkeitsbewegung im Verlaufe der Zeit. Die ausgezogene Kurve bezieht sich z.B. auf eine nach rechts umlaufende Rolle, die gestrichelte auf die gleiche Rolle, die aber links umläuft.

Die so entstehende (algebraische) Gleichung besitzt zwei Typen von Lösungen, nämlich

$$A_1 = 0 \qquad (1\text{-}11)$$

und

$$A_1 = \pm (\lambda/\beta)^{1/2}. \qquad (1\text{-}12)$$

Im Falle der Gleichung (1-11) ist die Amplitude $A_1 = 0$, d.h. es tritt keine Vertikalgeschwindigkeit auf, die Flüssigkeit ist makroskopisch nach wie vor in Ruhe. Dies ist der für uns hier uninteressante Zustand. Hingegen zeigt Gleichung (1-12), daß hier zwei Möglichkeiten für die Amplitude auftreten. Die hierzu gehörigen Flüssigkeitsbewegungen sind in den Abb. 1.36 links und rechts dargestellt. Wie wir sehen, gibt es zwei zueinander symmetrische Konfigurationen, die sich durch den Drehsinn jeweils entsprechender Rollen unterscheiden. Man spricht hier von einer gebrochenen Symmetrie, der wir im folgenden immer wieder begegnen werden.

Jenseits des Instabilitätspunktes ist es also möglich, daß zwei verschiedenartig orientierte Flüssigkeitsströmungen auftreten. Ist einmal ein von Null verschiedener Ordnungsparameter A_1 aufgetreten, so beschreibt er nicht nur den Bewegungszustand der Flüssigkeit, sondern zwingt im physikalischen Sinne alle Volumenelemente, oder auch mikroskopisch alle Moleküle der Flüssigkeit, dieser speziellen Bewegung zu folgen. In der Fachsprache der Synergetik *versklavt* er daher die Bewegung der einzelnen Elemente. Diese Versklavung kann sehr leicht nachgewiesen werden, wenn man in die Flüssigkeit Tinte einspritzt. Nach kurzer Zeit werden die einzelnen Teile der Tinte in den makroskopischen Bewegungszustand hereingezogen und machen diesen mit. Umgekehrt natürlich kommt der Ordner erst durch die Gesamtbewegung der Moleküle zustande. Auf diesen hier vielleicht noch ungewohnten Umstand werden wir immer wieder stoßen. Der Ordner und die von ihm versklavten Teile bedingen sich in ihren Bewegungsformen gegenseitig. Durch die Kollektivbewegung der Teile entsteht der Ordner, der Ordner umgekehrt versklavt die Teile, indem er sie in den Ordnungszustand zwingt.

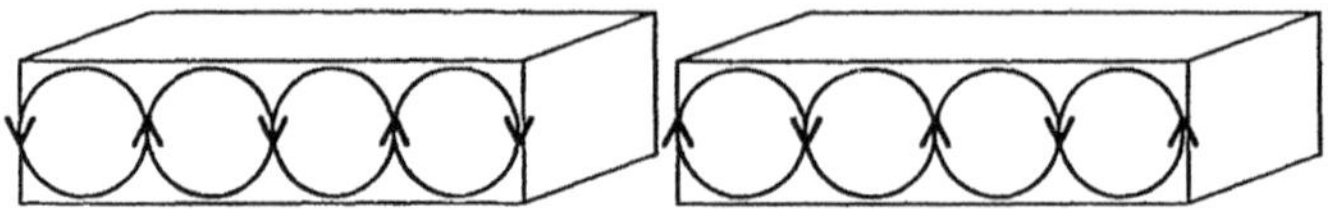

Abb. 1.36 Beispiel für die Symmetriebrechung bei einer Flüssigkeit. Im rechten Bild laufen die einzelnen Rollen entgegengesetzt zu den entsprechenden Rollen im linken Bild.

Im Laufe des Buches werden wir sehen, wie dieses anscheinend paradoxe Ei-Henne-Problem zu lösen ist.

Die zeitliche Änderung der Amplitude A_1 gemäß Gleichung (1-8) kann übrigens sehr leicht veranschaulicht werden, wenn wir eine Analogie benutzen, die wir im Laufe des Buches näher herleiten werden. Dabei identifizieren wir die Amplitude A_1 mit der Koordinate eines Teilchens, gemäß Abb. 1.37, das einen Berghang herunterrutschen kann. Ist der Wachstumsparameter λ negativ, so sieht die Gebirgslandschaft wie in Abb. 1.37 aus; selbst wenn eine ursprüngliche Schwankung der Flüssigkeit eine von Null verschiedene Amplitude A_1 hervorruft, so nimmt diese zeitlich ab, so als würde das Teilchen den Abhang auf die Talsohle herunterrutschen. Im Falle, daß λ positiv ist, müssen wir das Verhalten von A_1 nach Gleichung (1-8) hingegen als das Gleiten eines Teilchens in der Gebirgslandschaft von Abbildung 1.38 deuten. Ersichtlich ist die Lage $A_1 = 0$ (vgl. Gleichung (1-11)) hier instabil, das Teilchen kann aber nun zwei verschiedene Lagen einnehmen, die den beiden möglichen Tälern zugeordnet sind (vgl. Gleichung (1-12)). Bei der Verwirklichung des Zustandes muß sich das System einen der beiden Zustände aus der ansonsten völlig symmetrischen Gebirgslandschaft aussuchen; es muß also die vorhandene Symmetrie brechen. Wie wir schon sahen, entspricht diese Symmetriebrechung der Tatsache, daß die Rollen, die örtlich einander entsprechen, im entgegengesetzten Drehsinn umlaufen.

Mit diesem Beispiel aus der Flüssigkeitsdynamik haben wir nicht nur wichtige Begriffsbildungen der Synergetik kennengelernt, sondern sehen auch schon die für uns zentralen Fragestellungen. Bei der Behandlung der Systeme, die zu Struktur-

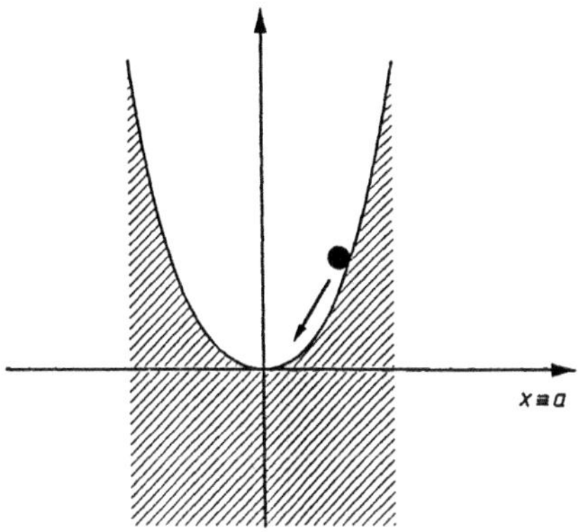

Abb. 1.37
Veranschaulichung des Verhaltens der Amplitude $a = A_1$, indem diese mit der Koordinate x eines Teilchens identifiziert wird, das einen Berghang hinunterrutscht. Dabei kommt es bei der Lage $a = 0$ zur Ruhe.

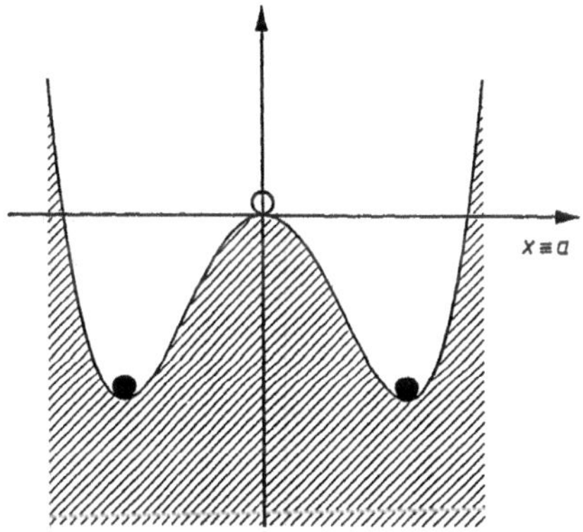

Abb. 1.38
Entsprechend zu Abb. 1.37, die Gebirgslandschaft hat sich hier aber geändert, so daß dem Teilchen im Prinzip zwei von 0 verschiedene Ruhelagen zur Verfügung stehen.

bildungen führen, wird es sich im Sinne der Synergetik darum handeln, die Kontrollparameter zu identifizieren, die Instabilitäten festzustellen, die Ordnungsparameter, oder auch kurz Ordner, zu bestimmen und das Versklavungsprinzip im einzelnen zu erkennen. Hierbei werden wir auf eine Reihe von Verallgemeinerungen stoßen. Zum Beispiel brauchen die Funktionen, die die räumliche Struktur festlegen, nicht nur Sinusfunktionen wie in den Gleichungen (1-4) und (1-6) zu sein, sondern können auch, z. B. aus geometrischen Gründen, andere Formen haben. Die räumliche Struktur braucht auch nicht durch nur einen Ord-

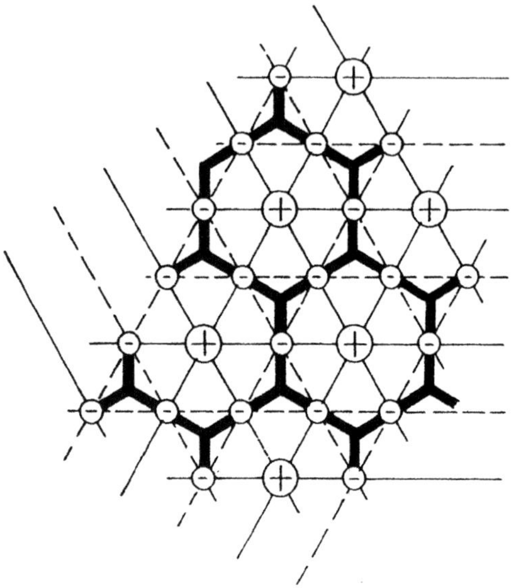

Abb. 1.39 Das hexagonale Muster (dick ausgezogene Linien) bei der Bénard-Instabilität kann durch die Überlagerung von drei zueinander jeweils um 60° gedrehten Rollensystemen verstanden werden. + bedeutet dabei Aufwärtsbewegung, – Abwärtsbewegung.

nungsparameter festgelegt werden, es kann auch zu Überlagerungen, etwa in der Form

$$v_z(x, y; t) = A_1(t) \sin(\boldsymbol{k}_1 \boldsymbol{x}) + A_2(t) \sin(\boldsymbol{k}_2 \boldsymbol{x}) + A_3(t) \sin(\boldsymbol{k}_3 \boldsymbol{x}) \quad (1\text{-}13)$$

kommen, wobei A_1, A_2 und A_3 Ordnungsparameter sind, $\boldsymbol{k}_1$, $\boldsymbol{k}_2$ und $\boldsymbol{k}_3$ Vektoren, und der Vektor $\boldsymbol{x}$ für (x, y) steht:

$$\boldsymbol{x} = (x, y). \quad (1\text{-}14)$$

Der Term $(\boldsymbol{k}_1 \boldsymbol{x})$ beispielsweise bezeichnet das Skalarprodukt zwischen den Vektoren $\boldsymbol{k}_1$ und $\boldsymbol{x}$. Auf diese Weise lassen sich z. B. Hexagone der Figur 1.39 verstehen, wobei jetzt die Vektoren $\boldsymbol{k}_i$ in einer Ebene parallel zur Flüssigkeitsschicht liegen.

Auch die Ordnungsparameter-Dynamik braucht nicht die in Gleichung (1-8) wiedergegebene zu sein, es können z.B. die zeitlichen Änderungen verschiedener Ordnungsparameter miteinander gekoppelt sein, was dann etwa beim Laser oder auch bei Flüssigkeiten zu komplizierteren Bewegungen im Laufe der Zeit führt (vgl. Abb. 1.29). Obwohl also die Grundbegriffe wie Kontrollparameter, Ordner, Instabilität und Versklavung die gleichen bleiben, kann es doch zu ganz verschiedenen Ausprägungen bei räumlichen und zeitlichen Strukturen kommen.

Darüber hinaus werden wir sehen, daß Synergetik und Thermodynamik nicht in einem Widerspruch zueinander stehen. Dort bezieht sich der zweite Hauptsatz auf abgeschlossene Systeme, hier in der Synergetik haben wir es indessen mit offenen Systemen zu tun. Der Entropiesatz gilt also hier gar nicht, sondern muß durch neue Überlegungen ersetzt werden. Hierzu dient uns der Begriff der Information, der an die Stelle des Begriffes der statistischen Entropie tritt. Wie wir erkennen werden, können in Systemen, die Strukturen bilden, makroskopische Informationsinhalte gespeichert werden, und wir werden lernen, wie man diese dann bestimmen kann.

1.3 Der Kreis schließt sich: Von Organisation zu Selbstorganisation

Wir hatten dieses einleitende Kapitel mit Bemerkungen über von Menschen geschaffene Strukturen, die von Autos bis zu Computern reichen, begonnen. Hierbei waren, wie wir feststellten, die Strukturen von menschlichen Gehirnen erdacht und dann in die Tat umgesetzt worden. Aber auch hier macht sich vom Städtebau angefangen bis hin zur Konstruktion von Computern eine neue Tendenz bemerkbar. Immer mehr wird die Frage gestellt, ob man nicht auch in dem Bereich menschlicher Konstruktionen die Selbstorganisation an die Stelle der Organisation treten lassen kann. Dies beginnt bei der Frage nach Selbstprogrammierung oder Lernvorgängen bei Computern und endet mit der Frage, wie man z.B. im Städtebau nur ganz allgemeine Randbedingungen vorgeben kann, so daß sich dann die Städte, deren Verkehrswege, usw. ganz von alleine entwickeln, natürlich jeweils von einzelnen Menschen geplant, aber so, daß diesen nur ganz allgemeine Vorbedingungen gegeben werden und keine detaillierten Vorschriften gemacht werden. Es liegt auf der Hand, daß derartige Fragestellungen für viele andere Bereiche des menschlichen Lebens, insbesondere auch bei Wirtschaftsvorgängen, von größtem Interesse sind. Insofern hoffen wir, daß unser Buch auch bei der Bewältigung dieser Aufgaben eine Hilfestellung leisten kan.

1.4 Hinweis zum Lesen des Buches

Bevor der Leser sich nun in die weitere Lektüre des Buches stürzt, sind vielleicht einige Hinweise nützlich. Der Systematik zuliebe schließen sich an dieses Kapitel ein Kapitel über Thermodynamik und Statistik sowie eines zur irreversiblen Thermodynamik an. Für das Verständnis der Synergetik sind diese Kapitel aber nicht unmittelbar wichtig. Der mehr an der Synergetik interessierte Leser sollte daher vielleicht lieber mit dem Kapitel 4 über den Laser beginnen; er kann dann später bei Bedarf immer wieder Teile der Kapitel 2 und 3 lesen.

Kapitel und Abschnitte, die schwieriger sind, aber für das Verständnis des Inhalts nicht unbedingt benötigt werden, sind mit einem Stern gekennzeichnet und können beim ersten Lesen übergangen werden. Die einzelnen Kapitel wurden – soweit möglich – so abgefaßt, daß sie auch einzeln für sich gelesen werden können.

2 Die Thermodynamik und ihre Grenzen

In diesem Kapitel geben wir eine elementare Einführung in die Grundlagen der phänomenologischen Thermodynamik und ihrer statistischen Begründung. „Phänomenologisch" bedeutet dabei, daß wir uns an den Erscheinungen orientieren, wie sie unmittelbar unserer (fast) alltäglichen Erfahrung zugänglich sind. Bei der „statistischen Begründung" denken wir hingegen an die Zurückführung der Thermodynamik auf die Atomistik. Besonders hervorheben wollen wir dabei, daß es sich um eine Theorie handelt, die, innerhalb ihres Gültigkeitsbereiches universell, das Verhalten von Systemen, die aus sehr vielen Teilchen, Atomen oder Molekülen, bestehen (etwa Gase oder Flüssigkeiten), durch wenige makroskopische Variable wie Druck, Volumen und Temperatur beschreibt. Das Adjektiv „universell" soll in diesem Zusammenhang ausdrücken, daß die allgemeine Struktur dieser Theorie unabhängig ist vom konkret vorliegenden System und seiner detaillierten Zusammensetzung. Bei unserer Diskussion werden wir allerdings weniger auf die vielfältigen Anwendungsmöglichkeiten der Thermodynamik eingehen (hierzu verweisen wir auf Lehrbücher zur Thermodynamik), vielmehr wird es uns darum gehen, ihre Grenzen herauszuarbeiten und die genauen Bedingungen anzugeben, unter denen die Thermodynamik überhaupt erst anwendbar wird. Wir finden so einen Zugang zur Synergetik als einer umfassenderen Theorie, die weit über die Thermodynamik und die irreversible Thermodynamik hinausreicht und es gestattet, ganz neuartige Erscheinungen zu behandeln.

2.1 Aufbau der phänomenologischen Thermodynamik

2.1.1 Zum Begriff der Temperatur

Einen ersten Zugang zur Thermodynamik gewinnt man über den Begriff der Temperatur. „Heiß“ und „kalt“ sind uns Menschen wohlvertraute Gefahrensignale, „moderate“ Temperaturen bilden eine Voraussetzung für Wohlgefühl. Auf dieser Stufe begegnet uns das Wort Temperatur als eine rein anthropomorphe Begriffsbildung. Sie läßt sich in einem ersten Schritt zu einem wissenschaftlich handhabbaren Instrument erweitern, sobald man ein Meßverfahren zu ihrer (jeweils reproduzierbaren) Bestimmung angeben kann. Solche Meßverfahren gründen auf folgenden Erfahrungen: Einmal der Beobachtung nämlich, daß sich Temperaturunterschiede zwischen verschiedenen Körpern ausgleichen. Bringen wir einen heißen und einen kalten Körper miteinander in Kontakt, dann werden sich die unterschiedlichen Temperaturen auf eine mittlere Temperatur einstellen (vgl. Abb. 2.1). Die Wirkungsweise beispielsweise eines Quecksilberthermometers beruht eben darauf, daß es dieselbe Temperatur annimmt, wie sie der zu messende Gegenstand – allerdings dann unter dem Einfluß des Thermometers – vorweist. Wir erhalten aus dieser Bemerkung bereits einen wichtigen Hinweis für die Konstruktion eines Thermometers. Da nämlich in der Regel die tatsächliche Temperatur eines Gegenstandes von Interesse ist, die er unabhängig vom Ein-

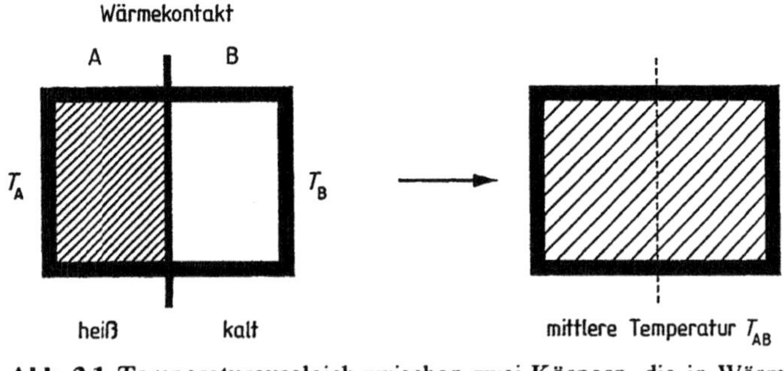

Abb. 2.1 Temperaturausgleich zwischen zwei Körpern, die in Wärmekontakt gebracht werden: die thermisch isolierende Wand wird entfernt.

fluß Thermometer einnimmt, sollte sich die „mittlere" Temperatur, die sich zwischen dem Gegenstand und dem Thermometer einstellt, möglichst wenig von der Temperatur des ungestörten Gegenstandes unterscheiden.

Zum anderen gewinnt für die Konstruktion einer Meßapparatur die Tatsache Bedeutung, daß sich etwa Gase oder Flüssigkeiten bei einer Erhöhung der Temperatur bei konstantem Druck in reproduzierbarer Weise ausdehnen. Dadurch kann etwa beim Quecksilberthermometer die Temperaturmessung in eine Längenmessung der Quecksilbersäule transformiert werden. Andere Meßverfahren stützen sich auf die Beobachtung, daß sich mit steigender Temperatur der Druck von Gasen erhöht – die Temperatur kann über eine Messung des Drucks bestimmt werden. Es gibt Materialien, deren elektrischer Widerstand empfindlich temperaturabhängig ist, so daß die Temperaturmessung auf eine Widerstandsmessung zurückgeführt werden kann usw.

Zur vollständigen Angabe der Temperatur müssen wir eine Temperaturskala vereinbaren. Diese unterliegt noch einer gewissen Willkür, da der Maßstab und der Ursprung $T = 0$ zunächst frei wählbar bleiben. Im Alltag sind wir es gewohnt, die Temperatur in der Einheit Grad Celsius (°C) anzugeben. 0 °C wird definiert durch den Schmelzpunkt des Eises unter Normalbedingungen. Der Maßstab wird bestimmt durch die Vereinbarung, die Temperaturdifferenz zwischen dem Siedepunkt des Wassers und dem Schmelzpunkt des Eises zu 100 °C festzulegen. Für unsere folgende Diskussion erweist es sich allerdings als günstiger, die Temperatur in Kelvin (absolute Temperaturskala) zu messen (abgekürzt K): $0\,\mathrm{K} \cong -273\,°\mathrm{C}$. Der Maßstab der Temperaturintervalle ist dabei derselbe wie in der Celsiusskala. Wir werden die Temperatur durch das Symbol T bezeichnen.

An dieser Stelle weist unsere Diskussion auf eine Schwierigkeit hin, die intuitiv bereits unmittelbar deutlich wird: Die Temperatur muß von den speziell zur Meßmethode ausgesuchten Materialien unabhängig definiert werden. Dies gelingt in einem ersten Schritt durch eine raffinierte Idealisierung, die im Konstrukt des idealen Gases ihren Ausdruck findet.

Betrachten wir die als bekannt vorausgesetzte „Zustandsgleichung" eines idealen Gases. Sie stellt eine Beziehung zwischen dem Druck p, dem Volumen V und der Temperatur T her. Ferner gehen in die Gleichung die Molzahl n und die universelle Gaskonstante R ein. (Ein Mol eines Gases ist diejenige Menge, die seinem Molekulargewicht in Gramm entspricht.) Es ist

$$pV = nRT. \tag{2-1}$$

Wählen wir nun V und n fest, dann können wir (2-1) auf die Form

$$p = \text{Konstante} \cdot T \tag{2-2}$$

bringen, wobei die Konstante gegeben ist durch

$$\text{Konstante} = nR/V. \tag{2-3}$$

Wir erhalten also eine lineare Beziehung zwischen dem Druck p und der Temperatur T (s. Abb. 2.2), so daß eine Temperaturbestimmung einer Druckmessung äquivalent ist. Bei genügend hohen Temperaturen schmiegen sich nun reale Gase dem Verhalten des idealen Gases an, so daß tatsächlich eine Extrapolation zum idealen Verhalten hin möglich wird (vgl. Abb. 2.2). Eine endgültige Festlegung der Temperatur im strengen Sinne gelingt aber erst über den 2. Hauptsatz der Thermodynamik, den wir später diskutieren werden. Bereits hier läßt sich jedoch an-

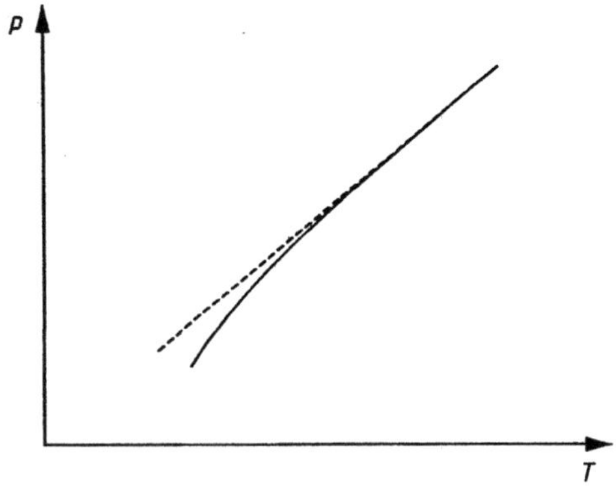

Abb. 2.2
Reale Gase schmiegen sich asymptotisch an das p, T-Diagramm des idealen Gases an.

merken, daß man es als einen glücklichen Zufall bezeichnen kann, daß der dann gewonnene Temperaturbegriff mit dem von unseren Sinnen her eingeführten weitgehend übereinstimmt.

2.1.2 Die Wärmemenge

Auf den Begriff der Wärme – oder in mehr quantitativ formulierter Weise: der Wärmemenge – führt die Frage, wie man die vorgegebene Temperatur eines Körpers ändern kann. Die Erfahrung zeigt, daß dieses durch Zufuhr (wenn man die Temperatur erhöhen will) oder Entzug (falls man sie erniedrigen will) von Wärme gelingt. Praktisch bedeutet dies, daß man einen Körper (eine Flüssigkeit, ein Gas) auf der Herdplatte erwärmt bzw. im Kühlschrank kühlt. Die grundlegende Erkenntnis von Robert Mayer, vorgelegt im Jahre 1842, bestand nun darin, Wärme nicht länger als Stoff anzusehen, sondern sie als Energieform zu identifizieren. Die Wärmemenge, die wir im folgenden mit Q bezeichnen, wird so in eine Reihe gestellt mit anderen Energieformen, wie wir sie etwa aus der Mechanik kennen, der kinetischen Energie und der potentiellen Energie. Wir werden sie deshalb auch in denselben Einheiten messen: 1 Newtonmeter (Nm) = 1 Joule (J). Verschiedene Energieformen sind ineinander umwandelbar, so daß es gelingt, die Messung der Wärmemenge beispielsweise auf in der Mechanik entwickelte Meßverfahren zurückzuführen. Hierbei sei schon jetzt auf einen besonderen Umstand hingewiesen. Die spätere Diskussion dieser Energieumwandlungen wird nämlich zeigen, daß es nicht immer möglich ist, Wärmeenergie in mechanische Energie umzuwandeln. Der umgekehrte Weg, nämlich mechanische Energie in Wärmeenergie umzuwandeln, ist jedoch immer möglich. Diese Tatsache reicht vollständig aus, eine Rückführungsmöglichkeit auf mechanische Meßverfahren zu gewährleisten.

2.1.3 Innere Energie und Arbeit

Nachdem wir Wärme als eine Energieform identifiziert haben, bedeutet beispielsweise die Erhitzung eines Körpers Zufuhr von Energie. Man kann deshalb behaupten, daß ein Körper, der auf eine gewisse Temperatur T erwärmt wurde, die dazu aufgebrachte

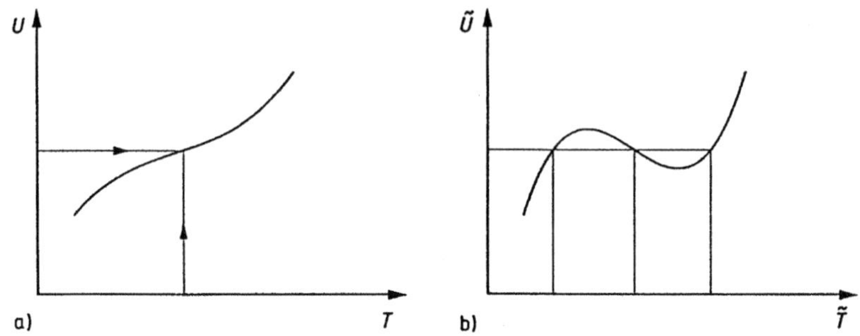

Abb. 2.3 a) Eineindeutige Funktion: Jedem Wert von T entspricht genau ein Wert von U.

b) Nicht eineindeutige Funktion: Zwar entspricht jedem Wert von $\tilde{T}$ eindeutig ein Wert $\tilde{U}$. Die Umkehrung gilt jedoch nicht! Zum eingezeichneten Wertt $\tilde{U}$ existieren drei verschiedene Werte von $\tilde{T}$.

Energie speichert. Diese im Körper gespeicherte Energie hat den Namen *innere Energie*, und wir werden sie im folgenden mit U bezeichnen. Sie wird in denselben Einheiten gemessen wie die Wärmemenge Q.

Nehmen wir an, daß in einem Körper nur die Temperatur verändert wird, so ist die Änderung der inneren Energie erfahrungsgemäß eine eineindeutige Funktion (vgl. Abb. 2.3) dieser Temperaturänderung. Bezeichnen wir mit ΔU und ΔT die entsprechenden Änderungen der inneren Energie bzw. der Temperatur, dann ist

$$\Delta U = C_s \, \Delta T \, . \tag{2-4}$$

Gleichung (2-4) definiert die Wärmekapazität $C_s > 0$ des vorgegebenen Stoffes. Da C_s noch vom momentanen Wert der Temperatur abhängen kann, verschärfen wir (2-4), indem wir die Gleichung in differentieller Form angeben

$$dU = C_s \, dT \, . \tag{2-5}$$

Ein vorgegebener Körper (eine Flüssigkeit, ein Gas) kann nun nicht nur durch Wärmeaustausch mit seiner Umgebung in Kontakt treten, er kann sich beispielsweise gegen den Druck einer ihn umgebenden Flüssigkeit oder eines Gases ausdehnen, d.h. er kann mechanische Arbeit leisten. Arbeit kann auch ein dielektrischer Körper gegen ein von außen angelegtes elektrisches Feld verrichten, ein magnetischer Körper durch Änderung seiner Magnetisierung gegen ein von außen vorgegebenes Magnetfeld usw. Selbstverständlich werden derartige Prozesse in der Energiebilanz für den Körper eine Rolle spielen. Wir fassen sie zusammen zur Arbeit, die wir mit A abkürzen. In der konkreten Anwendung werden wir der Einfachheit halber jedoch unter Arbeit in der Regel mechanische Arbeit verstehen.

Ein Gas etwa leistet mechanische Arbeit gegen den Druck p der Umgebung, wenn es sich ausdehnt. Ändert sich dabei das Volumen um dV, dann ergibt sich für die Arbeit

$$dA = -p dV . \tag{2-6}$$

Es besteht dabei die Konvention, die Arbeit als positiv zu rechnen, wenn sie am Gas geleistet wird, d.h. $dV < 0$, und als negativ, wenn sie vom Gas aufgebracht wird ($dV > 0$).

2.1.4 Der Begriff des Systems in der Thermodynamik

Was wir in der Thermodynamik als System bezeichnen, unterliegt einer gewissen Willkür des Beobachters und hängt insbesondere von der konkreten Fragestellung ab. Anstatt eine abstrakte Diskussion des Begriffs aufzunehmen (meist erhöht sie nur die Verwirrung), diskutieren wir einige Beispiele. So werden wir ein Gas, das in einem Behälter eingeschlossen ist, als System bezeichnen, ebenso eine Flüssigkeit in einem Gefäß oder einen festen Körper.

Betrachten wir den Fall des in einem Behälter eingeschlossenen Gases etwas näher. Interessieren wir uns nur für die Vorgänge im Gas selbst, so werden wir das Gas als das System bezeichnen. Untersuchen wir Prozesse, die sich zwischen dem Gas und dem Behälter abspielen, beispielsweise die Wärmeübertragung zwischen Gas und der Wand des Behälters, bezeichnen wir Gas + Behälter als ein System. Gas und Behälter sind andererseits eindeutig unterscheidbar, etwa durch ihren Aggregatzustand. Wir können mithin das System Gas + Behälter zerlegen in Untersysteme. Die Untersysteme Gas und Behälter bilden dann das zusammengesetzte System Gas + Behälter. Prozesse im Gesamtsystem sind hier charakterisiert durch die Untersysteme und – wie man auch sagt – Wechselwirkungen (etwa Stöße der Gasatome gegen die Wand des Behälters) zwischen den beiden Untersystemen. Das Gesamtsystem bezeichnet man auch als zusammengesetzt aus zwei Untersystemen. Offenbar läßt sich diese Sprachregelung entsprechend auch auf Systeme übertragen, die nicht nur aus zwei, sondern mehreren Untersystemen zusammengesetzt sind. Nun besteht strenggenommen eine Wechselwirkung zwischen dem Gas und dem Behälter natürlich immer. Um jedoch eine möglichst klare Vorstellung für die ablaufenden Vorgänge zu gewinnen, wird man versuchen zu idealisieren. Nehmen wir an, wir interessieren uns für den Zustand eines Gases, das völlig sich selbst überlassen bleiben soll. Wir werden dann idealisierend annehmen, daß der Behälter das Gas vollständig von der Außenwelt isolieren kann, sonst aber keinen Einfluß auf das Verhalten des Gases nimmt. In der Thermodynamik spricht man dann von einem *isolierten System*. Kann dem Gas von außen Wärme zugeführt oder entzogen werden, findet aber kein Austausch von Gasteilchen mit der Umgebung statt, sprechen wir von einem *abgeschlossenen System*. Die Wand des Behälters wird dann als *diathermisch* bezeichnet. (Dieses Wort stammt aus dem griechischen: dia = hindurch; diathermisch: wärmedurchlässig.) Ohne dabei auf die technischen Schwierigkeiten näher einzugehen, merken wir doch an, daß derartige Wände tatsächlich auch (zumindest näherungsweise und über bestimmte Temperaturbereiche) in der Natur existieren.

Das System kann nun auch Arbeit leisten, ohne Wärme mit seiner Umgebung auszutauschen. Wände des Behälters, die diese Eigenschaft garantieren, bezeichnet man als *adiabatische Wände*. (Das Wort entstammt wiederum der griechischen Sprache und bedeutet „undurchschreitbar“ (für Wärme).) Später, in der Synergetik, werden wir dann *offene Systeme* diskutieren, die in regem Austausch von Energie und Materie mit ihrer Umgebung stehen.

2.1.5 Der erste Hauptsatz der Thermodynamik

Historisch bedeutet der erste Hauptsatz der Thermodynamik die Erweiterung des Prinzips der Energieerhaltung der Mechanik auf die Thermodynamik. Zu seiner Formulierung (H. Helmholtz 1847) betrachten wir ein System, dem wir eine innere Energie zuschreiben. Wie bereits angedeutet kann nun das System mit seiner Umgebung auf zweierlei Weise in Wechselwirkung treten. Einmal kann es an diese Umgebung Wärme abgeben oder sie dieser entziehen. Es kann aber auch mechanische Arbeit leisten oder die Umgebung leistet am System mechanische Arbeit. Wir können uns demgemäß die Umgebung vorstellen als zusammengesetzt aus einer Arbeitsquelle (bzw. -senke) und einer Wärmequelle (bzw. -senke) (vgl. Abb. 2.4). Wird unserem vorgelegten System nun Wärme zugeführt, dann wird diese der Wärmequelle entnommen, wird dem System Wärme entzogen, wird diese der Wärmequelle zugeführt. Eine entsprechende Betrachtung läßt sich für dic Arbeit anstellen.

Wir nehmen nun an, unser System befände sich in einem wohldefinierten Zustand (Abb. 2.4), den wir durch seine innere Energie U kennzeichnen wollen. Die innere Energie sei etwa U_1. Genauso charakterisieren wir die Umgebung: Die Wärmequelle enthalte die Wärmemenge Q_1, die Arbeitsquelle die Arbeit A_1. Wir nehmen ferner an, daß wir dieses System in einen neuen Zustand mit der inneren Energie U_2 überführen können. Das kann dadurch geschehen, daß wir ihm Wärme zuführen, wobei wir die Wärmequelle in den Zustand Q_2 überführen und schließlich da-

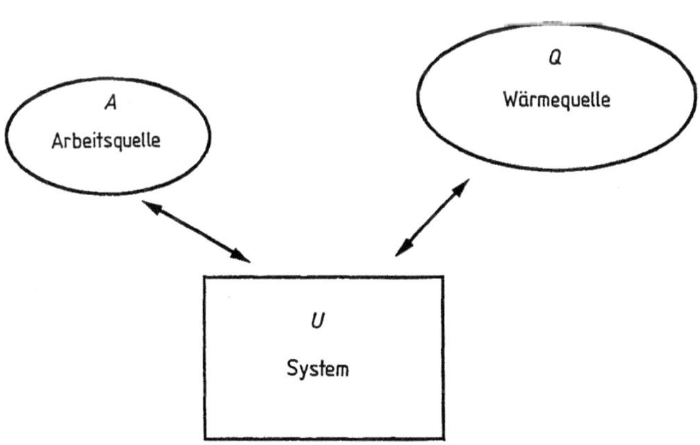

Abb. 2.4 System in Verbindung mit einer Wärme- und einer Arbeitsquelle.

durch, daß wir der Arbeitsquelle Arbeit entnehmen, wodurch sie in den Zustand A_2 übergeht. Die innere Energie unseres Systems hat sich nun geändert, nämlich um ΔU, wobei

$$\Delta U = U_2 - U_1 . \qquad (2\text{-}7)$$

Dabei entnehmen wir der Wärmequelle die Wärmemenge

$$Q_2 - Q_1 = - \Delta Q . \qquad (2\text{-}8)$$

Wenn wir Wärme aus der Wärmequelle entnehmen, heißt dies offenbar, daß die Wärmemenge in der Quelle abnimmt, also $Q_2 - Q_1 < 0$. Für das System bedeutet dies jedoch eine Wärmezufuhr ΔQ, die positiv zu Buche schlägt. Dies erklärt die Wahl des Vorzeichens auf der rechten Seite von (2-8). Man überzeugt sich leicht, daß eine dem System entzogene Wärmemenge negativ wird.

Ganz analog behandeln wir die der Arbeitsquelle entnommene Arbeit:

$$A_2 - A_1 = - \Delta A . \qquad (2\text{-}9)$$

Wir fordern nun die Gültigkeit des Prinzips der Energieerhaltung. Die Energiebilanz für unser System hat dann die Form

$$\Delta U = \Delta Q + \Delta A . \qquad (2\text{-}10)$$

Gleichung (2-10) faßt die Aussage des ersten Hauptsatzes der Thermodynamik zusammen. Er erklärt die Unmöglichkeit eines sogenannten *perpetuum mobile erster Art*, einer Maschine also, die mehr Energie erzeugen kann, als ursprünglich insgesamt zur Verfügung stand.

Für unser weiteres Vorgehen gewinnt die differentielle Form des ersten Hauptsatzes besondere Bedeutung. Erfahrungsgemäß wird der Zustand unseres Systems (Abb. 2.4) vollständig durch die innere Energie U bestimmt. Der Wert der inneren Energie ist also unabhängig von der Prozedur, gemäß der der Zustand des Systems mit der inneren Energie U hergestellt wurde. Anders ausgedrückt, das System hat kein Gedächtnis. Mathematisch bedeutet dies, daß zu einer differentiellen Änderung dU eine eindeutige Stammfunktion U existiert. (Es ist also

$$\int_1^2 dU = U_2 - U_1$$

unabhängig vom eingeschlagenen Weg.) Diese Aussage gilt nicht für Q und A. Es unterliegt unserer Willkür, wie wir die Herstellung dieses Zustandes U auf die Arbeitsquelle und die Wärmequelle aufteilen. Zu einer differentiellen Änderung der Wärmemenge gibt es also keine Stammfunktion Q. Um dieses hervorzuheben, schreiben wir eine differentielle Änderung der Wärme als δQ. Entsprechendes gilt für die Arbeit, eine differentielle Änderung bezeichnen wir dort durch δA. Wir erhalten so

$$dU = \delta Q + \delta A \tag{2-11}$$

als differentielle Form des ersten Hauptsatzes.

2.1.6 Der zweite Hauptsatz der Thermodynamik

Der erste Hauptsatz der Thermodynamik schränkt die in der Natur vorkommenden Prozesse ein: Nur solche Prozesse sind möglich, bei denen die Gesamtenergie erhalten bleibt. Die Erfahrung zeigt nun, daß die in der Natur möglichen Prozesse einer zusätzlichen, erheblich weitergehenden Einschränkung unterliegen.

Betrachten wir dazu als Beispiel zwei verschiedene ideale Gase, etwa der Sorte A und B, die dieselbe Temperatur T und den gleichen Druck p haben sollen und in einen isolierten Behälter eingesperrt sind (vgl. Abb. 2.5). Beide Gase sollen durch eine Scheidewand voneinander getrennt sein. Nehmen wir nun die Scheidewand heraus, dann beobachten wir, daß sich diese Gase sehr schnell vollständig durchmischen. War die Energie des Gases A vor der Durchmischung U_A und die des Gases B U_B, die Energie des zusammengesetzten Systems vor Herausnehmen der Scheidewand also $U = U_A + U_B$, dann wird sie auch nach dem Mischungsvorgang dieselbe sein. Der Zustand der völligen Entmischung ist mithin energetisch gesehen genauso möglich wie der der vollständigen Durchmischung. Dasselbe gilt für alle Zwischenzustände, die das Gesamtsystem, bestehend aus den Gasen A und B, während des Mischungsprozesses durchläuft. Es wird aber in der Natur, sofern man keine Scheidewand einsetzt, immer nur der Zustand der vollständigen Durchmischung als eindeutiger Endzustand beobachtet. Wir schließen daraus, daß in

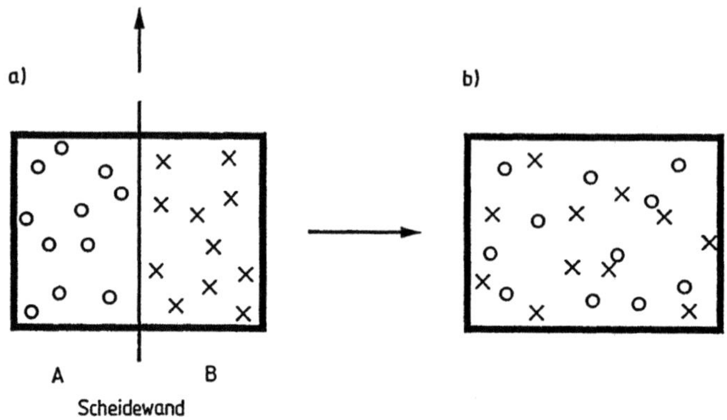

Abb. 2.5 Vermischung zweier Gase gleicher Temperatur nach Herausnahme der Trennwand. Energetisch gesehen sind die in a) und b) dargestellten Zustände gleichwertig.

der Natur unter allen energetisch möglichen Zuständen der Zustand der vollständigen Durchmischung ausgezeichnet ist.

Nehmen wir ein zweites Beispiel (Abb. 2.1), das wir im folgenden etwas eingehender behandeln wollen. Wieder haben wir ein isoliertes Gesamtsystem bestehend aus zwei Körpern A und B, wobei beide Körper anfangs zusätzlich durch eine thermisch isolierende (adiabatische) Wand getrennt sind. Der Körper A soll die Temperatur T_A haben, der Körper B die Temperatur T_B, und beispielsweise möge $T_A > T_B$ erfüllt sein. Nehmen wir die isolierende Zwischenwand heraus, werden sich die Temperaturen ausgleichen; im Endzustand findet man beide Körper mit einer mittleren Temperatur T_{AB} vor, die zwischen T_A und T_B liegt:

$$T_A > T_{AB} > T_B \,. \tag{2-12}$$

Wieder wird aus allen energetisch möglichen Zuständen einer als Endzustand ausgezeichnet. Eine spontan entstehende Temperaturdifferenz ist in einem Körper nie beobachtet worden. Unser System strebt also einem eindeutigen Endzustand zu, der unter allen energetisch möglichen Zuständen ausgewählt wird. Im folgenden werden wir diesen Endzustand als *Gleichgewichtszustand* bezeichnen. Im neunzehnten Jahrhundert war man besonders an der Funktionsweise von Wärmekraftmaschinen interessiert. Dementsprechend hat man die sich ergebende Folgerung, nämlich den zweiten Hauptsatz der Thermodynamik, für solche Maschinen formuliert:

Es gibt keine *periodisch* arbeitende Maschine, bei der nach einem Umlauf die einzigen Änderungen in der umgebenden Welt darin bestehen, daß Arbeit geleistet und *nur eine* Wärmequelle abgekühlt wurde.

Eine solche Maschine bezeichnet man als *perpetuum mobile zweiter Art.* Im Gegensatz zum perpetuum mobile erster Art widerspricht eine so konstruierte Maschine nicht der Aussage des ersten Hauptsatzes der Thermodynamik. Gäbe es nun eine derartige Maschine, wäre jeder energetisch mögliche Zustand gleichwertig. Wir können das folgendermaßen einsehen. Sobald sich die Temperaturen der beiden Körper A und B auf die Mischungstemperatur T_{AB} eingestellt haben, bringen wir wieder die isolierende Wand zwischen ihnen an. Wir könnten dem Körper B Wärme mit dieser Maschine entnehmen und sie dem Körper A zuführen. Dabei könnten wir jeden möglichen Zwischenzustand bis zum Ausgangszustand $T = T_A$ für das System A und $T = T_B$ für das System B herstellen, wobei die Maschine immer wieder in ihrem Ausgangszustand vorliegen würde: Nach Voraussetzung soll sie ja periodisch arbeiten, d.h. sie kehrt nach Verrichtung der Arbeit wieder in ihren Ausgangszustand zurück. Völlig unabhängig von der Maschine könnten wir also damit jeden energetisch möglichen Zustand erzeugen, ohne daß sich in der Umgebung irgend etwas verändert hätte. Dies steht im Widerspruch zu der Beobachtung, daß es einen eindeutigen Endzustand gibt.

2.1.7 Idealisierte Prozesse der Thermodynamik

Wie wir aus der Erfahrung wissen, ist es möglich Maschinen zu konstruieren, bei denen aus Wärme Arbeit gewonnen wird. Das geläufigste Beispiel ist die Dampfmaschine. Nach unseren vorangegangenen Überlegungen genügt hierfür aber nicht eine Wärmequelle, sondern wir brauchen, wie wir sehen werden, mindestens zwei. Eine Wärmequelle A mit der Temperatur T_A und eine Wärmequelle B mit der Temperatur T_B. Wir wollen uns ferner vorstellen, daß wir zwischen den beiden Wärmequellen eine ideal-diathermische oder eine ideal-adiabatische Wand einführen können. Bringen wir die beiden Wärmequellen, die wir auch als zwei Körper mit den verschiedenen Temperaturen T_A und T_B auffassen können, zusammen und lassen den Prozeß des Temperaturausgleichs ablaufen (einbringen einer diathermischen Wand), so haben wir keine weitere Eingriffsmöglichkeit und können insbesondere keinerlei Arbeit gewinnen. Dieser Prozeß verläuft *irreversibel*, d.h. er ist nicht mehr umkehrbar, ohne die Bedingungen der Umgebung zu verändern. Der Prozeß der Wärmeübertragung muß, wenn wir zusätzlich Arbeit gewinnen wollen, geeignet abgeändert werden. Wir wollen dies in zwei Schritten tun.

Um den ersten Schritt vorzubereiten, wollen wir den Gesamtverlauf des irreversiblen Prozesses genauer beschreiben. Die Anfangssituation (Körper A hat Temperatur T_A und Körper B die Temperatur T_B) kann als Gleichgewichtszustand beschrieben werden, der sich einstellt unter einer von außen vorgegebenen *Nebenbedingung*, nämlich dem Einbringen einer adiabatischen Wand zwischen den beiden Körpern. Heben wir die Nebenbedingung auf, d.h. ersetzen wir die adiabatische Wand durch eine diathermische, dann stellt sich im Verlaufe der Zeit ein neuer Gleichgewichtszustand ein (gleiche Temperatur für beide Körper, Temperatur $T = T_{AB}$). Die während des Übergangs eingenommenen Zustände fallen nicht mit Gleichgewichtszuständen des Systems zusammen und werden dementsprechend als *Nichtgleichgewichtszustände* bezeichnet. Es sind gerade diese Nichtgleichgewichtszustände, die wir nicht kontrollieren können. Wir werden also versuchen, sie beim oben beschriebenen Übergang von einem durch Nebenbedingungen festgelegten Ausgangsgleichgewichtszustand in einen neuen Endzustand, der durch weniger Nebenbedingungen charakterisiert ist, zu vermeiden. Diesem Zweck dienen die folgenden Überlegungen.

Wir gehen wieder von der in Abb. 2.1 geschilderten Ausgangssituation aus (adiabatische Wand zwischen A und B), nehmen aber jetzt einen dritten Körper C zuhilfe (Abb. 2.6), der sehr viel kleiner sein soll als A und B, ferner soll seine Ausgangstemperatur T_C zwischen T_A und T_B liegen. Um damit den Endzustand T_{AB} in sukzessiven Schritten herzustellen, entnehmen

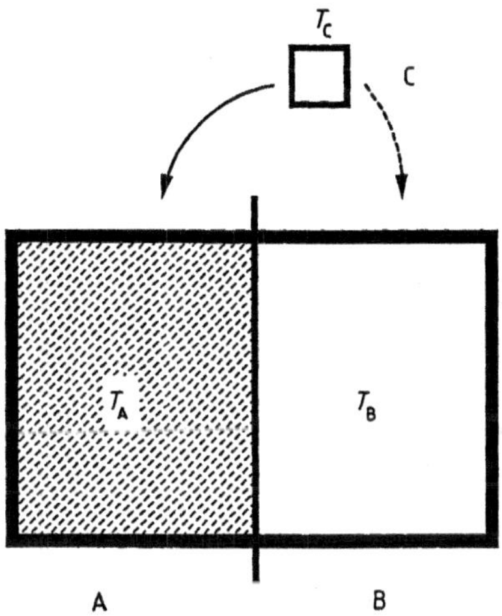

Abb. 2.6
Transport der Wärme von A nach B unter Verwendung des kleinen Hilfskörpers C, der mit diathermischer oder adiabatischer Wand versehen werden kann.

wir dem Körper A Wärme, indem wir ihn mit dem Körper C in Kontakt bringen. Zwischen A und C soll also eine diathermische Wand eingebracht werden, über die der Wärmeaustausch erfolgen kann. Was sich nun zwischen A und C einstellt, ist eine Mischungstemperatur $T_{AC}^{(1)} = T_A - \varepsilon_A$, wobei ε_A als klein angesehen wird und positiv ist. Wir isolieren nun A und C wieder und bringen dann C mit B über eine diathermische Wand in Kontakt. Auch hier beobachten wir einen Temperaturausgleich, es stellt sich die Temperatur $T_{CB}^{(1)} = T_B + \varepsilon_B$ ein. Wir haben nun einen Zwischenzustand erreicht, der wieder ein Gleichgewichtszustand ist. Lassen wir den Körper C der Einfachheit halber in unserer Bilanz außeracht, dann besteht der Gleichgewichtszustand darin, daß jetzt A die niedrigere Temperatur $T_{AC}^{(1)}$ und B die etwas höhere Temperatur $T_{CB}^{(1)}$ hat. Wir können diesen Prozeß der Wärmeübertragung nun solange wiederholen, bis schließlich der Endzustand T_{AB} erreicht wird.

Was hat man durch diese zunächst umständlich erscheinende Prozedur erreicht? Anstatt wie früher (Abb. 2.1) den Gleichgewichtszustand unter der Nebenbedingung der isolierenden Wand über lauter Nichtgleichgewichtszustände in den Endzustand T_{AB}

überzuführen, ist es jetzt gelungen, einen Satz von Zwischenzuständen einzuschieben, die Gleichgewichtszustände sind. Nach dem i-ten Schritt nämlich hat der Körper A die Temperatur $T^{(i)}_{AC}$ und entsprechend Körper B die Temperatur $T^{(i)}_{CB}$. Offenbar muß gelten

$$T_A > T^{(i)}_{AC} > T_{AB} > T^{(i)}_{CB} > T_B \,. \tag{2-13}$$

Sind insgesamt N Schritte nötig um den Endzustand T_{AB} herzustellen, dann wurden genau $N-1$ Gleichgewichtszustände durch unser Verfahren in den Prozeß des Temperaturausgleichs eingebracht. Es leuchtet unmittelbar ein, daß, je kleiner wir C wählen, desto mehr Gleichgewichtszustände in den Übergang eingeschoben werden können. Im idealen Fall (infinitesimal kleiner Körper C) werden wir erwarten, daß es möglich wird, den Ausgleichsprozeß der Temperaturen über lauter Gleichgewichtszustände zu führen. Nichtgleichgewichtsprozesse hatten wir dadurch charakterisiert, daß es in der Zeit ablaufende Prozesse sind. Man erinnere sich dazu an die Mischung zweier verschiedener Gase. Gleichgewichtszustände sind Endzustände, die sich nach Verlauf des zeitlichen Prozesses einstellen. Um also den obigen Prozeß mit dem Hilfskörper C über lauter Gleichgewichtszustände zu führen, muß er im idealisierten Grenzfall „unendlich langsam“ ausgeführt werden. Einen solchen Ablauf des Prozesses nennt man *quasistatisch.*

Wie bereits oben erwähnt, nennen wir den Prozeß des spontanen Temperaturausgleichs (s. Abb. 2.1) irreversibel, da er ohne einen äußeren Eingriff nicht rückgängig gemacht werden kann. Offenbar ist auch die eben geschilderte quasistatisch geführte Version des Prozesses weiterhin irreversibel. Wir wollen nun jedoch zeigen, daß es unter den quasistatischen Prozessen solche gibt, die in jedem Moment umkehrbar, also *reversibel* sind. Es wird sich nämlich herausstellen, daß die Tendenz eines Systems, spontan den Gleichgewichtszustand anzustreben, durch Arbeit, die das System an einem anderen System leistet, aufgehoben werden kann.

2.1.8 Der Carnotsche Kreisprozeß

Unsere Wärmekraftmaschine, bei der also aus Wärme Arbeit gewonnen wird, soll folgendermaßen aufgebaut sein: ein Mol ($n = 1$ in (2-1)) eines idealen Gases soll in einen Behälter eingeschlossen sein, dessen eine Wand durch einen beweglichen Stempel gebildet wird (vgl. Abb. 2.7). Eine Wand, nämlich diejenige, die in Kontakt zu den Wärmequellen gebracht wird, soll austauschbar sein. Je nach Bedarf können wir sie als ideal diathermisch (wärmedurchlässig) oder ideal adiabatisch (wärmeundurchlässig) wählen. Alle anderen Wände betrachten wir als adiabatisch. Dieser Maschine übertragen wir nun die Rolle des Körpers C, d.h. sie soll Wärme von einer Wärmequelle A nach einer Wärmequelle B transportieren. Darüberhinaus soll sie jetzt aber neben dem Wärmetransport von A nach B zusätzlich die Möglichkeit haben, Arbeit zu verrichten (Abb. 2.8). Die Wärmequellen A und B wählen wir so groß, daß sich bei einer Entnahme von Wärme oder einer Wärmezufuhr ihre Temperatur nicht merklich ändert; in der Thermodynamik spricht man dann von Wärmereservoiren.

Unsere Wärmekraftmaschine bringen wir in Kontakt mit dem Reservoir A und wählen eine diathermische Wand zwischen den beiden. Im Anfangszustand soll das Gas die Temperatur $T_1 = T_A$, das Volumen V_1 und den Druck p_1 haben. Wir führen nun isotherm (iso: griechisch „gleich“), d.h. bei gleichbleibender Temperatur T_1, dem Gas in *reversibler* Weise Wärme zu, während wir gleichzeitig den Stempel nach außen bewegen. Wir wollen uns

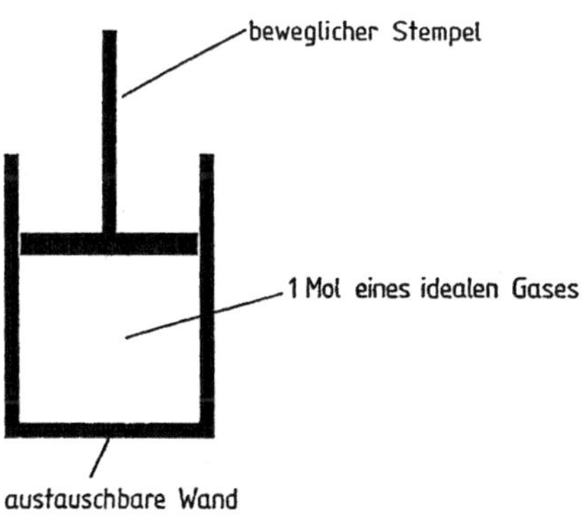

Abb. 2.7
Ersetzung des Körpers C durch eine Maschine, die Arbeit verrichten kann.

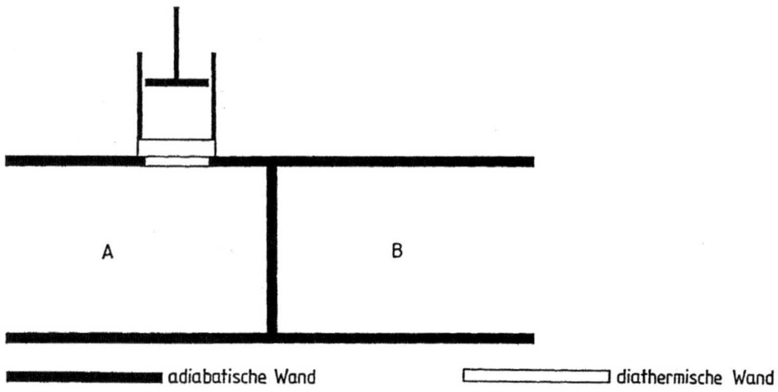

Abb. 2.8 Beispiel für die Wirkungsweise der Maschine: Hier ist sie in diathermischem Kontakt mit A.

von diesem Prozeß eine Vorstellung verschaffen und zerlegen ihn dazu in sehr kleine diskrete Einzelschritte. In einem ersten Schritt werden wir den Stempel des Gases ein kleines Stückchen herausgehen lassen, indem wir den Druck der Umgebung p_1 ein klein wenig nämlich um Δp erniedrigen: $p = p_1 - \Delta p$. Das Gas wird sich jetzt ausdehnen; im mechanischen Gleichgewicht muß es denselben Druck aufweisen wie seine Umgebung. Dabei leistet es gegen den Außendruck die Arbeit

$$\Delta A = -(p_1 - \Delta p)\Delta V \cong -p_1 \Delta V \,, \tag{2-14}$$

wenn ΔV die zugehörige Volumänderung des Gases bedeutet. (Im Grenzfall infinitesimaler Änderungen dp und dV, kann man „$\cong$" durch das Gleichheitszeichen ersetzen.) Diese Arbeit kann das Gas aufgrund des ersten Hauptsatzes nur aufbringen, indem es seine innere Energie um einen entsprechenden Betrag ΔU erniedrigt. Es ist aber $\Delta U = C_s \Delta T$ (vgl. (2-4)). Gegenüber dem Reservoir hat das Gas dann aber eine geringere Temperatur $T = T_1 - \Delta T$. Damit kann die Wärmemenge ΔQ aus dem Reservoir überfließen, bis das Gas wieder die Temperatur T_1 annimmt. Jetzt kann man das Verfahren wiederholen. Es ist klar, daß im Falle einer quasistatischen Führung die Schrittweite des Verfahrens infinitesimal klein gewählt werden muß.

Es wird zudem an dieser Stelle unmittelbar einsichtig, daß der Prozeß in jedem Moment wieder umkehrbar ist: er ist reversibel. Um dies zu verdeutlichen, diskutieren wir wieder den oben dargestellten ersten Einzelschritt. Nach Abschluß dieses Schrittes ist der Druck der Umgebung wie auch des Gases $p = p_1 - \Delta p$. Wir erhöhen nun wieder den Druck der Umgebung um Δp auf p_1. Dadurch wird das Gas komprimiert um $\Delta V < 0$, die Umgebung verrichtet am Gas die Arbeit $-p_1 \Delta V$. Dabei erhöht sich die innere Energie des Gases und damit verbunden wieder die Temperatur: $\Delta U = C_s \Delta T$. Das Gas hat jetzt die Temperatur $T_1 + \Delta T$, und die Wärmemenge ΔQ kann wieder in das Reservoir überfließen.

Wir nehmen nun an, daß das Gas über derartige infinitesimale Schritte insgesamt die Wärmemenge Q_1 aufnimmt und die Arbeit A_1 leistet. Schritt 1, wie auch die folgenden Schritte, sind in dem Diagramm der Abb. 2.9 veranschaulicht.

In einem zweiten Schritt isolieren wir unsere Maschine mit Hilfe der adiabatischen Wand, so daß ein Wärmeaustausch mit der Umgebung unmöglich wird. Jetzt lassen wir das Gas wieder quasistatisch Arbeit gegenüber der Umgebung leisten, indem wir es wie oben expandieren bis es sich auf die Temperatur $T_B = T_3$ abgekühlt hat. Dabei bringt das Gas die Arbeit A_2 auf.

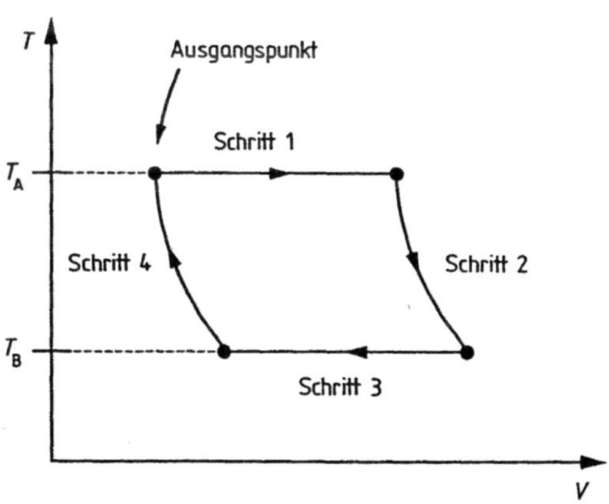

Abb. 2.9 Veranschaulichung der Funktionsweise des im Text beschriebenen Kreisprozesses in einem *V, T*-Diagramm. Nach der Durchführung von Schritt 4 ist die Maschine wieder in ihrem Ausgangszustand. (Bei den beschriebenen Überlegungen wurde $T_A = T_1$ und $T_B = T_3$ gesetzt!)

Im 3. Schritt bringen wir das Gas in Kontakt mit dem Reservoir B, montieren wieder die diathermische Wand an und komprimieren es isotherm, wobei es die Wärmemenge Q_3 abgibt und die Arbeit A_3 an ihm verrichtet wird.

Im vierten und letzten Schritt bringen wir an unsere Maschine wieder eine adiabatische Wand an und komprimieren das Gas so, daß es in den ursprünglichen Ausgangszustand zurückkehrt (*Kreisprozeß*, s. auch Abb. 2.9). Dabei wird an dem Gas die Arbeit A_4 verrichtet.

Die Energiebilanz für unsere Wärmekraftmaschine läßt sich nun mittels des ersten Hauptsatzes unmittelbar aufstellen. Das Gas liegt nach dem Durchlaufen des Kreisprozesses wieder in seinem Ausgangszustand vor, die gesamte Änderung seiner inneren Energie ist also Null. Damit wird

$$\underbrace{(Q_1 - A_1)}_{\text{1. Schritt}} + \underbrace{(-A_2)}_{\text{2. Schritt}} + \underbrace{(-Q_3 + A_3)}_{\text{3. Schritt}} + \underbrace{(A_4)}_{\text{4. Schritt}} = 0. \tag{2-15}$$

Zur besseren Übersicht haben wir die A_i und Q_i ($i = 1, ..., 4$) sämtlich als positive Größen behandelt. Damit wird über das Vorzeichen der Größen in (2-15) deutlicher markiert, ob sie positiv zu Buche schlagen (positives Vorzeichen) oder negativ (Minuszeichen). Für die Gesamtbilanz der Arbeit $\Delta_Z A = A_1 + A_2 - A_3 - A_4$ ergibt sich somit aus (2-15)

$$\Delta_Z A = Q_1 - Q_3\,; \tag{2-16}$$

das Symbol Δ_Z soll dabei andeuten, daß ein voller Zyklus durchlaufen wurde.

Wir wollen noch eine andere Bilanz für unseren Kreisprozeß aufstellen, nämlich die der reversibel umgesetzten Wärme dividiert durch die momentane Temperatur. Dazu definieren wir die Größe S durch

$$dS = \frac{\delta Q_{\text{rev}}}{T}, \tag{2-17}$$

wobei δQ_{rev} die Änderung der Wärmemenge bei *reversibler* Prozeßführung bezeichnet. Die so eingeführte Größe S gewinnt für die Thermodynamik grundlegende Bedeutung. Ihr Entdecker

Clausius (1850) hat ihr den Namen Entropie gegeben. Das Motiv, diese Größe aufzuspüren, bildete für Clausius die Notwendigkeit, ein Kriterium zu finden, durch das der Verlauf von Prozessen auf einen Gleichgewichtszustand hin quantitativ erfaßbar wird. Seine geniale Leistung bestand im Auffinden des Ansatzes (2-17). Eine anschauliche Bedeutung kann dieser Größe im Rahmen der phänomenologischen Thermodynamik nicht zugewiesen werden. Erst die statistische Deutung der Thermodynamik durch Boltzmann wird uns hier weiter helfen. Was man jedoch im Rahmen der phänomenologischen Theorie tun kann, ist die Eigenschaften von S zu untersuchen. Dem dient die Aufstellung unserer Bilanz über einen Zyklus des Kreisprozesses hinweg.

Während des ersten Schrittes wird bei der Temperatur T_1 insgesamt reversibel die Wärmemenge Q_1 aufgenommen. Die gesamte Änderung der Größe S ist gerade Q_1/T_1. Während Schritt 2 wird keine Wärme ausgetauscht, er trägt zur Bilanz von S nichts bei. Schritt 3 dagegen führt zu einem Beitrag $-Q_3/T_3$ (Wärme wird reversibel abgeführt), während Schritt 4 wird keine Wärme ausgetauscht, so daß die Gesamtbilanz der Größe S über einen Kreislauf hinweg ergibt

$$\Delta_Z S = \frac{Q_1}{T_1} - \frac{Q_3}{T_3}. \qquad (2\text{-}18)$$

In dem diesem Abschnitt nachfolgenden Anhang (Anhang 2.1) führen wir am Beispiel eines idealen Gases als Arbeitsstoff unserer Carnotmaschine eine kleine Rechnung durch, die zeigt

$$\Delta_Z S = 0 \qquad (2\text{-}19)$$

oder, wenn wir unser Ergebnis (2-18) berücksichtigen,

$$\frac{Q_1}{T_1} = \frac{Q_3}{T_3}. \qquad (2\text{-}20)$$

Im folgenden werden wir aus den hier erhaltenen Resultaten (2-16) und (2-20) bemerkenswerte Konsequenzen ziehen. Zunächst bleibt an dieser Stelle noch anzumerken, daß sich alle der auch praktisch verwertbaren Ergebnisse der Thermodynamik über die explizite Konstruktion entsprechender Kreisprozesse herleiten lassen. Der Carnotprozeß gewinnt so paradigmatische Bedeutung für die gesamte Thermodynamik.

2.1.9 Der maximale Wirkungsgrad

Die folgende Rechnung ist elementar, ihr Ergebnis hat grundlegende aber auch praktische Bedeutung. Wir schreiben dazu die Ergebnisse des letzten Abschnitts für die Arbeitsbilanz (2-16) und die Wärmemenge/Temperaturverhältnisse (2-20) noch einmal zusammen:

$$\Delta_Z A = Q_1 - Q_3 \quad \text{und} \quad \frac{Q_1}{T_1} = \frac{Q_3}{T_3}.$$

Die erste Relation läßt sich auch schreiben als

$$\Delta_Z A = T_1 \frac{Q_1}{T_1} - T_3 \frac{Q_3}{T_3}. \qquad (2\text{-}21)$$

Wegen des Bestehens der zweiten Beziehung (Gleichung (2-20)) läßt sich Q_1 / T_1 ausklammern

$$\Delta_Z A = \frac{Q_1}{T_1}(T_1 - T_3) = Q_1 \left(1 - \frac{T_3}{T_1}\right). \qquad (2\text{-}22)$$

Als Wirkungsgrad η bezeichnet man das Verhältnis der bei einem Umlauf erhaltenen Arbeit zu der ursprünglich eingesetzten Wärme Q_1

$$\eta = \frac{\Delta_Z A}{Q_1}. \qquad (2\text{-}23)$$

Setzen wir in diese Formel (2-22) ein, dann erhalten wir

$$\eta = 1 - \frac{T_3}{T_1}. \qquad (2\text{-}24)$$

Es handelt sich hierbei um den *maximalen Wirkungsgrad*, der mit einer Wärmekraftmaschine überhaupt erzielbar ist. Die reversible Führung des Prozesses läßt keinerlei Nichtgleichgewichtszustände zu. Wie wir aber am Beispiel des irreversiblen

Temperaturausgleichs zwischen zwei Körpern gesehen haben, führen Nichtgleichgewichtszustände immer dazu, daß nur Wärme transportiert wird, ohne daß Arbeit gewonnen werden könnte. Der idealisierte Grenzfall reversibler Führung der Prozesse garantiert also, daß die dabei gewonnene Arbeit maximal ist. Für die Praxis besagt (2-24), daß man ein möglichst kleines Temperaturverhältnis T_3/T_1 erreichen muß, um einen hohen Wirkungsgrad zu erzielen.

Es bleibt noch zu zeigen, daß unser Resultat unabhängig ist vom bisher gewählten Arbeitsstoff, dem idealen Gas nämlich. Dazu nehmen wir an, daß zwei reale Gase G_1 und G_2 vorliegen sollen, die bei reversibler Führung des Carnotprozesses unterschiedliche Wirkungsgrade η_1 und η_2 erzielen mögen, beispielsweise $\eta_1 > \eta_2$. Dies hätte offenbar zur Folge, daß die zugehörige Maschine 1 weniger Wärme $Q_3^{(1)}$ im Schritt 3 des Carnotprozesses an Reservoir B abgibt als die Maschine 2 (und entsprechend weniger aufnimmt im Schritt 1), die $Q_3^{(2)}$ abgeben soll, um damit dieselbe Arbeit zu verrichten. Es wäre also (bei zunächst gleicher Arbeitsleistung)

$$Q_3^{(1)} < Q_3^{(2)} . \tag{2-25}$$

Wir nehmen nun an, daß die Maschine 2 während eines Umlaufs die Arbeit $\Delta_Z A^{(2)} = Q_1^{(2)} - Q_3^{(2)}$ aufbringt, die Maschine 1: $\Delta_Z A^{(1)} = Q_1^{(1)} - Q_3^{(1)}$. Entsprechend den obigen Ausführungen können wir jetzt $\Delta_Z A^{(1)} > \Delta_Z A^{(2)}$ und $Q_3^{(1)} < Q_3^{(2)}$ dabei erzielen, wenn wir $Q_1^{(1)} = Q_1^{(2)}$ wählen. Da der Carnotprozeß jeweils reversibel geführt wird, können wir ihn bei einer der beiden Maschinen auch umgekehrt ablaufen lassen: Wir können so beide Maschinen in folgender Weise gegeneinander laufen lassen. In einem ersten Kreisprozeß verwenden wir die Maschine 1 und gewinnen die Arbeit $\Delta_Z A^{(1)} = Q_1^{(1)} - Q_3^{(1)}$. Wir entnehmen der Arbeit $\Delta_Z A^{(1)}$ den Anteil $\Delta_Z A^{(2)}$, den wir benötigen, um die Maschine 2 in entgegengesetzter Richtung zu betreiben. Insgesamt gewinnen wir dann die Arbeit

$$\Delta_Z A^{(1)} - \Delta_Z A^{(2)} = (Q_1^{(1)} - Q_3^{(1)}) - (Q_1^{(2)} - Q_3^{(2)}) = Q_3^{(2)} - Q_3^{(1)}, \tag{2-26}$$

wenn wir die Voraussetzung $Q_1^{(1)} = Q_1^{(2)}$ berücksichtigen. Ziehen wir Bilanz, dann hat sich insgesamt nur der Zustand des Reservoirs B mit der Temperatur $T_B = T_3$ geändert (vgl. (2-26)). Ihm wurde mehr Wärme entzogen, als ihm zugeführt wurde. Reservoir A ist in den Ausgangszustand zurückgeführt worden. Es wurde also die Arbeit (2-26) gewonnen durch Abkühlung nur eines Wärmereservoirs. Unsere Schlußfolgerung widerspricht der Aussage des zweiten Hauptsatzes. Wir kommen deshalb zu der Erkenntnis, daß unser Ergebnis (2-24) universelle Gültigkeit besitzt: es ist unabhängig vom verwendeten Arbeitsstoff.

2.1.10 Die Festlegung der absoluten Temperatur

Die Carnotsche Maschine kann man nun zur allgemeinen Definition der Temperatur heranziehen. Bisher diente uns das ideale Gas, eine rein fiktive Modellkonstruktion, die streng genommen nirgendwo in der Natur verwirklicht ist, als Grundlage der Temperaturdefinition. Diesen Mangel unserer bisherigen Theorie wollen wir im folgenden beheben.

Wir nehmen dazu an, daß wir mittels eines Thermometers irgendeine Temperaturskala festgelegt haben, so daß wir höhere und tiefere Temperaturen Θ eindeutig unterscheiden können: $\Theta_1 > \Theta_2$ soll ausdrücken, daß die Temperatur Θ_1 höher ist als die Temperatur Θ_2. Um hervorzuheben, daß diese Temperaturskala nicht mit unserer früher festgelegten übereinstimmen muß, haben wir zu ihrer Kennzeichnung den griechischen Buchstaben Θ (lies „Theta") eingeführt.

Wir stellen uns nun vor, daß zwischen zwei gegebenen Wärmereservoiren mit den Temperaturen Θ_1 und Θ_2, wobei $\Theta_1 > \Theta_2$ gelten soll, eine Carnotmaschine arbeitet, die dem Reservoir 1 die Wärmemenge Q_1 entzieht und dem Reservoir 2 die Wärmemenge Q_2 zuführt. Dabei leistet sie die Arbeit $\Delta_Z A = Q_1 - Q_2$. Sie arbeitet mit dem maximalen Wirkungsgrad

$$\eta = \frac{\Delta_Z A}{Q_1} = 1 - \frac{Q_2}{Q_1}. \qquad (2\text{-}27)$$

Da jede andere Carnotmaschine, wie wir oben gesehen haben, auch genau nur diesen Wirkungsgrad erzielen kann, muß der Quotient in (2-27) von der konkreten Zusammensetzung der Maschine unabhängig sein. Das ist genau dann der Fall, wenn er ausschließlich eine Funktion f der Temperaturen Θ_1 und Θ_2 ist. Wir schreiben also

$$\frac{Q_2}{Q_1} = f(\Theta_1, \Theta_2) \quad \text{oder} \quad Q_2 = Q_1 f(\Theta_1, \Theta_2) \,. \tag{2-28}$$

Kombinieren wir die Gleichungen (2-27) und (2-28), dann können wir die Arbeit in der folgenden Form angeben:

$$\Delta_Z A = Q_1 (1 - f(\Theta_1, \Theta_2)) \,. \tag{2-29}$$

Unsere Aufgabe besteht nun darin, die Eigenschaften von $f(\Theta_1, \Theta_2)$ näher zu bestimmen. Dazu nehmen wir an, wir hätten noch ein drittes Wärmereservoir mit der Temperatur Θ_3, die niedriger sein soll als Θ_2. Zwischen Reservoir 2 und Reservoir 3 soll nun wieder eine Carnotmaschine arbeiten (vgl. Abb. 2.10), die

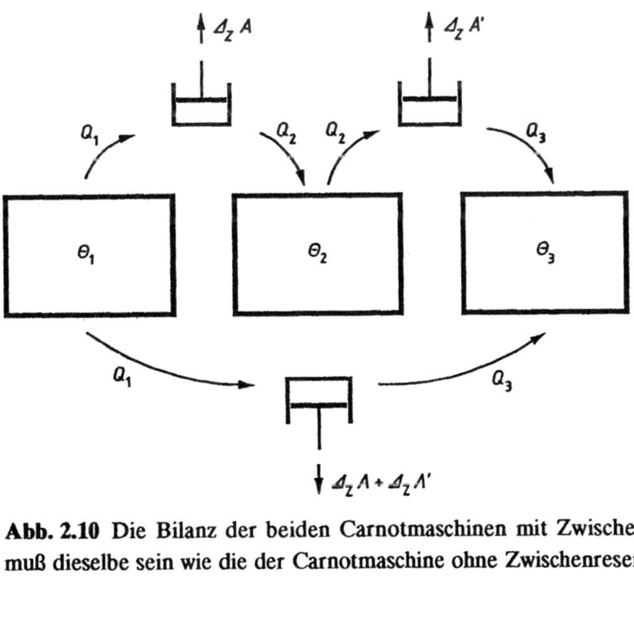

Abb. 2.10 Die Bilanz der beiden Carnotmaschinen mit Zwischenreservoir Θ_2 muß dieselbe sein wie die der Carnotmaschine ohne Zwischenreservoir.

dem Reservoir 2 gerade die Wärmemenge Q_2 entzieht, die ihm durch die erste Maschine aus dem Reservoir 1 zugeführt wurde. Sie soll dabei die Arbeit $\Delta_Z A'$ leisten und dem Reservoir 3 die Wärmemenge Q_3 zuführen.

Bei dem zusammengesetzten Prozeß können wir wegen (2-29) folgende Gleichung für die Arbeit während eines Zyklus anschreiben:

$$\Delta_Z A = Q_1(1 - f(\Theta_1, \Theta_2)) \quad \text{und} \quad \Delta_Z A' = Q_2(1 - f(\Theta_2, \Theta_3)) . \qquad (2\text{-}30)$$

Ersetzen wir noch Q_2 durch $Q_1 f(\Theta_1, \Theta_2)$ (vgl. (2-28)), dann ist

$$\Delta_Z A + \Delta_Z A' = Q_1(1 - f(\Theta_1, \Theta_2)) + Q_1 f(\Theta_1, \Theta_2)(1 - f(\Theta_2, \Theta_3)). \qquad (2\text{-}31)$$

In der Endabrechnung unserer Bilanz taucht nun das Reservoir 2 überhaupt nicht mehr auf. In der Tat wird ja während eines Zyklus dem Reservoir 2 genausoviel Wärme entzogen, wie ihm zugeführt wird. Wir werden demgemäß dieselbe Arbeitsbilanz erhalten, wenn wir eine entsprechend dimensionierte Carnotmaschine direkt zwischen Reservoir 1 und 3 arbeiten lassen und auf das zweite Reservoir verzichten. Wegen (2-29) erhalten wir dann

$$\Delta_Z (A + A') = Q_1(1 - f(\Theta_1, \Theta_3)) . \qquad (2\text{-}32)$$

Setzen wir die beiden rechten Seiten der Gleichungen (2-31) und (2-32) gleich, dann erhalten wir

$$f(\Theta_1, \Theta_3) = f(\Theta_1, \Theta_2) f(\Theta_2, \Theta_3) . \qquad (2\text{-}33)$$

Wir suchen die Lösung dieser Gleichung in der Form

$$f(\Theta_1, \Theta_2) = \frac{g(\Theta_2)}{g(\Theta_1)} \qquad (2\text{-}34)$$

(g bezeichnet eine Funktion einer Variablen).

Durch Einsetzen dieses Ansatzes in (2-33) überzeugt man sich schnell, daß wir damit tatsächlich eine Lösung gefunden haben. Man kann übrigens auch beweisen, daß es sich um die einzige Auflösung der Relation (2-33) handelt. Für den Wirkungsgrad erhalten wir jetzt wegen (2-27) und (2-34)

$$\eta = 1 - \frac{g(\Theta_2)}{g(\Theta_1)}. \tag{2-35}$$

Die Funktion $g(\Theta)$ kann man experimentell durch Messung des Wirkungsgrades bestimmen. Setzen wir einen willkürlichen Wert von $g(\Theta)$, etwa $g(\Theta_1) = T_1$, dann haben wir damit eine Referenztemperatur definiert. Beispielsweise können wir dazu den Schmelzpunkt des Eises unter Normalbedingungen wählen. Da in (2-35) nur Verhältnisse der Temperaturen eingehen, haben wir zusätzlich noch die freie Wahl eines Temperaturmaßstabes, den wir wieder vereinbaren können. Wir sind damit am Ziel: Die Temperatur ist nun unabhängig von irgendwelchen Materialien festgelegt und damit *universell* definiert. Wir weisen darauf hin, daß unserem Verfahren gemäß eine Temperatur *ausschließlich für Gleichgewichtszustände* definiert wurde.

2.1.11 Die Entropie

Bei der Untersuchung des Carnotschen Kreisprozesses hatten wir die Größe S in (2-17) eingeführt:

$$dS = \frac{\delta Q_{\text{rev}}}{T}$$

und gefunden, daß für einen vollen Zyklus des reversibel geführten Kreisprozesses (vgl. (2-19)) $\Delta_Z S = 0$ wird. Über die konsequente Anwendung des zweiten Hauptsatzes haben wir gezeigt, daß unsere Resultate unabhängig vom detaillierten Aufbau der Carnotmaschine sind; insbesondere unabhängig sind von der Natur des gewählten Arbeitsstoffes bei der in Abb. 2.7 dargestellten Wärmekraftmaschine. Entscheidend ist nur die Voraussetzung, daß die Prozesse reversibel geführt werden. Wir können deshalb behaupten, daß das Resultat (2-19) für reversibel geführte Kreisprozesse universelle Gültigkeit hat: Gäbe es einen reversiblen Prozeß, der zu einem anderen Ergebnis führte, könnten wir immer ein perpetuum mobile zweiter Art konstruieren, im Widerspruch zur Aussage des zweiten Hauptsatzes. Wir ziehen

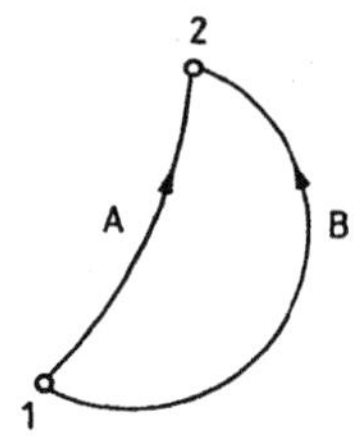

Abb. 2.11
Die Entropieänderung hängt bei reversibler Führung nur vom Anfangs- und Endzustand ab, nicht vom gewählten Weg. (Ein Beispiel zeigt auch Abb. 2.10.)

daraus den folgenden Schluß: Bei reversibel geführten Prozessen kann die zugehörige Entropieänderung für ein System nur vom Anfangs- und Endzustand des Prozesses abhängen und nicht von der speziell gewählten Führung des Prozesses (s. Abb. 2.11). In der Tat folgt nämlich dann für ein System, das wir von einem Zustand 1 längs eines Weges A reversibel in einen anderen Zustand 2 überführen

$$\Delta_A S = S(2) - S(1) \,. \tag{2-36}$$

Entsprechend wird sich längs eines Weges B eine Entropieänderung $\Delta_B S$ ergeben. Wären nun beide verschieden, könnten wir längs des Weges A von 1 nach 2 und zurück den Weg B nehmen. Es wäre dann $\Delta_A S - \Delta_B S \neq 0$ im Widerspruch zu unserer Entropiebilanz $\Delta_Z S = 0$ für reversibel geführte Kreisprozesse. Bei reversibel geführten Prozessen hat deshalb die Entropie dieselbe Eigenschaft, wie wir sie für die innere Energie bereits kennengelernt haben: Sie hängt eindeutig vom momentanen Zustand ab. Zu dS existiert mithin eine Stammfunktion. Diese Folgerung erklärt auch unsere in (2-17) gewählte Schreibweise.

Wir gewinnen jetzt die Möglichkeit, den zweiten Hauptsatz umzuformulieren. Ersetzen wir nämlich in (2-11) δQ durch TdS, dann erhalten wir

$$dU = TdS + \delta A \,. \tag{2-37}$$

Wir wollen diese Formel verwenden, um die Entropieänderung im Falle unseres oben ausführlich beschriebenen Beispiels, des Temperaturausgleichs nämlich zwischen zwei Körpern A und B, zu berechnen. Um diese Rechnung möglichst einfach zu gestalten, nehmen wir an, daß beide Körper aus dem gleichen

Material bestehen und gleich groß sind. Ferner soll ihre Wärmekapazität C_s gleich groß sein und nicht von der Temperatur abhängen. Wir beachten in unseren Überlegungen nicht, daß mit den Temperaturänderungen auch Volumveränderungen der beiden Körper einher gehen können, womit $\delta A = 0$ wird. Aus (2-37) folgt dann

$$dU = TdS \tag{2-38}$$

und aus (2-5) $dU = C_s dT$, zusammen also

$$dS = C_s \frac{dT}{T}, \tag{2-39}$$

eine Gleichung, die sich infolge der angenommenen Unabhängigkeit der Wärmekapazität C_s von der Temperatur unmittelbar integrieren läßt. Für den Körper A erhalten wir

$$S(\mathrm{A}) = C_s \int^{T_\mathrm{A}} dT/T = C_s \ln T_\mathrm{A} \tag{2-40}$$

bis auf eine Integrationskonstante, die wir Null gesetzt haben. Dies bedeutet jedoch keine Einschränkung für das weitere Vorgehen. Wir sind nämlich nur an Entropiedifferenzen interessiert, so daß sich die jeweiligen Integrationskonstanten in unserer Endbilanz wieder herausheben müssen. Ein entsprechendes Ergebnis erhalten wir nun auch für Körper B, wir haben in (2-40) nur T_A durch T_B zu ersetzen. Im Ausgangspunkt 1, in dem beide Körper adiabatisch gegeneinander abgeschirmt sind, erhalten wir die Gesamtentropie einfach als die Summe der beiden Beiträge der Körper A und B

$$S(1) = S(\mathrm{A}) + S(\mathrm{B}) = C_s \ln T_\mathrm{A} + C_s \ln T_\mathrm{B} \tag{2-41}$$

oder

$$S(1) = C_s \ln (T_\mathrm{A} T_\mathrm{B}) . \tag{2-42}$$

Im Endzustand 2 haben sich die Temperaturen ausgeglichen. Aufgrund der gleichartigen Körper A und B erwarten wir

$$T_\mathrm{AB} = \frac{1}{2} (T_\mathrm{A} + T_\mathrm{B}) . \tag{2-43}$$

Ganz entsprechend wie in (2-40) für den Körper A, können wir nun wieder die Entropie der beiden Körper berechnen, die für beide jetzt gleich groß ist. Die Gesamtentropie im Zustand 2 ist deshalb

$$S(2) = 2\,C_s \ln\left[\frac{1}{2}\,(T_A + T_B)\right]. \tag{2-44}$$

Wir berechnen die Entropiedifferenz zwischen dem End- und dem Anfangszustand und erhalten

$$S(2) - S(1) > 0\,. \tag{2-45}$$

Zum Beweis erinnern wir daran, daß der Logarithmus eine monoton steigende Funktion seines Arguments ist. Ist also $x_2 > x_1$, so ist auch $\ln x_2 > \ln x_1$. Zum Beweis von (2-45) genügt es also, die Argumente der Logarithmen zu vergleichen. Es muß gelten

$$\frac{1}{4}\,(T_A + T_B)^2 > T_A T_B$$

oder

$$\frac{1}{4}\,(T_A - T_B)^2 > 0\,,$$

was immer der Fall ist. Wir halten als Ergebnis fest, daß die Entropie beim Ausgleich der Temperatur zwischen zwei Körpern zugenommen hat.

Wir versuchen nun den Prozeß des Temperaturausgleichs reversibel zu führen. Dazu fügen wir unserem System noch ein Wärmereservoir mit der Temperatur T_{AB} hinzu und verwenden zwei Carnotmaschinen: die eine zwischen dem Körper A und dem zusätzlichen Wärmereservoir, und die andere zwischen Wärmereservoir und Körper B. Mit der einen Maschine entnehmen wir Wärme aus Körper A, und führen einen entsprechenden Bruchteil dem Wärmereservoir mit der Temperatur T_{AB} zu und kühlen ihn dabei auf T_{AB} ab. Mit der anderen Maschine führen wir dem Körper B Wärme aus dem Wärmereservoir zu, bis er ebenfalls die Temperatur T_{AB} annimmt. Da die Prozesse jetzt sämtlich reversibel geführt werden, ist die Gesamtbilanz für unser größeres System mit dem zusätzlichen Wärmereservoir $\Delta_Z S = 0$. Unsere Körper A und B erreichen dabei denselben Endzustand wie vorher. Die Entropiezunahme $S(2) - S(1) > 0$ (vgl. Relation (2-45)) muß also anderweitig im System kompensiert werden. Die einzige Möglichkeit dazu besteht offenbar darin, daß dem Wärmereservoir, das wir zusätzlich verwendet haben, Wärme entzogen wurde. Dem ersten Hauptsatz entnehmen wir ferner, daß diese entzogene Wärme vollständig in mechanische Arbeit umgewandelt wurde. Zu dem Prozeß des irreversiblen Temperaturausgleichs, bei dem wir die Entropien des Anfangs- und Endzustandes miteinander verglichen haben, besteht also über eine entsprechende Erweiterung des Systems die Möglichkeit einer reversiblen Führung. Dies ist der tiefere Grund dafür, daß wir die Entropiezunahme (2-45) so einfach berechnen konnten: Ist reversible Führung möglich, dann ist die Entropie und damit auch die Entropiedifferenz eine Zustandsfunktion, deren Wert nur durch Anfangs- und Endzustand bestimmt ist. Dieses Resultat ist verallgemeinerbar: Zum Übergang eines Systems von einem Gleichgewichtszustand in einen anderen Gleichgewichtszustand läßt sich immer eine reversible Führung des Vorganges angeben.

Fassen wir zusammen: Bei reversiblen Kreisprozessen kann die Entropieänderung über einen Zyklus hinweg nur Null sein. Auf keinen Fall kann sie jedoch negativ werden. Um dieses einzusehen, nehmen wir an, es gäbe einen Kreisprozeß zwischen zwei Wärmereservoiren mit den Temperaturen $T_A = T_1$ und $T_B = T_3$, für den $\Delta_Z S' < 0$. Vergleichen wir diesen mit einem reversiblen Kreisprozeß $\Delta_Z S = 0$, dann ist

$$\Delta_Z S' = \frac{Q_1'}{T_1} - \frac{Q_3'}{T_3} < \frac{Q_1}{T_1} - \frac{Q_3}{T_3} = \Delta_Z S \,. \tag{2-46}$$

Wir haben nun die Freiheit, etwa $Q_1' = Q_1$ zu wählen, und finden dann

$$Q_3' > Q_3 \,. \tag{2-47}$$

Die Unvereinbarkeit dieses Resultats mit dem zweiten Hauptsatz haben wir bereits bei der Diskussion des maximalen Wirkungsgrades (vgl. (2-25)) aufgezeigt.

Die Entropie kann also nur zunehmen, wie wir das an unserem Beispiel des Temperaturausgleichs für einen Sonderfall auch explizit gezeigt haben, oder gleich bleiben. Diese Tatsache erlaubt es uns, den zweiten Hauptsatz neu zu formulieren:

In einem isolierten System kann die Entropie nicht abnehmen, d.h.

$$\Delta S \geq 0 . \qquad (2\text{-}48)$$

„Isoliert" deshalb, weil wir unsere Gesamtsysteme insgesamt, die aus Wärmereservoiren und Carnot-Maschinen bestanden, immer als gegenüber der Umgebung isoliert betrachtet haben. Zudem enthält unsere Verallgemeinerung die Konsequenz, daß die Methode der Kreisprozesse auf alle Vorgänge, die die Thermodynamik behandeln kann, erweitert werden kann. Dies ist, wie wir bereits oben angedeutet haben, in der Tat der Fall. Mit der Einführung der Entropie ist es also gelungen, ein quantitatives Maß, eine Funktion anzugeben, die Aussagen über die Richtung der ablaufenden Prozesse zuläßt. Gleichung (2-48) formuliert ein *Extremalprinzip*: In einem Gleichgewichtszustand eines isolierten Systems ist die Entropie maximal.

Wir erkennen jedoch schon an unserem obigen Beispiel die prinzipiellen Einschränkungen, denen der Entropiebegriff unterliegt. Es gelingt nämlich nur, eine Entropie von Gleichgewichtszuständen anzugeben. In unserem Beispiel verglichen wir die Entropie des Endzustandes mit der des präparierten Anfangszustandes, beides sind Gleichgewichtszustände. Verläuft der Prozeß des Temperaturausgleichs irreversibel, so können wir für die Zwischenzustände, die Nichtgleichgewichtszustände also, keine Entropie angeben! Der Begriff der Entropie, wie ihn die Thermodynamik benützt, ist ausschließlich für Gleichgewichtszustände definiert.

2.1.12 Die Vorzugsrichtung des Zeitpfeils

Wie wir bei der Erläuterung quasistatischer Prozesse gesehen haben, können wir mit Hilfe eines Zusatzkörpers C einen *irreversiblen* Prozeß über beispielsweise N Zwischenzustände führen, die Gleichgewichtszustände sind. Nun haben irreversible Prozesse im Gegensatz zu reversiblen einen zeitlichen Verlauf. Da eine Umkehr dieser Prozesse, die spontan ohne äußere Einwirkung erfolgen müßte, nicht möglich ist, können wir den folgenden

Schluß ziehen: Es ist die Entropie des i-ten Gleichgewichtszustandes $S(i)$ eines Systems kleiner als die seines $(i + 1)$-ten Gleichgewichtszustandes, $S(i) < S(i + 1)$. Der $(i + 1)$-te Zustand kann deshalb zeitlich nur nach dem i-ten Zustand eingenommen werden. Wir sehen damit, daß über die Entropie der Zeit eine Richtung zugeordnet wird. Später eingenommene Gleichgewichtszustände eines Systems sind eindeutig von früheren unterscheidbar, wenn der Übergang zwischen ihnen einen irreversiblen Verlauf hat. Wir haben damit eine gegenüber der klassischen Mechanik grundlegend neue Folgerung ziehen können. Während in der klassischen Mechanik zu jeder Bewegung auch die rückwärts verlaufende möglich ist, also keine Zeitrichtung bevorzugt ist, zeichnen irreversibel verlaufende Prozesse der Thermodynamik eine Zeitrichtung aus.

2.1.13 Das Grundproblem der Thermodynamik

In diesem Abschnitt wollen wir unsere Ergebnisse noch einmal zusammenfassen und auf mögliche Verallgemeinerungen hinweisen. Das Grundproblem der Thermodynamik können wir nämlich nun folgendermaßen formulieren: Wir betrachten ein isoliertes System in einem Ausgangszustand, der Gleichgewichtszustand unter gewissen Nebenbedingungen sein soll. Wir erinnern an unser Beispiel der zwei Körper A und B mit den verschiedenen Temperaturen T_A und T_B, die im Ausgangszustand durch eine Nebenbedingung, die adiabatische Wand, thermisch gegeneinander isoliert sind. Die Aufgabe der Thermodynamik besteht nun darin, vorherzusagen, welcher neue Gleichgewichtszustand sich einstellt, wenn eine oder mehrere Nebenbedingungen entfernt werden. In unserem Beispiel wurde die adiabatische Wand durch eine diathermische ersetzt, wodurch ein Wärmeaustausch zwischen den beiden Körpern ermöglicht wurde.

Der erste Hauptsatz kann nun so erweitert werden, daß in der Energiebilanz etwa ein Austausch von Teilchen zugelassen wird. Eine der wichtigsten Anwendungen dieser Erweiterungen bilden etwa die Mischung verschiedener Gase oder die Diskussion von Phasengleichgewichten, beispielsweise zwischen dem flüssigen und dem gasförmigen Aggregatzustand eines Stoffes.

Auch chemische Reaktionen können einbezogen werden. Eines der wichtigsten Resultate zu chemischen Gleichgewichten bildet das Massenwirkungsgesetz. Darüberhinaus können elektromagnetische Wechselwirkungen mitberücksichtigt werden usw. Unsere allgemeine Formulierung des Grundproblems bleibt auch dann gültig.

Das Grundproblem ist dann gelöst, wenn die sogenannte *Fundamentalgleichung* der Thermodynamik aufgestellt wurde. Dies bedeutet beispielsweise für ein System, in dem nur mechanische Arbeit zugelassen ist, die Kenntnis der Entropie als Funktion der inneren Energie U und des Volumens V:

$$S = S(U, V)\,. \tag{2-49}$$

Unsere Behauptung ergibt sich jetzt unmittelbar aus der Formulierung des ersten Hauptsatzes (2-37), wenn wir den Ausdruck (2-6) für die mechanische Arbeit explizit einsetzen. Es ist nämlich

$$dS = \frac{dU}{T} + \frac{p\,dV}{T}\,. \tag{2-50}$$

Freie Veränderliche in dieser Gleichung sind also U und V. Druck und Temperatur sind Funktionen dieser Variablen. Die Kenntnis von (2-49) gewährleistet, daß wir für jeden Gleichgewichtszustand bei gegebener innerer Energie U und bekanntem Volumen V die zugehörige Entropie angeben können. Damit sind auch Temperatur und Druck jedes möglichen Gleichgewichtszustandes bekannt. In der Tat, lassen wir das Volumen unseres Systems konstant, also $dV = 0$, dann folgt $dS = dU/T$ oder

$$\frac{dS}{dU} = \frac{1}{T} \tag{2-51}$$

bei konstantem Volumen. Halten wir andererseits die innere Energie U fest und lassen eine kleine Volumenänderung zu, dann folgt ganz entsprechend

$$\frac{dS}{dV} = \frac{p}{T} \tag{2-52}$$

bei konstanter innerer Energie. Bei konstantem Volumen gilt ferner (2-5), also $dU = C_s\,dT$. Setzten wir dies in (2-50) ein, dann ergibt sich (immer unter der Voraussetzung konstant gehaltenen Volumens)

$$\frac{dS}{dT} = \frac{C_s}{T}. \tag{2-53}$$

Aus dieser Gleichung gewinnen wir mithin die Wärmekapazität unseres Systems. Wir sehen daraus, daß wir bei Kenntnis der Fundamentalgleichung sämtliche uns interessierenden Größen durch entsprechende Differentiation der Fundamentalgleichung bestimmen können. Der Vollständigkeit halber erwähnen wir noch, daß die Fundamentalgleichung auch Stabilitätsaussagen über einen Gleichgewichtszustand zuläßt. So führt die Bedingung, daß die Entropie nicht nur einen extremalen, sondern einen tatsächlich maximalen Wert annimmt, auf die Bedingung $C_s > 0$: Die zu einem stabilen Gleichgewichtszustand gehörige spezifische Wärme muß immer positiv sein.

Die vorangegangenen Ergebnisse erlauben es uns, noch eine wichtige Klasseneinteilung der thermodynamischen Größen vorzunehmen. Bringen wir dazu zwei Körper mit den Volumen V_1 und V_2 zusammen und fassen jeden von ihnen als ein separates thermodynamisches System auf. Aus beiden Körpern können wir nun sehr einfach ein neues jetzt zusammengesetztes System (1 + 2) bilden (vgl. Abb. 2.12). Dieses zusammengesetzte System hat nun das Volumen $V_1 + V_2$. Es hat aber ganz offenbar auch die innere Energie $U_1 + U_2$, wenn U_1 die innere Energie des Körpers 1 bezeichnet und entsprechendes für U_2 gilt. Man kann sich ferner davon überzeugen, daß sich auch die Entropie entsprechend verhält. Man bezeichnet Größen, die sich beim Zusammenbringen

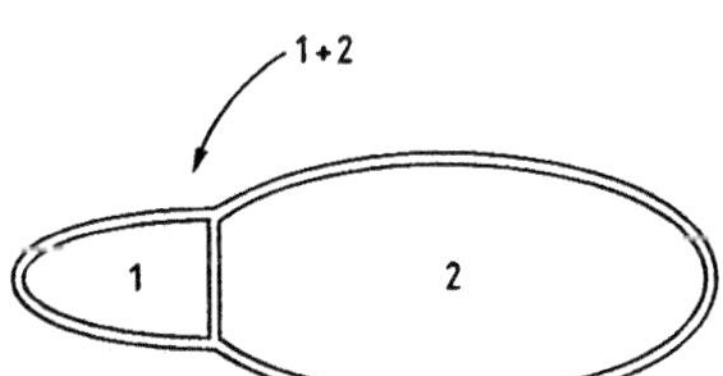

Abb. 2.12
Zur Definition extensiver und intensiver Größen: Einzelsysteme 1 und 2 bilden ein zusammengesetztes System 1 + 2.

mehrerer Systeme genauso wie das Volumen verhalten (genauso addieren), als *extensive Variable*. Ein gänzlich anderes Verhalten zeigt jedoch beispielsweise die Temperatur. Nehmen wir der Einfachheit halber an, unsere beiden Körper besitzen für sich allein die gleiche Temperatur T. Dann aber hat auch das zusammengesetzte System dieselbe Temperatur. Die Temperatur zeigt also beim Zusammenbringen beider Systeme eine ganz andere Eigenschaft, sie ändert sich in unserem Beispiel nicht. Derartige Variable bezeichnet man zur Unterscheidung von obigen als *intensive Variable*. Ein anderes Beispiel für solches Verhalten bildet offenbar der Druck p. Die Unterscheidung der beiden Arten von Variablen wird für uns insbesondere bei der Diskussion der irreversiblen Thermodynamik von Bedeutung werden. Man kann sich leicht klar machen, daß die Bedingung an die Entropie S, extensive Variable zu sein, bereits die möglichen Lösungen der Fundamentalgleichung (2-49) erheblich einschränkt und damit ein wichtiges Hilfsmittel zu ihrer Lösung wird.

Wir nehmen diese zusammenfassende Diskussion noch zum Anlaß, eine weitere wichtige Zustandsfunktion, die *Freie Energie*, einzuführen. Sie wird uns später von Nutzen sein, wenn wir die Rolle der Entropie für thermodynamische Prozesse vom statistischen Standort her diskutieren wollen. Wir definieren die Freie Energie F durch die Gleichung

$$F = U - TS . \tag{2-54}$$

Bilden wir das Differential dF, dann finden wir unter Anwendung der Produktregel

$$dF = dU - TdS - SdT . \tag{2-55}$$

Setzen wir hier den ersten Hauptsatz in der Formulierung

$$dU = TdS + \delta A$$

für dU ein, dann ergibt sich

$$dF = -SdT + \delta A . \tag{2-56}$$

Man entnimmt (2-56), daß man bei Kenntnis von F die Entropie unmittelbar bestimmen kann. Das Grundproblem der Thermodynamik ist genauso gelöst, wenn wir die Freie Energie kennen, jetzt aber als Funktion der unabhängigen Variablen T und V (vgl. Gleichung (2-56)), wie wenn wir die Entropie kennen. Letztere läßt sich aus Gleichung (2-56) ja unmittelbar gewinnen. Die Fundamentalgleichung erhält, wenn wir wieder nur mechanische Arbeit $\delta A = -p\,dV$ zulassen, die Form

$$F = F(T, V) . \qquad (2\text{-}57)$$

Man überzeugt sich leicht, daß F im Falle eines Gleichgewichtszustandes nicht zunehmen kann.

2.1.14 Zusammenfassung

Wir halten aus unserer Diskussion der phänomenologischen Thermodynamik folgendes fest. Es handelt sich um eine universelle Theorie: Ihre mathematische Struktur und ihre Begriffsbildungen sind unabhängig formuliert von speziellen Materialien. Die wesentliche Einschränkung besteht jedoch darin, daß die thermodynamischen Begriffsbildungen, Temperatur, Entropie usw. ausschließlich für Gleichgewichtszustände definiert sind. Sie kann nur über quasistatische und reversibel geführte Prozesse Aussagen treffen. Insbesondere in der Zeit verlaufende Prozesse kann sie nicht behandeln. Die Vorhersage eines neuen sich einstellenden Gleichgewichtszustandes ist grundsätzlich an die Möglichkeit einer reversiblen Führung des Prozesses geknüpft. Nichtgleichgewichtszustände können durch das Entropiekonzept der phänomenologischen Thermodynamik nicht beschrieben werden.

Anhang zu Kapitel 2.1

Wir werden hier anhand einer kleinen Rechnung zeigen, daß $\Delta_Z S$ bei reversibler Führung während eines Umlaufs unserer Carnotmaschine Null ist. Das Resultat (2-18) läßt sich nämlich noch weiter spezifizieren, wenn wir konkret die Zustandsgleichung des idealen Gases, Gleichung (2-1), verwenden und den ersten Hauptsatz (2-11) benützen. Betrachten wir etwa Schritt 1, bei dem das Gas bei konstanter Temperatur expandiert wird. Die geleistete Arbeit ist (vgl. (2-6))

$$-A_1 = -\int_{V_1}^{V_2} p\,dV . \qquad (\text{A2-1})$$

(Wir erinnern an dieser Stelle noch einmal an die Vereinbarung, die Größen A_i und Q_i positiv zu wählen.) Es sind nun zwei Eigenschaften des idealen Gases, die wir für unsere folgende kleine Rechnung ausnützen wollen. Die erste Eigenschaft ergibt sich aus der Vorstellung, daß ein ideales Gas aus Atomen oder Molekülen besteht. Ein Gas heißt dann ideal, wenn diese Teilchen nicht miteinander in Wechselwirkung stehen, also keine anziehenden oder abstoßenden Kräfte aufeinander ausüben. Selbstverständlich lieferten solche Wechselwirkungen einen Beitrag zur inneren Energie und diese würde damit abhängig von einem mittleren Abstand, den diese Teilchen gegeneinander einnehmen. Die innere Energie würde also vom Volumen abhängen, das das Gas einnimmt. Besteht jedoch keine derartige Wechselwirkung, dann kann die innere Energie nicht vom Volumen abhängen. Sie ist für ein ideales Gas durch den folgenden Ausdruck gegeben:

$$U = \frac{1}{2} f n R T$$

wobei f die Zahl der Freiheitsgrade der das Gas bildenden Atome oder Moleküle bezeichnet. Beispielsweise ist $f = 3$ für ein Atom, das sich im dreidimensionalen Raum bewegt und keine „inneren" Freiheitsgrade besitzt.

In unserem Fall führt diese Unabhängigkeit der inneren Energie vom eingenommenen Volumen zu der Konsequenz, daß sich die innere Energie des idealen Gases während Schritt 1 nicht ändert, und die gesamte aufgenommene Wärmemenge Q_1 in Arbeit umgesetzt wird. Es ist also

$$Q_1 = A_1 . \tag{A2-2}$$

Damit können wir für die Größe Q_1 / T_1 folgende Form finden, wenn wir (A2-1) berücksichtigen:

$$\frac{Q_1}{T_1} = \frac{1}{T_1} \int_{V_1}^{V_2} p \, dV . \tag{A2-3}$$

Ersetzen wir in (A2-3) den Druck p gemäß der Zustandsgleichung ($n = 1$ in Gleichung (2-1))

$$p = \frac{R T_1}{V},$$

dann ergibt sich

$$\text{Schritt 1:} \quad \frac{Q_1}{T_1} = R \int_{V_1}^{V_2} \frac{dV}{V} . \tag{A2-4}$$

Wir haben also Q_1/T_1 durch ein bestimmtes Integral ausgedrückt, dessen Grenzen durch die beiden Volumina V_1 und V_2 gegeben sind. Der Vollständigkeit wegen führen wir die Integration noch aus, obwohl wir im folgenden vom Resultat keinen Gebrauch machen werden:

$$\frac{1}{R} \cdot \frac{Q_1}{T_1} = \ln V_2 - \ln V_1 = \ln \frac{V_2}{V_1}. \qquad \text{(A2-5)}$$

Schritt 2 liefert, wie wir bereits oben angemerkt haben, keinen Beitrag zu unserer Bilanz, dennoch wollen wir ihn explizit berücksichtigen. Die damit verknüpfte Mehrarbeit wird dadurch belohnt werden, daß sie die Berechnung der Gesamtbilanz – allerdings erst zum Schluß des Rechenganges – erheblich vereinfacht. Bei diesem Schritt ändern sich sowohl das Volumen als auch die innere Energie. Den Beitrag der Volumänderung können wir genauso wie oben ausrechnen, denn die Temperatur, die andere sich verändernde Größe, hebt sich ja in diesem Integral (A2-4) heraus. Wir finden also für den Beitrag der Volumenänderung

$$R\int_{V_2}^{V_3} \frac{dV}{V}. \qquad \text{(A2-6)}$$

Diesem Ergebnis hinzuzufügen haben wir den Beitrag durch die Temperaturänderung. Da die innere Energie beim idealen Gas nur von der Temperatur abhängt, nicht aber vom Volumen, kann in (2-5)

$$dU = C_s\, dT$$

die Wärmekapazität nur von der Temperatur, nicht aber vom Volumen abhängen. Der Beitrag ist mithin völlig unabhängig von dem in (A2-4) ermittelten. Es ergibt sich

$$\int_{T_2}^{T_3} C_s \frac{dT}{T}. \qquad \text{(A2-7)}$$

Zur Bilanz liefert Schritt 2 die Summe der beiden Beiträge (A2-6) und (A2-7):

$$\text{Schritt 2:} \quad R\int_{V_2}^{V_3} \frac{dV}{V} + \int_{T_2}^{T_3} C_s \frac{dT}{T}. \qquad \text{(A2-8)}$$

Schritt 3 kann nun ganz entsprechend wie Schritt 1, Schritt 4 wie Schritt 2 durchgeführt werden. Wir erhalten:

Schritt 3: $$\frac{Q_3}{T_3} = R \int_{V_3}^{V_4} \frac{dV}{V} \tag{A2-9}$$

und

Schritt 4: $$R \int_{V_4}^{V_1} \frac{dV}{V} + \int_{T_4}^{T_1} C_s \frac{dT}{T}. \tag{A2-10}$$

Um die Gesamtbilanz zu erhalten, haben wir die Beiträge sämtlicher vier Schritte zusammenzuzählen. Indem wir die Summe aufschreiben, sortieren wir die Glieder in solche, die nur die Volumenbeiträge enthalten, und diejenigen, die nur temperaturabhängig sind. Wir erhalten insgesamt

$$\Delta S = R \int_{V_1}^{V_2} \frac{dV}{V} + R \int_{V_2}^{V_3} \frac{dV}{V} + R \int_{V_3}^{V_4} \frac{dV}{V} + R \int_{V_4}^{V_1} \frac{dV}{V} + \int_{T_2}^{T_3} C_s \frac{dT}{T} + \int_{T_4}^{T_1} C_s \frac{dT}{T}. \tag{A2-11}$$

Damit sind wir schon fast am Ziel. Wir müssen uns nur an zwei elementare Formeln der Integralrechnung erinnern, nämlich

$$\int_a^b f(x)\, dx = \int_a^c f(x)\, dx + \int_c^b f(x)\, dx \tag{A2-12}$$

und

$$\int_a^a f(x)\, dx = 0\,, \tag{A2-13}$$

um zu sehen, daß sich die Volumenbeiträge in (A2-11) für sich, genauso wie die Temperaturbeiträge (denn $T_1 = T_2$ und $T_3 = T_4$), wegheben. Unser Resultat ist

$$\Delta_z S = 0\,. \tag{A2-14}$$

2.2 Zur statistischen Begründung der Thermodynamik

2.2.1 Einführung

Eine der großen Leistungen der Naturwissenschaft des 19. Jahrhunderts bestand in der Entdeckung der diskreten Natur der mikroskopischen Welt. Gase sind danach aufgebaut aus Atomen oder Molekülen, die frei beweglich sind. In der Flüssigkeit wird diese Bewegungsfreiheit durch die Kräfte eingeschränkt, die Atome oder Moleküle aufeinander ausüben, so daß nur ein endliches Volumen von der Flüssigkeit eingenommen werden kann. Im Festkörper kommen diese Kräfte zwischen den Teilchen so stark zur Geltung, daß sie, etwa in einem Kristall, jedem Atom oder Molekül in einem hoch geordneten Gitter seinen Platz zuweisen können. (Streng genommen handelt es sich, wie wir später noch sehen werden, um eine Konkurrenz zwischen der thermischen Bewegung der Atome einerseits und den Kräften, die sie aufeinander ausüben, andererseits.) Ein vollständiges Verständnis dieser Erscheinungen im Mikroskopischen wurde dann erst in diesem Jahrhundert nach der Entdeckung der Quantentheorie möglich. Für unsere Zwecke ist es jedoch ausreichend, uns Atome oder Moleküle als klassische, ungeladene und punktförmige Teilchen mit einer bestimmten Masse m vorzustellen, die einander anziehen oder abstoßen können. Eine mikroskopische Beschreibung eines einatomigen Gases muß dann von der Newtonschen Grundgleichung der Mechanik ausgehen, die wir an dieser Stelle einführen wollen.

Legen wir den Ort des i-ten Atoms im dreidimensionalen euklidischen Raum durch einen Vektor $\boldsymbol{q}_i$ fest, dann wird sich dieser aufgrund der Bewegung des Atoms im Laufe der Zeit ändern. Der Vektor ist also eine Funktion der Zeit, die wir wie üblich mit dem Buchstaben t bezeichnen. Es ist also $\boldsymbol{q}_i = \boldsymbol{q}_i(t)$.

Die Geschwindigkeit $\boldsymbol{v}_i$ unseres Atoms ist definiert als die erste Ableitung des Vektors $\boldsymbol{q}_i$ nach der Zeit:

$$\boldsymbol{v}_i = \frac{d\boldsymbol{q}_i}{dt}. \tag{2-58}$$

Selbstverständlich ändert sich auch die Geschwindigkeit mit der Zeit: Unser Atom erfährt Kräfte und Stöße von anderen Atomen, die es beschleunigen oder verzögern. Die Beschleunigung $\boldsymbol{a}_i$ unseres Atoms ist als zeitliche Änderung der Geschwindigkeit durch

$$\boldsymbol{a}_i = \frac{d\boldsymbol{v}_i}{dt}. \tag{2-59a}$$

gegeben. Verwenden wir Gleichung (2-58), so ergibt sich $\boldsymbol{a}_i$ aus $\boldsymbol{q}_i$ durch die zweite Ableitung nach der Zeit

$$\boldsymbol{a}_i = \frac{d^2\boldsymbol{q}_i}{dt^2}. \tag{2-59b}$$

Nun stellt das *Newtonsche Grundgesetz* einen Zusammenhang her zwischen der Kraft $\boldsymbol{F}_i$, die auf das Teilchen wirkt und der Beschleunigung $\boldsymbol{a}_i$, die es erfährt: Kraft $\boldsymbol{F}_i$ gleich Masse m mal Beschleunigung $\boldsymbol{a}_i$, also

$$\boldsymbol{F}_i = m\boldsymbol{a}_i\,,$$

oder noch expliziter

$$\boldsymbol{F}_i = m\,\frac{d^2\boldsymbol{q}_i}{dt^2}. \tag{2-60}$$

$\boldsymbol{F}_i$ beschreibt die Kraft, die alle anderen Atome auf das betrachtete Atom i ausüben. Sie ist deshalb eine komplizierte Funktion der Koordinaten aller anderen Teilchen: $\boldsymbol{F}_i = \boldsymbol{F}_i(\boldsymbol{q}_1, \boldsymbol{q}_2, \boldsymbol{q}_3 \ldots)$. Trotz dieser Kompliziertheit entdeckt man unschwer eine fundamentale Eigenschaft in den Gleichungen (2-60): Ersetzen wir nämlich in (2-60) t durch $-t$, so geht $d^2\boldsymbol{q}_i/dt^2$ in $d^2\boldsymbol{q}_i/(-dt)^2$ über, was aber identisch ist mit $d^2\boldsymbol{q}_i/dt^2$. Ferner geht $\boldsymbol{q}_i(t)$ in $\boldsymbol{q}_i(-t) = \boldsymbol{q}_i(t)$ über, da dabei das Teilchen an demselben Ort bleibt. Die Gleichung (2-60) hat sich also in ihrer Form bei Zeitumkehr, d.h. $t \rightarrow -t$, nicht geändert. Voraussetzung dazu war, daß die Kräfte konservativ sind und nur von den Koordinaten der Teilchen abhängen. Diese eben nachgewiesene Eigenschaft der Gleichungen (2-60) bezeichnet man als *Zeitumkehrinvarianz*. Wir haben damit gezeigt, daß, wie bereits in Abschnitt 2.1.12 erwähnt, die Gleichungen der Bewegung im mikroskopischen Bereich keine Zeitrichtung auszeichnen.

Eine rein mikroskopische Theorie müßte nun sämtliche dieser Gleichungen der Form (2-60) lösen, um den Zustand des Gases festzulegen. Der Zustand wäre bekannt, wenn sämtliche Vektoren $\boldsymbol{q}_i = \boldsymbol{q}_i(t)$ als Funktionen der Zeit bekannt wären. (Wir bezeichnen die Zahl der Koordinaten eines Systems, die zu seiner vollständigen Beschreibung notwendig sind, im folgenden auch als die *Zahl der Freiheitsgrade* des Systems.) Es ist leicht einzusehen, daß es sich hierbei um kein praktikables Verfahren handeln kann. Immerhin haben wir größenordnungsmäßig 10^{23} Teilchen vorliegen, für die wir die Lösungen $\boldsymbol{q}_i = \boldsymbol{q}_i(t)$ anschreiben müssen. Man wird also schon aus praktischen Gründen versuchen, eine statistische Beschreibung für dieses System zu entwickeln, die es erlaubt, den Zustand unseres Systems durch wenige charakteristische Größen hinreichend genau festzulegen. Zum Beispiel wird man dort statt nach den individuellen Orts- oder Geschwindigkeitskoordinaten eines Teilchens zu fragen, folgendes Problem aufwerfen: Wie groß ist die Wahrscheinlichkeit in einem System ein Teilchen zu finden, dessen Geschwindigkeit im Intervall zwischen v und $v + \Delta v$ liegt? Zerlegen wir etwa die Geschwindigkeitsachse (vgl. Abb. 2.13a) in lauter gleiche Intervalle Δv, dann wird man versuchen, die Wahrscheinlichkeit $p(v) = p(n\Delta v) = p_n$ (n aus den ganzen Zahlen) für alle diese Intervalle anzugeben. Macht man den Übergang zu infinitesimalen Intervallen (Abb. 2.13b) – ersetzt man also $p(n\Delta v)$ durch $P(v)\,dv$, die Wahrscheinlichkeit ein Teilchen im Intervall zwischen v und $v + dv$ zu finden –, gelangt man zum Problem der Konstruktion der Wahrscheinlichkeitsdichte $P(v)$, die im Falle des Gleichgewichts natürlich nicht von der Zeit abhängen kann. Solche Wahrscheinlichkeiten und Wahrscheinlichkeitsdichten werden wir im folgenden konstruieren.

Wir werden uns dem oben geschilderten Problem zuwenden mit dem Ziel, schließlich zu einer statistischen Begründung der Thermodynamik zu gelangen. Bei unserem Vorgehen werden wir uns allerdings nicht im Detail auf mathematische Eigenschaften der Gleichungen (2-60) stützen. Es erweist sich nämlich – auch vom mathematischen Aufwand her – als sehr viel einfacher, einen

„subjektivistischen“ Zugang zur statistischen Thermodynamik zu wählen, wie ihn die Informationstheorie anbietet. Wir gehen diesen Weg insbesondere auch, weil er in modernen Problemstellungen der Synergetik eine bedeutsame Rolle spielt.

2.2.2 Der Begriff der Information

Der Begriff „Information“, wie er von Shannon eingeführt wurde, hat nichts gemein mit den Vorstellungen, die wir im Alltagsgebrauch mit diesem Begriff verbinden. Gewöhnlich verstehen wir darunter eine Botschaft, die wir erhalten und bewerten können, um sie in ihrer Bedeutung einzuordnen. Ganz anders der Informationsbegriff, den wir hier verwenden wollen. Bedeutungsmerkmale wie „sinnvoll“ oder „sinnlos“ kommen ihm nicht zu. Um ihn einzuführen, stellen wir uns vor, daß wir irgendein Experiment durchführen. Wissen wir bereits vor dem Ausgang sein Ergebnis gewiß, dann wollen wir das folgendermaßen verstehen: Die Durchführung dieses Experiments gibt uns keine neue Information. Ist dagegen der Ausgang des Experiments ungewiß, gewinnen wir Information bei seiner Durchführung, nämlich diejenige, welcher Zustand nun tatsächlich in unserem Experiment realisiert wurde.

Betrachten wir zur Verdeutlichung zwei Beispiele. Zum ersten den freien Fall eines Steines, der unter uns bekannten Anfangsbedingungen (wir kennen also seine Anfangshöhe und seine Anfangsgeschwindigkeit) geworfen wurde. Seine Bahn ist damit eindeutig zu jedem Zeitpunkt durch das Newtonsche Grundgesetz festgelegt. Eine weitere Messung seines Ortes würde uns also keine neue Information liefern. Ganz anders bei einem Würfel. Dort können wir bei einem speziellen Wurf die geworfene Zahl nicht vorhersagen. Wir wissen nur, daß es insgesamt sechs Möglichkeiten gibt, von denen jede gleichwertig, oder wie man auch sagt, gleichwahrscheinlich ist. Beim Experiment, dem Wurf also, gewinnen wir die Information, welche der Zahlen zwischen 1 und 6 in dem Experiment tatsächlich realisiert wurde.

Die Ungewißheit über den Ausgang eines Experimentes können wir offenbar durch die Zahl der möglichen Zustände angeben, die bei unserem Experiment insgesamt gemessen werden können. Beim Münzwurf etwa sind es zwei, bei einem Wurf mit dem Würfel sechs. Beim Würfeln ist also die Ungewißheit größer als beim Münzwurf. Wir wollen die Information nun folgendermaßen quantitativ festlegen: Sie soll eine monoton zunehmende Funktion der Ungewißheit sein, d.h. der Zahl der im Experiment möglichen verschiedenen Messungen. Dementsprechend ist dann auch die Information, die wir bei einem Wurf mit dem Würfel erhalten, größer, als wenn wir eine Münze werfen. Ferner werden wir fordern, daß die Information additiv ist. Würfeln wir beispielsweise mit zwei Würfeln gleichzeitig, so multipliziert sich die Ungewißheit, es gibt $6 \cdot 6 = 36$ mögliche Zustände. Additivität meint dann, wenn wir die Information mit I bezeichnen,

$$I(36) = I(6 \cdot 6) = I(6) + I(6) .$$

Allgemeiner: Ist die Ungewißheit eines ersten Experiments W_1 und die eines unabhängig durchgeführten zweiten Experiments W_2, und sind die zugehörigen Informationen $I(W_1)$ bzw. $I(W_2)$, dann soll für die Information des zusammengesetzten Experiments $I(W_1 \cdot W_2)$ gelten

$$I(W_1 \cdot W_2) = I(W_1) + I(W_2) . \tag{2-61}$$

Offenbar werden unsere Forderungen erfüllt, wenn

$$I(W) = K \ln W , \tag{2-62}$$

wie man durch Einsetzen in Gleichung (2-61) sofort bestätigt. Durch die Wahl der Konstanten K können wir noch den Maßstab festlegen, in dem wir die Information messen werden. Will man beispielsweise einer Ja/Nein-Entscheidung, die also zwei Möglichkeiten entspricht, die Information Eins zuordnen, d.h. $I = 1$ für $W = 2$, so ergibt sich für K

$$K = \frac{1}{\ln 2} . \tag{2-63}$$

Die Einheit heißt dann 1 „Bit“. Wir werden im folgenden der Übersichtlichkeit halber zunächst $K = 1$ setzen.

2.2.3 Makroskopische und mikroskopische Zustände

Unser Ziel besteht nun darin, mit Hilfe des Begriffs der Information in diesem Abschnitt folgende Problemstellung zu lösen: Auf der einen Seite haben wir die mikroskopische Beschreibungsebene (beispielsweise für ein bestimmtes Gas) und auf der anderen Seite eine makroskopische Beschreibungsmöglichkeit durch wenige makroskopische Variable (den Druck, die Temperatur und das Volumen), wie wir sie in der phänomenologischen Thermodynamik kennengelernt haben. Wie können wir nun die makroskopische Beschreibung ausgehend von der mikroskopischen rechtfertigen?

Wir untersuchen dazu zunächst ein erheblich vereinfachtes Modell, das aber bereits alle wesentlichen Merkmale der Problematik enthält: Wir betrachten nämlich unter diesem Aspekt das Würfelspiel. Mit der mikroskopischen Betrachtungsebene identifizieren wir die Folge der einzelnen Zahlen, die wir bei einer Folge von Experimenten, sprich Würfen, erhalten. Mit der makroskopischen Ebene identifizieren wir bei einem Wurf die folgende Messung: Wir würfeln eine gerade oder eine ungerade Zahl. Auf der makroskopischen Ebene reduzieren wir mithin die mögliche Information beträchtlich. Zu dem makroskopischen Zustand „gerade Zahl" gibt es also drei mikroskopische *Realisierungen*, wie man auch sagt. Entsprechendes gilt für die Messung „ungerade Zahl".

Wir merken an, daß diese Fragestellung, die wir am Beispiel des Würfels erörtert haben, unmittelbar so erweitert werden kann, daß beispielsweise auch das in Abb. 2.13 beschriebene Problem erfaßt wird. Dort werden wir ganz entsprechend als mikroskopischen Zustand denjenigen bezeichnen, bei dem wir wissen, welches Atom sich gerade in welchem Geschwindigkeitsintervall aufhält. Die Rolle der Zahlen beim Würfel übernehmen hier also die verschiedenen Geschwindigkeitsintervalle, die wir uns als Behälter vorstellen können (Abb. 2.14), die mit einer jeweils verschiedenen Zahl von Teilchen angefüllt sind. Im n-ten Behälter befinden sich dann gerade diejenigen Teilchen, die die Geschwindigkeit $v = n\Delta v$ aufweisen. Die Fragestellung vom makroskopischen Standpunkt aus wird dann folgendermaßen lauten:

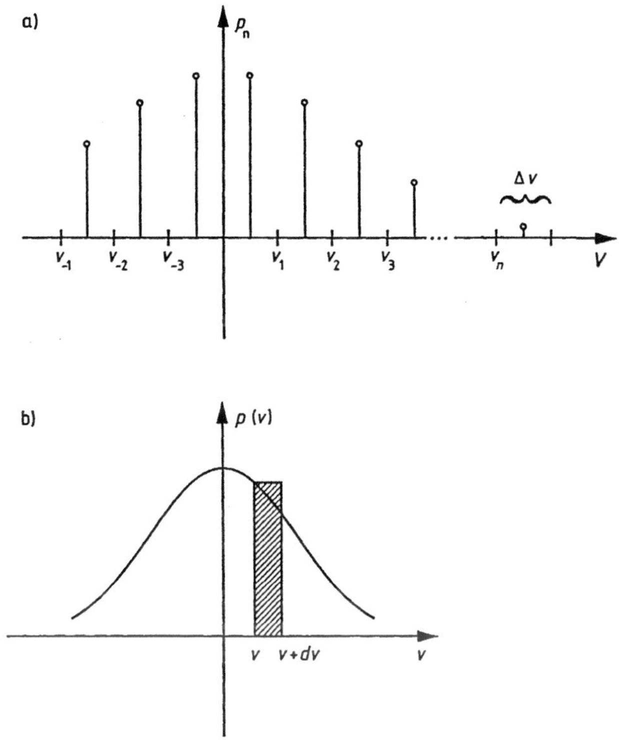

Abb. 2.13 a) Die Geschwindigkeitsachse ist in diskrete Intervalle der Größe Δv unterteilt. Es ist $v_n = n\Delta v$. Aufgetragen ist $p(v_n) = p(n\Delta v) = p_n$, die Wahrscheinlichkeit, ein Teilchen mit der Geschwindigkeit zwischen v_{n-1} und v_n anzutreffen. b) Im kontinuierlichen Fall gibt $P(v)\,dv$ (schraffierte Fläche) die Wahrscheinlichkeit an, ein Teilchen mit der Geschwindigkeit zwischen v und $v + dv$ anzutreffen. Die Wahrscheinlichkeitsdichte $P(v)$ hängt mit p_n folgendermaßen zusammen:

$$p_n = \int_{v_{n-1}}^{v_n} P(v)\,dv$$

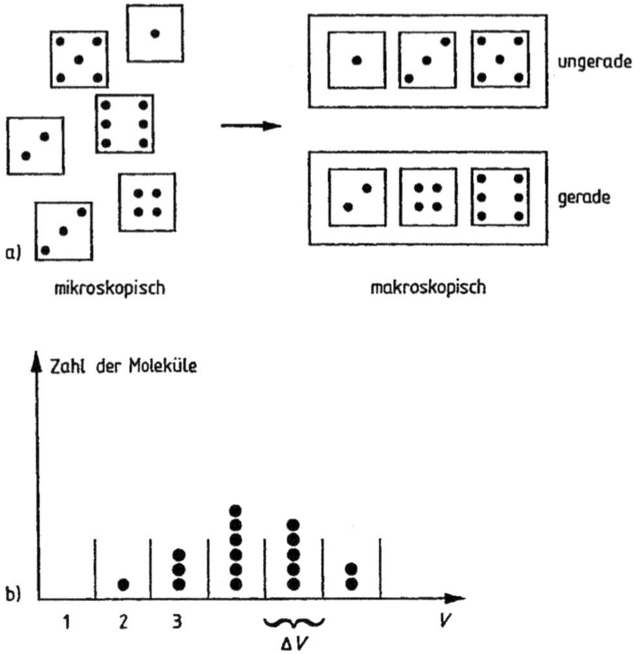

Abb. 2.14 a) Mikroskopische und makroskopische Zustände, veranschaulicht am Beispiel des Würfels. b) Mikroskopischer Zustand: Verhalten jedes individuellen Moleküls (seine Geschwindigkeit) ist bekannt. Makroskopischer Zustand: Nur noch die Zahl der Moleküle in jedem einzelnen „Behälter“ wird betrachtet.

Wie viele Atome befinden sich in einem bestimmten Geschwindigkeitsintervall, gleichgültig welche Atome dies sind? (Es bleibt anzumerken, daß wir von der Gültigkeit der klassischen Newtonschen Mechanik ausgehen, insbesondere also keine relativistischen Effekte beachten. Dementsprechend haben wir unendlich viele solcher Behälter vorliegen.)

Nachdem wir uns nun eine anschauliche Vorstellung verschafft haben, können wir unsere Problemstellung etwas verallgemeinern. Wir nehmen an, daß wir makroskopisch zwei Zustände, genannt 1 und 2, messen können. Der Zustand 1 soll W_1 mikroskopische Realisierungen, der Zustand 2 soll W_2 solcher Realisierungen besitzen ($W_1 = W_2 = 3$ in unserem obigen Beispiel des Würfels). Alle diese Realisierungen sollen mit gleicher Wahrscheinlichkeit auftreten, wie das ja auch bei unserem Würfelspiel der Fall ist. Ist das System nun im Zustand k ($k = 1, 2$), gewinnen wir bei einer Messung des mikroskopischen Zustandes die Information $I(W_k)$. Wissen wir nicht, in welchem makroskopischen Zustand das System vorliegt, gewinnen wir bei einer entsprechenden Messung mehr Information, nämlich gerade $I(W)$, wenn wir

$$W = W_1 + W_2 \tag{2-64}$$

setzen. Machen wir insgesamt l Messungen, erhalten wir die Information $lI(W)$. Bei einer rein makroskopischen Messung sind wir nun nicht daran interessiert, in welchem detaillierten mikroskopischen Zustand sich unser System befindet. Bei l unabhängigen makroskopischen Messungen werden wir deshalb von $lI(W)$ den Anteil von Information abziehen, der mit dem sicheren Vorliegen der Zustände 1 oder 2 verknüpft ist. Wie oft messen wir nun bei l Versuchen den Zustand 1? Beachten wir die Gleichwahrscheinlichkeit der mikroskopischen Zustände, so wird er im Mittel lW_1/W häufig sein. Genauso ermitteln wir für den Zustand 2: lW_2/W. Bei einer makroskopischen Messung interessieren wir uns also für die Größe

$$li = lI(W) - \frac{l\,W_1}{W} I(W_1) - \frac{l\,W_2}{W} I(W_2)\,, \tag{2-65}$$

wenn wir die Information pro Versuch auf makroskopischer Ebene mit i bezeichnen. Unter Verwendung von (2-64) können wir den Ausdruck für i, nachdem wir durch l gekürzt haben, weiter umformen (vgl. (2-64)):

$$i = \frac{W_1 + W_2}{W} I(W) - \frac{W_1}{W} I(W_1) - \frac{W_2}{W} I(W_2)$$

oder

$$i = -\frac{W_1}{W}\left(I(W_1) - I(W)\right) - \frac{W_2}{W}\left(I(W_2) - I(W)\right).$$

Berücksichtigen wir jetzt noch (2-62) und setzen wie verabredet $K = 1$, dann erhalten wir

$$i = -\frac{W_1}{W}\ln\left(\frac{W_1}{W}\right) - \frac{W_2}{W}\ln\left(\frac{W_2}{W}\right). \tag{2-66}$$

Wir deuten nun die Größen W_k/W als relative Häufigkeiten oder Wahrscheinlichkeiten, mit denen wir den Zustand k antreffen und bezeichnen sie mit p_k, wobei $0 < p_k < 1$. Gleichung (2-66) erhält jetzt die Form

$$i = -p_1 \ln p_1 - p_2 \ln p_2 . \tag{2-66a}$$

In der Tat gibt nämlich bei n Versuchen die Größe np_k die Häufigkeit an, mit der wir den Zustand k erhalten werden. (Eine strenge Behandlung muß die Wahrscheinlichkeiten als Grenzfall relativer Häufigkeiten einführen: Macht man N Versuche und mißt den Zustand k dabei N_k mal, dann ist

$$p_k = \lim_{N \to \infty} \left(\frac{N_k}{N}\right).$$

Die so gewonnenen Wahrscheinlichkeiten stimmen in der praktischen Ausführung mit den von uns der Einfachheit wegen mehr heuristisch eingeführten überein.) Wir bemerken ferner, daß unser Ergebnis (2-66a) sofort verallgemeinerbar ist von zwei auf den Fall von N makroskopischen Zuständen, die gemessen werden können. Wir erhalten dann für die Information pro Messung

$$i = -\sum_{k=1}^{N} p_k \ln p_k . \tag{2-67}$$

Kennen wir also die Wahrscheinlichkeiten p_k, den makroskopischen Zustand k anzutreffen, dann können wir i, die Information, die wir bei einer makroskopischen Messung gewinnen, unmittelbar ausrechnen. Es bleibt zu ergänzen, daß in unserem in der Abb. 2.13 dargelegten Beispiel der Summationsindex n der Zellen sich über alle ganzen Zahlen erstreckt, also von $-\infty$ bis $+\infty$.

2.2.4 Die Berechnung der Wahrscheinlichkeiten

Der objektivistische Zugang zur statistischen Thermodynamik besteht nun darin, aus den mikroskopischen Gleichungen (2-60) die oben eingeführten Wahrscheinlichkeiten p_k zu berechnen. Wie bereits angedeutet, wollen wir jedoch einen anderen Weg einschlagen: Wir werden versuchen, aufgrund gewisser makroskopischer Vorgaben die zugehörigen Wahrscheinlichkeiten zu bestimmen.

Zur Vorbereitung dieses Unternehmens wird es zunächst nötig, einige Formeln der Wahrscheinlichkeitsrechnung bereitzustellen. Um den Zugang möglichst einfach zu gestalten, wählen wir wieder das Würfelspiel als Beispiel. Das Resultat einer Folge von Würfen besteht beispielsweise in der Zahlenfolge

$$1, 3, 6, 6, 3, 5, 5, 5, \ldots . \tag{2-68}$$

Eine Möglichkeit, das Resultat eines speziellen Wurfes vorherzusagen, besteht nicht. Man wird also versuchen müssen, dieses Experiment durch seine statistischen Eigenschaften zu charakterisieren. Ein solches charakteristisches Merkmal stellt beispielsweise die mittlere Wurfzahl dar: Welche Zahl werden wir im Mittel werfen? Nehmen wir an, wir machen N Würfe; die Ergebnisse der ersten acht Würfe haben wir oben zusammengetragen. Dann ist die mittlere Wurfzahl (das arithmetische Mittel), die wir mit $\langle n \rangle$ bezeichnen:

$$\langle n \rangle = \underbrace{(1 + 3 + 6 + 6 + 3 + 5 + 5 + 5 \ldots)}_{(N \text{ Zahlen})}/N . \tag{2-69}$$

Wir können diesen Ausdruck noch etwas anders darstellen. Dazu zählen wir in unserem Experiment ab, wie oft wir die „1“ geworfen haben, und bezeichnen diese Zahl mit N_1. Genauso verfahren wir mit der „2“ usw. bis zur „6“. Unseren Ausdruck (2-69) können wir dann folgendermaßen umschreiben:

$$\langle n \rangle = \frac{N_1}{N} \cdot 1 + \frac{N_2}{N} \cdot 2 + \ldots + \frac{N_6}{N} \cdot 6 . \tag{2-70}$$

Deuten wir wieder die relative Häufigkeit N_n/N als Wahrscheinlichkeit p_n, die Zahl n zu werfen, dann können wir (2-69) in der Form

$$\langle n \rangle = \sum_{n=1}^{6} n \cdot p_n \tag{2-71}$$

zusammenfassen. Offenbar ist unsere Formel sofort verallgemeinerbar. Sie kann auf jede Funktion von n, die uns interessiert, angewendet werden. Um sich dieses klar zu machen, braucht man nur die einzelnen Schritte, die wir oben durchgeführt haben, zu wiederholen, wobei man n durch die Funktion $f(n)$ zu ersetzen hat. Das Resultat ist

$$\langle f(n) \rangle = \sum_{n=1}^{6} f(n) \cdot p_n \, . \tag{2-72}$$

Es folgt übrigens aus dieser Relation sofort, wenn wir $f(n) = 1$, also unabhängig von n, wählen,

$$\langle 1 \rangle = \sum_{n=1}^{6} 1 \cdot p_n = 1 \, , \tag{2-73}$$

denn die Summe der N_n ist gerade wieder N. Die so eingeführten Wahrscheinlichkeiten sind „auf 1 normiert", wie man sagt. Anders ausgedrückt: die Wahrscheinlichkeit, beim Würfeln irgendeine Zahl zwischen 1 und 6 anzutreffen, ist gleich Eins.

Zum Beispiel kann man auch $f(n) = n^2$ wählen usw. Unsere Formel ist natürlich auch verallgemeinerbar auf Situationen, wo wir statt nur sechs – sagen wir – M verschiedene Realisierungen haben. Die Summe muß dann eben über alle diese Zustände erstreckt werden, und die entsprechenden Wahrscheinlichkeiten müssen bekannt sein.

Nach diesen Vorbemerkungen kehren wir nun zu Gleichung (2-67) zurück und schreiben sie dazu in der etwas kürzeren Form

$$i = -\sum_{k} p_k \ln p_k \, , \tag{2-74}$$

wobei die Summation eben einfach besagen soll, daß wir über alle möglichen Zustände unseres Systems summieren, ohne ihre Zahl genauer zu spezifizieren.

Wir wollen nun die grundlegenden Überlegungen ausführen, die uns den „subjektivistischen" Zugang zur statistischen Thermodynamik eröffnen. Wir erinnern dazu daran, daß die Gleichverteilung (also der Fall, in dem sämtliche p_k gleich sind) i zu einem Maximum machen (die Ungewißheit vor einer Messung, welcher Zustand k vorliegt, ist am größten). Wissen wir nun aber andererseits über ein System nur, daß es eine bestimmte Anzahl von Zuständen einnehmen kann, haben aber keine weitere Kenntnis über dieses System, werden wir „unvoreingenommen" vermuten, daß jeder mögliche Zustand des Systems gleich wahrscheinlich ist. Jede andere Aussage würde Voreingenommenheit bedeuten, da sie nach Voraussetzung auf keiner näheren Kenntnis des Systems basieren kann; es gibt für sie keine Rechtfertigung, sie wäre bloß willkürlich.

Wir wollen die Konsequenzen dieser Überlegung am Beispiel des Münzwurfs verdeutlichen. Eine unvoreingenommene Schätzung durchzuführen, bedeutet dort, daß die Information (2-74) für die Wahrscheinlichkeiten, „Kopf" oder „Zahl" zu werfen, ein Maximum annehmen soll. Aus dieser Erkenntnis können wir ein Verfahren entwickeln, Wahrscheinlichkeiten zu berechnen: Alles, was wir über unser System wissen, ist, daß es zwei mögliche Zustände 1 und 2 mit den zugehörigen Wahrscheinlichkeiten p_1 und p_2 einnehmen kann. Ferner wissen wir natürlich, daß die Wahrscheinlichkeiten normiert sein müssen: Die Wahrscheinlichkeit, die Situation 1 oder 2 zu messen, ist 1 (vgl. Gleichung (2-73)). Wir suchen dementsprechend das Maximum der Information unter der *Nebenbedingung*

$$p_1 + p_2 = 1 \,. \qquad (2\text{-}75)$$

Diese Gleichung können wir benützen, um beispielsweise p_2 durch p_1 auszudrücken. Es ist

$$p_2 = 1 - p_1 \,, \qquad (2\text{-}76)$$

und wir können damit p_2 in der Gleichung (2-74) für die Information eliminieren.

Wir erhalten so für die zugehörige Information

$$i = -p_1 \ln p_1 - p_2 \ln p_2$$
$$= -p_1 \ln p_1 - (1-p_1) \ln (1-p_1) . \qquad (2\text{-}77)$$

Notwendige Bedingung dafür, daß dieser Ausdruck ein Maximum annimmt, ist bekanntlich das Verschwinden von di/dp_1:

$$\frac{di}{dp_1} = 0 . \qquad (2\text{-}78)$$

Führen wir die Differentiation durch, dann ergibt sich

$$\frac{di}{dp_1} = -\ln p_1 - 1 + \ln (1-p_1) + 1 = \ln \frac{1-p_1}{p_1} = 0 , \qquad (2\text{-}79)$$

und die Lösung dieser Gleichung ist

$$\frac{1-p_1}{p_1} = 1 \quad \text{oder} \quad p_1 = \frac{1}{2} . \qquad (2\text{-}80)$$

Damit ergibt sich sofort p_2 aus der Normierungsbedingung (2-75). Reflektieren wir doch noch einmal unser Vorgehen. Ursprünglich hatten wir die Gleichung (2-74) als eine Formel zur Berechnung der Information i aufgefaßt, sobald die Wahrscheinlichkeiten p_k bekannt sind. Jetzt aber, bei der Diskussion dieses Beispiels „Münzwurf", haben wir (2-74) völlig neu interpretiert. Wir haben bei der Vornahme einer unvoreingenommenen Schätzung ein Maximalprinzip für die Information i unter der Bedingung der Normiertheit der Wahrscheinlichkeiten verwendet, um aus (2-74) *die Wahrscheinlichkeiten zu berechnen.*

Dieses Vorgehen läßt sich in grundlegender Weise verallgemeinern. Um diese Verallgemeinerung jedoch möglichst elegant durchführen zu können, müssen wir noch ein wichtiges mathematisches Verfahren kennenlernen, die Methode der Lagrange-Multiplikatoren. Mit diesem Verfahren gelingt es, Extremwerte beim Bestehen von Nebenbedingungen – die Normierungsbedingung (2-75) beispielsweise ist eine solche Nebenbedingung an die Information (2-74) – möglichst einfach aufzufinden.

Um uns eine erste Vorstellung für dieses Verfahren zu verschaffen, diskutieren wir zunächst ein etwas exotisches Beispiel.

Wir nehmen an, unser System könne nur einen einzigen makroskopischen Zustand einnehmen, und gesucht sei die Wahrscheinlichkeit p für diesen Zustand unter der Nebenbedingung, daß p normiert sei, also $p = 1$. Verfahren wir wie oben im Falle des Münzwurfs, haben wir jetzt in (2-74) keine Variationsmöglichkeit der Wahrscheinlichkeit mehr, es ist einfach $i = 0$. Wir wollen dieses Problem jedoch so erweitern, daß es wie ein gewöhnliches Extremwertproblem behandelbar wird. Dies erscheint zunächst als unnötige Komplizierung eines ursprünglich trivialen Problems und eine bloße Erhöhung des Aufwands. Tatsächlich führt diese Erweiterung jedoch in schwierigeren Fällen, wie wir sie noch diskutieren wollen, zu erheblichen Vereinfachungen gegenüber der Methode der Elimination von Variablen über die Nebenbedingungen, die wir beim Münzwurf angewendet haben. Wir behandeln also jetzt p so, als ob wir es noch beliebig in seinem Definitionsbereich zwischen 0 und 1 variieren könnten, und addieren zu dem Ausdruck $i = -p \ln p$ die Nebenbedingung $p = 1$ in der Form $\lambda(1-p)$, wobei λ zunächst ein beliebiger Parameter ist, den man als Lagrange-Multiplikator bezeichnet. Wir betrachten also die Funktion $A(p, \lambda)$:

$$A(p, \lambda) = i(p) + \lambda(1-p) = -p \ln p + \lambda(1-p) \,. \qquad (2\text{-}81)$$

Ihr Graph ist in Abb. 2.15 für verschiedene Werte von λ aufgezeichnet. Der Funktion $i(p)$ wird also die Gerade $+\lambda(1-p)$ hinzuaddiert, die genau am Punkt der Nebenbedingung ($p = 1$) durch Null hindurch geht. Die gesamte Kurvenschar, die wir durch die Veränderung von λ konstruieren, hat den Punkt ($p = 1$, $i = 0$) gemeinsam. Wir suchen nun, aus der Gesamtheit der Kurven (2-81) diejenige zu bestimmen, die mit waagerechter Tangente den Punkt 1 erreicht. Geometrisch bedeutet dies, daß an diesem Punkt die Steigung der Kurve $i(p)$ durch die Steigung der hinzugefügten Geraden kompensiert wird. Wie wir aus unseren früheren Überlegungen wissen, liegt das Maximum von i in unserem Falle bei $p = 1$. Wir suchen damit aus unserer Kurvenschar $A(p, \lambda)$ gerade diejenige Kurve heraus, die an demselben Punkte ihr Maximum annimmt. λ wird so festgelegt, daß A an derselben Stelle sein Maximum annimmt wie i unter der Nebenbedingung $p = 1$.

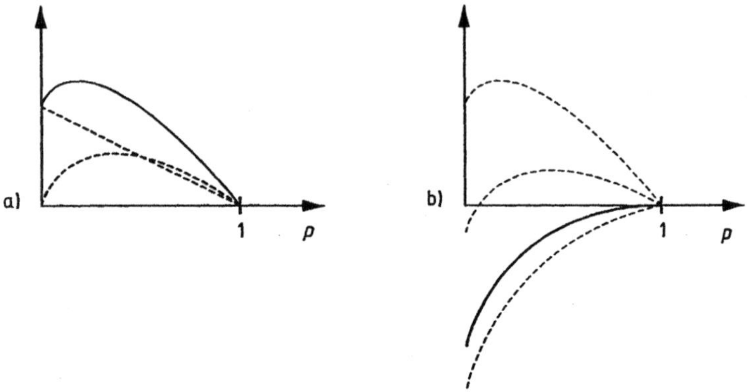

Abb. 2.15 Die Funktion $A(p, \lambda)$ zusammengesetzt aus $-p \ln p$ der Geraden $\lambda(1-p)$. Hervorgehoben ist in b) diejenige Kurve, die an derselben Stelle ihr Maximum annimmt wie i unter der Nebenbedingung $p = 1$.

Das dargelegte Programm läßt sich nun mathematisch sehr einfach ausführen. Da p als variabel angesehen wird, können wir den Extremwert dieses Ausdrucks (2-81) für jeden beliebigen Wert von λ suchen. Wir differenzieren dazu nach p und setzen das Resultat gleich 0:

$$-\ln p - 1 - \lambda = 0\,. \tag{2-82}$$

Wir erhalten, wenn wir die Gleichung nach p auflösen, für die Koordinate des Maximums

$$p = \exp(-\lambda - 1)\,. \tag{2-83}$$

Damit haben wir den Ort der Extremalwerte aller Kurven der Kurvenschar aus Abb. 2.15, wenn λ als variabel zugelassen wird. Wir suchen nun diejenige heraus, die bei $p = 1$ ihr Maximum annimmt. Dazu müssen wir nur in (2-83) $p = 1$ setzen und erhalten

$$1 = \exp(-\lambda - 1) \quad \text{oder} \quad \lambda = -1\,. \tag{2-84}$$

Wir haben nun dieses Resultat in (2-83) einzusetzen und erhalten $p = 1$.

Nachdem wir uns eine erste Vorstellung über dieses Verfahren verschafft haben, wollen wir damit noch das Problem des Münzwurfs auf der Grundlage einer vertieften geometrischen

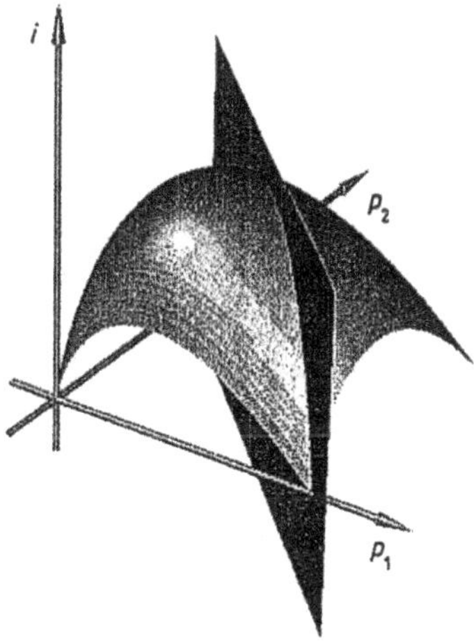

Abb. 2.16

Schnitt von $i(p_1, p_2)$ mit der Ebene $p_1 + p_2 = 1$. Bestimmt wird bei dem Verfahren das Maximum der Schnittkurve.

Veranschaulichung diskutieren. Das Problem selbst wurde bereits oben diskutiert und gelöst (vgl. (2-80)). Wir wollen deshalb zunächst unseren oben beschrittenen Lösungsweg geometrisch darstellen (vgl. Abb. 2.16). Es wurde dort die Nebenbedingung $p_1 + p_2 = 1$ dazu benützt, die Variable p_2 aus dem Ausdruck für $i(p_1, p_2)$ zu eliminieren. Geometrisch bedeutet dies, daß wir das Maximum der Schnittkurve von $i(p_1, p_2)$ mit der Ebene $p_1 + p_2 = 1$ bestimmt haben.

Wenden wir uns nun unserem neuen Verfahren zu: Genauso wie im Fall *einer* Variablen p berücksichtigen wir nun unsere Nebenbedingung durch ein Zusatzglied $\lambda(1 - p_1 - p_2)$, das wir zu i addieren:

$$A(p_1, p_2; \lambda) = i(p_1, p_2) + \lambda(1 - p_1 - p_2), \qquad (2\text{-}85)$$

wobei wir für i den Ausdruck (2-74) einzusetzen haben, dabei aber beide Wahrscheinlichkeiten p_1 und p_2 als in ihrem Definitionsbereich frei variierbar betrachten. Offenbar repräsentiert unser Zusatzglied eine Ebenenschar, die wir in Abb. 2.17 dargestellt haben. Eine Veränderung von λ bewirkt nun geometrisch gesehen eine Drehung einer vorgegebenen Ebene um die in der p_1, p_2-Ebene liegende Gerade $p_1 + p_2 - 1 = 0$ (vgl. Abb. 2.17). Der Ausdruck (2-85) ergibt also eine Flächenschar, die durch Addi-

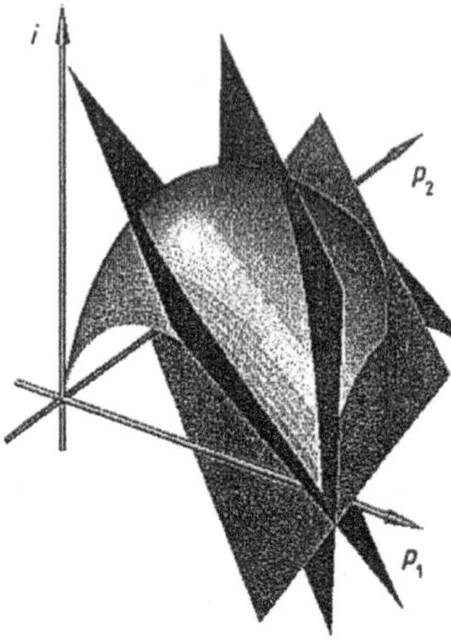

Abb. 2.17 Ebenenschar $\lambda(1-p_1-p_2)$, die die p_1, p_2-Ebene längs der Linie $(1-p_1-p_2)=0$ schneidet.

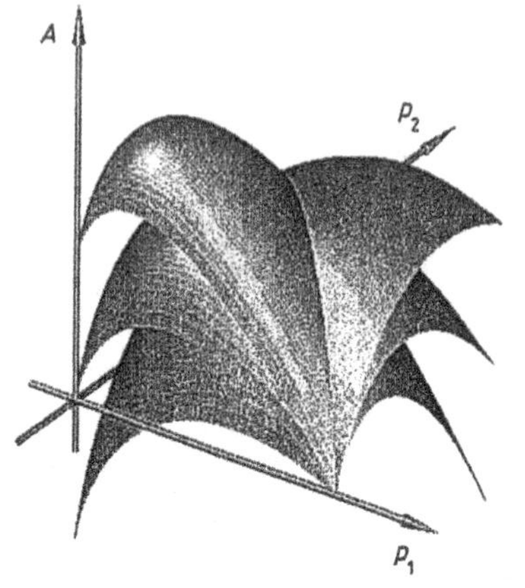

Abb. 2.18 $A\,(p_1, p_2, \lambda)$ für verschiedene Werte von λ.

tion dieser Ebenenschar zu $i(p_1, p_2)$ entsteht. Verschiedene dieser sich so ergebenden Flächen sind in Abb. 2.18 dargestellt. Von grundlegender Bedeutung für das folgende ist nun die Tatsache, daß sämtliche dieser Flächen dieselbe Schnittkurve mit der Ebene $p_1 + p_2 - 1 = 0$ aufweisen. Das liegt einfach daran, daß dort der zu i hinzugefügte Ausdruck $\lambda(1-p_1-p_2)$ verschwindet. Zur Bestimmung des Maximums dieser Schnittkurve, das wir ja letztendlich suchen, ist noch eine kurze Vorüberlegung erforderlich. Die notwendige Bedingung für ein Maximum, Gleichung (2-78), muß nämlich jetzt für den Fall zweier unabhängiger Variabler p_1 und p_2 verallgemeinert werden (vgl. auch Abb. 2.19). Geben wir beispielsweise p_2 einen festen Wert $p_2 = c_2$ vor, dann erhalten wir eine Kurve $A\,(p_1, c_2, \lambda)$, deren Maximum nach (2-78) bestimmbar wird. Geometrisch wird diese Kurve erhalten als Schnittkurve der Ebene $p_2 = c_2$ mit der Fläche $A\,(p_1, p_2, \lambda)$. Ganz entsprechend können wir p_1 gleich einer Konstanten c_1 setzen und das Maximum der Kurve $A\,(c_1, p_2, \lambda)$ als Funktion von p_2 bestimmen. Wieder wird dabei (2-78) anwendbar. Ein Maximum der Fläche $A\,(p_1, p_2, \lambda)$ liegt offenbar genau dann vor, wenn beide der oben

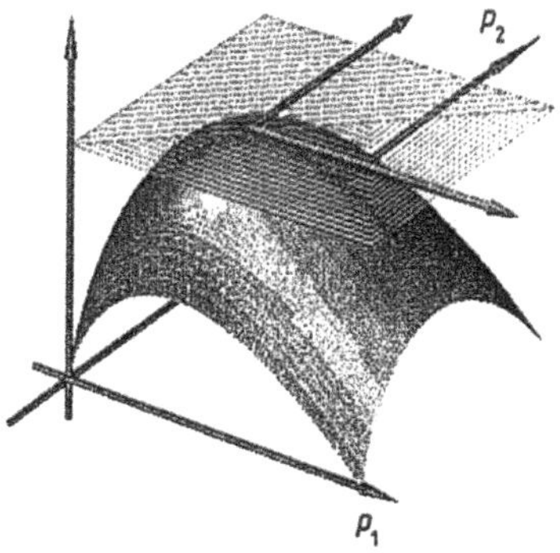

Abb. 2.19
Die Tangentialebene an einem Maximum ist parallel zur p_1, p_2-Ebene. Längs dieser Ebene verschwindet die Steigung in p_1Richtung und p_2-Richtung. Durch das Verhalten längs dieser beiden senkrechten Richtungen ist die Tangentialebene eindeutig bestimmt. Dieser Sachverhalt wird durch (2-86) ausgedrückt.

bestimmten Kurve die Maximumsbedingung zugleich erfüllen, wenn also

$$\frac{\partial A}{\partial p_1} = -\ln p_1 - 1 - \lambda = 0 \,,$$

$$\frac{\partial A}{\partial p_2} = -\ln p_2 - 1 - \lambda = 0 \,. \tag{2-86}$$

Um hervorzuheben, daß die Differentiation nach einer Variablen so erfolgt, daß die andere konstant gehalten wird, haben wir konventionsgemäß das Symbol ∂ anstelle des d für die Differentiation verwendet. Wir erhalten jetzt für den Ort der Maxima unserer Kurvenschar durch Auflösung von (2-86) nach p_1 und p_2

$$p_1 = \exp(-\lambda - 1) \quad \text{und} \quad p_2 = \exp(-\lambda - 1) \,. \tag{2-87}$$

Aus den Kurvenscharen suchen wir nun genau diejenige heraus, die ihr Maximum längs der Ebene $p_1 + p_2 - 1 = 0$ annimmt. Die Begründung dafür ergibt sich folgendermaßen: Alle unsere Kurvenscharen haben dieselbe Schnittkurve mit der Ebene $p_1 + p_2 - 1 = 0$. Das Maximum dieser Schnittkurve suchen wir. Konstruieren wir diejenige Fläche aus unserer Flächenschar, die in dieser Ebene ihr Maximum annimmt, dann können wir sicher sein, daß es mit dem Maximum der Schnittkurve übereinstimmt. Offenbar ist es diejenige Kurve, für die der Ort des Maximums (2-87) die Nebenbedingung $p_1(\lambda) + p_2(\lambda) = 1$ erfüllt. Setzen wir unser Resultat für den Ort des Maximums (2-87) in diese Gleichung ein, dann erhalten wir

$$2\exp(-\lambda-1)=1 \quad \text{oder} \quad \lambda=-1-\ln(1/2)\,. \tag{2-88}$$

Damit wird schließlich, wenn wir dieses Resultat in (2-87) einsetzen,

$$p_1=p_2=1/2\,,$$

wie es auch sein muß. Mit (2-88) haben wir den Wert des Lagrange-Multiplikators λ bestimmt.

Zusammenfassend können wir nun die Vorteile, die uns dieses Verfahren bringt, folgendermaßen darstellen: Durch die Erweiterung von i zu dem Ausdruck A erlangen die Wahrscheinlichkeiten p_i, die zunächst durch die Nebenbedingungen bedingt in i nicht beliebig variierbar sind, in A diese Eigenschaft wieder. Dadurch wird das Auffinden des Maximums als Funktion der Lagrange-Multiplikatoren merklich erleichtert. Die Bestimmung der zugehörigen Werte der Lagrange-Multiplikatoren (in unseren Beispielen bisher war es nur einer), kann auf ein algebraisches Problem reduziert werden.

2.2.5 Das Prinzip der unvoreingenommenen Schätzung und das Jaynessche Prinzip

Wir verallgemeinern nun unser Vorgehen, indem wir unsere Resultate zu einem allgemeinen Prinzip erweitern, nämlich dem *Prinzip der unvoreingenommenen Schätzung*. Dieses Prinzip läßt sich folgendermaßen formulieren: Die Wahrscheinlichkeit p_k, einen makroskopischen Zustand k anzutreffen, läßt sich konstruieren durch Maximierung der Information i. Bei der Bestimmung dieses Maximums müssen alle makroskopischen Kenntnisse berücksichtigt werden. Dies geschieht in der Form von Nebenbedingungen. Als Rechtfertigung dient uns dazu ein Standpunkt, der in die Literatur auch als „Jaynessches Prinzip" Eingang gefunden hat. Jaynes formuliert:

> „Wenn es sich herausstellt, daß eine makroskopische Erscheinung reproduzierbar ist, dann folgt, daß alle mikroskopischen Details, die nicht unter der Kontrolle des Experiments standen, irrelevant sein müssen für das Verständnis und die Vorhersage der Erscheinung."

2.2.6 Die Maxwellsche Geschwindigkeitsverteilung

Wir versuchen nun, diese Idee der unvoreingenommenen Schätzung an einem schwierigen, einem physikalischen Beispiel zu erproben, dem isolierten idealen Gas nämlich, um, wie bereits in der Einleitung zu Abschnitt 2.2 erörtert, die Geschwindigkeitsverteilung seiner Atome auszurechnen. Zur Veranschaulichung unserer Überlegungen verweisen wir zurück auf die Abb. 2.13 und 2.14. Die Geschwindigkeitsachse ist dort zerlegt in gleichgroße diskrete Intervalle Δv, die Geschwindigkeit im n-ten Intervall ist $v_n = n\Delta v$. Der Einfachheit halber ist dabei angenommen, daß sich die Atome auf einer Linie bewegen, also in einem eindimensionalen Raum, und nicht in einem dreidimensionalen. Die Verallgemeinerung auf letzteren Fall wird sich später in ganz natürlicher Weise aus unserem eindimensionalen Modell ergeben.

Wir suchen jetzt die Wahrscheinlichkeit p_n, ein Atom in der n-ten Zelle, also mit der Geschwindigkeit v_n anzutreffen. (Man beachte, daß wir hier zur Vereinfachung unsere Sprechweise abgekürzt haben (vgl. Abb. 2.13).) Wieder ist klar, daß unsere Wahrscheinlichkeiten normiert sein müssen. Aus der Thermodynamik wissen wir jedoch noch darüberhinaus, daß die innere Energie des Gases einen wohldefinierten Wert U hat. Wie wir früher bereits ausführlich dargelegt haben (Anhang zu 2.1), bestehen zwischen den einzelnen Atomen eines idealen Gases keine Wechselwirkungen. Die innere Energie U kann sich also nur aus der Summe der kinetischen Energien der einzelnen Partikel zusammensetzen. Wir können deshalb, wenn wir mit N die Zahl der Atome bezeichnen und mit $\langle v^2 \rangle$ das mittlere Geschwindigkeitsquadrat eines Teilchens, die Gesamtenergie (innere Energie) sofort angeben:

$$U = N \cdot \frac{1}{2} m \langle v^2 \rangle . \qquad (2\text{-}89)$$

Wie üblich bezeichnet m die Masse der Teilchen. Untersuchen wir noch den Ausdruck $\langle v^2 \rangle$ etwas genauer. Wir können ihn schreiben als

$$\langle v^2 \rangle = \langle (n\Delta v)^2 \rangle = \langle n^2 \rangle (\Delta v)^2 ,$$

da ja Δv ein fest vorgegebenes Intervall bezeichnet und es daher vom Mittelungsprozeß unberührt bleibt. Verwenden wir nun aber (2-72), wobei wir $f(n) = n^2$ wählen, dann können wir unsere Gleichung weiter umformen

$$\langle v^2 \rangle = (\Delta v)^2 \sum_n n^2 p_n \, . \tag{2-90}$$

Damit können wir im Rahmen einer unvoreingenommenen Schätzung zwei Nebenbedingungen an unsere Wahrscheinlichkeiten p_n, ein Teilchen mit der Geschwindigkeit v_n anzutreffen, angeben:

$$\sum_n p_n = 1 \quad \text{und} \quad \frac{1}{2} Nm \, (\Delta v)^2 \sum_n n^2 p_n = U \, . \tag{2-91}$$

Um eine unvoreingenommene Schätzung vorzunehmen, haben wir jetzt also das Maximum der Information (2-74) unter zwei Nebenbedingungen herauszufinden. Anschaulich gesprochen suchen wir denjenigen Zustand, der die höchste Zahl von Realisierungen besitzt, die mit den beiden Nebenbedingungen vereinbar sind. Dementsprechend brauchen wir zwei Lagrangeparameter: λ und λ_1. Nach entsprechender Verallgemeinerung von (2-85), nimmt unser Ausdruck A dann die folgende Gestalt an:

$$A = -\sum_n p_n \ln p_n + \lambda \left(1 - \sum_n p_n \right) + \lambda_1 \left(U - \frac{1}{2} Nm \, (\Delta v)^2 \sum_n n^2 p_n \right) . \tag{2-92}$$

Geometrisch gesehen haben wir nun eine zweite Ebenenschar mit dem Parameter λ_1 hinzugefügt. Allerdings handelt es sich hier um Ebenenscharen in einem – etwas salopp ausgedrückt – unendlich-dimensionalen Raum, der durch die p_n aufgespannt wird! Man bezeichnet deshalb diese Ebenen auch als Hyperebenen. Eine einfache geometrische Veranschaulichung unseres Problems ist nicht mehr möglich. Dennoch bleibt unser Verfahren der Lagrange-Multiplikatoren weiterhin anwendbar. Unter anderem ist es gerade diese Tatsache, die seine Einführung für uns rechtfertigt. Wir können jetzt nämlich einfach den Formalismus, den wir oben beim Münzwurf entwickelt haben, für diesen allgemeineren Fall mit jetzt unendlich vielen Möglichkeiten n übernehmen. Wir suchen das Maximum der Kurvenscharen (2-92). Verallgemeinern wir (2-86) entsprechend, dann muß als notwendige Bedingung für ein Maximum gelten:

$$\frac{\partial A}{\partial p_k} = 0 \quad \text{für jedes } k\,. \tag{2-93}$$

Differenzieren wir also (2-92) nach der Wahrscheinlichkeit p_k, wobei alle anderen Wahrscheinlichkeiten p_i (wobei $i \neq k$) wie Konstante behandelt werden, und setzen das Ergebnis gleich Null, dann erhalten wir

$$-\ln p_k - 1 - \lambda - \lambda_1 \frac{1}{2} Nm\,(\Delta v)^2 k^2 = 0\,,$$

und nach p_k aufgelöst

$$p_k = \exp\left\{-\lambda - 1 - \lambda_1 \frac{1}{2} Nm\,(\Delta v)^2 k^2\right\}. \tag{2-94}$$

Wieder suchen wir genau denjenigen Extremwert heraus, der die Normierungsbedingung erfüllt:

$$\sum_n p_n = \exp(-\lambda - 1) \sum_n \exp\left\{-\lambda_1 \frac{1}{2} Nm\,(\Delta v)^2 n^2\right\} = 1\,.$$

Wir begnügen uns damit, diese Gleichung nach $\exp(1 + \lambda)$ aufzulösen, und erhalten

$$\exp(1 + \lambda) = \sum_n \exp\left\{-\lambda_1 \frac{1}{2} Nm\,(\Delta v)^2 n^2\right\}. \tag{2-95}$$

Verwenden wir dieses Resultat in (2-94), um $\exp(-1 - \lambda)$ aus p_k zu eliminieren, dann finden wir

$$p_k = \frac{\exp\left\{-\lambda_1 \frac{1}{2} Nm\,(\Delta v)^2 k^2\right\}}{\sum_n \exp\left\{-\lambda_1 \frac{1}{2} Nm\,(\Delta v)^2 n^2\right\}}\,. \tag{2-96}$$

Wir haben nun noch den Parameter λ_1 so zu bestimmen, daß auch unsere zweite Nebenbedingung erfüllt ist. Explizit angeschrieben, also p_k in (2-91) eingesetzt, ergibt sich der ziemlich längliche Ausdruck

$$U = \sum_k \frac{\frac{1}{2} Nm\,(\Delta v)^2 k^2 \exp\left\{-\lambda_1 \frac{1}{2} Nm\,(\Delta v)^2 kn^2\right\}}{\sum_n \exp\left\{-\lambda_1 \frac{1}{2} Nm\,(\Delta v)^2 n^2\right\}}, \qquad (2\text{-}97)$$

der sich aber durch einen einfachen Trick erheblich vereinfachen läßt. Dazu nehmen wir den Parameter λ_1 als variabel an, während wir alle anderen Größen festhalten. Wir betrachten nun den Ausdruck

$$-\frac{\partial}{\partial \lambda_1} \ln\left\{\sum_n \exp\left[-\lambda_1 \frac{1}{2} Nm\,(\Delta v)^2 n^2\right]\right\} \qquad (2\text{-}98)$$

und verifizieren durch Ausführen der Differentiation mit Hilfe der Kettenregel, daß er mit (2-97) übereinstimmt, wenn wir im Zähler des sich ergebenden Ausdrucks den Summationsindex umbenennen: $n \to k$. Die rechte Seite von (2-97) gewinnt damit die Form

$$U = -\frac{\partial}{\partial \lambda_1} \ln\left\{\sum_n \exp\left[-\lambda_1 \frac{1}{2} Nm\,(\Delta v)^2 n^2\right]\right\}. \qquad (2\text{-}99)$$

Wenn wir die Größe

$$Z = \sum_n \exp\left\{-\lambda_1 \frac{1}{2} Nm\,(\Delta v)^2 n^2\right\} \qquad (2\text{-}100)$$

einführen, erhalten wir schließlich mit Gleichung (2-99) für die innere Energie

$$U = -\frac{\partial}{\partial \lambda_1} \ln Z\,. \qquad (2\text{-}101)$$

Da im Ausdruck für Z über sämtliche Zustände, jeder entsprechend gewichtet, summiert wird, bezeichnet man diese Größe auch als *Zustandssumme*. Kennen wir die Zustandssumme als Funktion von λ_1, dann können wir wegen Gleichung (2-99) die innere Energie durch einfaches Differenzieren ausrechnen. Setzen wir sie gleich mit der makroskopisch vorgegebenen, dann können wir (2-101) uminterpretieren als eine Gleichung, aus der wir λ_1 berechnen können.

Wir sehen uns damit vor die Aufgabe gestellt, in unserem Fall des idealen Gases die Zustandssumme zu berechnen. Dies soll hier in einem Grenzfall durchgeführt werden, der dann vorliegt, wenn wir annehmen, daß wir die Geschwindigkeiten der Gasatome beliebig genau messen können. (Im Rahmen der klassischen Mechanik ist diese Annahme möglich.) Für unser Bild (vgl. Abb. 2.13) bedeutet dies, daß wir die „Container" immer schmaler werden lassen, bis sie im Grenzfall die Dicke Null haben. Diesen Grenzübergang müssen wir im folgenden etwas genauer untersuchen. In einem ersten Schritt schreiben wir (2-100) unter Berücksichtigung von $v_n = n\Delta v$ folgendermaßen um:

$$Z = \sum_n \exp\left\{-\lambda_1 \frac{1}{2} N m v_n^2\right\} \Delta n \,,$$

und es ist $\Delta n = 1$. Wir fassen nun diese Summe als eine erste Approximation für die Fläche unserer wahren Geschwindigkeitsverteilung auf (Abb. 2.20). Die Approximation ist verbesserbar, indem wir unsere Intervalle Δn verkleinern, beispielsweise um den Faktor l^{-1} (mit $l > 1$). Unsere Geschwindigkeitsintervalle Δv verkleinern sich dann offenbar um denselben Faktor l^{-1}. Diesen Umstand können wir sofort nützen, um in unserer obigen Formel Δn durch Δv auszudrücken. Es ist nämlich

$$Z = \sum_n \exp\left\{-\lambda_1 \frac{1}{2} N m v_n^2\right\} \left(\frac{\Delta n}{\Delta v}\right) \Delta v$$

und aus unserer obigen Überlegung folgt, daß bei einer beliebigen Verkleinerung der Intervalle stets $(\Delta n / \Delta v) = 1$. (Wir können diese Größe als Zahl der Behälter pro Geschwindigkeitsintervall deuten. Diese wurde so gewählt, daß dem Geschwindigkeitsintervall Δv genau ein Behälter entspricht.) Die zu berücksichtigende Einheit $(\text{Geschwindigkeit})^{-1}$ ordnen wir den Faktoren

$$\exp\left\{-\lambda_1 \frac{1}{2} N m v_n^2\right\}$$

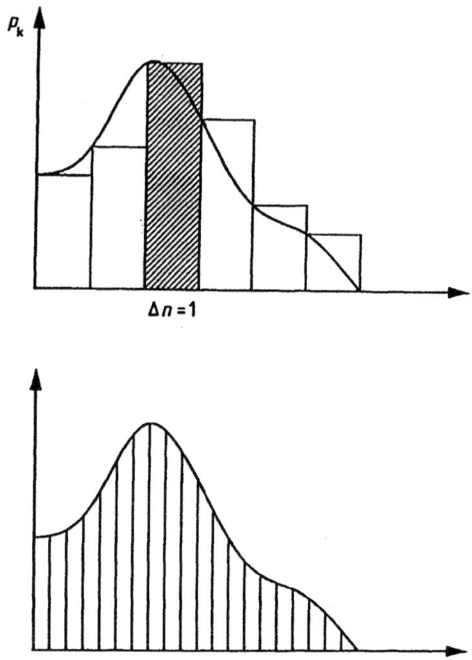

Abb. 2.20

zu, die damit als „Dichte" interpretiert werden können: Sie lassen sich ausdrücken als

$$\exp\left\{-\lambda_1 \frac{1}{2} N m\, v_n^2\right\} \text{ pro Geschwindigkeit.}$$

Wir können jetzt unseren Ausdruck für die Zustandssumme folgendermaßen schreiben

$$Z = \sum_n \exp\left\{-\lambda_1 \frac{1}{2} N m\, v_n^2\right\} \Delta v\,. \tag{2-102}$$

Wir lassen nun Δv gegen Null gehen. Wir wählen also, wie angekündigt, unsere Geschwindigkeitsbehälter immer enger, wobei jeder gleichartig verengt werden soll und benötigen dementsprechend immer mehr. Im Grenzfall infinitesimal kleiner Behälter nehmen wir, wie bereits eingangs erwähnt, schließlich an, daß wir die Geschwindigkeit beliebig genau messen können. Unter

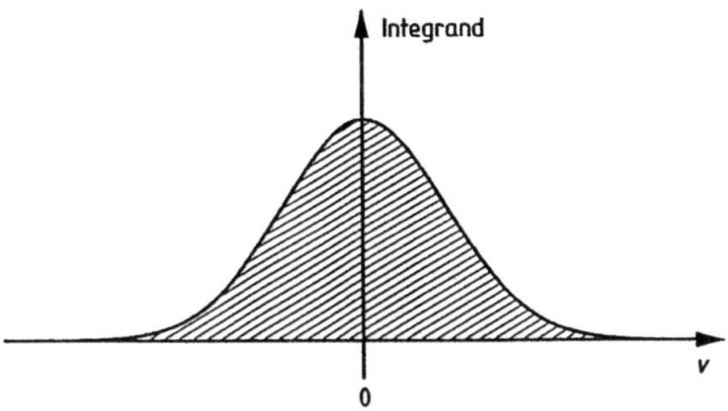

Abb. 2.21 Gaußsche Glockenkurve. Die Schraffierung stellt die Fläche zwischen der Kurve und der v-Achse dar.

diesen Umständen ist (2-102) dann gerade eine Summendarstellung des Integrals (wenn wir v_n durch v ersetzen):

$$Z = \int_{-\infty}^{+\infty} \exp\left\{-\lambda_1 \frac{1}{2} N m v^2\right\} dv . \qquad (2\text{-}103)$$

Es handelt sich um ein sogenanntes Gaußsches Integral, sein Wert repräsentiert gerade die Fläche unter der in Abb. 2.21 dargestellten Glockenkurve. Die Existenz dieses uneigentlichen Integrals ist gesichert dadurch, daß der Integrand für große Geschwindigkeiten v sehr schnell gegen Null geht. Den Wert dieses Integrals entnehmen wir bequemlichkeitshalber einer Integraltafel. Es ist

$$Z = \sqrt{\frac{2\pi}{\lambda_1 N m}} . \qquad (2\text{-}104)$$

Dieses Ergebnis können wir nun verwenden, um die durch (2-101) vorgegebene Beziehung zur inneren Energie herzustellen. Logarithmieren wir diesen Ausdruck (2-104) und differenzieren ihn nach λ_1, dann erhalten wir für die innere Energie U

$$U = \frac{1}{2\lambda_1} \quad \text{oder} \quad \lambda_1 = \frac{1}{2U} . \qquad (2\text{-}105)$$

Nun kennt man U im Falle einatomiger idealer Gase (s. den Anhang zu 2.1), die sich nur längs einer Linie bewegen können.

Es ist für ein Mol des Gases

$$U = \frac{1}{2} R T ,$$

woraus mit (2.105) folgt

$$\lambda_1 = \frac{1}{RT} . \qquad (2\text{-}106)$$

Damit ist auch λ_1 berechnet und wir können unsere Wahrscheinlichkeiten p_k angeben. Um konsistent mit der Berechnung der Zustandssumme zu bleiben, müssen wir den Grenzübergang zu kontinuierlichen Geschwindigkeiten auch noch in (2-96) vollziehen. Dazu verfahren wir genauso wie oben. Die Summe im Nenner dort liefert einfach wieder die Zustandssumme Z. Wir können deshalb für p_k schreiben

$$\begin{aligned} p_k &\to \frac{1}{Z} \exp\left\{-\lambda_1 \frac{1}{2} N m v_k^2\right\} \left(\frac{\Delta n}{\Delta v}\right) \Delta v \\ &\to \frac{1}{Z} \exp\left\{-\lambda_1 \frac{1}{2} N m v^2\right\} dv = P(v)\, dv . \end{aligned} \qquad (2\text{-}107)$$

$P(v)$ bezeichnet man als die Wahrscheinlichkeitsdichte für die Geschwindigkeit v (Wahrscheinlichkeit pro Geschwindigkeit), und $P(v)dv$ (vgl. Abb. 2.13) gibt die Wahrscheinlichkeit an, ein Atom anzutreffen, dessen Geschwindigkeit in das Intervall zwischen v und $v + dv$ fällt.

Setzen wir unser Ergebnis (2-106) in die Gleichung für $P(v)$ ein, dann tritt im Exponenten das Verhältnis R/N auf. Diese Größe ist von universeller Bedeutung, wie wir später noch sehen werden, denn sie erweist sich als unabhängig von dem hier gewählten Arbeitsstoff, dem idealen Gas. Sie hat den Namen Boltzmannkonstante erhalten, zu Ehren von Ludwig Boltzmann, der grundlegende Arbeiten zum Verständnis der statistischen Thermodynamik beigetragen hat. Wir bezeichnen sie im folgenden mit dem Symbol k_B,

$$k_B = R/N \cong 1{,}38 \cdot 10^{-23}\,\text{J/K} . \qquad (2\text{-}108)$$

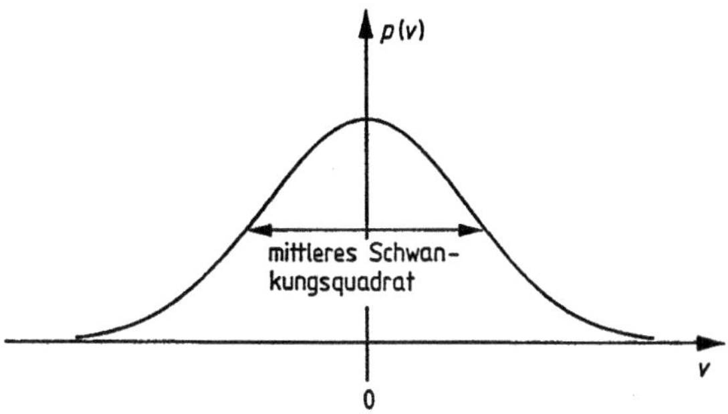

Abb. 2.22 Maxwellverteilung des idealen Gases für eine fest vorgegebene Temperatur.

Übernehmen wir diese Bezeichnungsweise, dann erhalten wir endgültig für die Wahrscheinlichkeitsdichte $P(v)$, wenn wir unser explizites Resultat für Z (vgl. (2-104)) einsetzen,

$$P(v) = \sqrt{\frac{m}{2\pi k_B T}} \exp\left\{-\frac{\frac{1}{2} m v^2}{k_B T}\right\}. \tag{2-109}$$

(2-109) ist die berühmte *Maxwellsche Geschwindigkeitsverteilung*, sie ist in Abb. 2.22 für eine fest gewählte Temperatur dargestellt. Über sie lassen sich sämtliche uns interessierende Mittelwerte durch eine einfache Quadratur ausrechnen. In der Tat gelingt genauso wie oben der Grenzübergang zu infinitesimalen Geschwindigkeitsintervallen

$$\langle f(v_n)\rangle = \sum_n f(n) p_n \to \int_{-\infty}^{+\infty} f(v) P(v)\, dv . \tag{2-110}$$

Wir benützen nun (2-110), um verschiedene, für uns besonders interessante Mittelwerte auszurechnen. Selbstverständlich interessiert uns zunächst der Mittelwert der Geschwindigkeit $\langle v\rangle$ selbst. Es läßt sich in unserem Falle leicht nachweisen, daß

$$\langle v\rangle = 0 . \tag{2-111}$$

Anschaulich bedeutet dieses Resultat, daß die Wahrscheinlichkeit, ein Teilchen im Intervall mit den Geschwindigkeiten v

und $v + dv$ zu finden, gleich groß ist wie die, ein Teilchen im Intervall mit den Geschwindigkeiten $-v$ und $-v-dv$ aufzufinden (vgl. auch Abb. 2.22). Es bedeutet insbesondere *nicht* (!), daß die tatsächlich angetroffenen Geschwindigkeiten selbst Null sind!

Beispielsweise läßt sich das Ergebnis (2-111) folgendermaßen herleiten. Wir schreiben

$$\langle v \rangle = \int_{-\infty}^{+\infty} v P(v)\, dv$$

um, indem wir unter dem Integralausdruck v durch $-v$ ersetzen. Wir erhalten so, weil wir auch die Integrationsgrenzen entsprechend transformieren müssen,

$$\langle v \rangle = \int_{+\infty}^{-\infty} (-v) P(-v) (-dv)\,.$$

Nun ist aber $P(v) = P(-v)$. Ferner können wir die Integrationsgrenzen umdrehen, was die Multiplikation unseres Ausdrucks mit (-1) zufolge hat. Insgesamt ergibt sich

$$\langle v \rangle = -\int_{-\infty}^{+\infty} v P(v)\, dv\,.$$

Die rechte Seite ist aber gerade gleich $-\langle v \rangle$! Wir erhalten also endgültig

$$\langle v \rangle = -\langle v \rangle\,.$$

Eine Größe, die gleich ihrer negativen ist, kann aber nur Null sein.

Wir wollen uns jedoch auch eine Vorstellung über die Größenordnung der mittleren vorkommenden Geschwindigkeiten verschaffen. Als derartiges Maß bietet sich die Größe

$$\tilde{v} = \sqrt{\langle v^2 \rangle}\,, \qquad (2\text{-}112)$$

die Wurzel aus dem mittleren Geschwindigkeitsquadrat, an. Zur Berechnung dieser Größe können wir wieder (2-110) verwenden. Wir wollen jedoch einen einfacheren Weg gehen: Wir erinnern dazu an die Formel (2-89) und (2-105). Setzt man beide gleich, dann folgt

$$\tilde{v} = \sqrt{\frac{k_B}{m} T} \,. \tag{2-113}$$

Setzen wir realistische Werte ein, beispielsweise für m die Masse eines Wasserstoffmoleküls, $m \cong 3{,}4 \cdot 10^{-27}$ kg bei Zimmertemperatur $T \cong 293$ K und verwenden die Boltzmannkonstante nach (2-104), dann ergibt sich für $\tilde{v}$

$$\tilde{v} \cong 1100 \text{ m/s} \,.$$

Die Atome fliegen also mit außerordentlich hoher Geschwindigkeit $\tilde{v}$, und wie man der Formel (2-113) entnimmt, ist sie für ein vorgegebenes ideales Gas allein durch die Temperatur bestimmt. Man spricht deshalb auch von der *thermischen Bewegung* der Atome des Gases, die für unser Verständnis der Erscheinungsformen der Materie eminente Bedeutung erlangt. Nach (2-113) nimmt sie ja mit der Temperatur zu. Qualitativ können jetzt verschiedene Phasen der Materie als Konkurrenzprozeß zwischen thermischer Bewegung der Atome und anziehenden Kräften, die sie aufeinander ausüben, gedeutet werden (vgl. auch die Diskussion in 2.2.1). Erniedrigt man die Temperatur eines Gases, so nimmt die thermische Bewegung ab. Anziehende Kräfte bekommen die Oberhand, das Gas kann zu einer Flüssigkeit kondensieren. Thermische Bewegung findet dort, allerdings eingeschränkt, weiterhin statt. Eine weitere Erniedrigung der Temperatur schränkt die thermische Bewegung weiter ein, so daß die anziehenden Kräfte die Flüssigkeit beispielsweise in einen hochgeordneten Kristall überführen können. Thermische Bewegung äußert sich dann in Schwingungen der Atome um die durch die Kristallordnung vorgegebenen Gleichgewichtslagen, die beispielsweise die akustischen Eigenschaften der Kristalle bestimmen, ihre Wärmekapazität usw.

Für unser weiteres Vorgehen wird es noch von Vorteil sein, auch ein Maß für die Breite unserer Verteilungsfunktion zu finden. Ein solches Maß stellt das mittlere Schwankungsquadrat der Geschwindigkeit dar, das wir in Abb. 2.22 eingezeichnet haben. Diese Größe ist folgendermaßen definiert: Es ist

$$\sigma^2 = \left\langle (v - \langle v \rangle)^2 \right\rangle . \tag{2-114}$$

Offenbar kann sie als ein Maß für die Abweichung der tatsächlich realisierten Geschwindigkeit v von ihrem Mittelwert $\langle v \rangle$ verwendet werden. Nun läßt sich (2-114) noch in anderer Form darstellen. Wir erhalten diese durch einfaches ausmultiplizieren:

$$\begin{aligned} \sigma^2 &= \langle v^2 \rangle - 2 \langle v \rangle \langle v \rangle + \langle v \rangle^2 \\ &= \langle v^2 \rangle - \langle v \rangle^2 . \end{aligned} \tag{2-115}$$

Für unsere Situation können wir σ^2 unmittelbar angeben. $\langle v \rangle$ selbst ist ja Null, wie wir bewiesen haben, und $\langle v^2 \rangle$ für ein Teilchen haben wir oben bereits berechnet (Gleichungen (2-112) und (2-113)). Das Ergebnis ist

$$\sigma^2 = \frac{k_\mathrm{B}}{m} T . \tag{2-116}$$

Haben wir nun N unabhängige freie Teilchen, was ja bei unserem idealen Gas der Fall ist, dann ist die gesamte Schwankung im System gerade $N\sigma^2$. Die gesamte Schwankung (die Unsicherheit gewissermaßen) nimmt also proportional zu der Teilchenzahl N zu. Für die Messung bedeutsam sind aber nur die relativen Schwankungen. Bei N unabhängigen Teilchen mißt man nun die mittlere Gesamtgeschwindigkeit zu $N\tilde{v}$. Wir setzen deshalb die gesamte Schwankung ins Verhältnis zu $(N\tilde{v})^2$, definieren also die Größe

$$\tilde{\sigma}^2 = \frac{N\sigma^2}{(N\tilde{v})^2} . \tag{2-117}$$

Wir bezeichnen $\tilde{\sigma}^2$ als relatives Schwankungsquadrat, weil es auf ein Maß für die mittlere Geschwindigkeit der Teilchen bezogen ist. Gleichung (2-117) führt auf ein grundlegendes Resultat. Setzen wir nämlich den Ausdruck für σ^2 in Gleichung (2-117) ein und ziehen die Wurzel, dann ergibt sich

$$\tilde{\sigma} = \sqrt{\frac{1}{N}} . \tag{2-118}$$

$\tilde{\sigma}$ ist ein Maß für die relative Schwankung der Geschwindigkeit, der Abweichung der Geschwindigkeit von ihrem Mittelwert also. Diese relative Schwankung wird also bei einer Erhöhung der Teilchenzahl N immer kleiner und geht im Grenzfall $N \rightarrow \infty$ gegen Null. Makroskopisch bedeutet dies offenbar, daß wir keine Schwankungen mehr messen können, wenn wir die Teilchenzahl genügend groß werden lassen. Selbstverständlich findet man in realen Systemen immer nur eine endliche Teilchenzahl vor. Diese ist jedoch unvorstellbar groß: Eine Abschätzung wird über die Loschmidtsche Zahl N_L, die Zahl der in einem Mol Gas vorhandenen Atome, möglich: Bekanntlich ist diese

$$N_L \cong 6{,}02 \cdot 10^{23} .$$

Verwenden wir (2-118), dann wird

$$\tilde{\sigma} \cong 1{,}3 \cdot 10^{-12} .$$

Wir haben hier an unserem Beispiel des idealen Gases ein sehr allgemein gültiges Gesetz gefunden, daß nämlich die Größe der relativen Schwankungen in der statistischen Thermodynamik wie

$$\tilde{\sigma} \propto \frac{1}{\sqrt{N}} \tag{2-119}$$

abnimmt. Dieses begründet den Erfolg der phänomenologischen Thermodynamik, die ja keine Schwankungen berücksichtigt. Wir wollen jedoch anmerken, daß mikroskopische Schwankungen unter bestimmten Bedingungen im System auch so verstärkt werden können, daß sie makroskopisch meßbar werden. Dies ist beispielsweise der Fall, wenn ein System einen kontinuierlichen Phasenübergang (das ist ein Übergang, bei dem keine latente Wärme auftritt) vollzieht. Ein Beispiel bildet ein Magnet, der bei Erwärmung aus dem magnetisierten Zustand in den unmagnetisierten übergeht, oder ein Leiter, der bei Abkühlung hin zu genügend tiefen Temperaturen plötzlich und spontan in den supraleitenden Zustand übergeht.

Fassen wir zusammen. Unter Anwendung der Methode der unvoreingenommenen Schätzung ist es uns gelungen, die Maxwellsche Geschwindigkeitsverteilung herzuleiten, die wir mit $P(v)$

bezeichnet haben. Über die Ausrechnung der Zustandssumme konnten wir den Lagrangeparameter λ_1 durch einen Vergleich mit phänomenologischen Resultaten bestimmen. Er erwies sich als umgekehrt proportional zur Temperatur des Gases. Es handelt sich hierbei um ein Ergebnis, das uns im nächsten Abschnitt noch von großem Nutzen sein wird. Ferner haben wir aus diesem Beispiel ein Gefühl für die Bedeutung der thermischen Bewegung und die dabei auftretenden Schwankungen entwickeln können.

Wir haben uns bisher allerdings auf den Fall des „eindimensionalen Gases" beschränkt. Die Verallgemeinerung auf den dreidimensionalen Fall ist jedoch – wie bereits angekündigt – sofort vollziehbar. Dies gelingt am einfachsten über den Begriff der statistischen Unabhängigkeit. Um ihn präzise zu definieren, greifen wir auf unser früheres Beispiel des Würfelns zurück. Tun wir dies beispielsweise mit zwei Würfeln, dann hat das Ergebnis der Augenzahl des einen Würfels keinerlei Einfluß auf das Resultat (die Augenzahl) des anderen Würfels. Wir haben hier ein Beispiel für statistische Unabhängigkeit vorliegen. Mathematisch können wir diesen Sachverhalt durch die Einführung der Verbundwahrscheinlichkeit formulieren. Betrachten wir dazu eine Ereignismenge K, (die möglichen Ereignisse numerieren wir mit dem Buchstaben k) und eine Ereignismenge N (die möglichen Ereignisse numerieren wir hier durch den Buchstaben n). Die Verbundwahrscheinlichkeit gibt die Wahrscheinlichkeit an, unter den Ereignissen in K das k-te *und* unter den Ereignissen N das n-te anzutreffen. Wir schreiben für diese Wahrscheinlichkeit $p_{k,n}$, die jetzt natürlich von zwei Indizes k und n abhängen muß. Über den Begriff der Verbundwahrscheinlichkeit können wir nun folgende Vorstellung zur statistischen Unabhängigkeit entwickeln: Nehmen wir wie oben an, die Verbundwahrscheinlichkeit, das Ereignis k zu messen und das Ereignis n zu messen, sei $p_{k,n}$, die k für sich zu messen, p_k, die n für sich zu messen p_n. Die Messungen k und n sind genau dann statistisch unabhängig, falls

$$p_{k,n} = p_k p_n. \tag{2-120}$$

Man prüft übrigens leicht nach, daß diese Bedingung beim erwähnten Würfelbeispiel tatsächlich erfüllt ist.

Bei unserem „dreidimensionalen Gas“ sind nun die Geschwindigkeitskomponenten v_x, v_y und v_z statistisch voneinander unabhängig: jede Richtung im Raum ist nämlich gleichberechtigt, und die Aussage (2-120) für Wahrscheinlichkeiten p ist selbstverständlich direkt auf Wahrscheinlichkeitsdichten P übertragbar. Wir erhalten somit für die Verbundwahrscheinlichkeitsdichte des dreidimensionalen Gases, die eine Funktion von v_x, v_y und v_z ist,

$$P(v_x, v_y, v_z) = P(v_x)\, P(v_y)\, P(v_z) \tag{2-121}$$

mit $P(v)$ aus (2-109). Wir haben also dort v durch v_x zu ersetzen und erhalten so $P(v_x)$. Entsprechend verfahren wir mit den beiden anderen Komponenten und multiplizieren die drei sich so ergebenden Funktionen.

Wir wollen aus diesem Resultat noch eine weitere bemerkenswerte Konsequenz ziehen, die nicht nur für unser Beispiel Gültigkeit hat, von der sich vielmehr nachweisen läßt, daß sie von allgemeiner Bedeutung für die statistische Mechanik ist: Im Fall des dreidimensionalen Gases hat ja jedes Partikel gerade drei Freiheitsgrade, nämlich die Bewegung längs der x-, der y- und der z-Koordinate. Die mittlere Energie für jeden Freiheitsgrad eines Teilchens ist aber (vgl. (2-89))

$$\frac{1}{2} m \left\langle v_x^2 \right\rangle = \frac{1}{2} m \left\langle v_y^2 \right\rangle = \frac{1}{2} m \left\langle v_z^2 \right\rangle = \frac{1}{2} k_{\mathrm{B}} T\,. \tag{2-122}$$

Hiermit ist nämlich die Aussage des *Gleichverteilungssatzes* der statistischen Thermodynamik für klassische, also nicht quantenmechanische Systeme an einem Beispiel demonstriert. Die mittlere Energie pro Freiheitsgrad des Systems ist $(1/2)k_{\mathrm{B}}T$. Die Energie wird also über alle Freiheitsgrade gleichmäßig verschmiert, kein Freiheitsgrad des Systems ist in irgendeiner Weise ausgezeichnet. Diese Tatsache kann man insbesondere so interpretieren, daß im System keinerlei Ordnung vorliegt. Das System ist, will man vom makroskopischen Zustand auf den mikroskopischen schließen, in einem Zustand maximaler Unordnung. Wir werden diesen Punkt bei der allgemeinen Herleitung der phänomenologischen Thermodynamik aus unseren statistischen Überlegungen noch einmal aufgreifen.

2.2.7 Die statistische Begründung der Thermodynamik

In diesem Abschnitt werden wir die speziell an dem idealen Gas angestellten Untersuchungen so verallgemeinern, daß wir der Thermodynamik eine allgemeine statistische Basis geben können. Wir nehmen dazu an, daß wir unser vorliegendes System durch einen Satz von makroskopischen Zuständen charakterisieren können, die wir durch den Index k voneinander unterscheiden werden. Ferner nehmen wir an, daß jeder Zustand mit einer Wahrscheinlichkeit p_k angetroffen wird und jedem dieser Zustände eine Energie E_k zugeordnet werden kann. Wir betrachten ein isoliertes System, d.h. ein System mit einer fest vorgegebenen inneren Energie U. Damit haben wir bei unserem Verfahren der unvoreingenommenen Schätzung wie bei der Herleitung der Maxwellschen Geschwindigkeitsverteilung zwei Nebenbedingungen zu berücksichtigen, nämlich

$$\sum_k p_k = 1 \tag{2-123}$$

und

$$\sum_k E_k p_k = U, \tag{2-124}$$

wobei U wieder fest vorgegeben ist. Wir bestimmen die Wahrscheinlichkeiten p_k, indem wir den Extremwert der Information unter den Nebenbedingungen (2-123) und (2-124) aufsuchen. Wir bilden den Ausdruck

$$A(p_k, \lambda, \lambda_1) = -\sum_k p_k \ln p_k + \lambda\left(1 - \sum_k p_k\right) + \lambda_1\left(U - \sum_k p_k E_k\right) \tag{2-125}$$

mit den beiden Lagrangeparametern λ und λ_1. Wie bisher bestimmen wir den Extremwert aus

$$\frac{\partial A(p_k, \lambda, \lambda_1)}{\partial p_k} = 0 \quad \text{für alle } k. \tag{2-126}$$

Auf diese Weise erhalten wir den folgenden Satz von Gleichungen für den Ort des Extremwerts dieses Ausdrucks als Funktion der Parameter λ und λ_1

$$-\ln p_k - 1 - \lambda - \lambda_1 E_k = 0 \tag{2-127}$$

oder, aufgelöst nach den Koordinaten des Maximums,

$$p_k = \exp\{-\lambda - 1 - \lambda_1 E_k\}\,. \tag{2-128}$$

Genauso wie bei der Herleitung der Maxwellschen Geschwindigkeitsverteilung suchen wir zunächst denjenigen Extremwert heraus, der die Normierungsbedingung erfüllt (wir benennen dazu den Index k in den Index n um; da es sich dabei nur um eine willkürliche Benennung handelt, ist dies ohne Belang). Wir erhalten also

$$\sum_n p_n = \exp(-\lambda - 1) \sum_n \exp\{-\lambda_1 E_n\} = 1 \tag{2-129}$$

oder, wenn wir die Gleichung (2-129) entsprechend auflösen,

$$\exp(\lambda + 1) = \sum_n \exp\{-\lambda_1 E_n\}\,. \tag{2-130}$$

Setzen wir dieses Ergebnis in den Ausdruck (2-128) für p_k ein, dann erhalten wir

$$p_k = \frac{\exp\{-\lambda_1 E_k\}}{\sum_n \exp\{-\lambda_1 E_n\}}\,. \tag{2-131}$$

Wir haben noch den Parameter λ_1 zu bestimmen. Wir suchen mithin den Extremwert für den gilt (vgl. (2-124))

$$U = \sum_k E_k \frac{\exp\{-\lambda_1 E_k\}}{\sum_n \exp\{-\lambda_1 E_n\}}\,. \tag{2-132}$$

Es erweist sich an dieser Stelle wieder als zweckmäßig, die entsprechende Zustandssumme Z einzuführen, ganz in Analogie zu früher (vgl. Gleichung (2-100)):

$$Z = \sum_n \exp\{-\lambda_1 E_n\}\,. \tag{2-133}$$

Wieder weist man ohne Schwierigkeiten durch einfaches Differenzieren unter Anwendung der Kettenregel nach, daß

$$U = \frac{\partial}{\partial \lambda_1} \ln Z . \tag{2-134}$$

Offenbar müssen wir, um den vorher diskutierten Grenzfall des idealen Gases in unserer Gleichung (2-133) wieder zu finden, λ_1 gleich $k_B T$ setzen (vgl. auch (2-106)):

$$\lambda_1 = \frac{1}{k_B T} . \tag{2-135}$$

Dieses Resultat (2-135) unterstreicht die universelle Bedeutung der Boltzmannkonstanten k_B. Der Faktor k_B ist immer der gleiche, für alle Systeme die wir betrachten! Für die Wahrscheinlichkeitsverteilung p_k erhalten wir also endgültig, wenn wir die Gleichungen (2-131), (2-133), (2-135) beachten:

$$p_k = Z^{-1} \exp \frac{-E_k}{k_B T} . \tag{2-136}$$

Die so gewonnene Wahrscheinlichkeitsverteilung wird oft als Gibbssche Verteilung bezeichnet; sie ist benannt nach dem Forscher W. Gibbs, der übrigens um die Jahrhundertwende den von uns dargestellten Weg über die Methode der Lagrangemultiplikatoren als erster zur statistischen Begründung der Thermodynamik eingeschlagen hat.

Wir merken an, daß das in (2-136) angegebene Resultat auch formal dann richtig bleibt, wenn wir mikroskopische Systeme betrachten, die zu ihrer vollständigen Beschreibung quantenmechanischer Methoden bedürfen.

Wenden wir uns nun unserem zentralen Anliegen zu, eine statistische Begründung der Thermodynamik zu geben. Wir berechnen dazu die maximale Information $i_{\max}$, die mit den in

(2-136) angegebenen p_k verknüpft ist. Wir schreiben also (vgl. auch (2-74))

$$\begin{aligned} i_{\max} &= -\sum_k p_k \ln p_k \\ &= -\sum_k Z^{-1} \exp\left(\frac{-E_k}{k_B T}\right) \ln \frac{1}{Z} \exp\left(\frac{-E_k}{k_B T}\right) \\ &= -\sum_k p_k (-\ln Z) + \frac{1}{k_B T} \sum_k p_k E_k , \end{aligned}$$

oder endgültig, wenn wir die Normierung der Wahrscheinlichkeiten p_k (2-123) und die zweite Nebenbedingung (2-124) beachten,

$$i_{\max} = \ln Z + \frac{1}{k_B T} U . \tag{2-137}$$

Mit Gleichung (2-54) haben wir nun in der Thermodynamik einen Ausdruck hergeleitet, der mathematich genau dieselbe Struktur hat wie der oben abgeleitete. In der Tat, setzen wir nämlich

$$S' = i_{\max} k_B \tag{2-138}$$

und

$$\ln Z = -\frac{1}{k_B T} F' , \tag{2-139}$$

dann erhalten wir nach einer einfachen algebraischen Umformung

$$F' = U - TS' . \tag{2-140}$$

(Unsere Vorsicht, nicht unmittelbar $F = F'$ usw. zu setzen, wird sich an späterer Stelle noch als hilfreich erweisen!) Um nun nachzuweisen, daß es sich hier nicht um einen Zufall und bloße Willkür handelt, berechnen wir $\partial F'/\partial T$, wobei wir das Volumen konstant halten: Wir wissen aus der phänomenologischen Thermodynamik (vgl. (2-56)), daß

$$\frac{\partial F}{\partial T} = -S . \tag{2-141}$$

Wie üblich weist die partielle Differentiation ∂ darauf hin, daß alle anderen Variablen mit Ausnahme von T konstant gehalten werden. Es ist nun nachzuweisen, daß wir, in Konsistenz zu unseren obigen Identifikationen, dieses Resultat auch aus unserer statistischen Theorie beziehen können. Dazu differenzieren wir den Ausdruck (vgl. (2-139))

$$F' = -k_B T \ln Z \tag{2-142}$$

nach der Temperatur. Unter Verwendung der Produktregel in Gleichung (2-142) erhalten wir

$$\frac{\partial F'}{\partial T} = -k_B \ln Z - \frac{k_B T}{Z}\frac{\partial Z}{\partial T},$$

und wenn wir Z aus Gleichung (2-133) einsetzen,

$$\frac{\partial F'}{\partial T} = -k_B \ln Z - \frac{k_B T}{k_B T^2} Z^{-1} \sum_k E_k \exp\left(-\frac{E_k}{k_B T}\right).$$

Erinnern wir uns nun an Gleichungen (2-142) und (2-132), dann können wir diesen Ausdruck schreiben als

$$\frac{\partial F'}{\partial T} = \frac{F'}{T} - \frac{U'}{T}, \tag{2-143}$$

und mit Gleichung (2-140)

$$\frac{\partial F'}{\partial T} = -S', \tag{2-144}$$

was zu zeigen war. Was wir entdeckt haben ist also, daß wir von unseren aus der Statistik gewonnenen Objekten wie der Zustandssumme, der Information usw. ein mathematisches Beziehungsgeflecht konstruieren können, das mit dem der phänomenologischen Thermodynamik übereinstimmt, wenn wir unsere Größen geeignet identifizieren. Nun ist dieses Gebäude von mathematischen Beziehungen unabhängig von den Einheiten, die wir wählen, also unabhängig davon, in welchen Einheiten wir die Information messen (vgl. Gleichung (2-62), wo ja die Konstante K willkürlich festgelegt wurde). Es liegt darin der tiefere Grund, daß auf der Basis dieser Argumentation, die wir ausführlich dargelegt haben, die Boltzmannkonstante k_B keine berechenbare Größe ist, sondern als neue fundamentale Naturkonstante betrachtet werden muß. Wir erhalten offenbar genau dann die Größen der Thermodynamik, wenn wir $K = k_B$ setzen.

Wir wenden uns noch einmal der Größe S' zu. Sie läßt sich offenbar folgendermaßen anschreiben, wenn wir uns an die allgemeine Definition eines Mittelwerts (2-72) erinnern

$$S' = -k_B \sum_K p_k \ln p_k = -k_B \langle \ln p_k \rangle .$$

S' ist demgemäß als Mittelwert auffaßbar. Es ist also zu erwarten, daß damit auch Schwankungen der Entropie um diesen Mittelwert S' herum auftreten werden. Schwankungen der Entropie kennt die phänomenologische Thermodynamik jedoch nicht. Damit ist unsere Vorsicht gerechtfertigt, nicht einfach S und S' gleichzusetzen. Um nun von S' aus Gleichung (2-138) zu S zu finden, gehen wir zurück zu unserem Beispiel, das wir in Abschnitt 2.2.2 diskutiert haben, und schreiben (2-65) noch einmal an:

$$i = I(W) - \frac{W_1}{W} I(W_1) - \frac{W_2}{W} I(W_2)$$

und gehen den Weg, den wir dort nach vorwärts gegangen sind, zurück. Wir hatten bei der Herleitung dieser Formel angenommen, daß bei der makroskopischen Messung W mikroskopische Zustände möglich sind, und das System bei einer Messung in den makroskopischen Zuständen 1 oder 2 dann vorliegen könne. Wir nehmen nun an, daß bei einer Messung immer ein eindeutiger makroskopischer Zustand vorliegen soll, nämlich gerade der des thermischen Gleichgewichts. Diesem Zustand ordnen wir die Zahl der mikroskopischen Realisierungen W zu. Soll dieser Zustand eindeutig sein, dann bedeutet dies aber, daß die beiden Zustände 1 oder 2 gar nicht mehr unterschieden werden können. Es verliert also seinen Sinn, die mit ihrem sicheren Vorliegen verknüpfte Information zu subtrahieren. Von benachbarten makroskopischen Zuständen nehmen wir an, daß die zugehörige Zahl der makroskopischen Realisierungen gegenüber W vernachlässigbar ist. Wir erhalten also jetzt einfach

$$i = I(W) .$$

Beachten wir nun noch (2-138), so können wir jetzt identifizieren $S = k_B\, i$ und erhalten, wenn wir $I(W)$ explizit einsetzen,

$$S = k_B \ln W\,.$$

Dies ist die berühmte Boltzmannsche Formel, die in dieser Form zuerst von Max Planck abgeleitet wurde. Bringt man sie in Zusammenhang mit dem Extremalprinzip für die Entropie, dann wird danach makroskopisch derjenige Zustand eingenommen, dem mikroskopisch die meisten Realisierungen zukommen. Die ihm zugeordnete Entropie ist proportional zum Logarithmus der Zahl der ihm zugehörigen mikroskopischen Realisierungen, die Proportionalitätskonstante ist die Boltzmannkonstante k_B.

3
Zur irreversiblen Thermodynamik

3.1 Vorbemerkungen

Die Entwicklung der irreversiblen Thermodynamik kann man als den Versuch auffassen, die Thermodynamik so zu erweitern, daß auch in der Zeit verlaufende und räumlich inhomogene Prozesse beschrieben werden können. Man legt dabei folgende Strategie zugrunde: Es sollen möglichst viele der bereits in der Thermodynamik formulierten mathematischen Gesetze einfach und direkt erweitert werden. Damit hat man insbesondere die Gewähr, daß die Resultate der Thermodynamik als Grenzfall der Ergebnisse der irreversiblen Thermodyamik wieder gewonnen werden können. Dieses Programm wird möglich durch die grundlegende *Hypothese über die Existenz eines lokalen thermischen Gleichgewichts,* mit der wir uns ausführlich beschäftigen werden. Erst die Gültigkeit dieser Hypothese wird es uns ermöglichen, die Begriffe der Thermodynamik entsprechend zu erweitern. Selbstverständlich werden damit auch die Grenzen dieser Erweiterung sichtbar werden.

Infolge der möglichen räumlichen Inhomogenitäten – gemeint ist damit, daß etwa die Temperatur von Ort zu Ort variieren kann – wird man dann beispielsweise nicht mehr von der Temperatur T eines Systems sprechen können, sondern von einer ortsabhängigen Temperatur $T = T(\boldsymbol{x})$, wenn $\boldsymbol{x}$ einen bestimmten Ort im vorgelegten System bezeichnet. Im Falle der Entropie wird man jetzt nicht mehr bloß die Gesamtentropie S eines Systems betrachten, sondern seine räumlich und zeitlich variierende Entropiedichte s

$$s = S/V \tag{3-1}$$

(V: Volumen) und, wenn wir wie gewöhnlich den Ort mit $\boldsymbol{x}$ und die Zeit mit t bezeichnen,

$$s = s(\boldsymbol{x}, t). \tag{3-2}$$

(3-2) besagt mathematisch gesehen, daß jedem Raumpunkt $\boldsymbol{x}$ und jedem Zeitpunkt t eine skalare Größe s zugeordnet ist. Als skalare Größe bezeichnen wir eine Funktion einer oder mehrerer Variabler wie beispielsweise (3-2), die reelle Werte annimmt. Da sie in unserem Falle insbesondere eine Funktion des Ortes ist, also räumlich variiert, bezeichnet man diese Größe auch als skalares Feld.

Neben den skalaren Feldern gibt es auch die sogenannten Vektorfelder. Laufen etwa in einem Gas räumliche und zeitliche Prozesse ab, dann können diese mit großräumigen Bewegungen des Gases verknüpft sein. Ein Beispiel bilden etwa Luftströmungen, wie wir sie in der Atmosphäre beobachten. Solche Bewegungen können wir durch einen Geschwindigkeitsvektor $\boldsymbol{v}$ beschreiben, der jetzt aber ebenfalls von Ort zu Ort und von Zeitpunkt zu Zeitpunkt variieren wird. Wir können diesen Sachverhalt folgendermaßen ausdrücken:

$$\boldsymbol{v} = \boldsymbol{v}(\boldsymbol{x}, t). \tag{3-3}$$

Da $\boldsymbol{v}$ einen von Raumpunkt zu Raumpunkt variierenden Vektor darstellt, spricht man in diesem Falle von einem Vektorfeld. Die mathematische Disziplin, die sich mit derartigen Feldern beschäftigt, ist die Vektoranalysis. Sie ist notwendiges Hilfsmittel, um eine vollständige und präzise mathematische Formulierung der irreversiblen Thermodynamik vorzunehmen. Eine derartige Darstellung würde selbstverständlich den Rahmen wie auch die Absicht dieses Buches sprengen. Wir werden uns deshalb in unseren Beispielen auf Modelle beschränken müssen, die uns einen einfachen und direkten Zugang zu einem physikalischen Verständnis der irreversiblen Thermodynamik führen.

Selbstverständlich bedarf auch die irreversible Thermodynamik einer mikroskopischen Begründung. Wir werden an dieser Stelle jedoch nur kurz die Gelegenheit dafür finden, die damit verbundenen Probleme und Schwierigkeiten am Ende dieses Kapitels zu streifen.

3.2 Die Hypothese des lokalen thermischen Gleichgewichts

Wir kommen nun zur Beschreibung und Veranschaulichung der wichtigen Hypothese des lokalen thermischen Gleichgewichts, die zugrunde gelegt werden muß, will man die Begriffe der Thermodynamik möglichst direkt für zeitliche und räumliche Prozesse erweitern. Wir betrachten dazu ein Gas (Abb. 3.1), das in einen Behälter eingeschlossen ist, und zerteilen sein Volumen V in N gleiche Teilvolumina (Würfel) $V_i = \Delta V$, wobei der Index i ($i = 1, 2, 3, \ldots, N$) diese Teilvolumina durchnumerieren soll. Unsere Volumelemente V_i sollen so groß gewählt sein, daß in jedem einzelnen die Gesetze der Thermodynamik angewendet werden können. Das bedeutet, daß sie bezogen auf die mikroskopische Ebene, makroskopische Volumina sind, oder anders ausgedrückt: die Volumenelemente müssen so viele mikroskopische Partikel enthalten, daß die statistischen Schwankungen um Mittelwerte vernachlässigbar klein sind. Es läßt sich ihnen mithin eine Entropie S_i, eine Temperatur T_i, usw. zuordnen, wobei im thermischen Gleichgewicht alle Temperaturen T_i selbstverständlich gleich sind (intensive Größe). Dasselbe gilt auch für die Entropien S_i im thermischen Gleichgewicht, da wir ja alle Teilvolumina gleich groß gewählt haben ($V_i = \Delta V$). Die Gesamtentropie im thermischen Gleichgewicht ergibt sich dann einfach als die Summe der

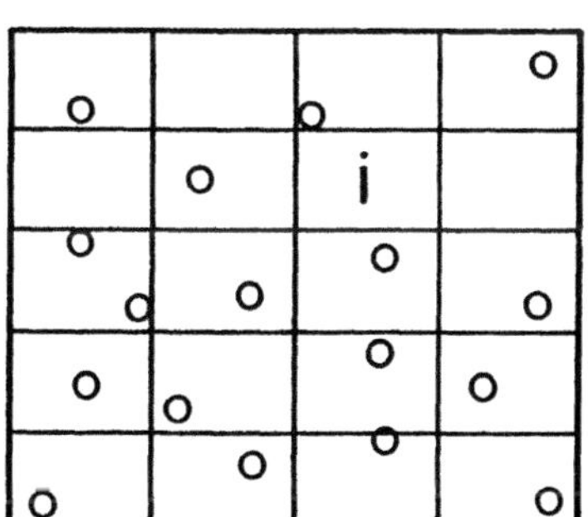

Abb. 3.1
Zerlegung eines Volumens in Teilvolumina. Bei einem Nichtgleichgewichtszustand ist jedes Teilvomumen V_i in einem anderen Gleichgewichtszustand.

Einzelentropien (extensive Größe). Schreiben wir für den Gleichgewichtswert der Entropien $S_i / V_i = s$, dann gilt offenbar

$$S = \sum_i S_i = \sum_i V_i s = N(\Delta V) s = Vs. \tag{3-4}$$

Eine Nichtgleichgewichtssituation können wir uns nun so hergestellt denken, daß zwar jede unserer Zellen i im thermischen Gleichgewicht vorliegt, jede aber in einem anderen, so daß für $i \neq j$ gilt

$$T_i \neq T_j, \quad s_i \neq s_j \quad \text{usw.} \tag{3-5}$$

Natürlich erhebt sich nun sofort die Frage, wie ein derartiger Zustand überhaupt zustande kommen kann. Gehen wir also davon aus, unser Gas sei ursprünglich in einem beliebigen Nichtgleichgewichtszustand, den wir ja mit den Mitteln der Thermodynamik nicht beschreiben können. Da es sich in unserem Falle jedoch um ein isoliertes System handelt, können wir davon ausgehen, daß das System selbst schließlich den Zustand des thermischen Gleichgewichts, den wir oben beschrieben haben, erreichen wird. Wir können nun für die Zwischenstadien, über die das thermische Gleichgewicht erreicht wird, die folgende Vorstellung entwerfen. In den kleinen Teilvolumina V_i kann das System jeweils sehr schnell ins thermische Gleichgewicht kommen. Aus unserer Kenntnis der statistischen Mechanik wissen wir, daß eine derartige Thermalisierung über Stöße der einzelnen mikroskopischen Partikel (Atome oder Moleküle, aus denen das Gas zusammengesetzt ist) erfolgt, die in den kleinen, aber immer noch makroskopischen Volumina sehr effektiv und vergleichsweise schnell erfolgen kann.

Wir wollen diese erste grobe Vorstellung folgendermaßen verfeinern. Das mikroskopische Verhalten unserer Partikel läßt sich in unserem Falle durch die mittlere Zeit $\langle \tau \rangle$ charakterisieren, die zwischen zwei Stößen eines Teilchens liegt (die mittlere Stoßzeit, wie man auch sagt) und seiner mittleren freien Weglänge $\langle l \rangle$, also dem Weg, den es im Mittel zwischen zwei Stößen zurücklegt. Seine Geschwindigkeit v läßt sich dann durch den Quotienten

$$v \approx \frac{\langle l \rangle}{\langle \tau \rangle} \tag{3-6}$$

abschätzen. Wir nehmen nun an, daß unser Meßgerät, mit dem wir beispielsweise die lokale Temperatur in der Zelle i messen wollen, eine gewisse „Trägheit" besitzt, d.h. es soll nicht auf jeden einzelnen Stoß eines Partikels regieren können, sondern nur ein vorgegebenes Zeitauflösungsvermögen besitzen, das wir durch die charakteristische Zeit Δt benennen wollen. Wir nehmen nun an, daß die Bedingungen für die Gültigkeit der folgenden Ungleichung erfüllt seien:

$$\Delta t \gg \langle \tau \rangle. \tag{3-7}$$

Wir können dann annehmen, daß unser System lokal um den Bereich des Meßgerätes herum bereits sehr viele Stöße ausgeführt hat, ehe das Meßgerät seinen Auschlag korrigiert, und damit die Umgebung lokal längst thermalisiert ist, ehe das Meßgerät merklich reagiert. Unser Meßgerät wird deshalb an seinem Ort lokal einen thermischen Mittelwert messen. Relation (3-7) legt also die entsprechende Bedingung für die Gültigkeit unserer Aussage fest.

Um zu einem vollständigen Verständnis zu gelangen, kommen wir nicht umhin, noch eine weitere Annahme einzuführen. Wir nehmen nämlich zusätzlich an, daß wir die vollständige Thermalisierung des gesamten Systems, also nicht bloß die lokale, durch eine weitere charakteristische Zeit beschreiben können. Wir bezeichnen diese Zeit mit θ (θ bezeichnet hier eine Zeit und nicht die Temperatur!). Folgende Bedingung soll an diesen durch θ festgelegten Zeitmaßstab gestellt werden:

$$\theta > \Delta t. \tag{3-8}$$

Diese Ungleichung besagt, daß die vollständige Thermalisierung des Systems auf einem sehr viel größeren Zeitmaßstab erfolgt als die lokale, die größenordnungsmäßig durch den Zeitmaßstab $\langle \tau \rangle$ bestimmt ist. Die erste Ungleichung (3-7) erlaubt es uns, von einem lokalen thermischen Gleichgewicht zu sprechen, das wir messen, die zweite besagt, daß bei der Messung

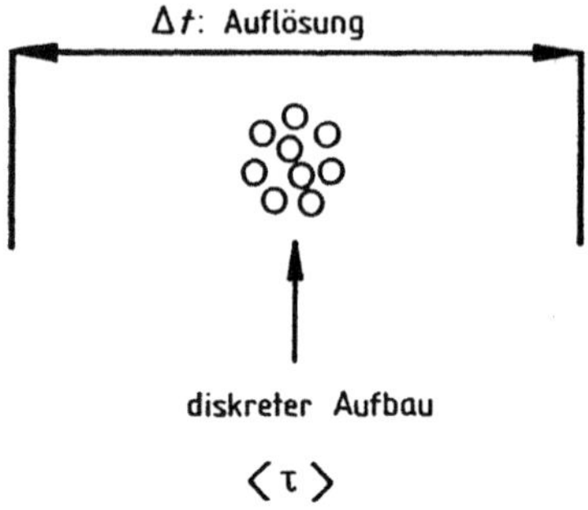

Abb. 3.2
$\Delta t \to 0$, System wird kontinuierlich. Innerhalb Δt ist immer lokales Gleichgewicht vorhanden.

unser System insgesamt noch nicht im thermischen Gleichgewicht angekommen sein muß. Damit haben wir die Möglichkeiten dargestellt, die zu der in Abb. 3.2 schematisch und vereinfacht dargestellten Situation führen. Ähnliche Überlegungen kann man nämlich jetzt auch über die räumliche Ausdehnung unseres Meßgerätes anstellen. Wird die charakteristische Ausdehnung seiner Längenauflösung mit Δl und die Größe unseres Systems mit L bezeichnet und sind die Ungleichungen

$$\langle l \rangle < \Delta l < L \tag{3-9}$$

erfüllt (dabei ist Δl von der Größenordnung $(\Delta V)^{1/3}$), dann mißt unser Gerät das lokale thermische Gleichgewicht in unserer Zelle i, obwohl das System insgesamt keineswegs im thermischen Gleichgewicht vorliegen muß.

Der Herstellung des lokalen thermischen Gleichgewichts gehen in der Regel Nichtgleichgewichtsprozesse voraus, die von der Theorie der irreversiblen Thermodynamik her nicht behandelt werden können.

Eine weitere Näherung, die man schließlich durchführt, um insbesondere von der speziellen Wahl der Zellen der Abb. 3.1 unabhängig zu werden, besteht in der Durchführung der Grenzübergänge

$$\lim \Delta l \to 0 \quad \text{und} \quad \lim \Delta t \to 0. \tag{3-10}$$

Damit läßt man gewissermaßen den diskreten Aufbau der Natur aus Atomen und Molekülen unter den Tisch fallen und gewinnt die Möglichkeit, wie bereits in der Einleitung beschrieben,

Methoden der Vektoranalysis zur Formulierung der Theorie heranzuziehen.

Unsere Ausführungen zur Hypothese des lokalen thermischen Gleichgewichts ergeben insbesondere, daß es sich hierbei – zumindest vom rein theoretischen Standpunkt her – um keine sonderlich befriedigende Basis der Theorie handelt. Dennoch sind die Erfolge der Theorie, von der Seite der Anwendungen her gesehen, beachtlich, und wir wollen uns einigen der mannigfachen Beispiele zuwenden, die auf ihrer Basis erfolgreich verstanden werden können.

Als Ergebnis dieses Abschnitts halten wir fest, daß es unter bestimmten Bedingungen, die wir hier in der Form von Ungleichungen formuliert haben, möglich wird, auch für die oben dargestellten Nichtgleichgewichtssituationen thermodynamische Größen zu definieren. Dies gelingt durch die Erweiterung der ursprünglich thermostatisch eingeführten Begriffe zu räumlich und zeitlich variierenden Größen.

3.3 Ein Beispiel: Die Wärmeleitung

Wärme kann in einem System durch verschiedene Mechanismen transportiert werden: Einmal durch die Wärmeleitung, die wir in diesem Abschnitt genauer untersuchen werden. Andere Mechanismen des Wärmetransports bilden beispielsweise die Wärmestrahlung und in Flüssigkeiten und Gasen die sogenannte Konvektion. Bei der Konvektion nimmt ein Flüssigkeitselement seinen Wärmeinhalt über die makroskopische mechanische Bewegung des Elements mit, transportiert sie also durch „Mitnahme" von einem Ort zu einem anderen Ort. Die Wärmeleitung ist dagegen mit keiner makroskopischen Bewegung im System verknüpft, sie erfolgt auf rein molekularer oder atomarer Basis.

3.3.1 Physikalische Grundlagen

Ein erster Zugang zur Problematik der Wärmeleitung eröffnet uns die Bestimmung der Gleichgewichtsbedingung zweier Systeme.

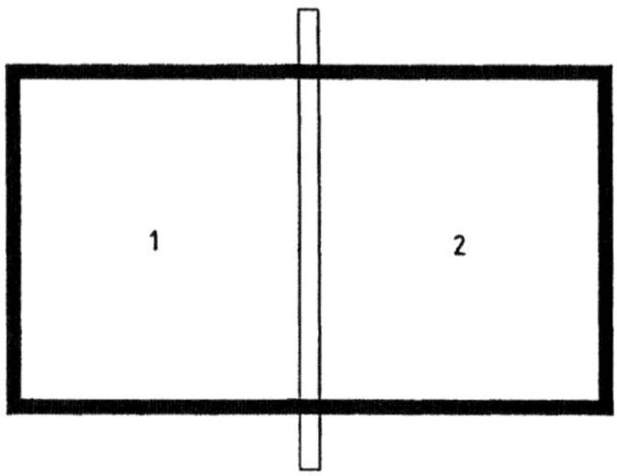

Abb. 3.3
Zwei Systeme 1 und 2, die über eine diathermische Wand in Wärmekontakt stehen

Wir betrachten dazu das in Abb. 3.3 schematisch dargestellte isolierte System, das aus den beiden Untersystemen 1 und 2 zusammengesetzt ist. Zwischen den beiden Systemen soll eine diathermische Wand angebracht sein, so daß ein Wärmeaustausch zwischen den beiden Systemen möglich ist. Den Systemen ordnen wir die Entropien S_1 und S_2 zu und entsprechend die Temperaturen T_1 und T_2. Die Entropie S des Gesamtsystems ist dann einfach

$$S = S_1 + S_2. \tag{3-11}$$

Wir nehmen nun an, daß das Gesamtsystem im thermischen Gleichgewicht vorliegen soll. Aus der Thermodynamik wissen wir, daß die Entropie S des Gesamtsystems im Gleichgewicht maximal sein muß, d.h.

$$dS = 0. \tag{3-12}$$

Bilden wir also das Differential von (3-11), dann ergibt sich

$$dS_1 + dS_2 = 0. \tag{3-13}$$

Verwenden wir noch die Relation $dS = \delta Q/T$ (vgl. Gleichung (2-17)), dann läßt sich Gleichung (3-13) in der Form

$$\frac{\delta Q_1}{T_1} + \frac{\delta Q_2}{T_2} = 0 \tag{3-14}$$

schreiben. Energieübertragung kann nun von einem Untersystem ins andere nur durch Wärme erfolgen. Dabei muß selbstver-

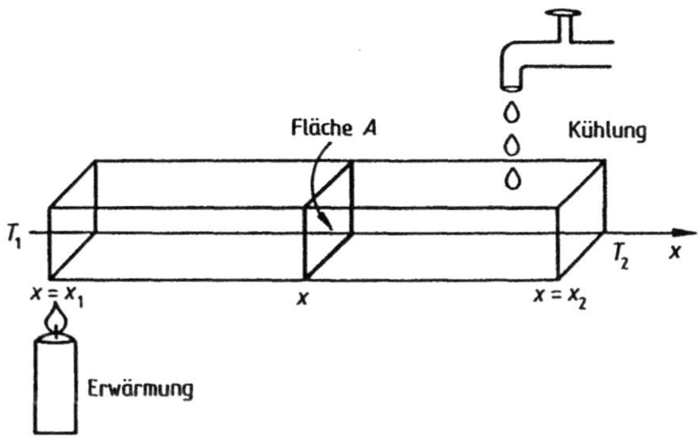

Abb. 3.4 Stationäre Nichtgleichgewichtssituation

ständlich die Gesamtenergie erhalten bleiben. Das ist genau dann der Fall, wenn

$$\delta Q_1 = -\delta Q_2. \tag{3-15}$$

Damit vereinfacht sich Gleichung (3-14):

$$\delta Q_1 \left(\frac{1}{T_1} - \frac{1}{T_2} \right) = 0 \quad \text{oder} \quad T_1 = T_2. \tag{3-16}$$

Im thermischen Gleichgewicht sind die Temperaturen der Systeme 1 und 2 gleich. Besteht also eine Temperaturdifferenz zwischen zwei Systemen, so befinden diese sich außerhalb des thermischen Gleichgewichts. Eine derartige Nichtgleichgewichtssituation ist für einen Stab in Abb. 3.4 aufgezeichnet. Das eine Ende des Stabes wird durch Wärmezufuhr auf einer festen Temperatur T_1 und das andere durch Kühlung auf einer festen Temperatur T_2 gehalten. Offenbar wird damit durch die äußeren Bedingungen eine *stationäre,* d.h. eine zeitlich unveränderliche, *Nichtgleichgewichtssituation* geschaffen. Wir nehmen an, wie in Abb. 3.4 festgestellt, daß $T_1 > T_2$. Im von uns betrachteten stationären Fall erwarten wir ein lineares Temperaturgefälle zwischen x_1 und x_2 (vgl. Abb. 3.5):

$$T(x) = ax + b, \tag{3-17}$$

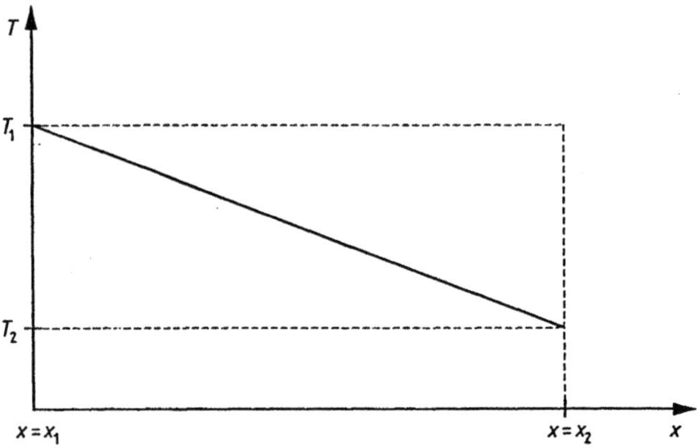

Abb. 3.5 Lineares Temperaturgefälle längs des Stabes der Abb. 3.4 im stationären Zustand

wobei sich die Konstanten a und b aus der Bedingung ergeben, daß die Temperatur am Ort x_1 gleich T_1 und am Ort x_2 gleich T_2 sein soll. Wir haben damit ein elementares Beispiel eines Temperaturfeldes in einer Dimension (Variable x) aufgefunden. Man rechnet jetzt leicht nach, daß

$$a = \frac{T_1 - T_2}{x_1 - x_2} < 0 \quad \text{und} \quad b = \frac{T_2 x_1 - T_1 x_2}{x_1 - x_2}. \tag{3-18}$$

Durch den Stab hindurch fließt, bedingt durch das Temperaturgefälle, ein Wärmestrom j_Q, den wir folgendermaßen definieren: Der Wärmestrom j_Q, ist die Wärmemenge, die pro Zeiteinheit und Flächeneinheit durch die Fläche A am Ort x (vgl. Abb. 3.4) hindurchfließt. In unserem Fall bedeutet dies

$$j_Q = \frac{1}{A} \frac{dQ}{dt}.$$

Im allgemeinen Fall ist j_Q eine Funktion vom Ort und von der Zeit: $j_Q = j_Q(x, t)$. Da wir uns auf den stationären Fall beschränkt haben, können wir für unser Beispiel annehmen, daß j_Q nicht mehr von der Zeit abhängt. Ferner werden wir für den stationären Fall erwarten, daß der Wärmestrom durch alle zu *A* parallelen Flächen ebenfalls gleich ist, wenn der Stab – was wir annehmen wollen – homogen, d.h. an jedem zu *A* parallelen Schnitt gleichartig zusammengesetzt ist. Der Wärmetransport wird nun angetrieben durch das bestehende Temperaturgefälle $\Delta T/\Delta x$, wobei wir mit ΔT die Temperaturdifferenz $T_2 - T_1$ und mit Δx die Differenz $x_2 - x_1$ bezeichnet haben. (Man beachte übrigens (vgl. Abb. 3.5), daß $\Delta T/\Delta x < 0$.) Da das Temperaturgefälle den Antrieb für den Wärmetransport liefert, bezeichnet man es auch als eine (verallgemeinerte) thermodynamische Kraft. (Wir werden sie später noch genauer festlegen.)

Wir kommen nun in die Domäne der sogenannten *linearen irreversiblen Thermodynamik*, wenn wir annehmen, daß der aus der Wirkung der thermodynamischen Kraft resultierende Wärmestrom dieser Kraft proportional ist, also

$$j_Q \propto -\frac{\Delta T}{\Delta x}. \tag{3-19}$$

(3-19) stellt einen linearen Zusammenhang zwischen verursachender Kraft und der Wirkung, dem Wärmestrom, her. Durch das Minuszeichen haben wir bereits berücksichtigt, daß der Wärmestrom von höheren nach tieferen Temperaturen verläuft, also dem Temperaturgefälle, wie wir es oben eingeführt haben, entgegengerichtet ist. Die Proportionalitätskonstante, die (3-19) zur Gleichung macht, bezeichnen wir mit $\tilde{\lambda}$. Sie wird als die dem Stab zugeordnete Wärmeleitfähigkeit bezeichnet. Wir erhalten also:

$$j_Q = -\tilde{\lambda}\frac{\Delta T}{\Delta x}. \tag{3-20}$$

Statt $\tilde{\lambda}$ benützt man häufig auch den sogenannten Temperaturleitwert κ, den man erhält, wenn man $\tilde{\lambda}$ durch die spezifische Wärme c_s des Materials und seine Dichte ρ dividiert:

$$\kappa = \frac{\tilde{\lambda}}{\rho c_s}. \tag{3-21}$$

(Die spezifische Wärme bei konstantem Volumen, c_s, erhält man aus der Wärmekapazität bei konstantem Volumen, C_s, indem man diese durch das Volumen des betrachteten Körpers dividiert.) Ob man bei den weiteren Untersuchungen κ oder $\tilde{\lambda}$ benützt, ist dabei allein eine Sache des Geschmacks oder der Bequemlichkeit. Gleichung (3-20) erhält bei Ersetzen von $\tilde{\lambda}$ durch κ die Gestalt

$$j_Q = -\kappa \rho c_s \frac{\Delta T}{\Delta x}. \tag{3-22}$$

Der lineare Zusammenhang zwischen dem Strom und der ihn verursachenden Kraft (3-22) stellt eine sogenannte phänomenologische Gleichung dar: Sie kann nicht aus der Thermodynamik irreversibler Prozesse hergeleitet werden. (Die statistische Theorie der Nichtgleichgewichtserscheinungen bietet jedoch die Möglichkeit, diesen linearen Zusammenhang zu begründen, Bedingungen für seinen Gültigkeitsbereich anzugeben und den – wie man auch sagt – Transportkoeffizienten κ zu berechnen.) Allerdings kann man aus der irreversiblen Thermodynamik Bedingungen an diese Koeffizienten herleiten. In unserem einfachen Fall lautet die Bedingung beispielsweise $\kappa > 0$.

3.3.2 Die Entropieproduktion

Der Nachweis dieser Bedingung $\kappa > 0$ fällt nicht schwer. Wir wollen ihn in einer Weise führen, die es erlaubt, unser Verständnis über den Ablauf irreversibler Prozesse weiter zu vertiefen. Wir berechnen dazu den Wärmedurchgang durch unseren Stab pro Zeiteinheit und schreiben diese Größe als dQ/dt. Wir erhalten sie einfach dadurch, daß wir den Wärmestrom mit der Fläche A multiplizieren. Es ist (vgl. (3-22))

$$\frac{dQ}{dt} = -\kappa \rho c_s \frac{\Delta T}{\Delta x} A = +\kappa \rho c_s \frac{|\Delta T|}{\Delta x} A. \tag{3-23}$$

Schreiben wir das Volumen V unseres Stabes als

$$V = A\,\Delta x, \tag{3-24}$$

dann geht Gleichung (3-23) über in

$$\frac{dQ}{dt} = \kappa \rho c_s \frac{|\Delta T|}{(\Delta x)^2} V. \tag{3-25}$$

Wir wollen nun Entropien vergleichen. Von der Wärmemenge dQ kommen wir zur Entropie dS über $dQ = T\,dS$. Zweckmäßigerweise gehen wir noch zur Entropiedichte ds über, indem wir durch das Volumen unseres Stabes dividieren. Wir betrachten nun die Entropiedichte s_1, die unserem Stab bei x_1 zufließt, und haben dementsprechend $T = T_1$ zu wählen. Aus (3-25) erhalten wir

$$T_1 \frac{ds_1}{dt} = \kappa \rho c_s \frac{|\Delta T|}{(\Delta x)^2}. \tag{3-26}$$

Ganz entsprechend erhalten wir für die aus dem System abfließende Entropiedichte s_2 am Orte x_2 pro Zeiteinheit

$$T_2 \frac{ds_2}{dt} = \kappa \rho c_s \frac{|\Delta T|}{(\Delta x)^2}. \tag{3-27}$$

Bilden wir nun die Differenz der beiden Ausdrücke (3-26) und (3-27), ergibt sich als Resultat

$$T_1 \frac{ds_1}{dt} - T_2 \frac{ds_2}{dt} = 0 \quad \text{oder} \quad \frac{ds_1}{dt} = \left(\frac{T_2}{T_1}\right)\frac{ds_2}{dt}. \tag{3-28}$$

Und wegen $T_1 > T_2$ folgt die wichtige Ungleichung

$$\frac{ds_1}{dt} < \frac{ds_2}{dt}. \tag{3-29}$$

Die Interpretation von Ungleichung (3-29) ist offensichtlich: Bei stationärem Betrieb führen wir unserem System mehr Entropie ab, als wir ihm zuführen. Das bedeutet, daß bei dem Prozeß der Wärmeleitung in unserem System Entropie produziert werden muß! Aus unseren Überlegungen folgt selbstverständlich (wie man übrigens auch direkt aus dem zweiten Hauptsatz schließen kann), daß die produzierte Entropie eine positive Größe ist.

Wir wollen diese produzierte Entropie näherungsweise berechnen. Dazu gehen wir von Gleichung (3-27) aus, dividieren dort durch T_2 und setzen gleichzeitig $T_2 = T_1 - |\Delta T|$. Wir erhalten

$$\frac{ds_2}{dt} = \frac{\kappa \rho c_s}{T_1 - |\Delta T|} \frac{|\Delta T|}{(\Delta x)^2}. \tag{3-30}$$

Wir nehmen nun an, daß $(|\Delta T|)/T_1 < 1$ erfüllt ist. Wir können dann den Ausdruck $(1 - (|\Delta T|)/T_1)^{-1}$ als Summe der geometrischen Reihe

$$1 + \left(\frac{|\Delta T|}{T_1}\right) + \left(\frac{|\Delta T|}{T_1}\right)^2 + \left(\frac{|\Delta T|}{T_1}\right)^3 + \cdots$$

auffassen. Wegen der Kleinheit von $(|\Delta T|/T_1)$ können wir nun diese Reihe nach dem zweiten Glied näherungsweise abbrechen. (Der Fehler, den wir dabei machen, ist dann offensichtlich von der Größenordnung $(|\Delta T|)/T_1)^2$, also gemäß unseren Voraussetzungen sehr klein.) Die Durchführung dieser Näherung ergibt

$$\frac{ds_2}{dt} = \frac{\kappa\rho c_s}{T_1}\frac{|\Delta T|}{(\Delta x)^2} + \frac{\kappa\rho c_s}{T_1^2}\frac{(\Delta T)^2}{(\Delta x)^2}. \tag{3-31}$$

Beachten wir nun Gleichung (3-26), dann können wir (3-31) folgendermaßen umschreiben:

$$\frac{ds_2}{dt} = \frac{ds_1}{dt} + \frac{\kappa\rho c_s}{T_1^2}\frac{(\Delta T)^2}{(\Delta x)^2}. \tag{3-32}$$

Damit haben wir einen Ausdruck für die im System pro Zeit- und Volumeinheit produzierte Entropie hergeleitet; sie wird gerade durch das zweite Glied auf der rechten Seite von Gleichung (3-32) repräsentiert. Im folgenden werden wir sie mit ds_p/dt bezeichnen. Allerdings hat unser Ausdruck für ds_p/dt noch einen kleinen Schönheitsfehler. In diesem Ausdruck wird T_1 offenbar gegenüber T_2 ausgezeichnet. Wir können dieses ausbügeln, indem wir die mittlere Temperatur $\langle T\rangle$ einführen:

$$\langle T\rangle = \frac{1}{2}(T_1 + T_2). \tag{3-33}$$

Man überzeugt sich jetzt leicht, daß der Fehler, der entsteht, wenn wir T_1 durch $\langle T\rangle$ in unserem Ausdruck (3-32) ersetzen, wieder von der Größenordnung $(|\Delta T|/T_1)^2$ ist, uns also nicht weiter zu interessieren braucht. Unser endgültiges Resultat lautet also

$$\frac{ds_p}{dt} = + \frac{\kappa \rho c_s}{\langle T \rangle^2} \frac{(\Delta T)^2}{(\Delta x)^2}. \tag{3-34}$$

Wir haben gesehen (vgl. (3-29)), daß die produzierte Entropie positiv sein muß, woraus direkt folgt

$$\kappa > 0, \tag{3-35}$$

was wir ja zeigen wollten.

3.3.3 Verallgemeinerte Kräfte und Flüsse

Wir wollen unser Resultat (3-34) dazu verwenden, noch weitere wichtige Aspekte der irreversiblen Thermodynamik zu diskutieren. Zunächst bemerken wir, daß (3-34) mit Hilfe des Ausdrucks (3-22) für j_Q folgendermaßen aufgeschrieben werden kann:

$$\frac{ds_p}{dt} = -j_Q \frac{1}{\langle T \rangle^2} \frac{\Delta T}{\Delta x}. \tag{3-36}$$

Wir haben auf die Möglichkeit der Einführung einer verallgemeinerten thermodynamischen Kraft, die proportional zum Temperaturgefälle sei, bereits hingewiesen. Wir bezeichnen sie in unserem Beispiel mit F_Q und definieren sie präzise durch die Gleichung

$$F_Q = -\langle T \rangle^{-2} \frac{\Delta T}{\Delta x}. \tag{3-37}$$

Damit können wir (3-36) folgendermaßen umschreiben:

$$\frac{ds_p}{dt} = j_Q F_Q. \tag{3-38}$$

Die Entropieproduktion ist eine – wie man sagt – bilineare Funktion aus der verallgemeinerten thermodynamischen Kraft F_Q und dem von ihr erzeugten Fluß j_Q. Man überzeugt sich leicht, daß der angegebene Ausdruck im thermischen Gleichgewicht verschwinden muß.

Wir haben das Resultat (3-38) unter der Annahme hergeleitet, daß die thermodynamische Kraft F_Q linear mit dem erzeugten Fluß zusammenhängt. Tatsächlich kann man zeigen, daß diesem Resultat eine weit größere Allgemeingültigkeit zukommt. Wir können dies im folgenden allerdings nur andeuten. Verlaufen nämlich neben der Wärmeleitung in einem System gleichzeitig noch weitere Prozesse, etwa Diffusion von Teilchen, chemische Reaktionen, die wir später ebenfalls behandeln werden usw., so lassen sich für jeden dieser Prozesse eine verallgemeinerte Kraft und ein zugehöriger Fluß definieren. Bezeichnen wir die verallgemeinerte Kraft des Prozesses i mit F_i und den zugehörigen Fluß mit j_i, dann gilt in diesem allgemeinen Fall für die Dichte der Entropieproduktion

$$\frac{ds_p}{dt} = \sum_i F_i\, j_i \geq 0. \tag{3-39}$$

3.3.4 Das Prinzip der minimalen Entropieproduktion

Wir wollen unsere Resultate, am Beispiel der Wärmeleitung aufgestellt, dazu benützen, ein wichtiges Prinzip der irreversiblen Thermodynamik vorzustellen, das von Prigogine angegeben wurde. Allerdings müssen wir bereits hier darauf aufmerksam machen, daß der Gültigkeitsbereich dieses Prinzips in mehrfacher Hinsicht eingeschränkt ist: Es ist nur anwendbar im Rahmen einer linearen irreversiblen Thermodynamik, wo also die Beziehung zwischen Flüssen und Kräften linear sind. (In unserem Beispiel der Wärmeleitung lautet diese Beziehung (vgl. Gleichungen (3-22) und (3-37))

$$j_Q = \kappa \rho c_s \langle T \rangle^2 F_Q.$$

Wie wir an späterer Stelle noch zeigen werden, wird durch diese Einschränkung eine spontane Strukturbildung, wie wir sie von der Synergetik her untersuchen wollen, von vornherein ausgeschlossen. Eine weitere Einschränkung – die wir ja auch bei unsere obigen Betrachtungen vorgenommen haben – ist, daß beispielsweise Temperaturdifferenzen klein sein müssen gegenüber der Temperatur selbst, die im System angetroffen wird. Wir haben uns damit abzufinden, daß für die irreversible Thermodynamik kein gleichwertig übergreifendes Prinzip existiert, wie dies etwa der zweite Hauptsatz für die Thermodyamik darstellt.

Versuchen wir also an unserem Beispiel dieses Prigoginesche Prinzip zu erschließen. Den Ausgangspunkt unserer Überlegungen bildet die Gleichung (3-34). Wir berechnen aus ihr die gesamte Entropieproduktion P in unserem Stab. Wir erhalten sie offenbar, indem wir (3-34) mit dem Volumen des Stabes multiplizieren. Wenn wir noch für V den Ausdruck (3-24) verwenden, erhalten wir

$$P = V\frac{ds_p}{dt} = +\frac{\kappa\rho c_s}{\langle T\rangle^2} A \frac{(\Delta T)^2}{(\Delta x)^2}\Delta x. \qquad (3\text{-}40)$$

Der Gültigkeit dieses Ausdrucks liegt die Bedingung zugrunde, daß das Temperaturgefälle konstant ist, wie das ja unter den angegebenen Voraussetzungen in der Natur auch tatsächlich verwirklicht wird. Wir stellen uns die Frage, wie dieser Ausdruck abgeändert werden muß, wenn die Bedingung eines konstanten Temperaturgefälles

$$\frac{dT}{dx} = \frac{\Delta T}{\Delta x} = \text{konstant} \qquad (3\text{-}41)$$

verletzt wäre. Damit ist gemeint, daß das Temperaturgefälle dT/dx von Ort zu Ort x variieren kann. Um auch diesen Fall behandeln zu können, teilen wir unseren Stab in – sagen wir – N gleich große Intervalle (vgl. Abb. 3.6) der Länge Δx_i und nehmen an, daß wir in jedem dieser Intervalle näherungsweise ein konstantes Temperaturgefälle $(\Delta T/\Delta x)_i$ antreffen. Wir haben hier den Index i benutzt, um anzuzeigen, daß dieses Temperaturgefälle

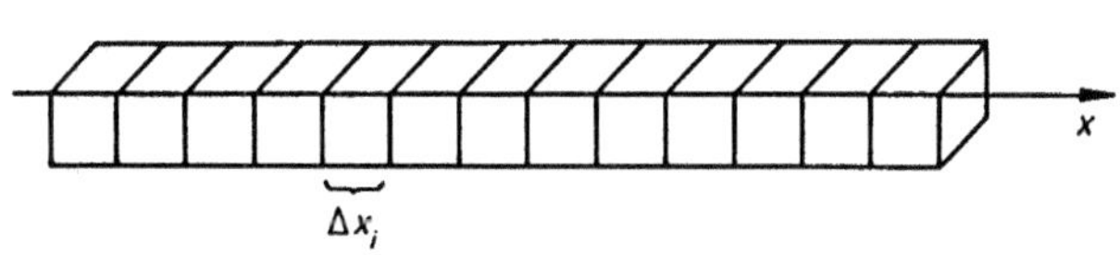

Abb. 3.6 Zerteilen des Stabes in einzelne Intervalle i, in denen jeweils ein unterschiedliches Temperaturgefälle $(\Delta T/\Delta x)_i$ zugelassen wird.

in jeder Zelle i einen anderen Wert besitzen darf. In jedem dieser Intervalle ist aber nach Voraussetzung unsere Formel (3-40) anwendbar und liefert die dortige Entropieproduktion P_i. Es gilt also

$$P_i = + \frac{\kappa \rho c_s}{\langle T \rangle^2} A \left(\frac{\Delta T}{\Delta x} \right)_i^2 \Delta x_i \qquad (3\text{-}42)$$

für das i-te Intervall. Die gesamte Entropieproduktion P ergibt sich nun durch Aufsummation der Beiträge der einzelnen Intervalle i:

$$P = + \frac{\kappa \rho\, c_s}{\langle T \rangle^2} A \sum_i \left(\frac{\Delta T}{\Delta x} \right)_i^2 \Delta x_i \qquad (3\text{-}42a)$$

Es ist nun nicht mehr schwierig, zum Grenzwert $N \to \infty$ überzugehen. Die Summation über die einzelnen Zellen geht in das Integral

$$P = + \frac{\kappa \rho c_s}{\langle T \rangle^2} A \int_{x_1}^{x_2} \left(\frac{dT}{dx} \right)^2 dx \qquad (3\text{-}43)$$

über. In der Tat erhalten wir aus (3-43) unmittelbar (3-40) zurück, wenn wir die Gültigkeit von (3-41) fordern. Wir wollen nun herausfinden, wodurch sich der in Gleichung (3-40) festgehaltene Zustand, der in der Natur verwirklicht wird, tatsächlich vor allen möglichen stationären Zuständen, wie sie durch (3-43) zusammengefaßt werden, auszeichnet. Dazu betrachten wir den Ausdruck (vgl. (3-43))

$$\int_{x_1}^{x_2} \left(\frac{dT}{dx} \right)^2 dx \qquad (3\text{-}44)$$

genauer. Wir können dieses Integral für alle möglichen Temperaturprofile ausrechnen, die in Einklang mit der Hypothese vom lokalen thermischen Gleichgewicht stehen. Die Bedingung, die wir allerdings den Temperaturfeldern auferlegen müssen, ist die, daß infolge der experimentellen Bedingungen die Temperatur

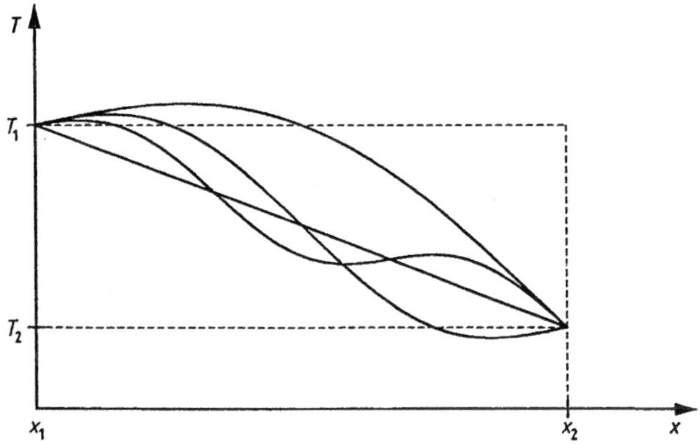

Abb. 3.7 Mögliche stationäre Temperaturprofile, die die Bedingung $T = T_1$ für $x = x_1$ und $T = T_2$ für $x = x_2$ erfüllen

am Ort x_1 gerade T_1 und am Ort x_2 eben T_2 beträgt. Mögliche Temperaturprofile sind in Abb. 3.7 zusammengestellt. Wir können nun unser Vorgehen übersichtlicher gestalten, indem wir die Größe θ einführen, die die Abweichung des Temperaturverlaufs $T(x)$ vom linearen Temperaturgefälle $ax + b$ mißt (vgl. Relationen (3-17) und (3-18)):

$$\theta = T(x) - (ax + b) \quad \text{und} \quad \frac{d\theta}{dx} = \frac{dT}{dx} - a. \tag{3-45}$$

Es ist klar, daß θ nun die Bedingung auferlegt werden muß, daß $\theta = 0$ sowohl bei x_1 als auch bei x_2. Statt (3-44) betrachten wir jetzt das Integral

$$\int_{x_1}^{x_2} \left(\frac{d\theta}{dx}\right)^2 dx. \tag{3-46}$$

Mögliche Verläufe von θ sind in Abb. 3.8 skizziert. Offenbar steht im Integranden eine positiv semidefinite Größe (sie kann keine Werte kleiner als Null annehmen). Für jedes Temperaturprofil, das vom linearen Gefälle abweicht, ergibt das Integral

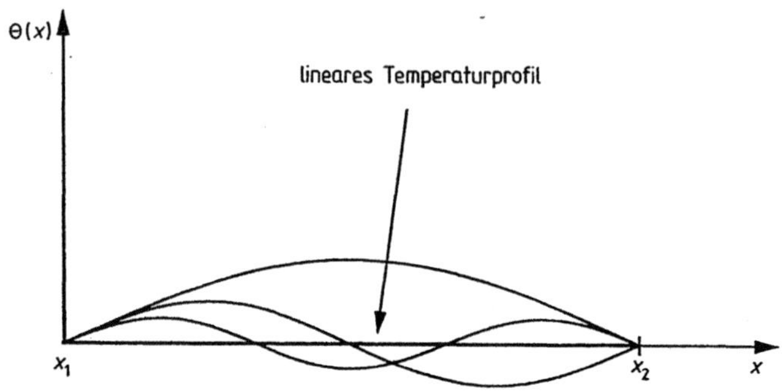

Abb. 3.8 Übertragung der Temperaturprofile aus Abb. 3.7 für die Abweichung vom linearen Temperaturgefälle θ

einen positiven Wert. Seinen minimalen Wert, nämlich Null, liefert das Integral genau dann, wenn keine Abweichung vom linearen Temperaturgefälle auftritt, d.h. wenn für das gesamte Intervall $d\theta / dx = 0$ gilt.

Zu unserem ursprünglichen Ausdruck (3-44) kommen wir zurück, indem wir mit (3-45) schreiben

$$\int_{x_1}^{x_2} \left(\frac{dT}{dx}\right)^2 dx = \int_{x_1}^{x_2} \left(\frac{d\theta}{dx} + a\right)^2 dx. \tag{3-47}$$

Durch einfaches Ausmultiplizieren des Klammerausdrucks unter dem Integral erkennt man sofort, daß die Zusatzglieder gegenüber (3-46) nur konstante Beiträge liefern. Insbesondere ist beispielsweise

$$2\,a \int_{x_1}^{x_2} \left(\frac{d\theta}{dx}\right) dx = 2\,a\,(\theta\,(x_2) - \theta\,(x_1)) = 0, \tag{3-48}$$

da ja θ nach Voraussetzung an beiden Orten x_1 und x_2 jeweils verschwindet. Wir überlassen es jetzt dem Leser, vollständig nachzuweisen, daß damit auch für unser Integral (3-44) folgt: Im

Falle eines linearen Temperaturprofils hat dieses Integral ein Minimum.

Für die Entropieproduktion (3-43) hat dies offenbar die folgende Konsequenz. Da im stationären Fall das lineare Temperaturprofil angetroffen wird, ist für den verwirklichten Zustand gegenüber allen möglichen anderen Zuständen die Entropieproduktion minimal. Wir können verallgemeinernd das folgende Prinzip formulieren. Im Bereich der linearen irreversiblen Thermodynamik wird bei nicht zu großen Temperaturdifferenzen in der Wärmeleitung derjenige stationäre Zustand angenommen, bei dem die Entropieproduktion minimal ist. Dieses Prinzip ist auch bei anderen Prozessen der linearen irreversiblen Thermodynamik gültig, allerdings jeweils *nur* unter entsprechenden Einschränkungen. Man spricht vom „Prinzip der minimalen Entropieproduktion". Das Prinzip macht darüberhinaus noch die Aussage, daß – falls seine Bedingungen verwirklicht sind – das System aus einem beliebigen Nichtgleichgewichtszustand den stationären Zustand über eine zeitlich monotone Abnahme der Entropieproduktion erreicht.

Wir bemerken zum Abschluß dieser Diskussion, daß für die irreversible Thermodynamik noch ein weiterreichendes Prinzip formuliert werden konnte, das sogenannte „universelle Evolutionskriterium", das allein auf der Hypothese vom lokalen thermischen Gleichgewicht beruht. Da dieses Kriterium keinerlei praktische Anwendungen findet außer derjenigen, daß es das obige Prinzip der minimalen Entropieproduktion als Spezialfall enthält, wollen wir hier nicht darauf eingehen.

3.3.5 Ein weiteres Beispiel: Die Diffusion

Wir wollen zum Abschluß dieses Kapitels noch kurz einen weiteren wichtigen Nichtgleichgewichtsprozeß besprechen, der insbesondere zum Verständnis von Strukturbildungen bei chemischen Reaktionen, aber auch in der Morphogenese, der Gestaltbildung in biologischen Systemen also, eine besondere Rolle spielt. Wir müssen allerdings wieder darauf hinweisen, daß dieser Prozeß für sich und im Rahmen der irreversiblen Thermodynamik behandelt, keine spontanen Strukturbildungen

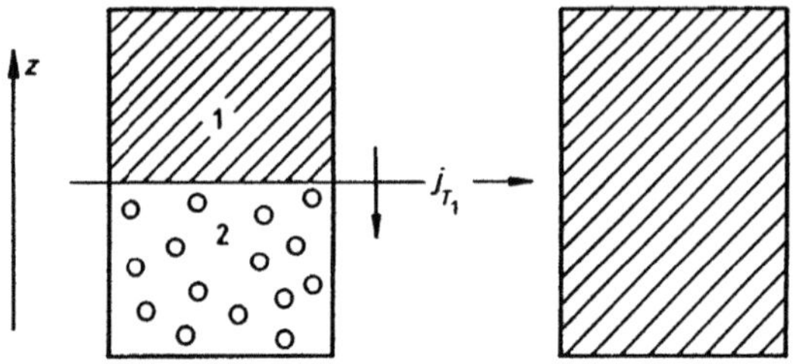

Abb. 3.9 Diffusion zweier Gase nach Herausnahme der Trennwand

erzeugen kann. Erst im Zusammenwirken mit bestimmten Reaktionskinetiken beispielsweise bestimmt dieser Prozeß mit, welche räumlichen oder raum-zeitlichen makroskopischen Muster sich ausbilden können.

Ein typisches Beispiel eines Diffusionsprozesses entsteht durch die Schichtung zweier unterschiedlicher Gase übereinander (vgl. Abb. 3.9). Man beobachtet ein langsames sich Durchmischen der Gase solange, bis sich eine homogene Mischung aus beiden Gasen ausgebildet hat. Bei der Diffusion handelt es sich wieder um einen rein molekularen oder atomaren Prozeß: Sie ist in unserem Beispiel nicht mit einer makroskopisch wahrnehmbaren Bewegung des Gemisches verbunden. Wir sehen, daß in unserem Beispiel offenbar ein Gefälle in der Teilchenzahldichte $n_1(z)$ des Gases 1 beseht: Es ist

$$\frac{dn_1}{dz} \neq 0. \tag{3-49}$$

Dieses Gefälle in der Teilchenzahl n_1 bewirkt, daß zu seinem Ausgleich ein Teilchenstrom j_{T1} erzeugt wird, der in die Richtung abnehmenden Gefälles weist. Das Gefälle in der Teilchenzahldichte spielt also bei der Diffusion eine entsprechende Rolle wie das Temperaturgefälle bei der Wärmeleitung. Wir bezeichnen es dementsprechend als die zu diesem Prozeß gehörige thermodynamische Kraft. Im Rahmen der linearen irreversiblen Thermodynamik erzeugt diese Kraft einen Teilchenstrom j_{T1}, der ihr proportional ist.

Es ist also (1. Ficksches Gesetz)

$$j_{T_1} = -D_1 \frac{dn_1}{dz}. \qquad (3\text{-}50)$$

Die Proportionalitätskonstante D_1 bezeichnet man als Diffusionskonstante. Selbstverständlich variiert ihr Wert von Substanz zu Substanz. Wir erwähnen zum Abschluß, daß solche Prozesse auch in mischbaren Flüssigkeiten auftreten, die aus verschiedenen Komponenten zusammengesetzt sind. Wir empfehlen dem Leser nachzuweisen, daß auch bei diesem Beispiel sämtliche Überlegungen zur Entropieproduktion und zum Prinzip der minimalen Entropieproduktion genauso wie bei der Wärmeleitung durchgeführt werden können.

3.4 Abschließende Bemerkungen

In den vorangegangenen Abschnitten haben wir die Voraussetzungen wie auch grundlegende Aussagen der phänomenologischen irreversiblen Thermodynamik anhand einfacher Beispiele dargelegt. Festzuhalten bleibt dabei, daß diese Theorie nicht in der Lage ist, alle möglichen Nichtgleichgewichtszustände eines Systems zu beschreiben, sondern nur solche, bei denen die Bedingungen für ein lokales thermisches Gleichgewicht auch tatsächlich erfüllt sind. Wir werden später, beispielsweise bei der Behandlung des Lasers, sehen, daß es gerade die von der irreversiblen Thermodynamik ausgesparten Zustände sind, die Prozesse einer spontanen Selbstorganisation auf einem makroskopischen Maßstab erst ermöglichen. Als – wenn man so will – Mangel der vorgestellten Theorie kann man das Fehlen eines umfassenden, auch praktisch handhabbaren Prinzips für die irreversible Thermodynamik bezeichnen, wie das etwa das Entropieprinzip für die Thermodynamik darstellt.

Wir wollen diesen Abschnitt noch dazu benützen, die Möglichkeit einer statistischen Begründung in dem uns vorgegebenen Rahmen anzudeuten. Es zeigt sich nämlich, daß auch hier wieder die von uns eingeführte Methode der unvoreingenommenen

Schätzung anwendbar wird (vgl. 2.2). Allerdings wird die Ausformulierung der Methode nun mathematisch erheblich anspruchsvoller. Offenbar haben wir nämlich jetzt Wahrscheinlichkeiten einzuführen, die berücksichtigen, daß die Bedingungen, daß das System in einem Zustand k vorliegt, zusätzlich noch vom Ort $\boldsymbol{x}$ und der Zeit t abhängen. Vereinfacht und schematisch können wir diesen Sachverhalt folgendermaßen darstellen:

$$p_k \rightarrow p_k(\boldsymbol{x}, t). \tag{3-51}$$

Die Entropiedichte läßt sich nun in direkter Erweiterung von Gleichung (2-74) schreiben als

$$s(\boldsymbol{x}, t) = -k_B \sum_k p_k(\boldsymbol{x}, t) \ln p_k(\boldsymbol{x}, t). \tag{3-52}$$

Die Wahrscheinlichkeiten $p_k(\boldsymbol{x}, t)$ kann man jetzt durch Maximalisierung des Ausdrucks (3-52) gewinnen, wieder bei vorgegebenen Nebenbedingungen. Diese Nebenbedingungen werden aber dabei ebenfalls Funktionen vom Ort und von der Zeit. Betrachten wir als Beispiel die möglichen Energiewerte E_k des Systems, so haben wir in Analogie zu (3-52) jetzt die folgende Erweiterung vorzunehmen:

$$E_k \rightarrow \text{Energiedichte } E_k(\boldsymbol{x}, t), \tag{3-53}$$

und die Nebenbedingung, daß am Ort $\boldsymbol{x}$ zur Zeit t die mittlere Energiedichte $\langle E(\boldsymbol{x}, t)\rangle$ angetroffen werden soll, gewinnt die Form

$$\langle E(\boldsymbol{x}, t)\rangle = \sum_k E_k(\boldsymbol{x}, t)\, p_k(\boldsymbol{x}, t). \tag{3-54}$$

Entsprechendes gilt für andere vorgegebene Mittelwerte. Die Durchführung der Theorie zeigt nun, daß gerade Nebenbedingungen an Erhaltungsgrößen, wie sie ja die Energie darstellt, eine ausgezeichnete Rolle für die Beschreibung des makroskopischen Nichtgleichgewichts spielen. Man kann anschaulich ein Gespür für diese Tatsache gewinnen, indem man sich klar macht, daß beispielsweise ein lokal auftretender Energieüberschuß im System, hervorgerufen durch äußere Einflüsse, nicht einfach lokal verschwinden kann, sondern daß sich dieser Energieüberschuß infolge des Erhaltungssatzes vergleichsweise langsam über das gesamte System ausbreiten muß. Wir beschränken uns hier auf diese Bemerkungen und empfehlen als weitergehende Literatur das Buch H. Haken, „Synergetik. Eine Einführung“ (Springer, 2. Auflage, Berlin 1983), Kapitel 3, in dem die zugehörige mathematische Theorie ausformuliert ist.

4
Der Laser als Paradigma der Selbstorganisation

Das Phänomen der Selbstorganisation ist uns von vielen biologischen Vorgängen her geläufig. Hier sehen wir die Bildung von komplizierten Strukturen, ohne daß von außen irgendwelche speziellen Einwirkungen erfolgen. So beobachten wir die Bildung von Knospen und den verschiedenartigsten Blütenformen. Unter Selbstorganisation wollen wir also verstehen, daß sich in Systemen bestimmte Strukturen von alleine bilden. Diese müssen aber keineswegs nur statischer Natur sein, sondern es kann sich hier auch um Vorgänge handeln, wie wir sie in der Biologie bei der Fortbewegung etwa eines Pferdes sehen. In diesem Buch wollen wir uns allerdings nicht mit der Biologie befassen, sondern ganz im Gegenteil zeigen, wie Grundphänomene der Selbstorganisation schon in der unbelebten Natur auftreten können. Insbesondere wird an dem an dieser Stelle abgehandelten Beispiel, dem Laser nämlich, deutlich werden, daß die in den beiden vorangegangenen Kapiteln behandelten Theorien der Thermodynamik und der irreversiblen Thermodynamik kein adäquates Handwerkszeug bereit stellen können, um die Funktionsweise der Lichtquelle Laser zu erklären.

4.1 Zum Begriff der Selbstorganisation

Überlegen wir uns ein wenig, wie Bewegungen korreliert werden können, wobei wir hier immer unser konkretes Beispiel im Auge haben, nämlich die Lichtquelle Laser, auf die wir im einzelnen in diesem Kapitel eingehen wollen. Denken wir zunächst einmal an Radiowellen. Diese werden von Antennen ausgestrahlt, in denen sich elektrische Ströme periodisch hin und her bewegen. Die

Ausstrahlung einer elektromagnetischen Welle wird also durch hin- und herschwingende Ladungen bewerkstelligt. Nun wissen wir, daß Licht nichts anderes als eine elektromagnetische Welle ist. Seine Erzeugung kann in gewissem Sinne tatsächlich so verstanden werden, als würden hier winzige Antennen am Werke sein. Diese winzigen Antennen sind verwirklicht durch Elektronen, die in den Atomen um den Atomkern herum kreisen. Wie wir wissen, besteht ein Atom aus dem positiv geladenen Atomkern und den darum in einem gewissen Abstand umlaufenden Elektronen. Da diese elektrisch geladen sind, wirken sie auf das elektromagnetische Feld so wie ein pulsierender Strom. Daß es sich hier um eine Pulsation handelt, erkennen wir am besten, wenn wir die zunächst kreisförmige Bewegung auf eine gerade Linie projizieren (Abb. 4.1). Dann ist es evident, daß hier die Ladung hin- und herschwingt. Die Lagen der Wellenberge einer so ausgestrahlten Lichtwelle hängen vom jeweiligen Ort des Elektrons im Atomkern ab, der durch einen bestimmten Winkel ϕ festgelegt wird (vgl. Abb. 4.2). In einer üblichen Lichtquelle, z.B. einem leuchtenden Gas, sind sehr viele Atome gleichzeitig am Werk, um Licht auszusenden. Da die Winkel ϕ im allgemeinen bei den einzelnen Atomen verschieden sind, werden die einzelnen Lichtwellen auch völlig verschieden in den Lagen ihrer Wellenberge sein (Abb. 4.3). Das durch die Überlagerung aller dieser Wellen zustandekommende Licht bezeichnet man als inkohärent oder auch als mikroskopisch chaotisch.

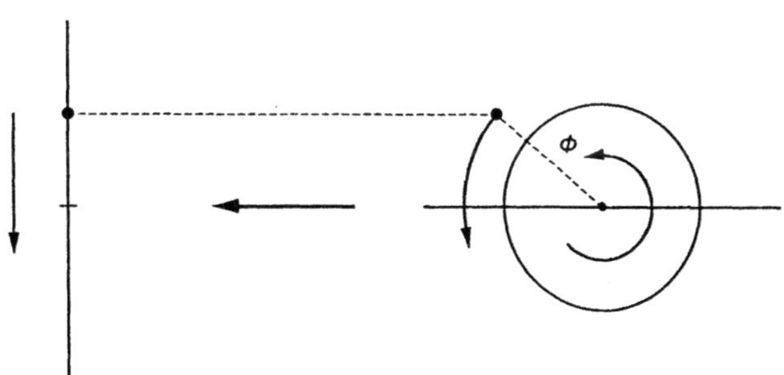

Abb. 4.1 Projektion der kreisförmigen Bewegung auf eine Gerade. ϕ bezeichnet den Phasenwinkel.

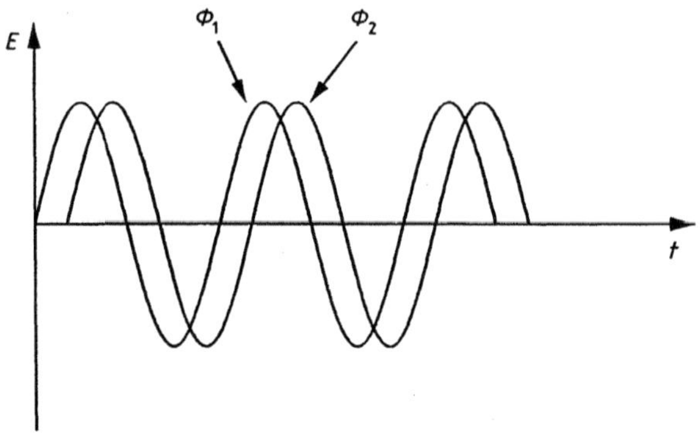

Abb. 4.2 Abhängigkeit der emittierten Wellenberge und Wellentäler der Lichtwelle von der Phasenlage ϕ. Aufgezeichnet ist der Fall zweier verschiedener Atome mit den jeweiligen Phasen ϕ_1 und ϕ_2. Aufgetragen ist die elektrische Feldstärke E der Lichtwelle gegenüber der Zeit t.

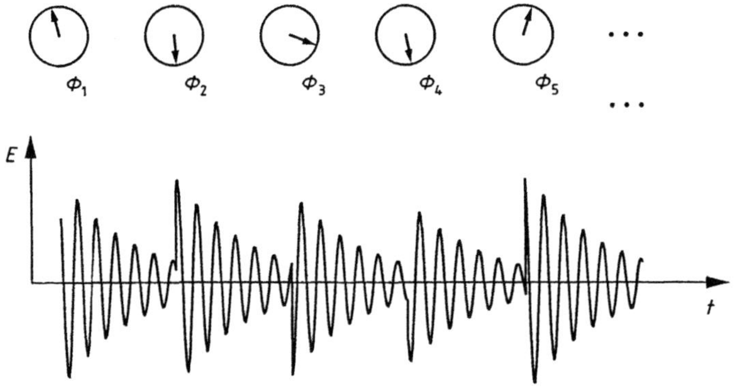

Abb. 4.3 Emission inkohärenten Lichts bei ungeordneter Phasenlage der einzelnen Atome

Nun stellen wir uns aber vor, daß wir sogenanntes kohärentes Licht erzeugen wollen, bei dem die Wellenberge der einzelnen Lichtwellen alle aufeinander fallen, d.h. daß es keinerlei Verschiebungen zwischen den Wellenbergen gibt. Dies bedeutet natürlich, daß die Elektronen in den einzelnen Atomen alle jeweils den gleichen Winkel ϕ einnehmen müssen (vgl. Abb. 4.4).

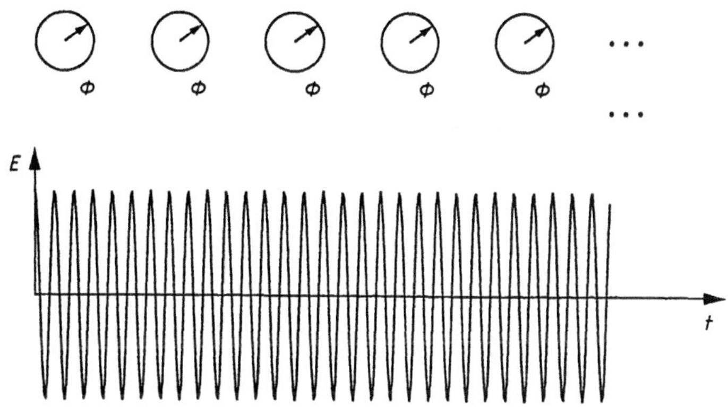

Abb. 4.4 Emission kohärenten Lichts bei geordneter Phasenlage der einzelnen Atome

Welche Möglichkeiten hätten wir nun zur Hand, wenn wir an die übliche Lösung eines solchen Problems in der Technik denken. Da gibt es erstens den Ansatz der Kybernetik, auf deutsch der „Steuermannskunst". Ein landläufiges Beispiel für die hier zu lösende Problematik ist die Regulierung der Zimmertemperatur. Zunächst wird einem Apparat, dem sogenannten Prozessor, die gewünschte Zimmertemperatur eingegeben. Ein Meßfühler teilt dem Prozessor mit, ob die Temperatur über oder unter der eingegebenen Temperatur liegt. Der Prozessor veranlaßt dann, je nach positiver oder negativer Differenz, Steuerungsventile sich zu schließen oder zu öffnen, um damit den Temperaturausgleich herbeizuführen. Wichtig ist also, daß hier einerseits die Temperatur gemessen und mit einer vorgegebenen Temperatur verglichen wird, und daß dann das System so reagiert, daß der erwünschte Wert hergestellt wird. Da die Meßfühler dem Prozessor zurückmelden, ob die gewünschte Temperatur erreicht wird oder nicht, spricht man hier von einer Rückkoppelung. Weil die Temperatur erniedrigt wird, wenn eine zu hohe Temperatur vorliegt und umgekehrt, nennt man diese Rückkoppelung auch negative Rückkoppelung. Negative Rückkoppelungen dienen also der Stabilisierung eines Systems. Wenn wir diese Idee auf die Erzeugung von kohärentem Licht anwenden wollten, dann müßten wir also an jedem Atom Meßfühler anbringen, die dem zentralen Prozessor mitteilen, welche Phasenlage, d.h. welchen Winkel ϕ das Elektron gerade einnimmt. Der Prozessor müßte dann den einzelnen Elektronen mitteilen, ob sie in ihrer Phase sich erhöhen oder verringern müssen, damit sie bei der Ausstrahlung die vorgeschriebene kohärente Welle herstellen können. Hier an diesem Beispiel sehen wir die Absurdität des Vorhabens, wenn wir nämlich daran denken, daß es eine ungeheuer große Zahl von Atomen gibt, ca. 10^{18} in einem Laser, und wir uns ferner gar nicht vorstellen können, wie denn solche Meßfühler und auch gleichzeitig ein Steuerungsapparat aussehen sollten.

Besprechen wir nun eine zweite Möglichkeit, Elektronen in den Atomen anzusteuern, nämlich über einen sogenannten Schrittmacher. In einem Schrittmacher wird das gewünschte Signal gewissermaßen im kleinen Umfang hergestellt, und die einzelnen Elemente des Systems werden nun so angesteuert, daß sie diesem kleinen Signal folgen. Hierin gibt es aber, gerade wenn wir an den Laser denken, wieder mehrere Schwierigkeiten. Zunächst erscheint uns sowieso als Circulus vitiosus, daß wir hier einen Schrittmacher in Form einer kohärenten Bewegung brauchen, wo wir doch erst eine kohärente Bewegung erzeugen wollen. Nehmen wir aber einmal an, das wäre möglich, so gibt es weitere Schwierigkeiten, die darin bestehen, daß bei der Nachrichtenübertragung vom Schrittmacher zu den einzelnen Elementen Fehler entstehen können, die nun in dem hier betrachteten System wegen Fehlens einer Rückkoppelung nicht kompensiert werden können. Wir müssen also erwarten, daß die ausgestrahlte Welle der Atome doch wieder sehr stark verrauscht sein wird.

Das neue Paradigma, das uns, wie wir sehen werden, der Laser vermittelt hat, besteht in einem ganz anderen Mechanismus. Die Elektronen der Atome finden es gewissermaßen ganz von alleine heraus, welche Lichtwelle sie zu erzeugen haben. Ist umgekehrt diese Lichtwelle einmal entstanden, so teilt sie wieder den Elektronen mit, welche Phasenlage sie einnehmen müssen. Hier haben wir ein typisches Beispiel für die Selbstorganisation, in unserem Falle einer zeitlich und räumlich geordneten Struktur, vor uns.

In diesem Kapitel wollen wir uns daher ausführlich mit dem Laser als Beispiel für Selbstorganisationsvorgänge in der unbelebten Natur befassen. Hierzu müssen wir einige Grundbegriffe einführen, so daß sich der Leser etwas in Geduld üben muß, bevor er zum gewünschten Resultat gelangt.

4.2 Aufbau eines Festkörperlasers

Betrachten wir einen typischen Laser, etwa einen Festkörperlaser (vgl. Abb. 1.12). Dieser besteht im wesentlichen aus einem Rubinkristall, der etwa zylinderförmig geschliffen ist. Der Rubin erhält seine schöne rote Farbe durch Atome, genauer gesagt: Chromionen, die in eine Aluminiumoxid-Matrix eingebaut sind. Äußerlich gesehen unterscheidet sich der Rubinlaser von einem Rubinkristall nur dadurch, daß an seinen beiden Endflächen Spiegel angebracht sind. Zumindest der eine von ihnen ist etwas durchlässig, damit das Laserlicht, dessen Erzeugung wir noch kennenlernen wollen, durch ihn ins Äußere austreten kann. Damit der Laser ständig Licht, d.h. Energie, ausstrahlen kann, muß ihm natürlich auch ständig Energie von außen her zugeführt werden. Dies geschieht durch Lichtquellen, die den Laser von außen her bestrahlen und damit die Laseratome immer wieder aufs neue energetisch anregen.

Beim Laser handelt es sich also ganz zweifellos um ein offenes System, das man sich als an verschiedene Wärmereservoire angekoppelt vorstellen kann, die für den Durchfluß der Energie sorgen. Die Atome sind natürlich mikroskopisch klein, und sie können für sich alleine auch nur Wellenzüge von endlicher Dauer, τ, aussenden. Eine Vorstellung dazu kann man wieder aus der Analogie zu einer Antenne gewinnen. Überläßt man eine Antenne sich selbst, werden, bedingt durch die abgestrahlte Energie und die Dämpfung durch ihren Ohmschen Widerstand, die Stromoszillationen sehr schnell abklingen. Dem gegenüber finden wir im Laser, daß die Laserwelle fast unendlich lange Zeit laufen kann, d.h. ihre Zeit T ist viel größer als die Abklingdauer τ. Gleichzeitig finden wir beim Laser, daß die Elektronen der Atome (ihre charakteristische Abmessung l liegt in der Größenordnung von 10^{-8} cm) auf die Länge L des Lasers in ihren Bewegungen korreliert sind. Wir sehen also schon hier, daß es im Laser zu einem makroskopischen Ordnungszustand kommt, d.h. es findet Selbstorganisation auf makroskopischen Orts- und Zeit-Skalen L, T statt, wobei

$$\tau < T, \quad l < L \tag{4-1}$$

gilt.

Befassen wir uns nun mit der Rolle der Spiegel. Dazu holen wir etwas weiter aus und nehmen erst einmal ein Beispiel aus der Mechanik her, nämlich die eingespannte Saite, die wir etwa bei einer Geige vor uns haben. Diese ist beim Spiel an einem Ende von der Geige, am anderen Ende von der Lage des Fingers des Geigers fest eingespannt. Abbildung 4.5 zeigt uns eine Momentaufnahme der Schwingung der Saite. Diese Schwingung verläuft räumlich nach einer Sinusfunktion, wobei an den festgespannten Enden natürlich keine Auslenkung erfolgt. Eine typische Schwingungsform der Saite veranschaulicht Abbildung 4.5. Damit

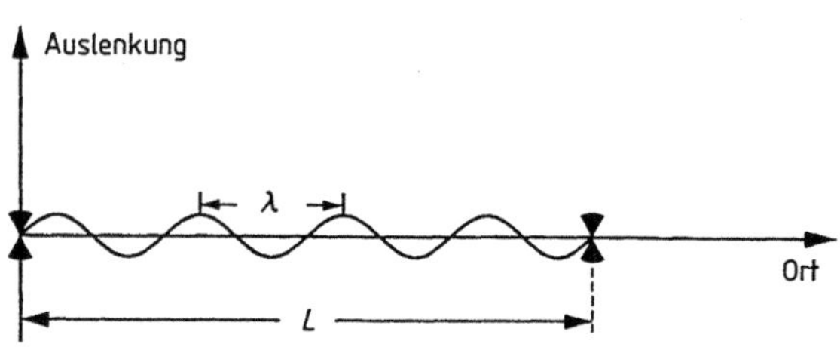

Abb. 4.5 Schwingung einer angezupften, an beiden Enden eingespannten Saite

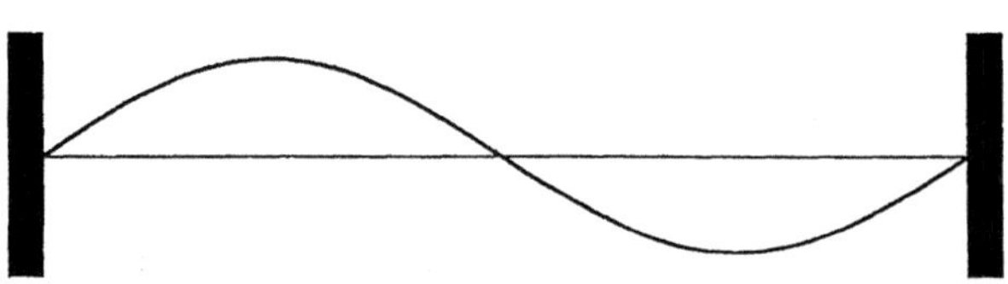

Abb. 4.6 Darstellung einer reinen Schwingungsform des Lichtfeldes zwischen zwei Spiegeln

die Auslenkung an den Rändern verschwindet, muß die Bedingung

$$L = n\frac{\lambda}{2} \tag{4-2}$$

erfüllt sein, wobei L die Länge der Saite ist, λ die Wellenlänge und n eine ganze Zahl. Mit anderen Worten, es passen nur ganzzahlige Vielfache der halben Wellenlänge in die Gesamtlänge der eingespannten Saite hinein.

Kehren wir nun zum Laser und hier wieder zur Rolle der beiden Spiegel zurück. Licht ist eine elektromagnetische Welle. Diese Welle ist hier genauso wie die Schwingung der Saite transversal, d.h. sie erfolgt senkrecht zur Ausbreitungsrichtung. Wie in der Theorie der elektromagnetischen Wellen gezeigt wird, muß diese Welle Knoten an den Spiegeln haben, d.h. die Auslenkung muß dort verschwinden. Ähnlich wie bei der Saite passen daher nur ganz bestimmte Sinusschwingungen mit Knoten an den Endflächen zwischen die beiden Spiegel, nämlich alle Wellen, die die Form (vgl. Abb. 4.6)

$$E(x,t) = E(t)\sin kx, \quad k = \frac{2\pi}{\lambda} \tag{4-3}$$

haben. Die zugelassenen Wellenlängen λ müssen selbstverständlich wieder die Bedingung (4-2) erfüllen. Hierbei beschreibt der Sinus die räumliche Veränderung der Welle, während der Vorfaktor $E(t)$ noch von der Zeit abhängt.

Befassen wir uns mit dem Zeitverlauf dieser Amplituden etwas genauer und ziehen wir dazu wieder den Vergleich mit der schwingenden Saite heran. Wie wir von der schwingenden Saite her wissen, gibt diese ja bestimmte Töne ab, was uns darauf hinweist, daß die Saite selbst periodisch auf und ab schwingt. Auch im Zeitverlauf wird sie also durch eine Sinusfunktion beschrieben. Genauso ist es mit den Amplituden des elektromagnetischen Feldes; diese haben zeitlich einen sinusförmigen Verlauf, sofern wir nur annehmen, daß die Welle einmal erzeugt worden ist und ständig zwischen den beiden Spiegeln bleiben kann. Die

Frequenz der Welle, die wir mit ν bezeichnen, ist über die Wellenlänge λ mit der Lichtgeschwindigkeit c nach der Formel

$$c = \lambda\nu \tag{4-4}$$

verknüpft.

Betrachten wir nun im nächsten Abschnitt eine einzige Welle (wie in Abb. 4.6 für die Saite dargesellt) in der Spiegelanordnung, die man auch als einen offenen Resonator bezeichnet.

4.3 Zur Wechselwirkung zwischen Licht und Atomen

Um die Wechselwirkung zwischen Licht und Atomen, d.h. genauer gesagt die Lichterzeugung durch die Elektronen in den Atomen, adäquat zu beschreiben, so wie wir es insbesondere auch für den Laser brauchen, müssen wir ein klein wenig auf die Atomtheorie zurückgreifen, um unsere bisherige Vorstellung über die Atome zu erweitern.

Wie wir wissen, bestehen die Atome aus den positiv geladenen Atomkernen und einem oder mehreren Elektronen, die negativ geladen sind und den Kern umkreisen. Hierbei tritt in den mikroskopischen Dimensionen der Atome ein gegenüber der klassischen Mechanik neuartiges Phänomen auf, das erst die Quantentheorie voll erfassen konnte. Die einzelnen Elektronen können nämlich nicht *beliebige*, sagen wir einmal Kreisbahnen, annehmen, sondern nur Kreisbahnen, die ganz bestimmte Energien haben. Da diese Energiewerte diskret sind, bezeichnet man die Energiewerte auch als gequantelt. Nehmen wir nun einmal an, daß es zwei solcher Bahnen zu zwei Energiewerten W_1 und W_2 gibt, wobei die innere Bahn die energieärmere ist, während die äußere Bahn mehr Energie besitzt. Tragen wir also die Energie eines Elektrons nach oben auf, so haben wir hier die zwei gequantelten Werte W_1 und W_2 (vgl. Abb. 4.7). Wie Bohr schon 1913 postulierte und wie es später die Quantentheorie bewiesen hat, verhalten sich die Elektronen im Atom folgendermaßen: Solange sie auf ihrer Bahn bleiben, können sie kein Licht abstrahlen. Andererseits können sie ihre Bahn sprunghaft ändern (Abb. 4.8), indem sie von einer zur anderen übergehen. Dabei

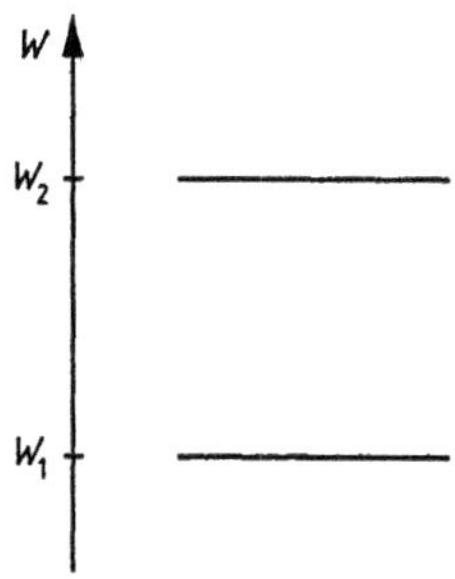

Abb. 4.7
Schematische Darstellung der beiden erlaubten Energieniveaus mit den Energien W_1 und W_2 (Termschema)

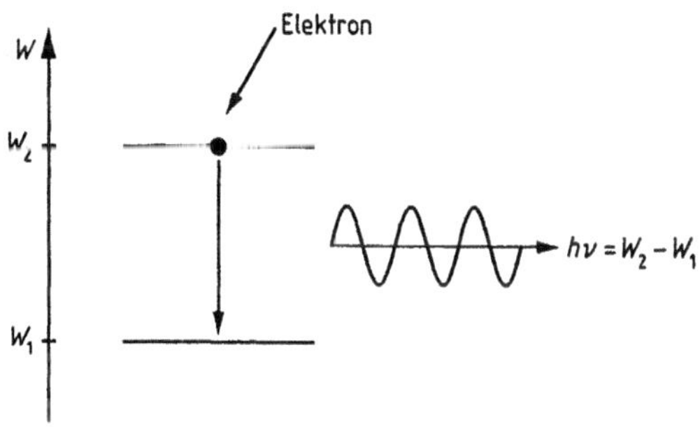

Abb. 4.8
Emissionsprozeß beim Sprung eines Elektrons von der äußeren Bahn 2 auf die innere 1

strahlen sie Licht ab, und zwar ist die Frequenz des ausgestrahlten Lichtes gerade mit der Energiedifferenz zwischen dem oberen und unteren Energieniveau des Elektrons durch die berühmte Formel

$$h\nu = W_2 - W_1 \tag{4-5}$$

verknüpft, wobei h die Plancksche Konstante ist, die uns in allen Quantenprozessen entgegentritt.

Betrachten wir nun, in welcher Weise die Elektronen Licht im Resonator erzeugen können. Fassen wir dazu zunächst die Formeln zusammen, die wir eben kennengelernt haben. Die Lichtfeldstärke $E(x, t)$ läßt sich in der Form

$$E(x, t) = E(t) \sin kx \tag{4-6}$$

schreiben. Hierin ist die Sinuswelle durch die Spiegel fixiert, wobei gilt (vgl. Gln. (4-2) und (4-3))

$$k = \frac{\pi n}{L}. \tag{4-7}$$

Sind keine Atome vorhanden, so spricht man vom leeren Resonator, der Zeitverlauf der Welle (4-6) ist dann durch die Funktion

$$E(t) = A \sin \omega t \tag{4-8}$$

gegeben, wobei die „Kreisfrequenz" ω mit der Frequenz ν durch $\omega = 2\pi\nu$ verknüpft ist. Ist die Welle um die Phase ϕ gegenüber (4-8) verschoben, so geht die Beziehung (4-8) in

$$E(t) = A \sin(\omega t + \phi) \tag{4-9}$$

über.

Die Amplitude A und die Phase ϕ sind dabei zeitlich konstant. In der praktischen Realisierung sind natürlich die Spiegel nicht unendlich gut, d.h. sie lassen etwas Licht durch. Dies ist beim Laser durchaus auch erwünscht, da wir ja schließlich das Laserlicht nach außen bekommen wollen. Dies bedeutet, daß die Welle nicht unendlich lange im Resonator verweilen kann, sondern sie wird im Laufe der Zeit abklingen. Die Amplitude A ist also nicht mehr zeitlich konstant, sondern fällt nach einem Exponentialgesetz (vgl. Abb. 4.9)

$$A(t) = A_0 e^{-\kappa t} \tag{4-10}$$

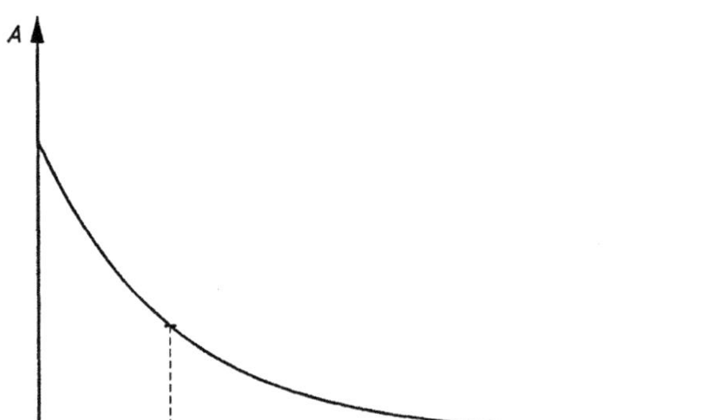

Abb. 4.9 Die Amplitude im freien Resonator klingt nach einem Exponentialgesetz zeitlich ab.

ab, wobei κ die Abklingkonstante ist und A_0 den Wert der Amplitude zum Zeitpunkt $t = 0$ bezeichnet. Um die Abnahmerate von $A(t)$ noch einmal anders auszudrücken, bilden wir die Ableitung von $A(t)$ nach der Zeit, wobei wir durch Differentiation der rechten Seite von (4-10) sofort (wir verzichten zur Abkürzung der Formeln auf das explizite Anschreiben des Zeitarguments t)

$$\frac{dA}{dt} = -\kappa A_0 e^{-\kappa t} \tag{4-11}$$

erhalten. Auf der rechten Seite steht aber ganz offensichtlich bis auf den Faktor $-\kappa$ wieder die Amplitude A gemäß (4-10), so daß wir (4-11) auch in der Form

$$\frac{dA}{dt} = -\kappa A \tag{4-12}$$

schreiben können. Diese Gleichung besagt, daß die Abnahmerate von A durch A selbst gegeben ist, wobei der Proportionalitätsfaktor κ die Zerfallskonstante ist. Nehmen wir an, daß zur Zeit $t = 0$ eine solche Welle mit der Amplitude A_0 erzeugt worden ist, so wird sie dann im Laufe der Zeit abklingen, wobei die Amplitude $E(t)$ insgesamt die Form

$$E(t) = A_0 e^{-\kappa t} \sin(\omega t + \phi) \quad \text{für } t \geq 0 \tag{4-13}$$

hat.

Sehen wir uns an, wie die Übergänge der Elektronen der einzelnen Atome das Lichtfeld in einem Resonator beeinflussen. Dazu müssen wir zwischen drei Prozessen, nämlich der sogenannten sponanten Emission, der Absorption und der induzierten Emission unterscheiden, die wir nun besprechen wollen.

4.3.1 Die spontane Emission

Wir betrachten ein Elektron eines Atoms im angeregten Zustand und den Fall, daß im Resonator noch keine Lichtwelle vorhanden ist. Dann gilt

$$\text{für } t < t_0: \quad A = 0. \tag{4-14}$$

Zum Zeitpunkt $t = t_0$ macht nun ein Elektron seinen Übergang in den Grundzustand (vgl. Abb. 4.8). Dabei muß es seine Energie an das Lichtfeld abgeben, in dem hier betrachteten Falle an die Lichtwelle (4-13). Es entsteht so spontan eine Welle im Resonator mit der Frequenz ν, wobei die Quantenregel $h\nu = W_2 - W_1$ gilt. Zu dieser Frequenz ν gehört nach den Grundregeln der Wellenlehre eine Wellenlänge $\lambda = c/\nu$.

Der ganze Vorgang hat eine starke formale Ähnlichkeit mit dem Anzupfen einer Saite. So wie dort die Saite zu schwingen anfängt, so fängt jetzt das elekromagnetische Feld zwischen den beiden Spiegeln an zu oszillieren. Sobald die Welle erzeugt ist, wird sie aber auch anfangen den Resonator zu verlassen, so daß wir sodann das Zerfallsgesetz

$$A(t) = A_0 e^{-\kappa(t-t_0)} \tag{4-15}$$

betrachten müssen. An die Stelle von (4-8) tritt also jetzt die Relation

$$E(t) = A_0 e^{-\kappa(t-t_0)} \sin(\omega t + \phi). \tag{4-16}$$

Wie eine eingehende quantenmechanische Diskussion zeigt, können wir den einzelnen Akt uns cum grano salis so verdeutlichen, daß Licht mit einer bestimmten Phasenlage ϕ ausgesandt worden ist. Wenn die einzelnen Atome nun nacheinander von ihrem angeregen Zustand in den Grundzustand übergehen, so können sie immer wieder Lichtwellen erzeugen, so daß die gesamte Lichtwelle eine Überlagerung der Wellen der Form (4-16) wird. Im Laser treten aber noch zwei weitere wichtige Prozesse auf.

4.3.2 Die Absorption

Atome, deren Elektronen im Grundzustand sind, können Licht absorbieren, wobei das Elektron jeweils in den angeregten Zustand übergeht (Abb. 4.10). Ein Maß für die zeitliche Änderung von A ist, wie wir in (4-12) ausgeführt haben, die zeitliche Ableitung von A, nämlich dA/dt. Diese Änderung ist jetzt wieder proportional zur Lichtfeldstärke A, dabei auch proportional zur

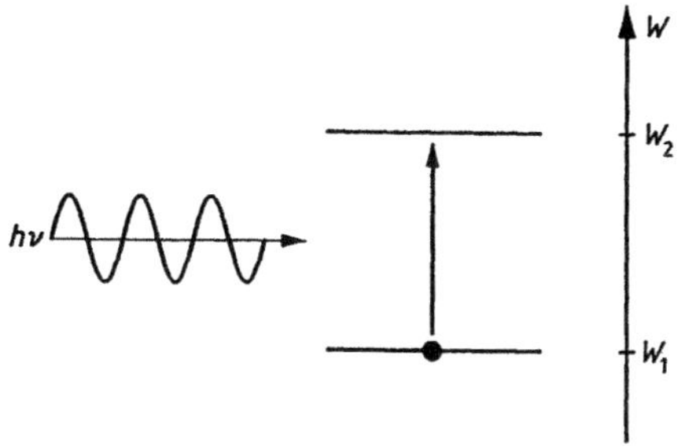

Abb. 4.10
Schematische Darstellung des Absorptionsvorgangs

Zahl der Atome im Grundzustand, da ja nur diese Licht absorbieren können. Diese Zahl nennen wir N_1. Bezeichnen wir noch den übrigbleibenden Proportionalitätsfaktor, den man als Absorptionskonstante pro Atom deuten kann, mit α, so erhalten wir als zeitliche Änderung von A aufgrund von Absorption die Beziehung

$$\frac{dA}{dt} = -\alpha A N_1. \qquad (4\text{-}17)$$

Da durch die Absorption die Lichtamplitude A abnimmt, muß α positiv sein. Wie nun Einstein in seiner berühmten Herleitung der Planckschen Formel für die Energieverteilung von elektromagnetischer Strahlung in einen Hohlraum fand, gibt es aber einen weiteren Prozeß bei der Wechselwirkung zwischen Elektronen und Licht, den wir im folgenden besprechen werden.

4.3.3 Die induzierte Emission

Eine einmal vorhandene Lichtwelle kann nämlich ein angeregtes Elektron zwingen, in den Grundzustand überzugehen und dabei seine Energie an die eintreffende Lichtwelle abzugeben (Abb. 4.11). Dieser Prozeß ist in gewissem Sinne die Umkehrung der eben besprochenen Absorption. Die Lichtfeldamplitude nimmt nun aber zu, weil das Lichtfeld ja aus dem Atom Energie empfängt. Diese Zuwachsrate ist proportional zur Amplitude des Lichtfeldes A und zur Zahl der Atome, die diesen Prozeß unterstützen können, nämlich zu N_2, wobei N_2 die Zahl der angeregten Atome ist. Schließlich taucht, wie Einsteins Her-

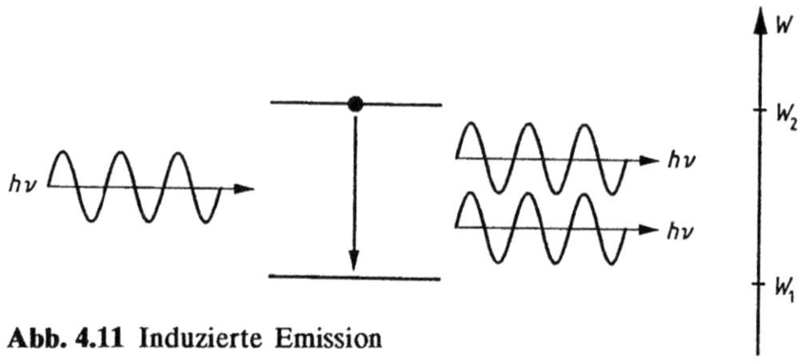

Abb. 4.11 Induzierte Emission

leitung zeigte, als Proportionalitätsfaktor die gleiche Konstante α auf, die schon in (4-17) erscheint. Die zeitliche Änderung von A durch induzierte Emission ist also durch

$$\frac{dA}{dt} = \alpha A N_2 \tag{4-18}$$

gegeben.

Bevor wir die Konsequenzen aus unseren bisherigen Betrachtungen ziehen, müssen wir noch zwei wichtige Bemerkungen machen. Die erste ist historischer Art. In seiner Behandlung der induzierten Emission betrachtete Einstein die zeitliche Änderung von Intensitäten (oder Photonenzahlen) und *nicht* von Amplituden. Gleichung (4-18) geht also über die entsprechende Einsteinsche Gleichung hinaus. In der Tat ist in den Gln. (4-17) und (4-18) eine sehr weitgehende *Annahme* verborgen, die dann zutage tritt, wenn wir die Rolle, die die Atome bei diesen Prozessen spielen, näher untersuchen. Dies wird in Abschnitt 4.4 geschehen. Zunächst bleiben wir aber auf unserer jetzigen modellmäßigen Betrachtungsebene.

4.3.4 Zusammenfassung der beteiligten Prozesse

Insgesamt wirken hier also vier Effekte auf die zeitliche Änderung der Amplitude A ein, nämlich die Verluste im Resonator, die spontane Emission, die induzierte Emission und die Absorption. Zwischen der spontanen Emission einerseits und allen anderen Prozessen andererseits besteht nun ein grundlegender Unterschied. Die Rate der spontanen Emission ist nämlich nicht abhängig von der Lichtfeldstärke und damit der Lichtfeldamplitude A, während dies bei allen anderen Prozessen der Fall ist. Ferner gehen bei der spontanen Emission jeweils die Phasenlagen ϕ der einzelnen Elektronen ein, während alle anderen Prozesse gar nicht von der atomaren Phasenlage abzuhängen scheinen. Dieser grundsätzliche Unterschied veranlaßt uns, einmal nachzusehen, was denn mit der Lichtfeldamplitude A geschieht, wenn wir nur die Prozesse, die proportional zu A sind, mitnehmen, dagegen die spontane Emission mit ihren verschiedenen Phasenlagen außer acht lassen. Wir betrachten also die gesamte zeitliche Änderung von A, die durch die einzelnen Beiträge (4-12), (4-17) und (4-18) gegeben sind. Wir erhalten dann die Beziehung

$$\left.\frac{dA}{dt}\right|_{\text{gesamt}} = \underbrace{\alpha N_2 A}_{\substack{\text{induzierte}\\ \text{Emission}}} \underbrace{- \alpha N_1 A}_{\text{Absorption}} \underbrace{- \kappa A}_{\text{Resonator}}, \qquad (4\text{-}19)$$

die wir auch in der Form

$$\frac{dA}{dt} = \text{Gewinn} - \text{Verlust} \qquad (4\text{-}20)$$

schreiben können.

Behandeln wir den folgenden konkreten Fall. Wir haben unseren Rubinkristall von außen her mit Licht bestrahlt, so daß eine bestimmte Zahl von Atomen N_2 im angeregten Zustand ist, während der Rest mit einer Zahl N_1 noch im Grundzustand verblieben ist. Klammern wir in (4-19) die Faktoren vor A aus, so können wir eine Gewinnkonstante G in der Form

$$G = \alpha N_2 - \alpha N_1 - \kappa \qquad (4\text{-}21)$$

einführen. Ersichtlich hat die Gleichung (4-19) mit (4-21) genau die gleiche Gestalt wie (4-12), nur daß die Konstante vor A auf der rechten Seite eine andere geworden ist. Damit ist die Lösung dieser Gleichung (4-19) evident, sie lautet

$$A = a\, e^{Gt}, \qquad (4\text{-}22)$$

wobei a eine Konstante ist.

Wären alle Atome im Grundzustand, so ist $N_2 = 0$, und die Gewinnkonstante (4-21) ist negativ. Selbst wenn zu einer Anfangszeit $t = 0$ eine Welle in dem Resonator dagewesen sein sollte, so würde sie doch im Laufe der Zeit exponentiell gemäß (4-22) abklingen. Das ist natürlich für uns nicht interessant. Wir denken uns vielmehr, daß wir durch „Hineinpumpen" von Energie die Zahl der angeregten Atome N_2 erhöhen, wobei sich die Zahl der Atome im Grundzustand N_1 entsprechend verringert. Ein solches „Hineinpumpen" von Energie kann auf verschiedene Weise geschehen. Bei einem Festkörper-Laser, etwa dem Rubinkristall, bestrahlt man den Kristall mit dem Licht intensiver Lampen. Durch Absorption dieses Lichts werden die Elektronen der Laseratome vom Grundzustand 1 in den angeregten Zustand 2 gebracht (vgl. Abb. 4.10). In praktischen Anwendungen erfolgt dieses Pumpen über noch andere Energie-Niveaus (Abb. 4.12). Auf jeden Fall können wir schließlich erreichen, daß $G = 0$ oder sogar größer wird. Mit Hilfe von (4-21) führt dies zu der berühmten Laserbedingung von Schawlow und Townes, die wir in der Form

$$N_2 - N_1 \geq \frac{\kappa}{\alpha} \tag{4-23}$$

schreiben. Um sie zu erfüllen, muß man ersichtlich die Differenz $N_2 - N_1$, die übrigens auch *Inversion* heißt, möglichst groß machen, die Zerfallskonstante für das Lichtfeld im Resonator κ hingegen möglichst klein, was man etwa durch eine gute Verspiegelung erreicht. Schließlich gehen in die Absorptionskonstante α

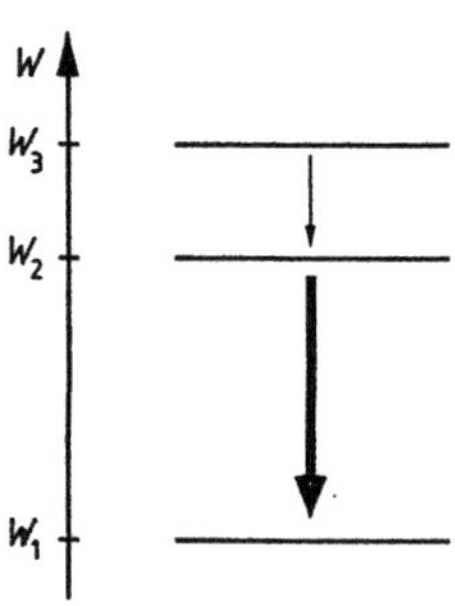

Abb. 4.12

Gepumpt wird in das Niveau $W3$. Die Besetzung von $W2$ kann sehr hoch werden, wenn der Übergang $3 \rightarrow 2$ im Vergleich zu $2 \rightarrow 1$ sehr schnell erfolgt.

noch charakteristische Größen für die speziell verwendeten Atome ein, was wir aber hier nicht weiter diskutieren wollen. Gemäß (4-23) muß man also die Atome so auswählen, daß α möglichst groß wird. Nehmen wir nun an, daß wir die Bedingung (4-23) erreicht haben. G wird dann positiv und die Amplitude A wächst exponentiell an. Es findet also eine lawinenartige Erzeugung von Licht statt, wobei das Licht durch die Spiegel ins Freie tritt. Nun kann natürlich ein solches lawinenartiges Anwachsen nicht unbeschränkt vor sich gehen, da wir sonst mit dem Energiesatz in Schwierigkeiten kämen. Wodurch wird also die Lawine begrenzt und eine gleichmäßige Ausstrahlung gewährleistet? Das Lichtfeld im Resonator bezieht seine Energie aus den angeregten Atomen. Wenn von diesen immer mehr infolge Lichtausstrahlung in den Grundzustand übergehen, so nimmt natürlich die Inversion

$$D = (N_2 - N_1) \tag{4-24}$$

ab. Wir müssen uns also damit befassen, wie sich diese Inversion (4-24) im Laufe der Zeit ändert. Zu der Inversion tragen verschiedene Prozesse bei. Einerseits strahlen wir von außen her Licht ein. Andererseits können die angeregten Elektronen auch schon ohne Lasertätigkeit wieder in den Grundzustand übergehen: z.B. können sie auch Licht in andere Richtungen, etwa schräg zur Resonatorachse, ausstrahlen, oder sie können mit anderen Atomen zusammenstoßen oder etwa in einem Rubinkristall Energie an das sie umgebende Kristallgitter abgeben. Für sich genommen würden die zugeführte Pumpenergie und die anderen Prozesse ohne Ausstrahlung von Laserlicht zu einer bestimmten Inversion führen, die wir mit dem Index 0 kennzeichnen und die mit den Besetzungszahlen der Atome durch

$$D_0 = N_{2,0} - N_{1,0} \tag{4-25}$$

verknüpft sind. Setzt aber nun Lasertätigkeit ein, so wird ja Energie von den Elektronen an das Lichtfeld abgegeben. Dadurch wird die tatsächliche Inversion D gegenüber der Inversion ohne Lasertätigkeit D_0 herabgesetzt. Um diese Abnahme zu erfassen, machen wir die folgende Überlegung. Wenn wir die Inversion mit der Energiedifferenz $W_2 - W_1$ eines einzelnen Elektrons multiplizieren, so erhalten wir die aufgrund des Pumpens in den Atomen gespeicherte Energie $(W_2 - W_1)\,D_0$. Die Inversion nimmt nun bei Anwesenheit des Laserlichts ab, da ein Teil dieser Energie an das Laserlicht abgegeben wird. Mit anderen Worten, die gespeicherte Energie wird sich um einen Betrag verringern, der proportional zur Laserlichtenergie ist. Da diese proportional zum Quadrat der Lichtamplitude A ist, erhalten wir als tatsächliche Energiebilanz

$$(W_2 - W_1)\,D = (W_2 - W_1)\,D_0 - bA^2, \tag{4-26}$$

wobei b ein Proportionalitätsfaktor ist. Setzen wir (4-26) in unsere ursprüngliche Gleichung (4-19) ein, so erhalten wir

$$\frac{dA}{dt} = (\alpha D_0 - \kappa)\,A - \alpha C A^3, \tag{4-27}$$

wobei $C = b/(W_2 - W_1)$ ist.

Betrachten wir die rechte Seite von (4-27). Das erste Glied mit der Klammer ist uns im Prinzip geläufig. Es ist linear in A und gäbe für sich alleine Anlaß zu einem exponentiellen Ansteigen oder Abklingen von A. Neu für uns ist das Glied, das A zur dritten Potenz enthält. Die Beziehung (4-27) enthält, wie man sagt, eine *Nichtlinearität.* Solche Nichtlinearitäten spielen in der Synergetik eine grundlegende Rolle, und wir werden uns deshalb hier ein wenig ausführlicher mit ihr befassen. Eine erste wichtige Erkenntnis erhalten wir bereits, wenn wir den sogenannten stationären Fall untersuchen, in dem sich also die Amplitude A zeitlich nicht ändert. In diesem Falle ist natürlich

$$\frac{dA}{dt} = 0. \tag{4-28}$$

Wegen Gleichung (4-27) hat dies für die rechte Seite die Beziehung

$$(\alpha D_0 - \kappa)\,A - \alpha C A^3 = 0 \tag{4-29}$$

zur Folge.

Klammern wir auf der linken Seite dieser Gleichung A aus, so erhalten wir

$$A\left[(\alpha D_0 - \kappa) - \alpha C A^2\right] = 0. \qquad (4\text{-}30)$$

Verschwindet das Produkt zweier Faktoren, so ist mindestens einer dieser Faktoren gleich Null. $A = 0$ bedeutet, daß kein Licht vorhanden ist, und ist daher für uns uninteressant. Verschwindet hingegen die Klammer, so erhalten wir

$$A^2 = \frac{1}{\alpha C}(\alpha D_0 - \kappa). \qquad (4\text{-}31)$$

Diese Gleichung für A besitzt nur dann eine reelle Lösung, falls die rechte Seite positiv ist.

Benutzen wir für die Inversion D_0 die Relation (4-25), so erhalten wir nach einer kleinen Umformung

$$(N_{2,0} - N_{1,0}) > \frac{\kappa}{\alpha}, \qquad (4\text{-}32)$$

was nichts anderes als die Laserbedingung (4-23) ist.

Mit Hilfe von (4-31) können wir, falls die Laserbedingung erfüllt ist, die Amplitude A im stationären Laserbetrieb berechnen. Erhöhen wir durch den Pumpvorgang die Inversion D_0, so steigt die Intensität des Laserlichts, die ja proportional zu A^2 ist, linear mit D_0, an.

4.3.5 Eine Zwischenbetrachtung

Eine wichtige Frage ist, ob eine gefundene Lösung (4-31) auch stabil ist. Um dies zu untersuchen, wollen wir den physikalischen Inhalt von Gleichung (4-27) erhellen, indem wir wieder, wie schon früher in unserem Buch, eine Analogie ausnutzen, und zwar in unserem Falle wieder eine Analogie mit der Mechanik. Dazu müssen wir aber ein klein wenig weiter ausholen. Betrachten wir das Newtonsche Grundgesetz

$$\text{Kraft} = \text{Masse} \cdot \text{Beschleunigung}. \qquad (4\text{-}33)$$

Um dieses Gesetz formelmäßig zu erfassen, betrachten wir ein Teilchen, das sich in einer Richtung bewegt, und bezeichnen dessen Koordinate mit x. Verändert sich die Lage x im Laufe der Zeit, so ist bekanntlich die Geschwindigkeit v durch

$$v = \frac{dx}{dt} \tag{4-34}$$

bestimmt. Um die Beschleunigung a zu erhalten, müssen wir die zeitliche Änderung der Geschwindigkeit v betrachten, d.h.

$$a = \frac{dv}{dt}. \tag{4-35}$$

Bezeichnen wir noch wie üblich die Masse mit m, so erhalten wir also das Newtonsche Gesetz in der Form

$$m \cdot \frac{dv}{dt} = \text{Kraft.} \tag{4-36}$$

Um (4-27) deuten zu können, stellen wir uns vor, daß die Kraft sich aus einer Antriebskraft F und aus einer Reibungskraft R zusammensetzt. Explizite Beispiele für die Antriebskraft F, die auch eine rücktreibende Kraft sein kann, kennen wir z.B. vom harmonischen Oszillator. Hier ist F proportional zur Auslenkung einer Feder aus der Ruhelage und proportional zur Federkonstanten f. Da die Kraft der Auslenkung entgegenwirkt, ist noch ein Minuszeichen zuzufügen, so daß F bei dem Oszillator die Gestalt

$$F = -fx \tag{4-37}$$

hat.

Betrachten wir nun die Reibungskraft. Hier kennen wir einerseits die Haftreibung, andererseits die gleitende Reibung, die der Einfachheit halber oft als konstant angenommen wird, d.h. unabhängig von der Lage und Geschwindigkeit. Wie in der Technik bekannt ist, sind aber sehr oft Reibungskräfte proportional zur Geschwindigkeit. Dieses wollen wir uns hier zueigen machen, d.h. wir setzen die Reibungskraft R proportional zur Geschwindigkeit des bewegten Teilchens an und erhalten damit

$$R = -\gamma v. \tag{4-38}$$

Dabei ist der Proportionalitätsfaktor γ ein Maß für die Größe der Reibung. Auf diese Weise erhalten wir die Gleichung des gedämpften harmonischen Oszillators in der expliziten Form

$$m\frac{dv}{dt} = -\gamma v - fx. \tag{4-39}$$

Sehen wir einmal davon ab, daß wir F in der speziellen Form (4-37) benutzen, und bringen wir die Reibungskraft, die in (4-39) auftritt, auf die linke Seite. Wir erhalten dann die Beziehung

$$m\frac{dv}{dt} + \gamma v = F. \tag{4-40}$$

Wir betrachten nun einen sehr wichtigen Spezialfall dieser Gleichung, der sich auf die sogenannte überdämpfte Bewegung bezieht. Hier ist nämlich die Reibungskraft $\gamma \cdot v$ viel viel größer als das dabeistehende Beschleunigungsglied $m \cdot \frac{dv}{dt}$. Im Falle des harmonischen Oszillators lautet also die Gleichung der überdämpften Bewegung

$$\gamma v = -fx \tag{4-41}$$

oder, wenn wir die Beziehung

$$v = \frac{dx}{dt} \tag{4-42}$$

verwenden,

$$\frac{dx}{dt} = -\frac{f}{\gamma}x. \tag{4-43}$$

Diese Gleichung ist natürlich identisch mit Gleichungen, die uns schon früher [siehe z.B. (4-12)] begegnet sind. Dazu brauchen wir nur noch die Koordinate x mit der damals aufgetretenen Feldamplitude A zu identifizieren. Der Leser wird nun wohl schon ahnen, worauf wir hinaus wollen. Wir möchten nämlich die Gleichung (4-27) als Gleichung eines Teilchens in einer überdämpften Bewegung deuten. Dazu müssen wir uns aber noch mit dem dort zusätzlich auftretenden Glied A^3 auseinandersetzen. In einem ersten Schritt erinnern wir daran, daß wir bei einem harmonischen Oszillator die potentielle Energie V ausrechnen können. Diese lautet bekanntlich

$$V = f\frac{x^2}{2}. \tag{4-44}$$

Man erhält sie aus der Kraft F, die auf der rechten Seite von (4-43) explizit auftritt, als das Integral

$$V = -\int_0^x F(y)\,dy. \tag{4-45}$$

Diese Beziehung bringt nichts anderes zum Ausdruck, als daß die potentielle Energie erhalten wird durch die bekannte Beziehung (Kraft) · (Weg). Da hier aber die Kraft noch vom Ort y abhängt, müssen wir über die einzelnen Wegbeiträge dy aufintegrieren. Diese Vorschrift ist natürlich allgemein gültig, d.h. sie gilt für jedes Kraftgesetz $F(y)$, nicht nur für die lineare Beziehung, wie sie uns beim harmonischen Oszillator entgegentritt. Formal können wir daher der Gleichung (4-27) einen Ausdruck für eine potentielle Energie zuordnen, indem wir x bzw. y mit A identifizieren und für die Kraft $F(y)$ in (4-45) den Ausdruck

$$F(A) = (\alpha D_0 - \kappa) A - CA^3 \tag{4-46}$$

einsetzen. Das dann entstehende Integral auf der rechten Seite von (4-45) läßt sich sehr leicht berechnen, da ja F nur aus Potenzen von A besteht. Es ergibt sich zu

$$V = -(\alpha D_0 - \kappa)\frac{1}{2}A^2 + \frac{1}{4}CA^4. \tag{4-47}$$

Fassen wir das bisher Gefundene zusammen, so können wir schon etwas mehr über die Deutung der Gleichung (4-27) aussagen. Die Feldamplitude A verhält sich formal wie die Koordinate eines Teilchens in überdämpfter Bewegung, das eine potentielle Energie (4-47) besitzt.

Jetzt sind wir so weit, um den letzten Schritt unserer Analogieschlüsse durchzuführen. Dazu betrachten wir die potentielle Energie eines Teilchens der Masse m im Schwerefeld der Erde.

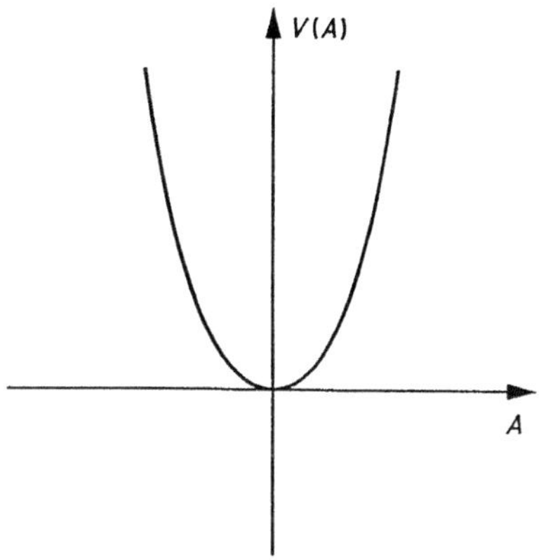

Abb. 4.13
Potentielle Energie nach Gleichung (4-44)

Bezeichnen wir die Schwerebeschleunigung mit g, so hat die zugehörige potentielle Energie die Form

$$V = mgh, \tag{4-48}$$

wobei h die Höhe über die Nullinie der potentiellen Energie ist. Wir stellen uns nun ein Gebirge mit einer Talsohle vor, wobei die Höhe h jeweils von der Entfernung von der Talsohle abhängt. Bezeichnen wir diese Entfernung mit A. Die potentielle Energie gemäß Formel (4-44) läßt sich nun offenbar als Parabel gegenüber A darstellen und wir erhalten so Abb. 4.13.

4.3.6 Neuinterpretation der Lasergleichung (4-27)

Damit kommen wir zum Schluß unserer Analogiebetrachtung: Um uns das Verhalten der Lichtamplitude A, das durch Gleichung (4-27) beschrieben wird, vorzustellen, brauchen wir uns nur den Verlauf des jeweiligen Potentials aufzuzeichnen. In Abb. 4.14 haben wir das Potential für den Fall, daß die Laserbedingung (4-23) nicht erfüllt ist, d.h. daß $G < 0$ ist, dargestellt. Hier passiert offensichtlich nichts weiter Aufregendes. Selbst wenn die Lichtfeldamplitude einmal einen von Null verschiedenen Wert angenommen hat, so wird jetzt die Koordinate bzw. das Teilchen, das A in seinem Verhalten symbolisiert, eine der beiden Berg-

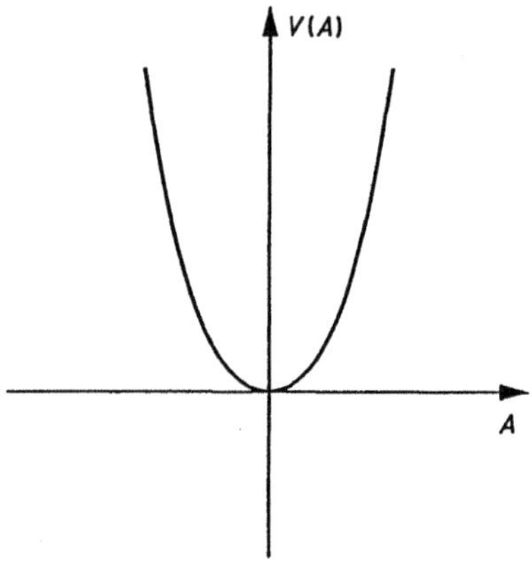

Abb. 4.14
Potentialverlauf, falls die Laserbedingung (4-23) nicht erfüllt ist

wände, d.h. der Potentialwände, herunterrutschen und am Grund zu liegen kommen.

Etwas völlig anderes passiert aber, wenn die Gewinnkonstante G positiv geworden ist. In diesem Falle ändert sich nämlich, wie man mit einem Taschenrechner oder mit einer Kurvendiskussion leicht zeigt, der Kurvenverlauf von V qualitativ. Anstelle des einen Minimums treten jetzt zwei Minima bei $A = \pm A_0$ auf. Erinnern wir uns daran, daß A die Amplitude des Lichtfeldes ist, so sehen wir, daß jetzt die Lichtamplitude einen stabilen Wert annimmt. Sie nimmt ja das Minimum der Energiekurven ein. Selbst wenn wir die Lichtamplitude ein wenig stören, so gleitet sie wieder in ihren Gleichgewichtszustand zurück. Dies geschieht sowohl wenn die Amplitude einmal zu groß, oder auch wenn sie einmal zu klein ist. Wir erhalten dann also qualitativ die Abbildungen 4.15 und 4.16 für den Einschwingvorgang. Dieser Einschwingvorgang läßt sich übrigens sowohl analytisch als auch auf einem Taschenrechner quantitativ behandeln. Für unsere Zwecke genügt es aber schon, hier den qualitativen Verlauf zu sehen.

Wenn wir uns an das zu Anfang dieses Kapitels erwähnte Beispiel der Regelung der Zimmertemperatur erinnern, so sehen wir, daß hier der Laser offenbar in der Lage ist, eine Selbst-

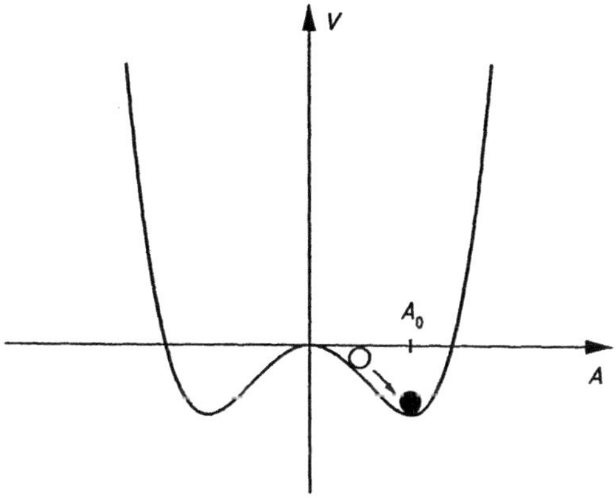

Abb. 4.15
Potential, wenn die Laserbedingung erfüllt ist. Ruhelage des Teilchens bei $A = A_0$.

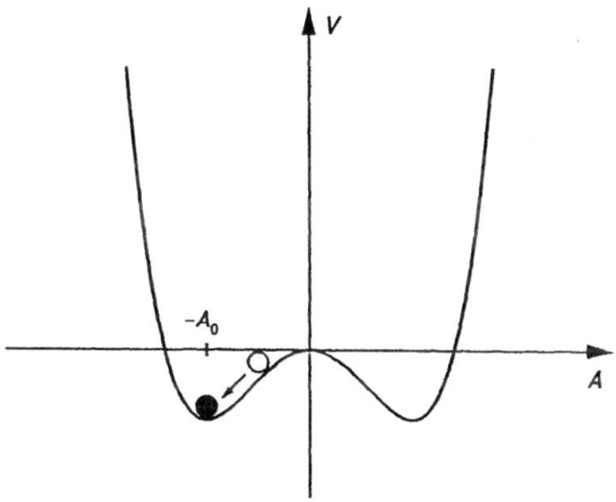

Abb. 4.16
Genau wie Abb. 4.15. Die Ruhelage des Teilchens ist jedoch bei $-A_0$.

regelung durchzuführen, indem er die Lichtamplitude A konstant hält. Physikalisch gesehen geschieht dies über den inneren Energiehaushalt der einzelnen Atome, der sich in der Inversion D äußert. Vom mathematischen Standpunkt wird die Stabilisierung durch die Nichtlinearität A^3 in der Bewegungsgleichung (4-27) bewirkt. Allerdings hatten wir bei der in Abschnitt 4.1 besprochenen Selbstregulierung das Ziel noch höher gesteckt: Auch die Phasenlagen der Elektronen in den Atomen sollten korreliert sein. Auch das geschieht im Laser, nur müssen wir ihn uns dazu noch genauer ansehen!

In diesem Abschnitt haben wir nämlich die Entstehung des Laserlichts auf einer ganz bestimmten Modellebene, die man als phänomenologisch bezeichnen könnte, beschrieben: Die Atome wirkten wie ein Medium, das Licht absorbiert oder verstärkt, wobei aber die Bewegung der Elekronen in den Atomen gar nicht in Erscheinung trat. Bei einer detaillierten Behandlung der Vorgänge im Laser müssen wir aber verstehen, was hier mit der Elektronenbewegung geschieht. Erst dadurch werden wir nämlich völlig begreifen, wie der Laser die Selbstorganisation im einzelnen zustandebringt, und warum sein Licht von dem herkömmlicher Lampen so grundverschieden ist. Diese Untersuchung werden wir im nächsten Abschnitt beginnen.

4.4 Die Verknüpfung zwischen dem mikroskopischen und dem makroskopischen Geschehen

4.4.1 Phasenlage zwischen Atomen und Lichtfeld

Dieser Abschnitt wird uns eine grundlegende Einsicht in die Prinzipien der Synergetik vermitteln. Zu ihrer Darstellung gehen wir wieder vom Beispiel des Lasers aus. Den zeitabhängigen Teil des Lichtfeldes hatten wir dort in der Form einer Sinusfunktion geschrieben. Für das folgende wird es anschaulicher, wenn wir stattdessen eine Cosinusfunktion

$$E(t) = A\cos(\omega t + \phi) \qquad (4\text{-}49)$$

verwenden, was lediglich auf eine Änderung der Definition des Phasenwinkels ϕ hinausläuft. Das Auftreten der Cosinusfunktion können wir uns besonders einfach veranschaulichen, wenn wir an eine Kreisbewegung denken, wie sie in Abbildung 4.17 dargestellt ist. Setzen wir dazu zunächst

$$\omega t = \alpha, \quad \phi = 0. \qquad (4\text{-}50)$$

Denken wir uns nun einen Punkt auf dem Kreis mit dem Radius A und unter dem Winkel α gegeben, so ist $E(t)$ nichts anderes als die Projektion auf die x-Achse, d.h.

$$E = A\cos\alpha. \qquad (4\text{-}51)$$

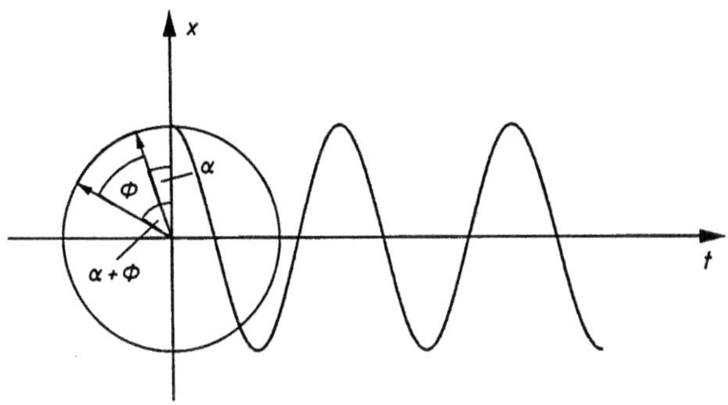

Abb. 4.17 Zusammenhang zwischen gleichförmiger Kreisbewegung und der Cosinusfunktion (vgl. Text)

Lassen wir gemäß (4-50) die Zeit t laufen, so haben wir die gleichförmige Bewegung des Punktes auf dem Kreis, wie wir es von einem Karussel her kennen. Setzen wir nun den Phasenwinkel $\phi \neq 0$ an, so läuft der zugehörige Punkt immer um den Phasenwinkel ϕ dem Wert $\omega t = \alpha$ voraus. Für die nachfolgende Diskussion ist diese gleichförmige Bewegung aber nicht interessant, und man kann sich von ihr in der Tat leicht befreien, wenn wir uns in ein sogenanntes mitbewegtes Koordinatensystem begeben. Das wäre dann genauso, als würden wir auf einem Karussel auf dem Pferdchen sitzen und mit dem Karussel fahren. Sitzt auf einem Pferdchen vor uns ein anderer Fahrer, so bleibt die Projektion von dessen Fahrstrahl auf unseren wegen des zeitlich konstanten Phasenwinkels ϕ konstant. Vom rotierenden Koordinatensystem aus gemessen haben wir dann anstelle von Gleichung (4-49) eine neue Projektion gemäß

$$E' = A \cos\phi \qquad (4\text{-}52)$$

zu betrachten. Gehen wir von E' im bewegten System zum ruhenden System (4-49) zurück, so müssen wir lediglich den Schritt von (4-52) nach (4-49) zurückmachen, d.h. ϕ durch $\omega t + \phi$ ersetzen. Genau die gleiche Überlegung können wir für die schwingenden Dipolmomente der Atome machen, die wir uns in Analogie zu einer Antenne vorgestellt haben. (Das Dipolmoment zweier entgegengesetzter, dem Betrage e nach gleich großer Ladungen, die den Abstand x voneinander haben, ist gegeben durch $p = ex$. Schwingen nun diese Ladungen gegeneinander: $x = x(t)$, dann ändert sich das Dipolmoment zeitlich.) Greifen wir ein einzelnes Atom heraus, so können wir dessen Dipolmoment durch

$$p = a \cos(\omega t + \phi) \tag{4-53}$$

wiedergeben. Im rotierenden System geht (4-53) ersichtlich in Analogie zu (4-52) in

$$p' = a \cos\phi \tag{4-54}$$

über. In einem Laser befinden sich nun sehr viele Atome, deren Elektronen schwingende Dipolmomente besitzen. Diese wollen wir durch einen Index l voneinander unterscheiden, so daß wir die in (4-54) auftretenden Größen noch mit Indizes gemäß

$$p_l', \quad a_l, \quad \phi_l \tag{4-55}$$

versehen müssen. Wie wir wissen, können elektromagnetische Felder durch oszillierende Dipole erzeugt werden. Die Stärke, mit der das oszillierende elektromagnetische Feld erzeugt wird, ist dabei durch die zweite Ableitung des Dipolmoments nach der Zeit gegeben. (Das folgt übrigens direkt aus der Tatsache, daß eine gleichförmig bewegte Ladung keine elektromagnetischen Wellen abstrahlen kann, sondern erst eine beschleunigte.) Wenden wir dies auf das Dipolmoment (4-53) an, so erhalten wir nach zweimaliger Differentiation den Cosinus zurück, wobei lediglich der Vorfaktor $-\omega^2$ auftritt. Wir erhalten somit

$$\frac{d^2p}{dt^2} = -\omega^2 a \cos(\omega t + \phi) \tag{4-56}$$

oder, wenn wir wieder Gleichung (4-53) verwenden,

$$\frac{d^2p}{dt^2} = -\omega^2 p. \tag{4-57}$$

Dabei haben wir vernachlässigt, daß sich die Amplitude a und die Phase ϕ im allgemeinen auch noch zeitlich ändern können. Dies ist aber ohne weiteres erlaubt, da die zeitlichen

Änderungen von a und ϕ gegenüber der raschen Oszillation mit der Frequenz ω viel langsamer verlaufen.

Wir wollen uns nun ein wenig detaillierter mit der Frage befassen, wie das Feld durch die oszillierenden Dipolmomente im Laser entsteht, und wie umgekehrt die Dipolmomente wieder vom Laserlicht beeinflußt werden. Dazu müssen wir ein klein wenig die grundlegenden Gleichungen der Lasertheorie betrachten. Hierbei hat es sich als zweckmäßig erwiesen, die auftretenden Größen, d.h. die elektrische Feldstärke E und die Dipolmomente p der Atome, im rotierenden Koordinatensystem zu betrachten.

In diesem Koordinatensystem ist die zeitliche Änderung von E' sehr einfach wiederzugeben. Einmal nämlich wird, wie wir schon gesehen haben, die Lichtfeldstärke im Laserresonator gedämpft, da ja Licht durch die Spiegel austreten kann. Es tritt also der uns schon geläufige Term $-\kappa \cdot E'$ auf. Andererseits, und das ist eben im Rahmen der mikroskopischen Theorie für uns jetzt das Neue, wird ja das Licht durch oszillierende Dipole erzeugt. Hierbei nutzen wir die Relation (4-57) und gehen auch bezüglich p zum rotierenden Koordinatensystem über. Da sich die Wirkungen der einzelnen Dipole bei der Lichterzeugung addieren, erhalten wir die folgende Gleichung für die zeitliche Änderung von E':

$$\frac{dE'}{dt} = -\kappa E' + g(p_1' + p_2' + \cdots + p_N'). \qquad (4\text{-}58)$$

Hierbei ist g noch eine Konstante, die die Stärke der Lichtausstrahlung aufgrund der oszillierenden Dipole wiedergibt. Diese enthält Größen aus der Atomphysik und Größen, die für das Atom selbst charakteristisch sind. Diese sollen uns aber hier nicht weiter interessieren, da es uns nur auf das Prinzip ankommt.

Das Lichtfeld wirkt aber nun selbst wieder auf die Dipolmomente ein. Wir müssen also eine Gleichung für die Dipolmomente im rotierenden Koordinatensystem niederschreiben. Hierzu greifen wir eines der Atome exemplarisch heraus und lassen der Einfachheit halber den Index l weg. Die zeitliche Änderung von p' setzt sich dann aus zwei Beiträgen zusammen. Einerseits nämlich wird das Dipolmoment beim Übergang vom angeregten in den Grundzustand des Elektrons abklingen. Dieses Abklingen wird durch die Wechselwirkung des Atoms mit der Umgebung bewirkt, z.B. durch Wechselwirkung mit den Schwingungen des Gitters, durch Abstrahlung in alle möglichen Richtungen, die nicht der Laserrichtung entsprechen, usw. Die zugehörige Abklingkonstante wollen wir mit γ bezeichnen. Das entsprechende Glied lautet also $-\gamma p'$. Umgekehrt aber wissen wir, daß ein auf- und abschwingendes Feld einen Dipol zum Mitschwingen bringen kann. In dem hier betrachteten Koordinatensystem bedeutet dies einfach, daß die zeitliche Änderung von p' proportional zu E' ist. Fügen wir noch zwei Größen, g und d, die wir gleich besprechen werden, als Faktoren zu E' hinzu, so erhalten wir die fundamentale Gleichung für das Verhalten des Dipolmoments in der Lasertheorie

$$\frac{dp'}{dt} = -\gamma p' + gE'd. \tag{4-59}$$

Hierin ist g die Kopplungskonstante, der wir gerade schon in Gleichung (4-58) begegnet sind. Der Faktor d ist für die Quantentheorie typisch; er ist nichts anderes als die Inversion eines einzelnen Atoms. Mit anderen Worten: d ist die Besetzungszahl aus dem oberen Niveau 2 des Elektrons, verringert um die Besetzungszahl im unteren Niveau 1 des Elektrons, $d = N_2 - N_1$ Dieser Faktor, der streng mit einer quantenmechanischen Behandlung der Elektronenbewegung im Atom hergeleitet werden kann, hat eine recht anschauliche Bedeutung. Er regelt nämlich die Richtung des Energieflusses. Ist d negativ, sitzt also das Elektron vorwiegend im unteren Niveau, so wird das Atom Energie aus dem Feld aufnehmen können. Umgekehrt, sitzt das Elektron vorwiegend im oberen Niveau, so ist d positiv, und das Atom muß Energie an das Feld abgeben. Anders gesprochen: d regelt im wesentlichen das Vorzeichen vor E' und bestimmt damit die Richtung des Energieflusses. Weiter unten werden wir noch benutzen, daß, wie wir schon in Abschnitt 4.3 gesehen haben, die Inversion von der Feldstärke E bzw. E' abhängt. Wie wirkt sich nun die Feldstärke E' auf das Dipolmoment p' gemäß Gleichung

(4-59) aus? Um dies zu diskutieren, bringen wir das Glied $\gamma \cdot p'$ auf die linke Seite, so daß wir

$$\frac{dp'}{dt} + \gamma p' = gE'd \tag{4-60}$$

erhalten. Ist E' und auch d zeitlich konstant, so werden wir erwarten, daß p' auch zeitlich konstant ist und somit die Zeitableitung von p' verschwindet. Dann läßt sich (4-60) sofort nach p' in der Form

$$p' = \frac{g}{\gamma} E'd \tag{4-61}$$

auflösen. Setzen wir dieses in Gleichung (4-60) ein, so erkennen wir sofort, daß (4-60) erfüllt ist, weil ja die rechte Seite von (4-61) gar nicht von der Zeit abhängt. Diese Beziehung (4-61) gilt aber auch in hervorragender Näherung, wenn E' sich zeitlich verändert, und zwar dann, wenn die zeitliche Änderung von E' viel kleiner ist, als die zeitliche Änderung, die durch die Zerfallskonstante γ beschrieben wird, wenn also gilt

$$\frac{dp'}{dt} < \gamma p'. \tag{4-62}$$

Von der Richtigkeit von Ungleichung (4-62) überzeugt man sich sofort, wenn man z.B. für E' den Ansatz

$$E'(t) = A\mathrm{e}^{-\kappa t} \tag{4-63}$$

macht, wobei κ viel kleiner als γ sein soll. Da nun die Zeitableitung von p' neben $\gamma \cdot p'$ auf der linken Seite von (4-60) auftritt, heißt die Ungleichung (4-62) nichts anderes, als daß wir praktisch die Beziehung

$$\frac{dp'}{dt} = 0 \tag{4-64}$$

verwenden dürfen. Damit ist zugleich gewährleistet, daß auch bei einem zeitabhängigen E' die Gleichung (4-60) durch (4-61) in hervorragender Näherung gelöst wird. Was bedeutet dies aber für die Lasertheorie? Setzen wir die ursprüngliche Form von E', nämlich Gleichung (4-52), in (4-61) ein, so erhalten wir

$$p' = \frac{g}{\gamma} dA \cos\phi. \tag{4-65}$$

Das Dipolmoment p' hat also genau die gleiche Phasenlage wie die elektrische Feldstärke, während seine Amplitude sich von der Feldstärkenamplitude A um den Faktor $g \cdot \frac{d}{\gamma}$ unterscheidet. Bis auf diesen Vorfaktor ist also p' genau durch E' festgelegt.

4.4.2 Das Versklavungsprinzip

Unsere Diskussion führte uns nun auf einen Spezialfall des berühmten *Versklavungsprinzips* der Synergetik. Es besagt folgendes: Rasch relaxierende Größen (p') folgen der Bewegung langsam veränderlicher Größen (E') unmittelbar, d.h. der Wert von p' ist durch den von E' instantan festgelegt, oder mit anderen Worten: die Bewegung der schnell relaxierenden Größen (p') wird von der Bewegung langsam veränderlicher Größen (E') *versklavt*. Dieses Versklavungsprinzip hat also erstens die ungeheuer wichtige Konsequenz, daß es eine enorme Reduzierung der Zahl der Freiheitsgrade in einem System gestattet. Jedes einzelne Dipolmoment der Atome p_l stellt hier einen Freiheitsgrad dar, ebenso wie die Feldstärke E'. Durch das Versklavungsprinzip wird aber das Verhalten der einzelnen Freiheitsgrade, nämlich der Dipolmomente, eindeutig durch das Verhalten des veränderlichen E' festgelegt. Wenn wir das Verhalten von E' kennen, kennen wir das Verhalten des ganzen Systems (vgl. Abb. 4.18).

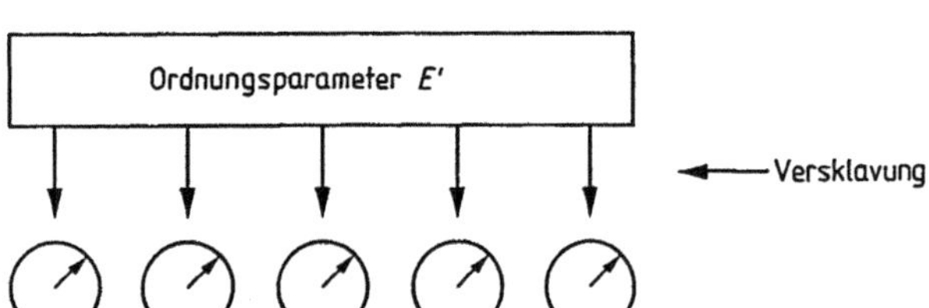

Abb. 4.18 Schematische Darstellung des Versklavungsprinzips für den Fall des Lasers

Gehen wir bei den Dipolmomenten von dem mitbewegten Koordinatensystem zum ruhenden Koordinatensystem über, so erhalten wir, wie wir schon zu Anfang dieses Abschnitts gesehen haben, die Formel

$$p = a \cos(\omega t + \phi), \tag{4-66}$$

wobei a durch

$$a = \frac{g}{\gamma} dA \tag{4-67}$$

gegeben ist. An dieser Stelle wird nun der grundsätzliche Unterschied des Verhaltens der Elektronen bei einer Lampe und beim Laser deutlich. Bei einer Lampe laufen ja die einzelnen Elektronen unabhängig voneinander in ihren Atomen um, d.h. jedes Elektron besitzt einen Phasenwinkel, der sich im allgemeinen von den Phasenwinkeln aller anderen Elektronen unterscheidet. Im Laser hingegen wird bei Vorhandensein der Feldstärke E' der Phasenwinkel der einzelnen Dipole festgelegt. Alle zeigen jetzt in die gleiche Richtung, sie sind also von dem Feld versklavt. Zugleich sehen wir, wie die Feldstärke E' dem System einen speziellen Ordnungszustand, nämlich die jeweilige Ausrichtung der Dipolmomente, aufprägt und so Ordnung im Mikroskopischen schafft.

Bereits beim Verhalten der Dipolmomente trägt das Versklavungsprinzip noch wesentlich weiter. So haben z.B. beim Rubinlaser die Dipolmomente (ohne Lasertätigkeit) voneinander verschiedene Frequenzen, d.h. die Elektronen laufen auf Grund lokal verschiedener elektrischer Felder im Kristallgitter verschieden schnell um. Entsteht dann aber das Laserlicht, so zwingt dieses den Dipolmomenten seine Frequenz auf. Mit anderen Worten: die Elektronen laufen jetzt gleich schnell um.

Im Rahmen der Betrachtungen unseres Abschnitts haben wir gezeigt, wie die einzelnen Dipolmomente durch das Feld E' festgelegt werden. Was legt aber nun das Feld selbst fest? Um dies herauszufinden, brauchen wir nur die Wirkung der Dipolmomente auf die Feldstärke gemäß Gleichung (4-58) zu betrachten. Dazu setzen wir das Resultat (4-61) in (4-58) ein, wobei wir natürlich jetzt zunächst über die einzelnen Dipole aufsummieren müssen. Da sich aber alle gleichartig verhalten, tritt hier einfach der Faktor N der Zahl der Atome zu g hinzu, so daß sich die Gleichung

$$\frac{dE'}{dt} = -\kappa E' + \frac{g^2}{\gamma} N d E' \qquad (4\text{-}68)$$

ergibt. Multiplizieren wir aber die Inversion eines einzelnen Atoms d mit der Zahl der Laseratome N, so erhalten wir die Inversion des gesamten atomaren Systems D, die wir auch wieder als die Zahl der Atome im oberen Zustand N_2, vermindert um die Zahl der Atome im unteren Zustand N_1, schreiben können

$$Nd = D = N_2 - N_1. \qquad (4\text{-}69)$$

Wir erhalten somit die frühere Gleichung (4-19) zurück, aber nun aus einer detaillierten mikroskopischen Betrachtungsweise heraus. Im letzten Schritt brauchen wir nur noch unsere Betrachtungen zu wiederholen, die sich auf das Verhalten der Inversion beziehen, wenn ein Lichtfeld vorhanden ist. Danach nahm ja die Inversion um einen Betrag, der proportional zur Lichtintensität ist, ab:

$$N_2 - N_1 = D = D_0 - CE'^2. \qquad (4\text{-}70)$$

Führen wir diese Beziehung in (4-68) ein, so erhalten wir genau unsere ursprüngliche Lasergleichung zurück. Wir haben aber eine sehr wichtige Erkenntnis neu gewonnen. Durch das Versklavungsprinzip wurde es möglich, die vielen mikroskopischen Freiheitsgrade der Atome, bzw. Elektronen, zu eliminieren. Vom physikalischen Standpunkt aus liegt die Bedeutung aber noch viel tiefer. Gemäß Gleichung (4-58) erkennen wir, daß die einzelnen Dipole das Lichtfeld E' erzeugen. Umgekehrt aber wirkt das Lichtfeld E' auf das Verhalten der Dipole und versklavt deren Verhalten. Wir haben hier also eine *zirkuläre Kausalität* vor uns. Die Dipole erzeugen das Lichtfeld, und das Lichtfeld wieder bestimmt das Verhalten der Dipole. Wenn wir uns nun fragen, wie ein Ordnungszustand zustandekommt, so haben wir auf den ersten Blick das berühmte Ei-Henne-Problem vor uns, nämlich wir wissen nicht, ob zuerst das Laserlicht da ist oder die ausgerichtete

Ordnung der einzelnen Dipolmomente. Beide bedingen sich gegenseitig. Wie wir aber aus der Gleichung (4-68) bzw. der damit identischen Gleichung (4-27) sehen, stabilisiert sich das Laserlichtfeld von alleine, wenn nur der Gewinnfaktor positiv ist. Selbst aus einer beliebigen, anfänglichen Zufallsverteilung kann hier der kohärente, geordnete Zustand herauswachsen. Dieses Beispiel macht es besonders deutlich, warum der Laser ein so wichtiges Beispiel für die Vorgänge der Selbstorganisation ist.

Bei all diesen Betrachtungen haben wir einen Aspekt unter den Teppich gekehrt, wir haben nämlich nicht gezeigt, wie sich die spontane Emission auf die Entwicklung des Laserlichts auswirkt. Auf diese Frage werden wir in Abschnitt 4.6 zurückkommen.

4.5 Konkurrenz und Koexistenz von Laserwellen

Bislang hatten wir angenommen, daß in dem Laser zwischen den beiden Spiegeln nur *eine* Laserwelle existiert. Im Prinzip passen aber alle Wellen zwischen die Spiegel, die z.B. axial laufen und deren Knoten gerade auf den Spiegeln liegen. In diesem Abschnitt wollen wir nun an dem Beispiel von zwei Wellen untersuchen, unter welchen Bedingungen es zur Auswahl von einer Welle kommt oder wann zwei (oder mehrere) Wellen miteinander existieren können. Um die Verhältnisse übersichtlicher zu gestalten, gehen wir von der grundlegenden Gleichung für die Amplitude eines einzelnen Lasers aus und schreiben diese nochmals an

$$\frac{dA}{dt} = \alpha(N_2 - N_1)\,A - \kappa A. \qquad (4\text{-}71)$$

Wir multiplizieren diese Gleichung auf beiden Seiten mit der Amplitude A und erhalten damit

$$A\,\frac{dA}{dt} = \alpha(N_2 - N_1)\,A^2 - \kappa A^2. \qquad (4\text{-}72)$$

Wir verwenden nun die aus der Differentialrechnung wohl bekannte Formel

$$\frac{dA^2}{dt} = 2A \cdot \frac{dA}{dt}. \tag{4-73}$$

Schließlich führen wir noch als Abkürzung für A^2 die Größe n ein. Übrigens hat die Größe n eine anschauliche Bedeutung. Sie ist nämlich proportional der mittleren Zahl der Photonen, die eine solche Laserwelle bevölkern. Genausogut kann man sich auch vorstellen, daß n ein Maß für die Intensität der entsprechenden Laserwelle ist. Auf jeden Fall geht mit der Substitution

$$A^2 = n \tag{4-74}$$

die Gleichung (4-72) in die Beziehung

$$\frac{dn}{dt} = 2\alpha(N_2 - N_1)\, n - 2\kappa n \tag{4-75}$$

über.

Nach diesen Vorbereitungen wenden wir uns dem Zweimodenlaser zu. Hier haben wir es mit zwei stehenden Wellen, mit den Wellenzahlen k_1 und k_2, zu tun. Beide Laserwellen, deren Existenz wir einmal annehmen, haben eine bestimmte Amplitude A_1 bzw. A_2,; entsprechend können sie auch verschiedene Phasenlagen ϕ_1 und ϕ_2 haben. Insgesamt läßt sich also die elektrische Feldamplitude dieser Wellen in der folgenden Form schreiben

$$E_1(x,t) = A_1(t) \sin(\omega_1 t + \phi_1) \sin k_1 x, \tag{4-76}$$

$$E_2(x,t) = A_2(t) \sin(\omega_2 t + \phi_2) \sin k_2 x. \tag{4-77}$$

Im folgenden interessieren wir uns lediglich für das Verhalten der Amplituden A_1 und A_2, und könnten natürlich Amplitudengleichungen von der Form (4-71) hinschreiben. Stattdessen wollen wir aber lieber das Photonenbild oder Intensitätsbild benutzen und schreiben deshalb Gleichungen der Form (4-75) an, wobei aber jetzt der Gewinnfaktor α und die Verlustkonstante κ durch Indizes 1 und 2 unterschieden werden müssen, da ja die beiden Wellen von den Atomen eine verschieden starke Unterstützung bekommen oder weil sie durch die Spiegel verschieden stark austreten können. Die verschiedenartige Verstärkung der Laserwellen durch die Atome rührt z.B. daher, daß die Frequenzen der Lichtwellen zwischen den beiden Spiegeln von der Übergangsfrequenz der Atome verschieden sind. Wir wollen hier lediglich zur Kenntnis nehmen, daß die Gewinnkonstanten α_1 und α_2 voneinander verschieden sein können. Wir erhalten somit für n_1 und n_2, die folgenden Gleichungen

$$\frac{dn_1}{dt} = 2\alpha_1(N_2 - N_1)\, n_1 - 2\kappa_1 n_1, \tag{4-78}$$

$$\frac{dn_2}{dt} = 2\alpha_2(N_2 - N_1)\, n_2 - 2\kappa_2 n_2. \tag{4-79}$$

Dabei müssen wir im Auge behalten, daß die Inversion $D = N_2 - N_1$ ganz ähnlich wie beim Einmodenlaser noch von den Intensitäten der Lichtwellen, d.h. von n_1 und n_2, abhängt. Die Gleichungen (4-78) und (4-79) enthalten in sich also eine Nichtlinearität verborgen, die von dem ersten Glied auf der rechten Seite von (4-78) bzw. (4-79) herrührt. Trotz dieser Komplikation können wir aber schon wichtige Folgerungen aus den Gleichungen (4-78) und (4-79) ziehen. Dazu betrachten wir den Fall, in dem sich ein stationärer Zustand eingestellt hat, in dem sich also n_1 und n_2 nicht mehr ändern, d.h. wo

$$\frac{dn_1}{dt} = 0, \qquad \frac{dn_2}{dt} = 0 \tag{4-80}$$

gilt.

Schauen wir nun einmal nach, ob dann zwei Lasermoden koexistieren können, d.h. wo

$$n_1 \neq 0, \qquad n_2 \neq 0 \tag{4-81}$$

gilt. Ferner führen wir noch die Abkürzung für die Inversion D gemäß

$$D = N_2 - N_1 \tag{4-82}$$

ein. Wegen (4-80) und (4-81) können die Gleichungen (4-78) und (4-79) nur erfüllt sein, wenn die Faktoren von n_1 bzw. n_2, auf den rechten Seiten von (4-78) bzw. (4-79) verschwinden, d.h. wenn gilt

$$2\alpha_1 D - 2\kappa_1 = 0, \tag{4-83}$$

$$2\alpha_2 D - 2\kappa_2 = 0. \tag{4-84}$$

In diesen Gleichungen ist die Inversion D die einzige Unbekannte, die anderen Größen α und κ sind ja durch die Laseranordnung und die Laseratome festgelegt. Wir erhalten dann aus Gleichung (4-83) die Beziehung

$$D = \frac{\kappa_1}{\alpha_1}, \tag{4-85}$$

während aus (4-84) die Beziehung

$$D = \frac{\kappa_2}{\alpha_2} \tag{4-86}$$

folgt. Wir bekommen also zwei Bestimmungsgleichungen für die Inversion D. Falls aber nun nicht

$$\frac{\kappa_1}{\alpha_1} = \frac{\kappa_2}{\alpha_2} \tag{4-87}$$

gilt, liegt hier ein Widerspruch vor. Dieser löst sich nur dadurch auf, daß wir annehmen müssen, daß die Beziehungen (4-81) nicht beide gelten, d.h. daß nur eine Laserschwingung vorhanden ist. In vielen Lasern sind zwar die Konstanten κ_1 und κ_2 für verschiedene Moden gleich, nicht aber die Gewinnkonstanten. Bei verschiedenen Gewinnkonstanten kann also nur eine Laserschwingung vorhanden sein. Diese Schlußfolgerung läßt sich auch auf sehr viele im Prinzip mögliche Laserschwingungen verallgemeinern. Welche ist es aber nun, die den Wettbewerb gewinnt und als einzige „überlebt"? Die Lösung der Gleichungen (4-78) und (4-79) auf einem Computer zeigt, daß diejenige Mode den Wettbewerb gewinnt, die den größeren Gewinnkoeffizienten α hat. Dies ist natürlich auch ganz plausibel. Wir erkennen hier ein Selektionsprinzip, das man als den „Darwinismus der Lasermoden" bezeichnen kann: Diejenige, die am schnellsten wächst oder, mit anderen Worten: die sich am schnellsten vermehrt, gewinnt den Wettbewerb und überlebt, während alle anderen unterdrückt werden. Wie eine genauere Diskussion, die wir hier aber nicht durchführen wollen, zeigt, gilt diese Schlußfolgerung nur dann, wenn die Lasermoden von allen Atomen in gleicher Weise Gebrauch machen. Dies gilt dann, wenn es sich um laufende Wellen handelt, die, anschaulich gesprochen, die Inversion gleichermaßen abräumen können. Solche laufenden Wellen lassen sich leicht bei einem Ringresonator der Abb. 4.19 verwirklichen. Hat man es hingegen mit stehenden Wellen zu tun, so wie wir es in Abb. 4.20 vor uns haben, so können hier doch noch Koexistenzmöglichkeiten auftreten, die daher rühren, daß die Laserwellen wegen ihrer verschieden gelegenen Knoten und Bäuche verschiedene Atome energetisch anzapfen können. Sie leben dann von verschiedenen Energiereservoiren und können dann koexistieren. Die Verhältnisse hier sind also durchaus subtil, und wir müssen den Leser auf die Fachliteratur verweisen.

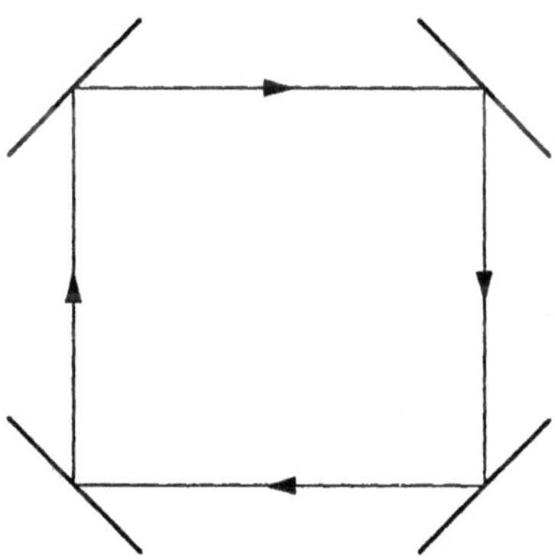

Abb. 4.19
Anordnung der Spiegel beim Ringlaser

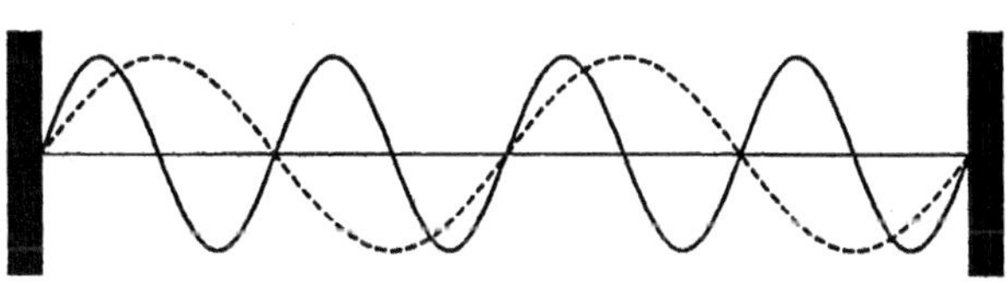

Abb. 4.20 Stehende Wellen, die an verschiedenen Stellen die Inversion der Atome zu ihrer Verstärkung benutzen

4.6 Das Rauschen einer Lampe bzw. eines Lasers

Kehren wir zur fundamentalen Lasergleichung (4-27) zurück. Wie wir in der daran anschließenden Diskussion sahen, hat (4-27) zur Folge, daß oberhalb der Laserschwelle (4-32) das Laserlicht ausgestrahlt wird, unterhalb von ihr aber überhaupt kein Licht! Alle Lampen strahlen aber unter dieser Schwelle Licht ab! Irgend etwas Fundamentales fehlt also noch an unserer Theorie! Dieses fehlende Element finden wir rasch, wenn wir uns an die Vorgänge bei den Elektronen-Übergängen erinnern, die das Licht erzeugen: Neben der von uns behandelten induzierten Emission von Licht gibt es auch die *spontane Emission*, die wir bislang nicht weiter betrachtet haben. Was war denn eigentlich die spontane Emission? Hier machten ja die einzelnen angeregten Elektronen unabhängig voneinander Übergänge in den Grundzustand, wobei jedesmal eine Lichtwelle ausgesandt wird. Wir können dies so auffassen, als würden wir eine eingespannte Saite, durch die sich das Lichtfeld veranschaulichen läßt, immer wieder anzupfen. Nach jedem solchen Anzupfen wird die Amplitude ein kleines bißchen ausgelenkt. Danach werden die Schwingungen der Saite wegen ihrer Dämpfung abklingen. Tragen wir die Amplitude gemeinsam mit dem Faktor $\sin(\omega t + \phi)$ gemäß (4-13) gegenüber der Zeit t auf, so erhalten wir Abb. 4.21. Nach jedem Anregen der Welle („Anzupfen der Saite“) ergibt sich eine andere Phase ϕ, und die Welle klingt ab. Natürlich kann eine neuerliche spontane Emission auch schon dann erfolgen, wenn die vom vorigen

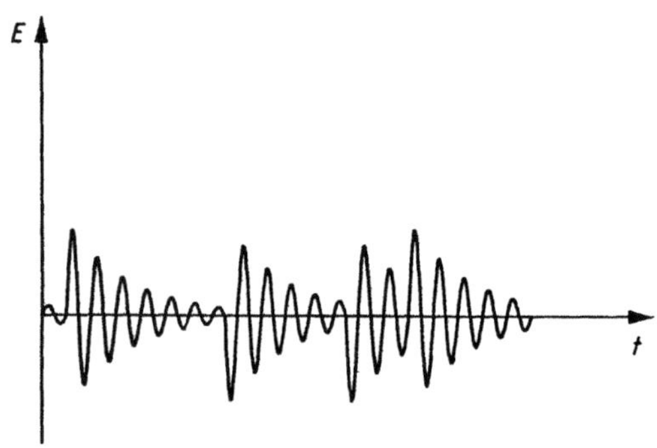

Abb. 4.21
Emission einzelner gedämpfter Lichtwellenzüge unterschiedlicher Phasenlage infolge der spontanen Emission

Emissionsvorgang erzeugte Welle noch nicht abgeklungen ist. Das Licht ist dann einfach eine Überlagerung einzelner abklingender Schwingungen mit den verschiedenen Phasenlagen. Da die Phasen ϕ also völlig regellos sind, haben wir hier Licht im Zustand von *mikroskopischem Chaos* vor uns. Das ist das Licht gewöhnlicher Lampen. Könnte man es hören, so würde man ein Rauschen vernehmen. Auch der Radioingenieur würde diese Art elektromagnetischer Strahlung als „Rauschen" bezeichnen (das eine Trägerfrequenz ω besitzt). Zerstört aber die spontane Emission nicht auch den Ordnungszustand des Laserlichts? Wie wir jetzt zeigen wollen, spielt im Gegensatz zur Lampe oder zur Saite hier die *Nichtlinearität* der Laserlichtgleichung, die uns in Gleichung (4-27) mit dem Glied $-A^3$ entgegentritt, eine grundlegende Rolle.

Die Wirkung der unregelmäßigen spontanen Emissionsakte auf die Amplitude A des Lichtfeldes läßt sich wiedergeben, indem wir die Gleichung (4-27) um ein Glied ergänzen, das wir einfach „Stöße" nennen wollen. Damit geht (4-27) in

$$\frac{dA}{dt} = F(A) + \text{Stöße} \qquad (4\text{-}88)$$

über, wobei $F(A)$ durch Gleichung (4-46) gegeben ist.

Die Wirkung der Kraft $F(A)$ konnten wir uns so vorstellen, daß das Teilchen, dessen Lagekoordinate die Feldamplitude A repräsentiert, einen Berghang herunterrrutscht (vgl. Abb. 4.22). Ohne daß wir das Glied „Stöße" (= Anzupfen) näher angeben,

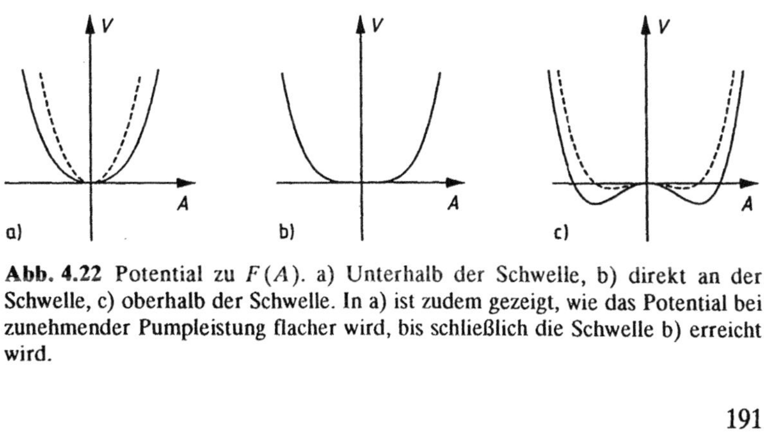

Abb. 4.22 Potential zu $F(A)$. a) Unterhalb der Schwelle, b) direkt an der Schwelle, c) oberhalb der Schwelle. In a) ist zudem gezeigt, wie das Potential bei zunehmender Pumpleistung flacher wird, bis schließlich die Schwelle b) erreicht wird.

können wir uns die Stöße wie die eines Teams von Fußballern vorstellen, die immer wieder völlig unregelmäßig auf das Teilchen (oder, anschaulicher, den Ball) eintreten. Im Falle einer Lampe, bei der der Gewinnfaktor $G < 0$ ist, erhalten wir dann folgendes Bild: Durch einen Tritt wird der Ball einen der beiden Abhänge hinaufgestoßen, fängt dann wieder an, den Berg herunterzurollen, wird dann wieder hinaufgestoßen, usw. Dabei kommt ersichtlich ein Zeitverlauf von A und damit von E zustande, den wir in Abb. 4.21 dargestellt hatten. Erhöhen wir die Pumpleistung und damit die Inversion D_0, bleiben aber im Bereich $G < 0$, so werden die Bergabhänge flacher. Der Ball rollt also langsamer herunter, d.h. die Amplitude A klingt nach jedem Stoß langsamer als früher ab (Abb. 4.22a). Diesen Effekt bezeichnet man als „kritisches Langsamerwerden". Schickt man ein solches Licht durch einen hochauflösenden Spektralapparat, der also das Licht in seine einzelnen Frequenzanteile zerlegt, so wird die Frequenzverteilung bei flacheren „Bergabhängen" schmaler. Die Breite der Frequenzverteilung ist aber nichts anderes als die Linienbreite des Lichts, die also mit wachsender Pumpleistung schmäler wird. Am mikroskopischen Chaos des Lichts hat sich aber nichts geändert! Die flacher werdenden Bergabhänge führen bei gleichbleibender Größe der Stöße auf den Ball zu größeren Auslenkungen des Balls aus der Talsohle – man spricht hier von „kritischen Fluktuationen". „Kritisches Langsamerwerden" und „kritische Fluktuationen" sind wohlbekannte Erscheinungen bei Phasenübergängen; wir kommen darauf im nächsten Abschnitt zurück.

Betrachten wir nun den uns schon bekannten Fall des Laserlichts, wo die Gewinnkonstante $G > 0$ ist. Ohne Stöße nimmt die Amplitude A einen konstanten Wert an, der einem der Minima von V entspricht. Die Stöße der Fußballer in der Gebirgslandschaft der Abb. 4.22c treiben den Ball immer ein wenig in die Höhe, aber im Mittel bleibt er doch nahe einer der stabilen Lagen liegen. Für die Amplitude A ergibt sich als Zeitverlauf der von Abb. 4.23. Wird nun durch eine Erhöhung der Energiezufuhr die Feldamplitude in ihrer stabilen Lage immer größer, so spielen die stets konstant bleibenden Stöße der

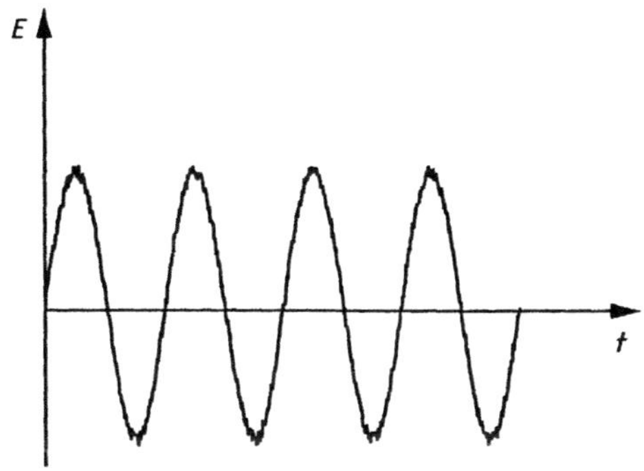

Abb. 4.23
Leicht „verrauschtes“ Laserlicht

Fußballer, die ja die spontane Emission symbolisieren, relativ gesehen eine immer geringere Rolle. Oder anders ausgedrückt: die Amplitudenschwankungen nehmen in ihrer relativen Größe zu A immer mehr ab. Auf jeden Fall, sei es unterhalb oder oberhalb der Laserschwelle, schwankt die Amplitude A statistisch. Mit anderen Worten, die Werte von A werden durch eine Verteilungsfunktion beschrieben. Diese werden wir am Ende dieses Abschnitts mit Hilfe des Prinzips der maximalen Information berechnen. Zuvor betrachten wir aber noch die Phase ϕ, die in der Beziehung

$$E(t) = A(t)\cos(\omega t + \phi) \tag{4-89}$$

auftritt.

Hier müssen wir uns daran erinnern, daß sich ohne spontane Emission, d.h. alleine von induzierter Emission und Absorption, eine feste Amplitude A und eine zunächst beliebige, dann aber zeitlich unveränderliche Phase ϕ einstellt. Die Akte der *spontanen* Emission können dann die Phase ϕ jeweils nur geringfügig ändern, wie sich wie folgt veranschaulichen läßt:

Wir schreiben dazu im rotierenden Koordinatensystem die Lichtamplitude E' in der Form

$$E'(t) = A(t)\cos\phi. \tag{4-90}$$

Um E' darzustellen, tragen wir A als Abstand unter dem Winkel ϕ auf (Abb. 4.24). Wie sich nun wieder aus den Lasergleichungen (4-27) herleiten läßt, verhält sich E' so als wäre es ein Teilchen, das in der Gebirgslandschaft mit einem Ringtal

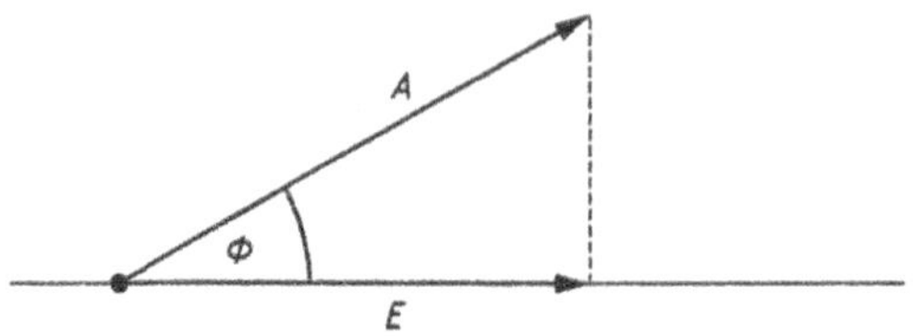

Abb. 4.24
Vgl. Gleichung (4-90)

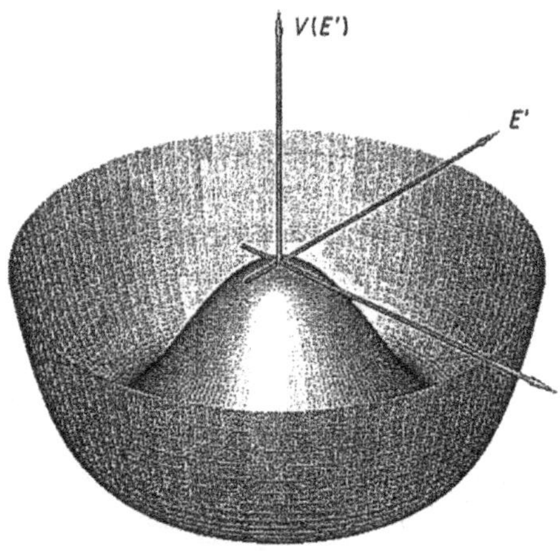

Abb. 4.25
Potential für E'

die Abhänge herrunterrutschen kann und das noch Stößen (spontane Emission!) ausgesetzt ist. Die Gebirgslandschaft von Abb. 4.25 entsteht aus der von Abb. 2.22c, indem wir $V(A)$ um die V-Achse rotieren lassen. Wir erkennen sofort die Auswirkung der Stöße: Während in radialer Richtung weg von der Talsohle rücktreibende Kräfte wirken, ist längs der Talsohle das Teilchen nur den zufälligen Stößen ausgesetzt, die von den einzelnen Akten der spontanen Emission herrühren.

Solche statistisch verteilten Stöße findet man auch in einem ganz anderen Gebiet der Physik, nämlich bei der Brownschen Molekularbewegung. Ein Staubkörnchen in einer Flüssigkeit oder in einem Gas wird durch die zufälligen Zusammenstöße mit den einzelnen Molekülen der Flüssigkeit oder des Gases hin- und hergetrieben. Wie aus der Theorie der Brownschen Bewegung bekannt ist, wächst das mittlere Verschiebungsquadrat der Teilchenkoordinate x, d.h. $\langle x^2 \rangle$, linear mit der Zeit t an, man spricht von einer Diffusion. Genauso ist es auch mit dem Phasenwinkel ϕ. Dessen quadratisches Mittel wächst, ausgehend von einer Ursprungslage, etwa $\phi = 0$, linear mit der Zeit an. Diese sogenannte Phasendiffusion ist die Ursache für die immer noch endliche Linienbreite des Laserlichts.

Diskutieren wir, wie sich die Phasendiffusion ändert, wenn wir die Pumpleistung in den Laser erhöhen. Dann nimmt A, d.h. der Abstand der Talsohle vom Mittelpunkt, zu. Die Zahl und Größe der spontanen Emissionsakte bleibt jedoch erhalten, wie sich im einzelnen zeigen läßt. Mit wachsendem A braucht daher die Phasendiffusion immer länger, damit ϕ einen ganzen Umlauf macht! Wie in der Optik gezeigt wird, bedeutet diese größere Zeit eine kleinere Linienbreite! Mit zunehmender Pumpleistung und damit zunehmender Amplitude A wird also die Linienbreite des Laserlichts immer kleiner.

Fassen wir unsere Resultate zusammen: Zwischen dem Licht einer Lampe und dem des Lasers besteht ein grundsätzlicher, qualitativer Unterschied: Für $G < 0$, d.h. bei einer Lampe, besteht das Licht aus einzelnen unkorrelierten Wellenzügen, es herrscht mikroskopisches Chaos.

Für $G > 0$, d.h. beim Laser, besteht das Licht aus einem einzigen Wellenzug, dessen Amplitude geringfügig um einen konstanten Wert schwankt und kleine Phasenschwankungen erleidet.

Wie läßt sich dieser fundamentale Unterschied, der 1964 von einem von uns (H. Haken) im Detail vorausgesagt wurde, experimentell nachweisen? Dazu leiten wir die Verteilungsfunktion $f(A)$ für die Lichtamplitude her. Als Werkzeug benutzen wir das Prinzip der maximalen Information, das wir in Kapitel 2.2, insbesondere im Abschnitt 2.2.5, kennengelernt haben. Dazu müssen wir uns als erstes überlegen, was als Nebenbedingungen zu fordern ist. Diese selbst sind wieder durch die Größen festgelegt, die wir makroskopisch messen können. Beim Licht ist dies die Intensität. Diese läßt sich, wie in der elektromagnetischen

Lichttheorie gezeigt wird, durch das Quadrat der Amplitude A ausdrücken:

$$I = \text{const.}\, A^2. \tag{4-91}$$

Da, wie wir gerade gesehen haben, die Amplitude A Schwankungen unterworfen ist, müssen wir Gleichung (4-91) über diese mitteln, da wir auch experimentell nur solche Mittelwerte messen:

$$\bar{I} = \text{const.}\, \langle A^2 \rangle. \tag{4-92}$$

Die Größe der Konstanten ist für unsere jetzigen Betrachtungen unerheblich. Nun haben wir soeben gesehen, daß in der Nähe von $G = 0$, wo also das Lampenlicht in das Laserlicht übergeht, es zu den kritischen Fluktuationen kommt. Diese nehmen in der Tat eine makroskopische, meßbare Größe an. Wir müssen daher auch die Intensitätsschwankungen und nicht nur deren Mittelwert (4-92) als Nebenbedingung einführen. Als Maß für die Intensitätsschwankungen wird in der Statistik wie auch in der Physik das mittlere Schwankungsquadrat

$$\langle (I - \bar{I})^2 \rangle = \langle I^2 \rangle - \bar{I}^2 \tag{4-93}$$

($\bar{I} = \langle I \rangle$) benutzt, das sich auch direkt messen läßt. Statt nun (4-92) und (4-93) als Nebenbedingung zu verwenden, können wir auch (4-92) sowie

$$\langle I^2 \rangle \equiv \langle A^4 \rangle \tag{4-94}$$

verwenden, da wir in (4-93) $\bar{I}^2$ als eine gemessene Konstante ansehen dürfen. Unsere Aufgabe lautet also, wenn wir uns an das Prinzip der maximalen Information erinnern, wie folgt: Wir müssen die Verteilungsfunktion $f(A)$ so bestimmen, daß die zugehörige Information zum Maximum wird, wobei die Normierung, sowie Gleichungen (4-93) und (4-94) als Nebenbedingungen auftreten. Die Aufgabe ist formal analog zu der, die wir in Abschnitt 2.2.5 bei Herleitung der Maxwellschen Geschwindigkeitsverteilung gelöst haben, wobei die Amplitude A an die Stelle der dortigen Geschwindigkeit v tritt. Der einzige, aber wesentliche Unterschied besteht in dem zusätzlichen Auftreten der Nebenbedingung (4-94). In Analogie zu unserem Vorgehen in Abschnitt 2.2.5 unterteilen wir das Intervall für A, das jetzt von $-\infty$ bis $+\infty$ läuft, in Intervalle der Länge ΔA und ersetzen A durch $n\Delta A$ mit $n = -\infty, \ldots, 0, 1, \ldots, \infty$. Statt $f(A)$ schreiben wir also $f(n\Delta A)$ und kürzen dies durch p_n ab, da ja n die einzige (diskrete) Variable ist. Damit können wir die Information i und die Nebenbedingungen wie folgt schreiben:

$$i = -K \sum_n p_n \ln p_n, \tag{4-95}$$

$$\sum_n p_n = 1 \quad \text{(Normierung)}, \tag{4-96}$$

$$\sum_n (n\Delta A)^2 p_n = \bar{I} \quad (\equiv \text{gemessene Größe}), \tag{4-97}$$

$$\sum_n (n\Delta A)^4 p_n = \langle I^2 \rangle \quad (\equiv \text{gemessene Größe}). \tag{4-98}$$

Für die Normierung und die beiden anderen Nebenbedingungen führen wir die Lagrange-Multiplikatoren $\lambda - 1$, λ_1 und λ_2 ein. Die Lösung des Maximierungsproblems ist nun ganz einfach; wir erhalten, wenn wir die in Gleichung (2-92) und (2-93) dargestellten Schritte entsprechend nachvollziehen,

$$p_n = \exp\{-\lambda - \lambda_1 (\mathrm{n}\Delta A)^2 - \lambda_2 (n\Delta A)^4\}. \tag{4-99}$$

Da auf der rechten Seite n und ΔA immer in der Kombination $n \cdot \Delta A$ vorkommen, dürfen wir stattdessen einfach A schreiben (vgl. dazu auch den in Abschnitt 2.2.6 ausführlich beschriebenen Übergang von diskreten zu kontinuierlichen Variablen), und (4-99) stellt bereits die gesuchte Verteilungsfunktion $f(A)$ dar:

$$f(A) = N \exp(-\lambda_1 A^2 - \lambda_2 A^4), \tag{4-100}$$

wobei wir noch $e^{-\lambda}$ mit N („Normierungsfaktor“) abgekürzt haben. Das erste Glied im Exponenten (4-100) würde für sich allein eine Gaußverteilung darstellen, wie wir sie bei der Maxwellschen Geschwindigkeitsverteilung kennengelernt haben. Charakteristisch für das Laserlicht ist aber das Glied vierter Ordnung. Die Lagrangeparameter λ_1, λ_2 müssen nun so festgelegt werden, daß die linken Seiten von (4-97) und (4-98) gerade mit den auf den rechten Seiten einzusetzenden Meßwerten übereinstimmen.

Experimentell ist es möglich, nicht nur die Mittelwerte $\bar{I}$ und $\langle I^2 \rangle$, sondern sogar die Verteilungsfunktion (4-100) direkt zu messen. Dazu macht man von der Tatsache Gebrauch, daß das Licht bei Messung seiner Intensität sich in Form von Teilchen, den Lichtquanten oder Photonen, manifestiert. Man hat daher mit Hilfe von Photonenzählern die jeweils schwankende Zahl von Photonen gemessen, die in einem geeignet gewählten Zeitintervall aus dem Laser austreten. Wiederholt man dieses Experiment immer wieder, so ergibt sich eine bestimmte Häufigkeitsverteilung h für die jeweils gemessenen Photonenzahlen. Diese läßt sich dann in die Verteilungsfunktion $f(A)$ oder p_n umrechnen. Dabei ergibt sich ein höchst bemerkenswertes Resultat (Abb. 4.26): Während λ_2 immer größer als Null ist, wechselt λ_1 an der Laserschwelle das Vorzeichen! Unterhalb der Schwelle ist die Verteilungsfunktion der Lichtamplitude praktisch eine Gaußverteilung, bei der das Maximum bei $A = 0$ liegt und das Glied 4. Ordnung nicht ins Gewicht fällt. Oberhalb der Laserschwelle hat $f(A)$ sein Maximum bei $A = A_0 \neq 0$, wobei das Glied 4. Ordnung dafür sorgt, daß die Amplitude A_0 begrenzt bleibt. Übrigens ist die Berechnung der Parameter λ_1 und λ_2 im Rahmen einer mikroskopischen Theorie schon vor den Experimenten durchgeführt worden; die Experimente haben die Voraussagen der Theorie aufs glänzendste bestätigt. Allerdings ist die strenge Herleitung ein umfangreiches mathematisches und

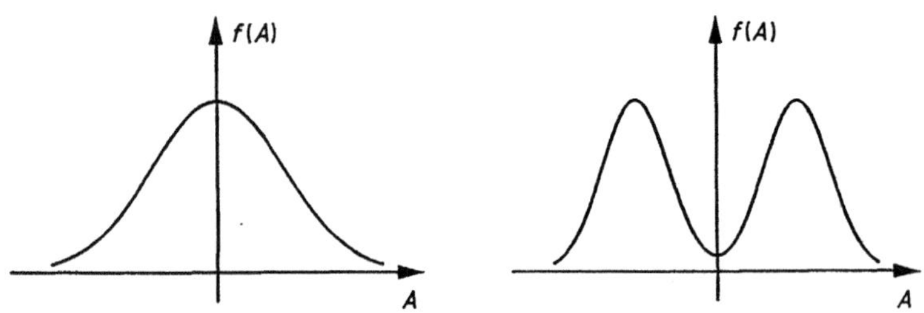

Abb. 4.26 Wahrscheinlichkeitsverteilung unterhalb ($\lambda_1 > 0$) und oberhalb ($\lambda_1 < 0$) der Schwelle

theoretisch-physikalisches Unterfangen, so daß wir sie hier nicht wiedergeben können. Es sei aber soviel gesagt, daß λ_1 direkt proportional zum Gewinnfaktor G ist, der ja an der Laserschwelle sein Vorzeichen ändert. In diesen Gewinnfaktor geht insbesondere die Leistungsaufnahme der Atome durch das Pumplicht ein, eine Größe, die der Thermodynamik mit ihren *quasistatischen* Prozessen fremd ist.

Mit Hilfe der Wahrscheinlichkeitsverteilung p_n [Gleichung (4-99)] läßt sich die Information gemäß ihrer Definition

$$i = -K \sum_n p_n \ln p_n$$

berechnen. Hierbei zeigt sich, daß i von der Größe des Intervalls ΔA abhängt. Lassen wir ΔA gegen Null gehen, machen also die Messung der Verteilungsfunktion p_n im Prinzip immer genau, so geht $i \to \infty$. Dies ist ein sehr vernünftiges Resultat: $\Delta A \to 0$ bedeutet ja unendliche Meßgenauigkeit! Berechnen wir daher i bei endlicher Meßgenauigkeit ΔA und vergleichen wir i unerhalb der Laserschwelle mit einem Wert oberhalb der Laserschwelle! Das Resultat, das die Computerrechnung ergibt, ist in Abb. 4.27 aufgetragen. Ersichtlich wächst die Information mit zunehmendem Gewinnfaktor G an, obgleich das Licht vom ungeordneten in den geordneten Zustand übergeht.

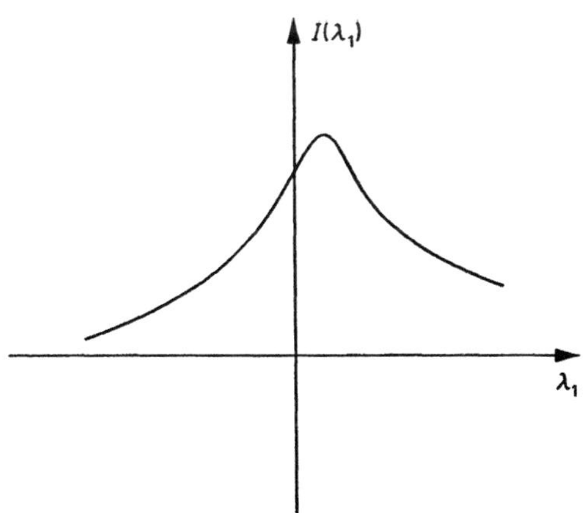

Abb. 4.27
Die Information als Funktion von λ_1. $\lambda_1 = 0$ bezeichnet die Laserschwelle.

4.7 Die Analogie zu Phasenübergängen von Systemen im thermischen Gleichgewicht

Die dramatischen Änderungen, die wir bei dem Übergang vom Licht normaler Lampen zum Laserlicht fanden, besitzen eine frappierende Ähnlichkeit mit Erscheinungen, die bei den sogenannten Phasenübergängen auftreten. Mit dem Herausarbeiten dieser Analogie wollen wir uns in diesem Kapitel befassen.

Erinnern wir uns zunächst an einige Beispiele von Phasenübergängen, die uns aus dem täglichen Leben bekannt sind. So kann Wasser zu Eis gefrieren, wenn wir das Wasser abkühlen; andererseits kann, wenn wir die Temperatur erhöhen, ein Eisenmagnet seine magnetischen Eigenschaften verlieren. Ein weiteres wichtiges Beispiel ist die Supraleitung, bei der bei Abkühlung unter eine gewisse Temperatur bestimmte Metalle ihren elektrischen Widerstand völlig verlieren können, d.h. eine unendlich hohe Leitfähigkeit besitzen. Auf dem Gebiet der Supraleitung sind durch die Entdeckung neuartiger Substanzen in den letzten Jahren sensationelle Fortschritte erzielt worden.

Sehen wir uns am Beispiel des Eisenmagneten (Ferromagneten) den Phasenübergang genauer an. Die Verhältnisse in einem Eisenmagneten können wir uns am besten so veranschaulichen, daß wir ihn uns aus einzelnen Elementarmagneten zusammengesetzt denken (Abb. 4.28). Der Einfachheit halber wollen wir annehmen, daß diese nur nach oben oder nach unten

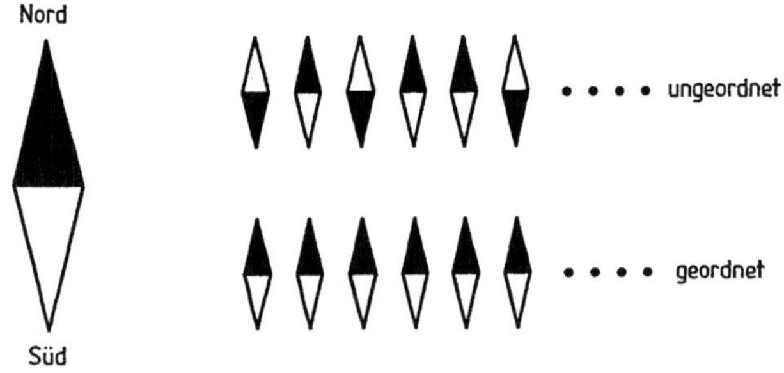

Abb. 4.28 Schematisches Modell eines Ferromagneten, der aus Elementarmagneten zusammengesetzt ist

mit ihrem Nordpol zeigen können. Zwischen diesen einzelnen Elementarmagneten wirken nun Kräfte, die versuchen, diese Elementarmagnetchen einander parallel zu stellen. Umgekehrt aber wirkt dieser Parallelstellung die Wärmebewegung entgegen. Oberhalb einer bestimmten Temperatur, der sogenannten Curietemperatur, überwiegt die Wärmebewegung, und die Elementarmagnetchen zeigen wahllos nach oben oder unten, wobei sie selbst auch noch ständig in ihren Richtungen umklappen können. Kühlen wir den Magneten unter seine Curietemperatur ab, so überwiegen die Anziehungskräfte, und die Magnetchen stellen sich parallel zueinander ein. Wir haben also auch hier einen Übergang von einem ungeordneten in einen geordneten Zustand vor uns, wobei aber der geordnete Zustand statisch ist. Die Elementarmagnete bleiben ständig ausgerichtet und zeigen alle in dieselbe Richtung. Den Übergang von dem ungeordneten in den geordneten Zustand bezeichnet man als Phasenübergang, wobei für den Physiker das Studium des Übergangsbereichs besonders interessant ist. Um ihn mathematisch zu erfassen, führen wir die Zahl N_+ der nach oben zeigenden Magnetchen und die Zahl N_- der nach unten zeigenden Magnetchen ein. Die Magnetisierung M des gesamten Magneten ist dann durch Formel

$$M = (N_+ - N_-)\tilde{m} \tag{4-101}$$

gegeben, wobei $\tilde{m}$ das sogenannte magnetische Moment eines einzelnen Elementarmagnetchens ist. Die Größe von M ist zugleich ein Maß für den Ordnungszustand. Im ungeordneten Zustand zeigen gleich viele Elementarmagnetchen nach oben und nach unten, so daß hier $M = 0$ ist. Im geordneten Zustand zeigen alle Elementarmagnetchen in die gleiche Richtung, so daß M einen maximalen Wert annimmt. M wird daher nach dem russischen Physiker Landau als Ordnungsparameter bezeichnet. Mit Hilfe der Thermodynamik gelang es nun Landau, eine Verteilungsfunktion herzuleiten, die analog zu der ist, die wir im vorigen Abschnitt für das Laserlicht gewonnen hatten. Allerdings sind hier und dort die Herleitungsmethoden völlig verschieden, wenngleich sie im nachhinein auf eine gemeinsame Wurzel zurückgeführt werden können, nämlich über das Prinzip der maximalen Informationsentropie. Damit wollen wir uns allerdings hier nicht befassen.

Wie wir in Abschnitt 2.1.13 sahen, können wir ein System im thermischen Geichgewicht mit Hilfe seiner freien Energie F beschreiben, die selbst von der Temperatur T abhängt. Landau faßt diese freie Energie F auch noch als Funktion des Ordnungsparameters M auf. Die Wahrscheinlichkeit W, das System in dem Zustand mit einem bestimmten Ordnungsparameter M bei der Temperatur T zu finden, ist dann nach den Grundgesetzen der Thermodynamik (Abschnitt 2.2.7) durch

$$W \propto \exp\left(-\frac{E(M,T)}{kT}\right) \tag{4-102}$$

gegeben. Landau entwickelt nun die freie Energie nach dem Ordnungsparameter M. Aus Symmetriegründen (beide Magnetisierungsrichtungen M und $-M$ sind gleichberechtigt) darf man im Falle des üblichen Ferromagneten annehmen, daß dabei die Entwicklungsglieder ungerader Ordnung verschwinden. Behält man Glieder bis zur vierten Ordnung bei, so ergibt sich damit als Verteilungsfunktion

$$W \propto \exp \frac{1}{kT}(a + bM^2 - cM^4)\ . \tag{4-103}$$

Vergleichen wir nun diese Verteilungsfunktion für M mit der, die wir in Gleichung (4-100) für A gefunden haben, so erkennen wir völlige Übereinstimmung. Allerdings ist hierbei der Exponent in Gleichung (4-100) nicht als freie Energie zu identifizieren, die Analogie besteht nur auf einer formalen Ebene. Immerhin stellen wir aber eine völlige Identität zwischen diesen beiden Verteilungsfunktionen fest, was ein starker Hinweis ist, daß die Phänomene beim Laserübergang und beim hier betrachteten Phasenübergang weitgehend analog sind, allerdings mit einem wichtigen Unterschied: Beim Laser haben wir es mit einem System fern vom thermischen Gleichgewicht zu tun, während es sich bei dem Ferromagneten um ein System im thermischen Gleichgewicht handelt. Bei einem System im thermischen Gleichgewicht strebt das System einem Zustand mit minimaler freier

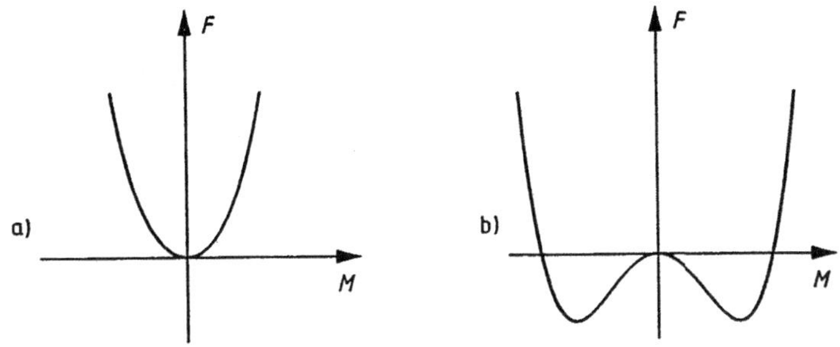

Abb. 4.29 Die freie Energie als Funktion des Ordnungsparameters unterhalb und oberhalb der Curietemperatur

Energie zu. Tragen wir daher die freie Energie gegenüber dem Ordnungsparameter auf, so erhalten wir die Abbildungen 4.29a und 4.29b, je nachdem wir uns oberhalb oder unterhalb der Curietemperatur befinden.

Aus der Lage der Minima können wir auf die tatsächlich eingenommenen Werte der Magnetisierung als Minimalwerte von F schließen. Hierbei liegen die Minima für positives M und negatives M völlig symmetrisch, der für $T < T_C$ (T_C = Curie-Temperatur) instabil gewordene Punkt mit $M = 0$ muß nun durch einen der beiden Minimalpunkte ersetzt werden. Wir haben hier also eine Instabilität vor uns. Hierbei muß das System sich zwischen einem der beiden Werte von M, an denen die Minima von F liegen, entscheiden, d.h. das System muß die Symmetrie brechen. Es handelt sich hier um eine sogenannte *symmetriebrechende Instabilität.*

Wie in der Landau-Theore angenommen wird, hängt der Vorfaktor von M^2 in Gleichung (4-103) von der Temperaturdifferenz $T - T_C$ ab. Ist dieser Faktor b negativ, so haben wir Verhältnisse von Abbildung 4.29a vor uns. Senken wir die Temperatur ab, so wird $T - T_C$ kleiner, die Kurven werden flacher. Stellen wir uns nun wieder vor, daß wir einen Relaxationsvorgang vor uns haben, bei dem eine einmal ausgelenkte Magnetisierung wieder ihrem Gleichgewichtswert zustrebt, so erkennen wir, daß die Magnetisierung um so langsamer auf ihren Nullwert zurückgeht, je kleiner $T - T_C$ ist. Dies ist das aus den Phasenübergängen wohl bekannte Phänomen des kritischen Langsamerwerdens. Nehmen wir ferner an, daß die Magnetisierung ständig der Wärmebewegung unterliegt, so bedeutet dies, daß die Magnetisierung immer wieder einen Stoß erleidet und ausgelenkt wird. Da aber für $T \approx T_C$ die rücktreibende Kraft klein ist, wirken sich diese Stöße besonders stark aus. Es kommt zu den sogenannten kritischen Fluktuationen, d.h. die Amplitude von M erleidet in der Nähe des Phasenübergangs bei $T = T_C$ besonders starke Schwankungen. Interessanterweise können diese Schwankungen im allgemeinen bei Systemen im thermischen Gleichgewicht nur innerhalb eines sehr kleinen Temperaturintervalls beobachtet werden, wo sie zu makroskopisch meßbaren Effekten (Singularitäten) führen. Diese hängen mit der Größe des thermodynamischen Systems zusammen, was aber hier nicht weiter diskutiert werden soll. Immerhin sei darauf hingewiesen, daß in bestimmten Systemen derartige kritische Fluktuationen mit dem Auge wahrgenommen werden können. Kühlt man nämlich ein Gas unter seinen Verdampfungspunkt ab, so geht dieses in eine Flüssigkeit über. Bei dem Übergangspunkt kommt es zu einer starken Eintrübung aufgrund großer Dichteschwankungen. Man spricht hier von kritischer Opaleszenz, d.h. kritischem Undurchsichtigwerden. Die Analogien zwischen dem Verhalten des Laserlichts und einem Phasenübergang können übrigens noch weiter verfolgt werden, doch müssen wir hier den Leser auf die Fachliteratur verweisen.

Auf jeden Fall wird hier klar, daß mit dem Laser ein völlig neues System, das eine Art Phasenübergang zeigt, gefunden werden konnte. Inzwischen wurden zahlreiche weitere Beispiele solcher Phasenübergänge fern vom thermischen Gleichgewicht aufgefunden. Diese Übergänge bezeichnet man daher oft auch als Nichtgleichgewichts-Phasenübergänge.

5
Die grundlegenden Konzepte der Synergetik

5.1 Das Vorhaben

Nachdem wir im vorangegangenen Kapitel am Beispiel des Lasers aufgezeigt haben, wie die Konzepte Instabilität, Fluktuationen und Versklavung zu einer vollständigen und im Sinne der naturwissenschaftlichen Fragestellung befriedigenden Deutung der Lasertätigkeit führen, wollen wir nun den Versuch unternehmen, die Skizze einer systematischen Vorgehensweise zu zeichnen, wie sie in einer allgemeinen Theorie synergetischer Systeme entwickelt wurde. Dabei werden wir zur Veranschaulichung und Motivation unserer Vorgehensweise immer wieder auf den Laser zurückgreifen. Sämtliche in diesem Buch noch zu behandelnden Systeme werden dann gemäß der in diesem Kapitel entwickelten Sprechweise und den hier vorzustellenden Denkschemata unter einem einheitlichen Gesichtspunkt analysiert. Insofern handelt es sich hier um das zentrale Kapitel dieses Buches, als es sämtliche bisher entwickelten Methoden zumindest deskriptiv vorstellen will.

Dabei gehen wir zunächst davon aus, daß die Untersysteme, die die Bausteine unseres Gesamtsystems bilden, vollständig bekannt sind: Das bedeutet, daß wir ihre Bewegungsgleichungen oder Evolutionsgleichungen – wie wir auch sagen werden – kennen. Ausgehend davon, werden wir dann einen systematischen Weg aufzeigen, der es ermöglicht, die Ordnungsparametergleichungen aufzustellen. Diese erlauben es uns dann, den sich einstellenden makroskopischen Ordnungszustand vorherzusagen.

Aus diesen so gewonnenen Einsichten werden wir aber auch in die Lage versetzt, Aussagen über Systeme zu treffen, deren Bausteine wir gar nicht so genau kennen: Wir werden sehen, daß wir uns mit der Erkenntnis begnügen können, daß es sich um komplizierte, nichtlineare Vielteilchensysteme handeln muß. Dies reicht zusammen mit wenigen makroskopischen Vorgaben aus, um bereits wesentliche Aussagen über das Verhalten dieser Systeme treffen zu können. So finden wir auf direktem Weg zur sogenannten phänomenologischen und makroskopischen Synergetik.

5.2 Die Analyse eines vorliegenden Systems

Nehmen wir als Standardbeispiel den Laser, um den doch abstrakten Inhalt dieses Abschnitts zu erläutern. Bei der Darlegung der Lasertheorie bestand unser Anliegen darin, uns mit möglichst einfach zugänglichen Vorstellungen die Gleichungen für die Lasertätigkeit herzuleiten. Diese Art der Vorgehensweise birgt den nicht zu unterschätzenden Vorteil, daß man sich wirklich ein Gefühl für die dabei wesentlichen Vorgänge erarbeiten kann. Dem theoretischen Physiker steht jedoch eine andere Möglichkeit offen, sich diesem Problem zu nähern.

Wie in der Mechanik das Newtonsche Grundgesetz (oder äquivalente Formulierungen desselben Tatbestandes) den Startpunkt bilden wird, um etwa Planetenbewegungen vorherzusagen, so sind es für den Lasertheoretiker die Grundgleichungen des elektromagnetischen Feldes, der Materie und die Wechselwirkungen der beiden. Die dafür zuständigen physikalischen Disziplinen sind die Quantenelektrodynamik und die Quantentheorie. Er muß aus den dort geltenden Prinzipien die für das betrachtete System, in unserem Falle den Laser, zuständigen Grundgleichungen herleiten. Wir wollen diesen Weg hier natürlich nicht verfolgen. Unser Anliegen kann nur darin bestehen, darauf hinzuweisen, daß dieses Vorgehen möglich ist. Auf der Ebene unserer Betrachtungsweise, die ja rein klassisch bleiben soll, können wir daraus jedoch die folgenden Schlüsse ziehen. Zunächst ist es wichtig, einen im Sinne unserer Beschreibungsweise vollständigen Satz von Variablen aufzufinden, die den Zustand eines Systems festlegen. Im Fall des Lasers gingen dabei als Variable die folgenden Größen ein:

Feldvariable: Zur Charakterisierung des Feldes haben wir die Amplituden der einzelnen Moden A_k verwendet, sowie die jeweilige Phasenlage ϕ_k. Es handelt sich bereits hier um (abzählbar) unendlich viele Variable. In der Praxis sind es in der Größenordnung 10^5 Moden, die wir zu berücksichtigen haben.

Materialgleichungen: Die Atome haben wir beschrieben durch ihre jeweilige Polarisation, die wir mit p bezeichnet haben, und ihre Inversion d. Numerieren wir die Atome mit dem Index μ durch, dann gewinnen wir so weitere 10^{18} Variable.

Die Wechselwirkung: Physikalische Prinzipien, wie wir sie vereinfachend in Kapitel 4 vorgestellt haben, regieren nun die Wechselwirkung zwischen diesen Variablen des Lichtfeldes und der Materie. In unserem Falle ist diese Wechselwirkung, wie wir gesehen haben, nichtlinear.

Das Ergebnis solcher Überlegungen läßt sich folgendermaßen zusammenfassen. Wir haben ein System von der Größenordnung von 10^{18} Variablen, den Lichtfeldamplituden A_k, den jeweiligen Phasenlagen ϕ_k, den Dipolmomenten der einzelnen Atome p_μ und deren Inversion d_μ. Sämtliche dieser Variablen fassen wir als die Komponenten eines Vektors $\boldsymbol{U}$ auf:

$$\boldsymbol{U} = (A_k, \phi_k, p_\mu, d_\mu). \tag{5-1}$$

Wir nehmen nun an, daß dieses Vorgehen, das wir anhand des Lasers dargelegt haben, allgemein für die von uns betrachteten Systeme möglich ist. Den Raum, den die Gesamtheit der möglichen Vektoren $\boldsymbol{U}$ aufspannt, nennen wir den Zustandsraum des Systems und bezeichnen ihn mit Γ.

Die zugrundeliegenden physikalischen Prinzipien der in dem System verlaufenden Prozesse erlauben es nun, eine Evolutionsgleichung für diesen Vektor $\boldsymbol{U}$ aufzustellen. In der Tat kennen wir im Fall des Lasers die zeitliche Entwicklung des freien elektromagnetischen Feldes und die Wechselwirkung mit elektrischen Dipolen. Ganz entsprechend sind uns die Entwicklungsgleichungen der Materie bekannt. Schließlich kennen wir die bedeutende Rolle der Fluktuationen $\boldsymbol{F}$, so daß wir für synergetische Systeme eine Geichung der folgenden allgemeinen Form für den Vektor $\boldsymbol{U}$ anschreiben können:

$$\frac{d\boldsymbol{U}}{dt} = \boldsymbol{N}(\boldsymbol{U}, \nabla, \sigma) + \boldsymbol{F}. \qquad (5\text{-}2)$$

Selbstverständlich bedarf diese Gleichung noch einer näheren Erläuterung. Die linke Seite von (5-2) gibt die zeitliche Entwicklung von $\boldsymbol{U}$ wieder. Die rechte Seite faßt alle Einflüsse zusammen, die diese zeitliche Entwicklung bestimmen. $\boldsymbol{N}$ ist eine nichtlineare Funktion des momentanen Zustandes unseres Systems $\boldsymbol{U}$. ∇ soll symbolisieren, daß unser System keineswegs räumlich homogen sein muß, sondern durchaus von Ort zu Ort anders aussehen kann. Wir haben immer hervorgehoben, daß wir offene Systeme behandeln. Diese Offenheit bringen wir zum Ausdruck durch einen Satz von Kontrollparametern, die wir wieder zu einem Vektor zusammengefaßt und mit dem Buchstaben σ bezeichnet haben. $\boldsymbol{F}$ bezeichnet man als fluktuierende Kraft, die die Schwankungen berücksichtigen soll.

Allgemein gesprochen: Unser System wird in seiner Dynamik angetrieben durch seinen momentanen Zustand $\boldsymbol{U}$, die räumlichen Inhomogenitäten ∇ und kann von uns von außen her durch eine Änderung der Kontrollparameter σ beeinflußt werden. Schließlich ist es Zufallskräften ausgesetzt, die wir symbolisch unter dem Vektor $\boldsymbol{F}$ zusammengefaßt haben.

Wir müssen uns an dieser Stelle noch einmal verdeutlichen, vor welches Problem wir uns gestellt sehen. Bisher haben wir uns damit auseinandergesetzt, wenige Differentialgleichungen zu lösen. Jetzt, da wir uns exakten Problemstellungen zuwenden wollen, sind es plötzlich 10^{18} derartiger Differentialgleichungen. Und wir sollten uns vergegenwärtigen, welchen Aufwand es doch schon bedeutete, „einfache“ nichtlineare Differentialgleichungen zu lösen. Drastische Vereinfachungen also werden notwendig, um mit diesem vorgegebenen Satz von Differentialgleichungen fertig zu werden in dem Sinne, daß wir aus ihnen das uns interessierende Phänomen herausfinden können, ohne dabei Fehler zu machen.

Wir können deshalb mit analytischen mathematischen Methoden nur weiter kommen, wenn wir uns damit begnügen, nicht mehr die Bewegung des Systems im gesamten Phasenraum Γ zu untersuchen, sondern uns auf Teilmengen dieses Raumes und auf deren lokale Umgebung beschränken. Besondere Bedeutung gewinnen dabei die sogenannten Attraktoren (die Talsohlen des Potentials (Abb. 4.22) beim Laser), die wir ja schon früher mit den stationären Zuständen des Systems identifiziert haben. Um die Diskussion zu führen, lassen wir Fluktuationen zunächst weg und sehen von räumlichen Inhomogenitäten im System ab. Wir untersuchen also Situationen, die durch die Fluktuationen nicht qualitativ beeinflußt werden.

Fassen wir zusammen. Der erste Schritt einer systematischen Analyse synergetischer Systeme besteht in der Aufstellung von Evolutionsgleichungen der Form (5-2). Es handelt sich hier um den Zuständigkeitsbereich der Einzelwissenschaften. In der Tat werden diese Grundgleichungen im Detail ganz verschieden aussehen, wenn wir uns mit physikalischen, chemischen oder biologischen Systemen beschäftigen. Die Aufstellung dieser Gleichungen ist dann Aufgabe der speziellen Fachdisziplinen, der Physik, der Chemie oder der Biologie usw. Ehe wir nun diese Gleichungen weiter behandeln können, müssen wir uns etwas in die Grundlagen dynamischer Systeme einarbeiten und die oben erwähnten Untermengen des Phasenraumes Γ genauer festlegen.

5.3 Ein Blick in die Theorie dynamischer Systeme

Trajektorien, Fixpunkte, Grenzzyklen

In unserem Buch haben wir schon mehrfach Beispiele kennengelernt, wo sich eine Größe, z.B. die Lichtfeldstärke beim Laser oder die Geschwindigkeit eines Volumenelements in der Flüssigkeit, im Laufe der Zeit ändert. Diese Änderungen waren dann durch Gleichungen der Gestalt (einem Spezialfall von (5-2))

$$\frac{dx}{dt} = f(x) \qquad (5\text{-}3)$$

beschrieben, wobei f im Falle des Lasers die Form

$$f(x) = \lambda x - \beta x^3 \qquad (5\text{-}4)$$

hatte. Hierbei ist also der Funktionsverlauf von f vorgegeben. Unsere Aufgabe ist es dann, zu bestimmen, wie sich x aufgrund von Gleichung (5-3) im Laufe der Zeit ändert. Dieses Verhalten läßt sich nun ganz allgemein numerisch aus der Gleichung (5-3) ableiten. Dazu gehen wir gedanklich einen Schritt zurück, indem wir uns daran erinnern, daß der Differentialquotient auf der linken Seite von (5-3) sich als Grenzwert eines Differenzenquotienten

$$\frac{\Delta x}{\Delta t} \tag{5-5}$$

für den Fall $\Delta t \to 0$ schreiben läßt. Genauer ist der Ausdruck (5-5) durch

$$\frac{\Delta x}{\Delta t} = \frac{x(t+\Delta t) - x(t)}{\Delta t} \tag{5-6}$$

gegeben, wobei wir im Zähler die Differenz von x-Werten von aufeinanderfolgenden Zeitintervallen Δt bilden und dann diese durch Δt dividieren. Lassen wir den Grenzübergang Δt fallen und stellen uns vielmehr vor, daß Δt zwar klein aber immer noch endlich ist, so können wir (5-6) auf der linken Seite von (5-3) in einer guten Näherung einsetzen. Mit dem endlichen Intervall Δt können wir natürlich beide Seiten von (5-3) multiplizieren und erhalten dann

$$x(t+\Delta t) = x(t) + \Delta t f(x(t)). \tag{5-7}$$

Dies können wir aber als eine Vorschrift auffassen, um x Schritt für Schritt aus dem jeweils vorangegangenen Wert x zu berechnen. Dies ist in Abbildung 5.1 veranschaulicht. Hier haben wir nach rechts die Zeit t aufgetragen; wir gehen von einem Punkt zur Zeit t aus, den wir mit x_1 bezeichnen. Sodann tragen wir nach rechts auf der t-Achse das Zeitintervall Δt ab und gehen gleichzeitig um die Strecke $f(x_1) \cdot \Delta t$ nach oben. Auf diese Weise erreichen wir einen Punkt x zur Zeit $t + \Delta t$, den wir im vorliegenden Falle mit x_2 bezeichnet haben. Ersichtlich läßt sich das Verfahren fortführen, und wir erhalten so eine Kurve, die aus einzelnen Teilstücken besteht. Dieses Verfahren läßt sich sehr leicht auf einem Computer programmieren. Von besonderem

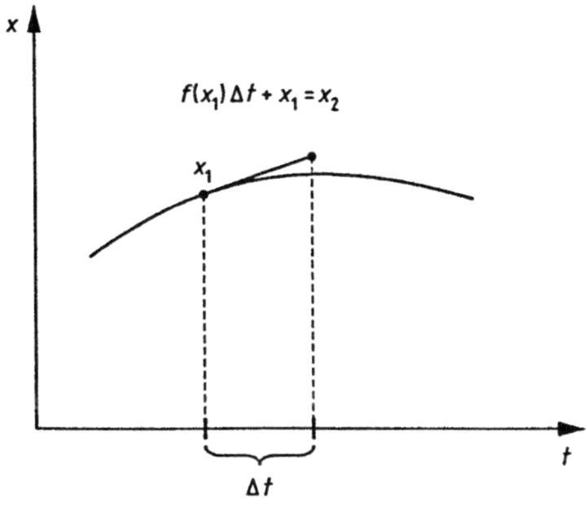

Abb. 5.1
Veranschaulichung von Gleichung (5-7)

Interesse sind solche Punkte, von denen aus sich x im Laufe der Zeit nicht mehr ändert, d.h. wo gilt

$$\frac{dx}{dt} = 0. \tag{5-8}$$

Wegen Gleichung (5-3) beinhaltet die Bedingung (5-8), daß

$$f(x) = 0 \tag{5-9}$$

gilt. Zum Beispiel sind die Lösungen von (5-9) im Falle (5-4) gegeben durch

$$x = 0,$$
$$x = \pm\sqrt{\frac{\lambda}{\beta}}. \tag{5-10}$$

Dies sind die sogenannten Fixpunkte. Diese können entweder stabil oder instabil sein, was wir uns schon im Falle des Lasers mit Hilfe eines Potentialgebirges, das die Gleichungen (5-3) und (5-4) deutete, veranschaulicht haben.

Neue Einblicke erhalten wir, wenn wir das Verhalten von zwei Variablen untersuchen, die dann Gleichungen der Gestalt

$$\frac{dx}{dt} = f(x, y) \tag{5-11}$$

und

$$\frac{dy}{dt} = g(x, y) \tag{5-12}$$

genügen. Hierbei hängen die Funktionen auf der rechten Seite sowohl von der Variablen x als auch von der Variablen y ab. Beide Variable sind natürlich Funktionen der Zeit und sollen so bestimmt werden, daß die Gleichungen (5-11) und (5-12) erfüllt sind. Auch hier können wir in Verallgemeinerung des eben für eine Variable Gesagten schnell ein Verfahren angeben, um diese Gleichungen (5-11) und (5-12) iterativ zu lösen. Verwenden wir wieder den Übergang vom Differentialquotienten $\frac{dx}{dt}$ zum Differenzenquotienten und benutzen (5-6) und einen entsprechenden Ausdruck für y, so erhalten wir ganz in Analogie zu (5-7) die Gleichungen

$$x(t + \Delta t) = x(t) + \Delta t \cdot f(x, y) \tag{5-13}$$

und

$$y(t + \Delta t) = y(t) + \Delta t \cdot g(x, y). \tag{5-14}$$

Auf den rechten Seiten von (5-13) und (5-14) sind dabei die Werte von x und y zur Zeit t einzusetzen

$$x = x(t), \qquad y = y(t). \tag{5-15}$$

Um die sich entwickelnden Lösungen zu veranschaulichen, geht man am besten in die xy-Ebene. Zu einer Anfangszeit t wird hier ein Anfangspunkt x_1, y_1 vorgeben. Sodann wählt man ein kleines Zeitintervall Δt und berechnet damit die rechten Seiten von (5-13) und (5-14). Damit ergeben sich neue Werte von x und y zur Zeit $t + \Delta t$, die wir mit x_2, y_2 bezeichnen wollen (Abb. 5.2). Damit haben wir ein Stückchen Weg, den der Punkt x, y in der xy-Ebene zurücklegt, berechnet. Dieses Verfahren läßt sich natürlich Schritt für Schritt fortsetzen, wobei sich dann eine sogenannte Trajektorie ergibt (Abb. 5.3). Wählt man für dieses Verfahren verschiedene Anfangspunkte, so durchläuft man eine ganze Schar solcher Trajektorien. Diese Trajektorienschar (Abb. 5.4) nennt man auch einen Fluß in Analogie zu den Stromlinien in einer Flüssigkeit. Die Trajektorien können ins Unendliche gehen,

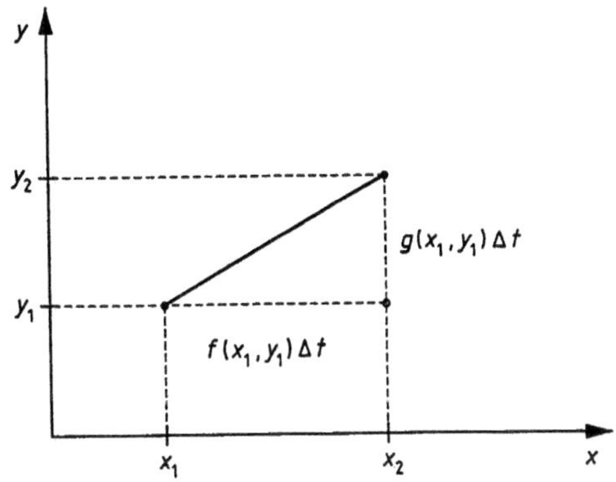

Abb. 5.2
Vorgehen in der *x*, *y*-Ebene

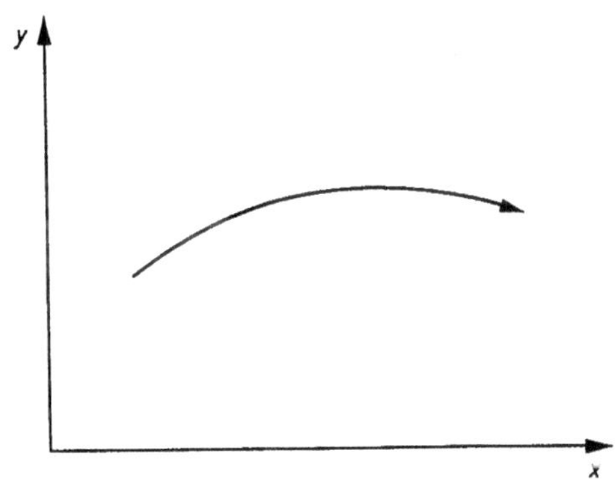

Abb. 5.3
Beispiel für eine Trajektorie

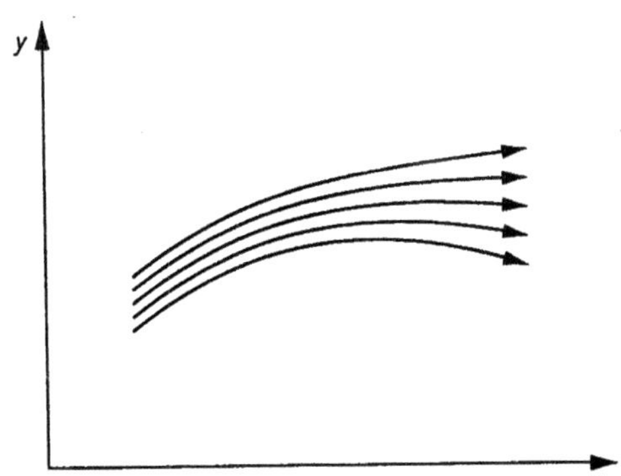

Abb. 5.4
Beispiel für eine Trajektorienschar

müssen es aber nicht. In einem solchen Falle bewegen sie sich nicht mehr weiter, d.h. die Entwicklung des Systems kommt zu einem Stillstand, der durch die Bedingungen

$$\frac{dx}{dt} = 0, \qquad \frac{dy}{dt} = 0 \tag{5-16}$$

gekennzeichnet ist. Wir finden also auch hier wieder Fixpunkte, auf denen Trajektorien enden können oder von denen Trajektorien weggehen. Enden Trajektorien auf einem Fixpunkt (Abb. 5.5), so nennt man diesen eine Senke, im anderen Falle, wenn die Trajektorien also von ihm weglaufen, eine Quelle. Auch hier ist die Sprechweise, die aus der Flüssigkeitsdynamik entlehnt wird, offensichtlich. Für viele Anwendungen ist es nun von Interesse zu wissen, in welcher Weise die Trajektorien in einen solchen Fixpunkt einlaufen. Bezüglich der genauen Analyse müssen wir den Leser auf die Fachliteratur verweisen. Hier wollen wir nur diese einzelnen Verhaltensweisen auflisten. Man spricht von einem Knoten, wenn die Trajektorien wie in Abbildung 5.5 in den Fixpunkt einlaufen oder von ihm weggehen. Von einem Fokus spricht man hingegen, wenn die Trajektorien in der in Abbildung 5.6 angegebenen Weise ein- oder auslaufen. Besonders interessant sind auch sogenannte Sattelpunkte, bei denen die Trajektorien in der in Abbildung 5.7 angegebenen Weise verlaufen, teils also ein-, teils aber auslaufen. Das Wort Sattelpunkt wird

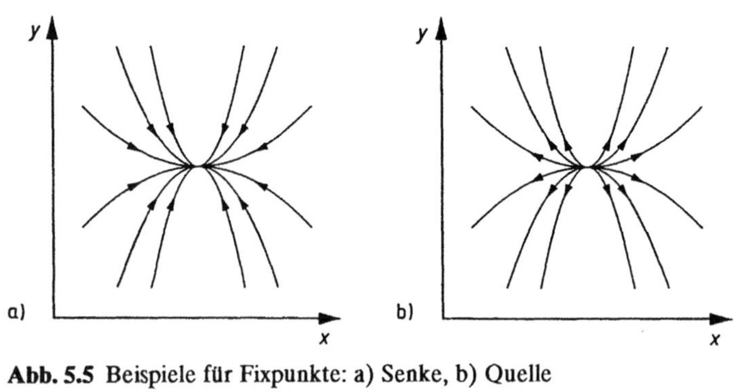

Abb. 5.5 Beispiele für Fixpunkte: a) Senke, b) Quelle

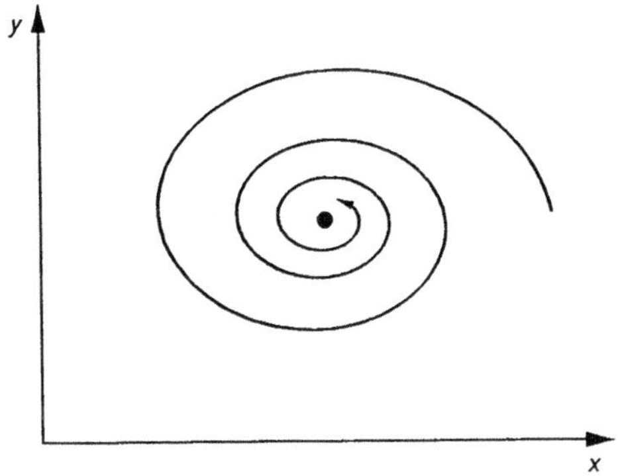

Abb. 5.6
Beispiel für einen Fokus

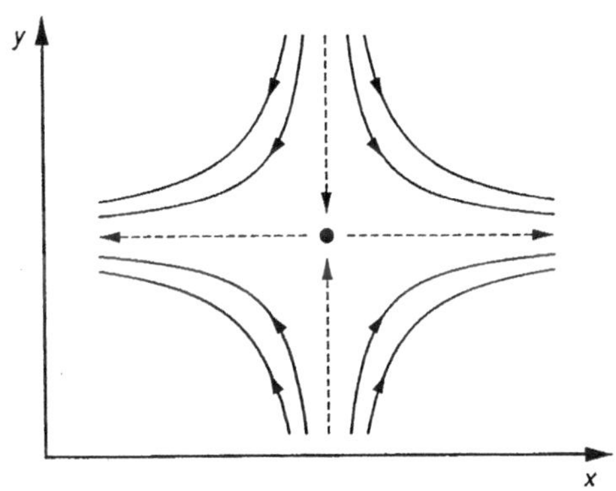

Abb. 5.7
Beispiel für einen Sattelpunkt

hierbei sehr schnell verständlich, wenn wir uns einen Pferdesattel vorstellen. Legt man auf ihn eine Kugel, so kann diese in der Richtung quer zum Pferd von dem Mittelpunkt weglaufen; legt man diese Kugel hingegen etwas ausgelenkt von ihrer Ruhelage in Richtung des Pferdes, so wird sie in ihre ursprüngliche Ruhelage hineingezogen werden. In Abhängigkeit von der Anfangslage ergibt sich dann ein Bewegungsablauf der Kugel, der genau dem Trajektorienbild der Abbildung 5.7 entspricht.

Wie die Mathematiker herausgefunden haben, gibt es aber noch eine weitere, sehr interessante Verhaltensweise der Trajektorien. Es gibt nämlich Trajektorien, die sich in den Schwanz

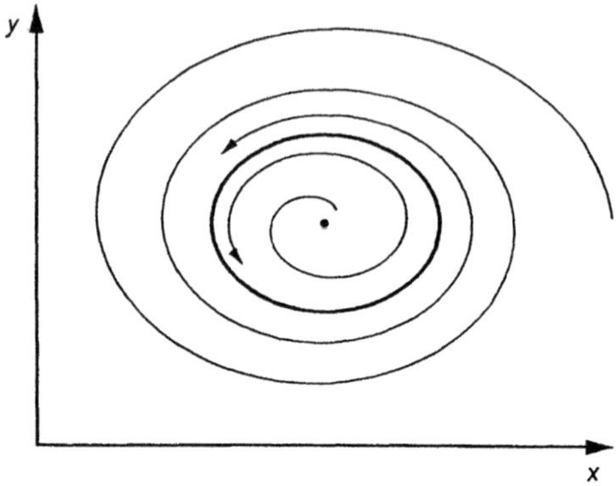

Abb. 5.8
Beispiel für einen Grenzzyklus

beißen, wie in Abbildung 5.8 dargestellt ist. Nachbartrajektorien laufen dann von innen oder außen auf diese ausgezeichnete Trajektorie zu. Eine solche Trajektorie bezeichnet man als einen Grenzzyklus. Einen Grenzzyklus kann man sich leicht vorstellen, wenn wir an das Teufelsrad vom Jahrmarkt denken, wo, wenn es sich dreht, die Leute vom Mittelpunkt weggetrieben werden und dann erst wieder am Rande Halt finden. Schaut man auf das Teufelsrad von oben, so durchläuft jeder Einzelne offensichtlich einen Grenzzykus. Projiziert man in der xy-Ebene die Bewegung des Punktes auf der Trajektorie des Grenzzyklus z.B. auf die x-Achse und trägt dann den jeweiligen x-Wert gegenüber der Zeit auf, so ergibt sich natürlich eine periodische Bewegung. Grenzzyklen sind also nichts anderes als der mathematische Ausdruck für Uhren oder periodische Zeitabläufe. Derartige Zyklen sind für die Synergetik deshalb besonders wichtig, weil es sich hier um das Phänomen der Selbstorganisation in einer speziellen Ausformung handelt. Diese periodischen Bewegungen kommen nämlich nicht dadurch zustande, daß dem System von außen her die Periode durch eine andere periodische Kraft aufgezwungen wird, sondern das System geht von ganz alleine in einen solchen ständig auf-und abschwingenden Zustand über.

Wie die Mathematiker herausgefunden haben, bilden Knoten, Foki, Sattelpunkte und Grenzzyklen die einzig interessanten, oder wie man auch sagt, singulären Objekte in der xy-Ebene, und

Abb. 5.9
Trajektorienbild, zusammengesetzt aus den oben beschriebenen Elementen

zwar gültig für alle möglichen Funktionen f und g (die gewissen einfachen mathematischen Anforderungen genügen, die uns aber hier nicht interessieren). Diese einzelnen Elemente lassen sich dann wie in einem Baukastenprinzip zusammensetzen, so daß man dann Bilder von der Gestalt Abb. 5.9 erhalten kann. Es gibt eine wichtige Forderung, die bei der Konstruktion solcher Trajektorien zu beachten ist. Unter sehr allgemeinen Bedingungen an die Funktionen f und g, die bei den hier betrachteten Systemen immer erfüllt sind, ergibt sich, daß sich verschiedene Trajektorien nicht schneiden dürfen. Die Existenz einer Senke beispielsweise steht dazu nicht im Widerspruch: Eine solche Senke wird nämlich erst nach einer unendlich langen Zeit erreicht, also im Grenzfall $t \rightarrow \infty$. In der Praxis ist es natürlich im allgemeinen umgekehrt, nämlich daß man zunächst aus der Physik, Chemie oder anderen Zweigen vorgegebene Funktionen f und g hat, die dann zu bestimmten Trajektorien-Bildern Anlaß geben, die sich aber dann, wie schon gesagt, in einfachere Teile, die wir eben besprochen haben, zerlegen lassen. Dabei ist die Liste der genannten Teile schon vollständig.

Geht man aber im nächsten Schritt zu drei Dimensionen über, so ändern sich die Verhältnise ganz entscheidend. Einerseits trifft man auch in drei Dimensionen wieder Fixpunkte und Grenzzyklen an, daneben gibt es aber auch ganz neuartige Trajektorienverläufe. Ein besonders bekanntes Beispiel ist die

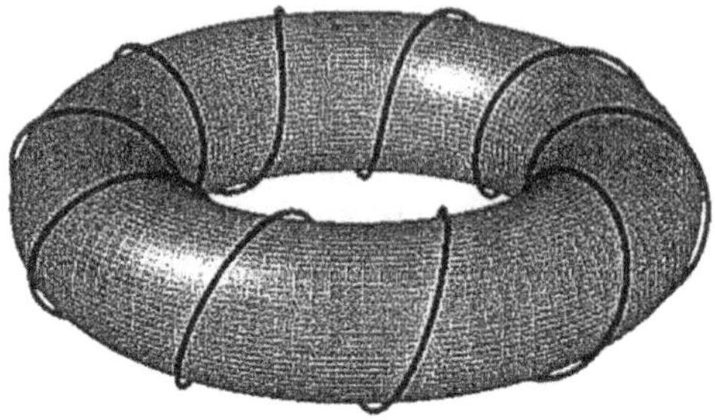

Abb. 5.10
Bewegung auf einem Torus

sogenannte quasiperiodische Bewegung, die sich aus sinusförmigen Funktionen der Gestalt

$$\sin(m\,\omega_1 t)\,\sin(n\,\omega_2 t)$$

additiv zusammensetzt. Hierbei sind m und n ganze Zahlen, während ω_1 und ω_2 Frequenzen sind, die zueinander in einem sogenannten irrationalen Verhältnis stehen, d.h. ω_1/ω_2 kann nicht durch einen Bruch dargestellt werden, bei dem Zähler und Nenner jeweils eine ganze Zahl sind. Trägt man, ähnlich wie vorher in der xy-Ebene, eine derartige Trajektorie im xyz-Raum auf, so läuft die Trajektorie spiralförmig wie auf einem Autoreifen, d.h. es entsteht ein sogenannter Torus (Abb. 5.10). Daneben gibt es aber noch weitere, ganz andersartige Bewegungsformen, die als deterministisches Chaos bezeichnet werden. Auf diese werden wir in einem späteren Kapitel näher eingehen.

5.4 Die Bedeutung von Attraktoren

5.4.1 Stationäre Zustände und Attraktoren

Die in Abschnitt 5.3 diskutierten Objekte, Knoten, Foki, Sattelpunkte, Grenzzyklen, Tori usw. gewinnen für die folgende Diskussion besondere Bedeutung. Man bezeichnet sie auch als Grenzmengen, weil sie wie der Knoten in Abb. 5.5 beispielsweise von einer Trajektorie erst im Grenzfall $t \to \infty$ erreicht werden. Wird ein solches Objekt von allen in seiner Umgebung verlaufenden Trajektorien in diesem Grenzfall erreicht, dann bezeichnet man dieses Objekt als einen *Attraktor*. Kann man nun in dem hochdimensionalen Zustandsraum Γ ein solches Gebilde auffinden, dann weiß man, daß dort die Bewegung besonders einfach verläuft. An einem stabilen Knoten (Senke) oder Fokus kommt der Zustandsvektor (wenn man von den Fluktuationen absieht, was wir hier tun wollen) zur Ruhe, auf einem stabilen Grenzzyklus führt das System eine periodische Bewegung durch usw. Was diese Objekte so einfach macht, ist zudem ihre niedrige Dimension. Punkte bezeichnen wir als nulldimensionale Objekte, Zyklen als eindimensional usw. Wir identifizieren nun solche Bewegungen auf einem Attraktor mit den stationären Zuständen unseres komplizierten Vielteilchensystems. Ein Knoten oder ein Fokus repräsentiert einen zeitunabhängigen stationären Zustand, ein Grenzzyklus einen zeitlich periodischen stationären Zustand usw.

5.4.2 Die Umgebung eines stationären Zustandes

Stören wir unser System in seinem stationären Zustand, dann findet es – wenn es nicht zu stark gestört wird, wieder in diesen stationären Zustand zurück, der stationäre Zustand ist stabil. Im folgenden wollen wir unsere Diskussion auf stationäre Zustände beschränken, die nicht von der Zeit abhängen und durch einen Knoten repräsentiert werden können. Den vorliegenden stationären Zustand bezeichnen wir mit $\boldsymbol{U}_0$. Wir gehen nun aus von (5 2) und gewinnen ihn aus der Lösung der Gleichung

$$\frac{d\boldsymbol{U}_0}{dt} = 0 \quad \text{oder} \quad \boldsymbol{N}(\boldsymbol{U}_0, \nabla, \sigma) = 0. \tag{5-17}$$

Es erweist sich nun, daß dieser Zustand insbesondere dann sehr einfach zu bestimmen ist, wenn sich das System in der Umgebung des thermischen Gleichgewichts befindet. Beim Laser beispielsweise handelt es sich um den Zustand, in dem sämtliche Lichtfeldamplituden verschwinden, die Dipolmomente der einzelnen Atome Null sind und die atomare Inversion gleich der von außen her vorgegebenen ist.

Um nun auch das Erreichen dieses Attraktors zu beschreiben, müssen wir zusätzlich noch das Verhalten in seiner näheren

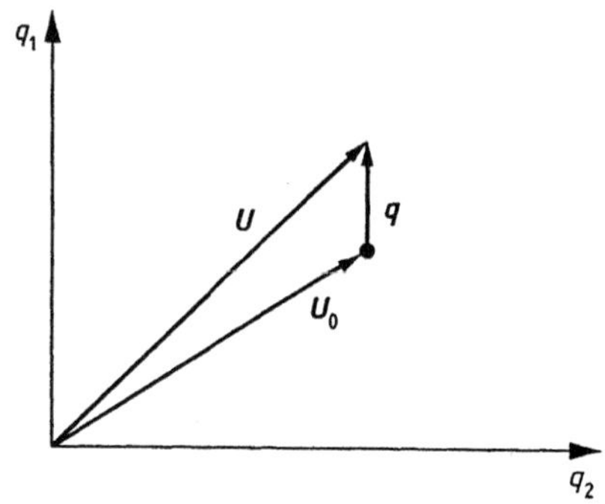

Abb. 5.11
Auslenkung $\boldsymbol{q}$ aus dem stationären Zustand $\boldsymbol{U}_0$

Umgebung analysieren. Man kann das dadurch tun, daß man kleine Abweichungen von diesem Attraktor untersucht. Wir wählen beispielsweise eine solche kleine Abweichung $\boldsymbol{q}$ folgendermaßen (vgl. Abb. 5.11):

$$\boldsymbol{U} = \boldsymbol{U}_0 + \boldsymbol{q}. \tag{5-18}$$

Diesen Ansatz setzen wir in die Bewegungsgleichung (5-2) ein und erhalten

$$\frac{d\boldsymbol{U}_0}{dt} + \frac{d\boldsymbol{q}}{dt} = \boldsymbol{N}(\boldsymbol{U}_0 + \boldsymbol{q},\ \nabla, \sigma). \tag{5-19}$$

Wegen der Bedingung (5-17) an $\boldsymbol{U}_0$ verschwindet das erste Glied auf der linken Seite von (5-19), und wir erhalten als Bewegungsgleichung für die Abweichung $\boldsymbol{q}$

$$\frac{d\boldsymbol{q}}{dt} = \boldsymbol{N}(\boldsymbol{U}_0 + \boldsymbol{q},\ \nabla, \sigma). \tag{5-20}$$

Wir untersuchen jetzt den so erhaltenen Ausdruck auf der rechten Seite von Gleichung (5-20) etwas genauer. Man sieht nämlich sofort, daß er für $\boldsymbol{q} = 0$ verschwinden muß (vgl. (5-17)). Wollen wir also $\boldsymbol{N}$ durch eine Potenzreihe in $\boldsymbol{q}$ annähern, dann darf diese kein konstantes Glied enthalten, sie wird erst mit einem in $\boldsymbol{q}$ linearen Glied beginnen. Da wir uns bei unserer Untersuchung nur auf die nächste Umgebung des Zustandes $\boldsymbol{U}_0$

beschränken wollen, können wir nun in unserer Potenzreihe alle Glieder höherer Ordnung vernachlässigen. Wir schreiben also

$$\boldsymbol{N} \sim \boldsymbol{q}. \tag{5-21a}$$

Beschränkt man sich auf diese Näherung, so spricht man häufig auch von der linearisierten Version von $\boldsymbol{N}$, die wir im folgenden mit $\boldsymbol{N}_L$ bezeichnen werden. In dieser Näherung schreiben wir also

$$\frac{d\boldsymbol{q}}{dt} = \boldsymbol{N}_L(\boldsymbol{q}). \tag{5-21b}$$

Diese in Gleichung (5-21a) ausgedrückte Proportionalität bedeutet nun keineswegs, daß wir nun den Vektor $\boldsymbol{q}$ nur mit einer Konstanten zu multiplizieren hätten, um $\boldsymbol{N}$ in der angegebenen Näherung zu erhalten. In der Tat haben – falls der vorgegebene Zustandsraum Γ d-dimensional ist, die beiden Vektoren $\boldsymbol{q}$ und $\boldsymbol{N}_L$ d-Komponenten, und man kann nicht von vornherein erwarten, daß alle diese Komponenten einander mit der gleichen Proportionalitätskonstanten proportional sind. Man kann aber den folgenden Versuch unternehmen: Wir gehen zu einem neuen, geschickt gewählten orthogonalen Koordinatensystem über, das wir beispielsweise durch d Vektoren $\boldsymbol{O}_j$ bezeichnen können. Dieses Koordinatensystem soll dabei so beschaffen sein, daß die j-te Komponente von $\boldsymbol{q}$ gerade der j-ten Komponente von $\boldsymbol{N}_L$ in diesem Koordinatensystem proportional ist. Man sieht, daß auf diese Weise d verschiedene Proportionalitätskonstanten auftreten können. Um dieses Programm durchführen zu können, wollen wir zunächst einige elementare Tatsachen der Vektorrechnung im dreidimensionalen euklidischen Raum wiederholen und diese auf unseren d-dimensionalen Raum verallgemeinern.

Zur Rechnung mit Vektoren

An dieser Stelle begnügen wir uns damit, nur solche Eigenschaften von Vektoren anzugeben, die wir auch tatsächlich verwenden werden. Orthogonalität von Vektoren können wir im dreidimensionalen Raum beispielsweise durch ein Skalarprodukt ausdrücken. Zwei Vektoren $\boldsymbol{a}$ und $\boldsymbol{b}$ mit den Komponenten a_1, a_2, a_3 bzw. b_1, b_2 und b_3 heißen orthogonal falls

$$(\boldsymbol{a}\boldsymbol{b}) = a_1 b_1 + a_2 b_2 + a_3 b_3 = 0, \tag{5-22}$$

wobei $\boldsymbol{a}$ und $\boldsymbol{b}$ nicht gleich dem Nullvektor sein sollen. Man kann (5-22) auch auf die kürzere Form bringen

$$(\boldsymbol{a}\boldsymbol{b}) = \sum_{j=1}^{3} a_j b_j. \tag{5-23}$$

Das Skalarprodukt eines Vektors $\boldsymbol{a}$ mit sich selbst liefert gerade das Quadrat seiner Länge a:

$$(\boldsymbol{a}\boldsymbol{a}) = a^2. \tag{5-24}$$

Wir können nun ein Koordinatensystem im dreidimensionalen Raum durch die paarweise orthogonalen Einheitsvektoren $\boldsymbol{e}_1$, $\boldsymbol{e}_2$ und $\boldsymbol{e}_3$ aufspannen, die wir durch die folgenden Relationen charakterisieren:

$$(\boldsymbol{e}_i \boldsymbol{e}_i) = 1 \quad \text{für} \quad i = 1, 2, 3 \tag{5-25}$$

und

$$(\boldsymbol{e}_i \boldsymbol{e}_k) = 0 \quad \text{für} \quad i \neq k. \tag{5-26}$$

Durch die Einführung eines neuen Symbols, des Kronecker-δ, können wir die beiden Relationen (5-25) und (5-26) zu einer einzigen Relation zusammenfassen und schreiben

$$(\boldsymbol{e}_i \boldsymbol{e}_k) = \delta_{ik}, \tag{5-27}$$

wenn wir vereinbaren, daß δ_{ik} gleich 1 ist für $i = k$ und Null für $i \neq k$. Ein System von drei Vektoren, das die Relation (5-27) erfüllt, bezeichnet man auch als orthonormiertes Basissystem in dem vorgegebenen dreidimensionalen euklidischen Raum.

Anwendung der Resultate

Die Form (5-27) erlaubt nun sofort eine entsprechende Verallgemeinerung auf d Dimensionen. Wir nennen dort d Vektoren $\boldsymbol{O}_j$ ein Orthonormalsystem, wenn gilt

$$(\boldsymbol{O}_i \boldsymbol{O}_k) = \delta_{ik}, \quad i, k = 1, 2, \ldots, d. \tag{5-28}$$

Wir nehmen nun an, daß wir einen solchen orthogonalen Satz von Einheitsvektoren in unserem d-dimensionalen Raum vorliegen haben. Jede Abweichung $\boldsymbol{q}$ läßt sich dann ganz in Analogie zum dreidimensionalen Fall folgendermaßen durch unsere Basisvektoren $\boldsymbol{O}_j$ darstellen:

$$\boldsymbol{q} = \sum_{j=1}^{d} \xi_j \boldsymbol{O}_j. \tag{5-29}$$

Dabei sind jetzt die ξ_j die Koordinaten des Vektors $\boldsymbol{q}$ bezüglich der Basisvektoren $\boldsymbol{O}_j$. Selbstverständlich sind diese Koordinaten in unserem Fall Funktionen der Zeit, wie das ja auch $\boldsymbol{q}$ selbst ist. Wir können damit die linke Seite in Gleichung (5-21) folgendermaßen angeben:

$$\frac{d\boldsymbol{q}}{dt} = \sum_{j=1}^{d} \frac{d\xi_j}{dt} \boldsymbol{O}_j. \tag{5-30}$$

Unter allen möglichen Basissystemen mit dem gemeinsamen Ursprung in $\boldsymbol{U}_0$, die wir konstruieren können, suchen wir nun gerade dasjenige heraus, in dem wir schreiben können

$$\boldsymbol{N}_L(\boldsymbol{q}) = \sum_{j=1}^{d} \lambda_j \xi_j \boldsymbol{O}_j, \tag{5-31}$$

wobei die λ_j die oben erwähnten d Proportionalitätskonstanten bezeichnen. Jetzt können wir die rechten Seiten von (5-30) und (5-31) gleichsetzen (vgl. (5-21)) und erhalten

$$\sum_{j=1}^{d} \frac{d\xi_j}{dt} \boldsymbol{O}_j = \sum_{j=1}^{d} \lambda_j \xi_j \boldsymbol{O}_j. \tag{5-32}$$

Wir können Gleichung (5-32) auch in der folgenden Form schreiben:

$$\sum_{j=1}^{d} \left(\frac{d\xi_j}{dt} - \lambda_j \xi_j \right) \boldsymbol{O}_j = 0. \tag{5-32a}$$

Da nun die Vektoren $\boldsymbol{O}_j$ zueinander orthogonal sind, muß diese Gleichung (5-32a) offenbar für jeden Summanden für sich erfüllt sein. (Man kann das auch dadurch einsehen, daß man in dieser Gleichung das Skalarprodukt mit $\boldsymbol{O}_k$ bildet und die Orthogonalitätsrelation (5-28) benützt.) Wir erhalten also

$$\frac{d\xi_j}{dt} = \lambda_j \xi_j . \tag{5-33}$$

Die so bestimmten Raumrichtungen $\boldsymbol{O}_j$ bezeichnen wir als die kollektiven Moden des Systems. Wir werden bei der Besprechung der Dynamik von Flüssigkeiten und Gasen in Kapitel 6 wieder auf sie zurückkommen und sie dort besonders anschaulich erklären können. (Man kann das Verfahren, die Größen λ_j, die man auch als die Eigenwerte des linearen Gleichungssystems bezeichnet, und die Vektoren $\boldsymbol{O}_j$, auch Eigenvektoren genannt, zu berechnen im Detail ausarbeiten, was wir aber hier nicht tun werden.)

Gleichungen der Form (5-33) sind wir bereits begegnet. Wir können sie unmittelbar lösen; es ist

$$\xi_j(t) = \xi_j(0)\, e^{\lambda_j t} . \tag{5-34}$$

Die stationäre Lösung $\boldsymbol{U}_0$ ist stabil, wenn eine kleine Störung $\boldsymbol{q}$ im Laufe der Zeit wieder zerfällt. Dies ist gerade dann der Fall, wenn sämtliche λ_j negativ sind. Wir haben damit eine Möglichkeit gefunden (in dem hier dargestellten Spezialfall) auch die Umgebung unseres Attraktors (stationären Zustandes) im Zustandsraum Γ zu erkunden. Es bleibt noch anzumerken, daß dieses Verfahren in entsprechend verallgemeinerter Form auch dann möglich bleibt, wenn der Ausgangszustand $\boldsymbol{U}_0$ komplizierter, etwa ein Grenzzyklus oder ein Torus ist.

5.4.3 Das Auftreten einer Instabilität

Um das Auftreten einer Instabilität zu verstehen, müssen wir uns daran erinnern, daß $\boldsymbol{N}$ und damit auch seine linearisierte Version $\boldsymbol{N}_L$ Funktionen der Kontrollparameter σ sind. Man überlegt sich leicht, daß deshalb auch unsere Proportionalitätskonstanten, die Eigenwerte λ_j, Funktionen der Kontrollparameter sein müssen. Durch eine Änderung der Kontrollparameter besteht also die Möglichkeit – wie wir das übrigens schon beim Laser gesehen haben – die Werte λ_j zu beeinflussen. Der Einfachheit wegen nehmen wir jetzt an, daß wir nur einen der Kontrollparameter verändern, wir bezeichnen ihn mit σ. Bei der Änderung von σ kann es nun passieren, daß einer der Eigenwerte λ_j sein Vorzeichen wechselt. Das bedeutet aber, daß die Lösung der linearisierten Version (5-33) für die zugehörige Amplitude (Komponente) exponentiell anwächst: Betrachten wir (5-29), dann sehen wir, daß damit auch der Vektor $\boldsymbol{q}$ exponentiell anwächst, und zwar gerade entlang der Richtung in unserem d-dimensionalen Raum, die durch den zu λ_j zugehörigen Vektor $\boldsymbol{O}_j$ festgelegt wird. Eine beliebig kleine Störung der Bewegung auf dem Attraktor zerfällt nun nicht mehr, sondern wird verstärkt. Durch eine Änderung des Kontrollparameters σ kann es gelingen, das System zu destabilisieren. Offenbar wird der Instabilitätspunkt im allgemeinen Fall festgelegt durch die Relation

$$\lambda_j(\sigma) = 0, \tag{5-35}$$

wenn man die Abhängigkeit der Eigenwerte von den Kontrollparametern bestimmt hat. Eine weitere Behandlung unserer Ausgangsgleichung für $\boldsymbol{q}$, nämlich Gleichung (5-20), kann sich nun nicht mehr mit der linearisierten Version (5-21) begnügen, sondern muß die vollständigen nichtlinearen Gleichungen (5-20) berücksichtigen. Dieser Aufgabe wollen wir uns im folgenden zuwenden.

5.5 Das Versklavungsprinzip der Synergetik

In diesem Abschnitt wollen wir das Grundprinzip der Synergetik formulieren und seine Konsequenzen diskutieren.

5.5.1 Konsequenzen aus der Analyse der linearisierten Version

Die Diskussion der linearisierten Version (5-21) unseres Ausgangssystems (5-20) für die Abweichung $\boldsymbol{q}$ vom stationären Zustand $\boldsymbol{U}_0$ hat für uns die folgenden wichtigen Ergebnisse gebracht. Es ist uns einmal gelungen, die kollektiven Moden $\boldsymbol{O}_j$ eines vorliegenden Systems aufzufinden. Ferner haben wir die Bedingung (5-35) für die Bereiche gefunden, in denen eine Instabilität auftreten wird, und schließlich haben wir eine Einteilung der Modenamplituden entdeckt: Nahe einer Instabilität werden die Moden einteilbar in solche, die stabil bleiben und andere, die instabil werden. Wir können diesen Sachverhalt folgendermaßen zusammenfassen. Wir gruppieren die Amplituden ξ_j zu einem Vektor zusammen, dessen Komponenten diese Amplituden bilden

$$\xi = (\xi_1, \xi_2, \dots, \xi_d). \tag{5-36}$$

Im allgemeinen Fall ist es durchaus möglich, daß mehrere Moden gleichzeitig instabil werden. Sämtliche dieser instabil werdenden Amplituden fassen wir zu einem Vektor $\boldsymbol{u}$ zusammen. Nehmen wir an, daß es sich dabei um n Amplituden handelt und wir die Komponenten in (5-36) so angeordnet haben, daß die instabilen die Nummern 1 bis n tragen und die stabilen die Nummern $n + 1$ bis d. Die stabilen Amplituden fassen wir wieder zu einem Vektor $\boldsymbol{s}$ zusammen. Wir können jetzt ξ aufspalten nach dem folgenden Schema

$$\xi \begin{array}{l} \nearrow \boldsymbol{u} \\ \searrow \boldsymbol{s}\ . \end{array} \tag{5-37}$$

5.5.2 Die vollständigen nichtlinearen Gleichungen

Um die vollständigen nichtlinearen Gleichungen (5-20) so behandeln zu können, daß wir aus den Ergebnissen der linearen Analyse Gewinn ziehen, transformieren wir diese in einem ersten Schritt in das Basissystem der kollektiven Moden $\boldsymbol{O}_j$. Wie dies im einzelnen zu bewerkstelligen ist, kann sehr einfach dargestellt werden. Um die Komponente ξ_k aus $\boldsymbol{q}$ zu gewinnen, brauchen wir nur das Skalarprodukt zu bilden

$$(\boldsymbol{q}\boldsymbol{O}_k) = \xi_k\,. \tag{5-38}$$

Man kann diese Relation sehr einfach herleiten, indem man (5-29) mit $\boldsymbol{O}_k$ skalar multipliziert und die Orthogonalitätsbeziehung (5-28) ausnützt. Unter Verwendung von (5-28) kann man nun die vollständigen nichtlinearen Gleichungen für die Modenamplituden ξ_k herleiten. Wir spalten dazu (5-20) folgendermaßen in den linearen und nichtlinearen Teil auf (vgl. (5-21))

$$\frac{d\boldsymbol{q}}{dt} = \boldsymbol{N}_L(\boldsymbol{q}) + \boldsymbol{N}_{NL}, \tag{5-39}$$

wobei der Anteil $\boldsymbol{N}_{NL}$ alle in (5-21) weggelassenen nichtlinearen Beiträge von $\boldsymbol{N}$ enthalten soll. So gewinnen wir nach Bildung des Skalarprodukts wie in (5-38) aus (5-39) die Gleichung

$$\frac{d\xi_k}{dt} = (\boldsymbol{O}_k \boldsymbol{N}_L) + (\boldsymbol{O}_k \boldsymbol{N}_{NL}). \tag{5-40}$$

Das erste Glied auf der rechten Seite von (5-40) können wir nun noch sehr schnell umformen. Wegen des Bestehens von (5-31) und unter Anwendung der Orthogonalitätsrelation (5-28) ergibt sich

$$(\boldsymbol{O}_k \boldsymbol{N}_L) = \lambda_k \xi_k . \tag{5-41}$$

Kürzen wir noch den nichtlinearen Anteil folgendermaßen ab:

$$(\boldsymbol{O}_k \boldsymbol{N}_{NL}) = G_k(\xi), \tag{5-42}$$

dann erhalten wir

$$\frac{d\xi_k}{dt} = \lambda_k \xi_k + G_k(\xi). \tag{5-43}$$

Der letzte Vorbereitungsschritt, den wir noch zu unternehmen haben, besteht in der Durchführung der Aufspaltung (5-37). Bezeichnen wir die Komponenten G_k für $k = 1$ bis n mit $Q_l(\boldsymbol{u}, \boldsymbol{s})$ und die zu $k = n + 1$ bis d mit $P_m(\boldsymbol{u}, \boldsymbol{s})$, dann erhalten wir die folgenden Gleichungen

$$\frac{du_l}{dt} = \lambda_l u_1 + Q_l(\boldsymbol{u}, \boldsymbol{s}) \tag{5-44}$$

und

$$\frac{ds_m}{dt} = \lambda_m s_m + P_m(\boldsymbol{u}, \boldsymbol{s}). \tag{5-45}$$

Der Index l numeriert jetzt die instabilen Moden, der Index m die stabilen. Im folgenden gilt es, diese Gleichungen (5-44) und (5-45) genauer zu untersuchen. Wichtig ist, bereits an dieser Stelle auf die Rolle der Nichtlinearitäten aufmerksam zu machen. Durch die Nichtlinearitäten sind die einzelnen Amplituden nicht mehr wie bei der Untersuchung des bloß linearen Anteils unabhängig voneinander (vgl. (5-43)). Vielmehr führen die Nichtlinearitäten Kopplungen zwischen den verschiedenen Amplituden ein, wie das durch Ausschreiben der Argumente in den Q_l und P_m festgehalten ist. Die angegebenen Gleichungen (5-44) und (5-45) sind selbstverständlich exakt. Sie wurden ohne jegliche Näherung aus der nichtlinearen Ausgangsgleichung (5-20) hergeleitet.

5.5.3 Die Hierarchie der Zeitskalen

Der Satz von Gleichungen (5-44) und (5-45) wurde in der angegebenen Form aufgestellt unter der Prämisse, daß wir uns zumindest in der direkten Umgebung eines kritischen Gebietes befinden. Um unsere weiteren Überlegungen möglichst klar darlegen zu können, fassen wir die Implikationen dieser Aussage noch einmal zusammen. Wir haben angenommen, daß unser Satz von Kontrollparametern σ derart verändert wurde, daß eine gewisse Anzahl von Eigenwerten λ_j Null wird: Dieses Gebiet wird markiert durch die Aussage der Formel (5-35): Mehrere λ_j, $j = 1, 2, \ldots, n$, wechseln ihr Vorzeichen.

Der zunächst noch vage Begriff des Gebietes will dabei zweierlei ausdrücken. Die Formel (5-35) legt nämlich im Parameterraum der Kontrollparameter n Hyperflächen fest. (In einem d-dimensionalen Raum legt eine solche Beziehung (5-35) ein Gebiet der Dimension $d - 1$ fest, zwei solcher Gleichungen ein Gebiet der Dimension $d - 2$ usw. Solche Gebiete bezeichnet man allgemein als Hyperflächen.) Das Bestehen von n solchen Beziehungen wird durch den „Schnittpunkt" dieser $d - 1$ dimensionalen Hyperflächen bestimmt, die jeweils durch eine Gleichung (5-35) festgelegt werden. Wir veranschaulichen diese Aussage zunächst in einem dreidimensionalen Parameterraum, wo $\sigma = (\sigma_1, \sigma_2, \sigma_3)$, wir also drei Parameter gleichzeitig verändern können. Wir können uns den momentanen Zustand der Parameter

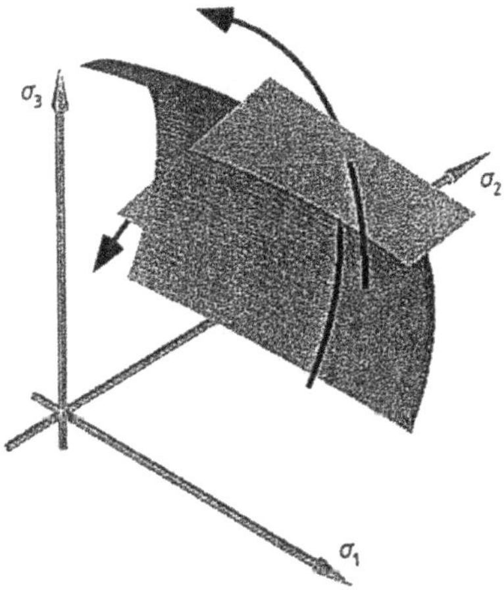

Abb. 5.12
Veranschaulichung der Relation (5-35). Sie legt für jedes λ_j eine Fläche fest. Zwei solcher Flächen sind samt ihrer Schnittlinie eingezeichnet. Die mit Pfeilen versehenen Linien deuten mögliche Wege durch den Parameterraum an, die bei Änderung eines Parameters *w* eingeschlagen werden können (vgl. Text).

durch einen Vektor dort mit den drei angegebenen Komponenten σ_1, σ_2 und σ_3 veranschaulichen (vgl. Abb. 5.12). Eine Gleichung der Form (5-35) legt nun in diesem Raum eine Beziehung zwischen diesen drei Variablen fest, die wir geometrisch einfach durch eine Fläche veranschaulichen können (Abb. 5.12). Werden nun beispielsweise zwei Eigenwerte λ gleichzeitig instabil, dann kann dieser Fall nur eintreten, wenn sich die beiden zugehörigen Flächen im Parameterraum schneiden. Dann nämlich sind genau die beiden zugehörigen Bedingungen (5-35) erfüllt:

$$\lambda_1(\sigma_1, \sigma_2, \sigma_3) = 0 \tag{5-46}$$

und

$$\lambda_2(\sigma_1, \sigma_2, \sigma_3) = 0 \tag{5-47}$$

beispielsweise. Die entsprechende Schnittkurve ist in Abb. 5.12 eingezeichnet. Mit kritischem Gebiet meinen wir nun ein Gebilde im Parameterraum, das eine Umgebung dieser Schnittkurve mit einschließt. Wir bemerken, daß die Ausdehnung dieser Umgebung von System zu System im Detail neu festzulegen ist. Diese Aussagen lassen sich sofort auf mehrere Parameter verallgemeinern. In einem *d*-dimensionalen Raum nehmen wir an, daß *n* solcher Beziehungen (5-35) bestehen. Jede dieser Beziehungen legt in diesem Parameterraum, der beispielsweise m Komponenten haben soll, eine Hyperfläche - wie man sagt - der Dimension $m-1$ fest. Bestehen n solcher Beziehungen, dann hat die kritische Fläche die Dimension $m-n$. Das kritische Gebiet wird eine schmale Umgebung der kritischen Fläche von der Dimension m.

Für dieses Gebiet wurden die Gleichungen (5-44) und (5-45) aufgestellt. Wir betrachten nun noch einmal die linearisierte Version dieser Gleichungen in diesem kritischen Gebiet.

$$\frac{du_l}{dt} = \lambda_l u_l \tag{5-48}$$

und

$$\frac{ds_m}{dt} = \lambda_m s_m \,. \tag{5-49}$$

Eine einfache Dimensionsanalyse dieser Gleichungen zeigt, daß die Dimension der Eigenwerte λ sein muß 1/Zeit. Wir können demgemäß $1/\lambda_j$ als einen charakteristischen Zeitmaßstab auffassen, auf dem sich die Mode j bewegt. In der Tat, definieren wir beispielsweise knapp unterhalb der Schwelle die Zeit τ_j durch

$$\tau_j = \frac{1}{|\lambda_j|},$$

so können wir die Lösung (5-34) schreiben als

$$\xi_j(t) = \xi_j(0)\, e^{-t/\tau_j}\,. \tag{5-50}$$

τ_j gibt mithin die Zeit an, nach der eine Anfangsstörung $\xi(0)$ auf ein e-tel ihres Wertes abgefallen ist.

Die instabil werdenden Moden sind nun offenbar dadurch ausgezeichnet, daß im kritischen Gebiet ihre Zerfallszeit sehr groß wird. Definieren wir also

$$\tau_u = \frac{1}{|\lambda_l|} \tag{5-51}$$

und

$$\tau_s = \frac{1}{|\lambda_m|}\,, \tag{5-52}$$

dann besteht in dem kritischen Gebiet, das wir ja untersuchen wollen, die bemerkenswerte Ungleichung

$$\tau_u > \tau_s \,. \qquad (5\text{-}53)$$

Man interpretiert nun (5-53) als eine Hierarchie der Zeitmaßstäbe, die im kritischen Gebiet durch das System selbst erzeugt wird. Das Bestehen dieser Hierarchie wollen wir im folgenden benützen, um die Gleichungen (5-44) und (5-45) weiter zu behandeln.

5.5.4 Formulierung des Versklavungsprinzips

Wie wir im vorhergehenden Abschnitt gesehen haben, generiert ein System in der Umgebung eines kritischen Gebietes eine Hierarchie in den Zeitskalen, in denen sich die von uns aufgefundenen kollektiven Moden merklich ändern. Es ist genau diese Hierarchie, die es uns erlaubt, das Versklavungsprinzip von unserer Anschauung her zu begründen.

Betrachten wir die freie linearisierte Version des Systems in der Nähe des kritischen Gebietes (5-48) und (5-49). Die einzelnen kollektiven Moden beeinflussen sich in ihrem Verhalten nicht. Die Situation verändert sich dramatisch, sobald wir nun die nichtlinearen Wechselwirkungen mit berücksichtigen. Gerade ihnen haben wir ja entscheidende Bedeutung zugeschrieben, sobald wir uns in die Umgebung des kritischen Gebietes begeben. Das Zuschalten der Nichtlinearitäten, also die Berücksichtigung des vollständigen Gleichungssystems (5-44) und (5-45), stellt uns vor eine vollkommen neue Situation. Wir haben keine Methode zur Hand, die vollständigen nichtlinearen Gleichungen (5-44) und (5-45) exakt zu lösen. Um die offensichtliche Hoffnungslosigkeit der Problemstellung noch einmal deutlich zu demonstrieren, erinnern wir wieder an unser Beispiel Laser: 10^{18} solcher Gleichungen wären zu lösen, so haben wir die Größenordnung in Kapitel 4 abgeschätzt. Eine unlösbare Aufgabe. Ganz ähnliche Situationen werden wir antreffen bei der Behandlung von Systemen der Hydrodynamik und der Chemie. Diese Bemerkungen geben uns einen ersten Hinweis auf die außerordentliche Bedeutung des Versklavungsprinzips.

Um die Aussage des Versklavungsprinzips zu veranschaulichen, stützen wir uns auf die in Abschnitt 5.5.3 gefundenen Ergebnisse. Bei der freien Bewegung des Systems nämlich (immer in einem kritischen Gebiet) ergab sich eine bemerkenswerte Hierarchie in den Zeitmaßstäben für die Bewegung der einzelnen Moden. Die instabilen Moden sind dadurch ausgezeichnet, daß sie sich sehr sehr langsam verändern, die stabilen werden in verhältnismäßig kurzer Zeit gedämpft. Die Rolle der Nichtlinearitäten läßt sich nun qualitativ folgendermaßen verstehen. Über die Nichtlinearitäten entsteht eine Wechselwirkung zwischen den stabilen und den instabilen Moden (vgl. (5-44) und (5-45)). Die instabilen Moden zeigen oberhalb der Instabilität die Tendenz anzuwachsen, die stabilen Moden bleiben dort weiterhin gedämpft.

Die dargelegte Hierarchie in den Zeitmaßstäben führt dazu, daß sich die stabilen Moden immer sehr schnell in einen Gleichgewichtszustand begeben. Dieser entsteht durch den folgenden Mechanismus, den wir aus (5-45) ablesen können: Das erste Glied $\lambda_m s_m$ (mit $\lambda_m < 0$) auf der rechten Seite sorgt für sich alleine für ein rasches Abklingen von s_m, wie wir dies im Anschluß an (5-49) diskutiert haben. Andererseits aber stellt $P_m(\boldsymbol{u}, \boldsymbol{s})$ in (5-45) eine durch $\boldsymbol{u}$ bestimmte „Antriebskraft" dar, durch die das Abklingen von $\boldsymbol{s}$ kompensiert wird. Damit wird s_m durch den Wert der sehr langsam veränderlichen instabilen Moden $\boldsymbol{u}$ bestimmt. Es gilt mithin für unser System, auf Zeitmaßstäben betrachtet, in denen die stabilen Moden bereits sich auf das durch die langsam veränderlichen instabilen vorgegebene Gleichgewicht eingependelt haben

$$\boldsymbol{s} = \boldsymbol{s}(\boldsymbol{u}). \qquad (5\text{-}54)$$

Damit ist das Versklavungsprinzip mathematisch formuliert! Die stabilen Moden nehmen Werte an, die durch die instabilen Moden vorgegeben werden. Wir merken hier an, daß es keineswegs immer eine triviale Aufgabe ist, dieses $\boldsymbol{s}(\boldsymbol{u})$ auch tatsächlich zu bestimmen. Uns genügt hier der Hinweis auf die Tatsache, daß es aufgrund der bestehenden Beziehung (5-54) gelingt, ein mathematisches Verfahren anzugeben, $\boldsymbol{s}(\boldsymbol{u})$ auch tatsächlich zu konstruieren. (5-54) ist eine exakte Beziehung. In der Praxis genügt es oft (und ist es auch notwendig), explizite Näherungen zu verwenden. Ein Beispiel haben wir beim Laser in Form von Gleichung (4-65) kennengelernt. $\boldsymbol{u}$ ist hier mit der Amplitude E' und s_m mit dem Dipolmoment p' zu identifizieren. Durch das Bestehen der Relation (5-54) wird unser weiteres Vorgehen erheblich vereinfacht.

5.5.5 Die Ordnungsparametergleichungen

Mittels der Relation (5-54) haben wir die Bewegungsgleichungen für die stabilen Moden praktisch gelöst. Beispiele für das Bestehen einer derartigen Relation haben wir bei der Diskussion des Laserprozesses bereits kennengelernt und werden diese in der Folge noch weiter vertiefen können. Wir benützen diese Relation nun, um unser Gleichungssystem (5-44) und (5-45), von dem wir ausgegangen sind, drastisch zu vereinfachen. Wir brauchen jetzt nämlich nur in (5-44) $\boldsymbol{s}$ durch $\boldsymbol{s}(\boldsymbol{u})$ zu ersetzen. Wir erhalten so

$$\frac{du_l}{dt} = \lambda_l u_l + Q_l(\boldsymbol{u}, \boldsymbol{s}(\boldsymbol{u})), \qquad (5\text{-}55)$$

also eine Gleichung in den $\boldsymbol{u}$ allein.

Ziehen wir Bilanz und benützen dazu zunächst das Beispiel des Lasers. Ausgegangen sind wir dort von 10^{18} nichtlinearen Gleichungen, um die Gleichung des Ordnungsparameters zu finden, der das Geschehen im System auf einem makroskopischen Maßstab bestimmt. Dort sind wir angelangt bei einer nichtlinearen Gleichung für die Amplitude A (vgl. (4-27)), die das Verhalten des Systems makroskopisch gesehen bestimmt.

Wir haben also hier dieses dort entwickelte Schema des Vorgehens auf einer mehr abstrakten Ebene verallgemeinert. Das Resultat besteht in folgendem. Wie die Erfahrung zeigt – und wie wir im einzelnen auch noch belegen werden –, werden in einem kritischen Gebiet, wie wir es oben beschrieben haben, nur sehr wenige Freiheitsgrade eines Systems instabil, die dann die Rolle der Ordnungsparameter übernehmen. Alle anderen Freiheitsgrade – die überwiegende Mehrzahl – bleiben in diesem kritischen Gebiet stabil und verhalten sich so, wie dies von den instabilen Freiheitsgraden, den Ordnungsparametern, vorgegeben wird. Die

Dynamik des Systems auf einer makroskopischen Beschreibungsebene wird deshalb allein durch die Ordnungsparameter festgelegt. Die Regeln, nach denen die Vorgabe erfolgt, sind durch die explizite Form von (5-54) gegeben. Diese Form konkret anzugeben, bildet häufig ein mathematisch nicht ganz einfaches Problem, das aber inzwischen unter sehr allgemeinen Bedingungen gelöst werden konnte (vgl. die Literaturhinweise).

Zusammenfassend können wir folgendes sagen: Das Versklavungsprinzip ermöglicht uns, die Zahl der Freiheitsgrade eines Systems in der Umgebung eines kritischen Gebiets drastisch zu reduzieren, und führt so auf Gleichungen, die oft analytisch, aber auch auf dem Computer so erst lösbar werden. Die Lösung der Gleichungen (5-55) ist es dann, die es erlaubt, mögliche Muster vorherzusagen, die durch Prozesse der Selbstorganisation entstehen.

Damit ist die systematische Vorgehensweise der Synergetik aufgezeigt unter der Voraussetzung, daß die Dynamik der Untersysteme und die Details ihrer Wechselwirkung bekannt sind. Es soll dabei nicht verschwiegen werden, daß die Methode, die wir hier „vom Prinzip her" dargelegt haben, oft in ihrer konkreten Anwendung erhebliches mathematisches Geschick und großen Aufwand erfordert. Dies gilt insbesondere dann, wenn wir einen komplizierteren Ausgangszustand $\boldsymbol{U}_0$ zugrunde legen müssen, als wir es bei unserer Ableitung der Gleichungen getan haben.

*5.6 Charakterisierung der Instabilitäten

Wir wollen uns in diesem Abschnitt der Charakterisierung der Instabilitäten, wie wir sie bei synergetischen Systemen beobachten, noch etwas genauer zuwenden. Es zeigt sich nämlich, daß zu ihrer näheren Bestimmung und ihrem tieferem Verständnis eine Begriffsbildung verwendet werden kann, wie sie unabhängig in der Mathematik entwickelt wurde. Ihren Ausgangspunkt bildet die folgende Problemstellung, deren Aufstellung insbesondere den russischen Mathematikern Andronov und Pontrjagin zugeschrieben wird. Gegeben sei ein Satz nichtlinearer Differentialgleichungen der Form

$$\frac{dx}{dt} = f(x) \tag{5-56}$$

also im Grunde von genau dem Typ, wie wir ihn bisher untersucht haben (wobei allerdings Fluktuationen unberücksichtigt bleiben). Man könnte als Mathematiker nun versucht sein, sämtliche Lösungen dieser Differentialgleichungen aufzusuchen und zu tabellieren. Ein Versuch übrigens, der auch tatsächlich unternommen wurde. Es stellt sich dabei allerdings sehr schnell heraus, daß es sich hierbei um ein unmögliches Unterfangen handelt: Vollständigkeit ist dabei nicht zu erzielen. So ist es beispielsweise nicht möglich, alle sich ergebenden „Ausnahmen" gegenüber möglichen bekannten Lösungen zu erfassen. Man wird also versuchen, eine andere Strategie zu entwickeln, um ein Verständnis der möglichen Lösungen zu Gleichungen der Form (5-56) anzugeben.

Eine solche Strategie muß, soll sie erfolgreich sein, exotische Lösungen ausschließen, wobei selbstverständlich zu präzisieren sein wird, was unter dem Wort „exotisch" zu verstehen ist. Wir können hier nicht die heute allgemein anerkannte Theorie mit allen Konsequenzen entwickeln, aber vielleicht doch ein erstes Gefühl vermitteln, um was es dabei geht.

Wir betrachten dazu in einem ersten Schritt Änderungen in einem System, die wir als quantitativ bezeichnen wollen. Eine erste Vorstellung dafür vermittelt die Abb. 5.13. Abgebildet sind dort zwei Fische, die sich in ihrer Größe, der Form ihres Maules, ihrer Flossen und ihres Schwanzes unterscheiden. Trotzdem ist es möglich, durch eine stetige Deformation des einen Fisches den anderen zu erhalten. Man sagt auch, es existierte eine stetige eineindeutige Abbildung der Punkte des einen Fisches auf die Punkte des anderen. Bei einer solchen Abbildung wird dann das Maul des einen Fisches auf das Maul des anderen, Flosse auf Flosse, Schwanz auf Schwanz Punkt für Punkt abgebildet. Wir können das mathematisch so formulieren: Es existiert eine eineindeutige stetige Abbildung von einem Fisch zu dem anderen.

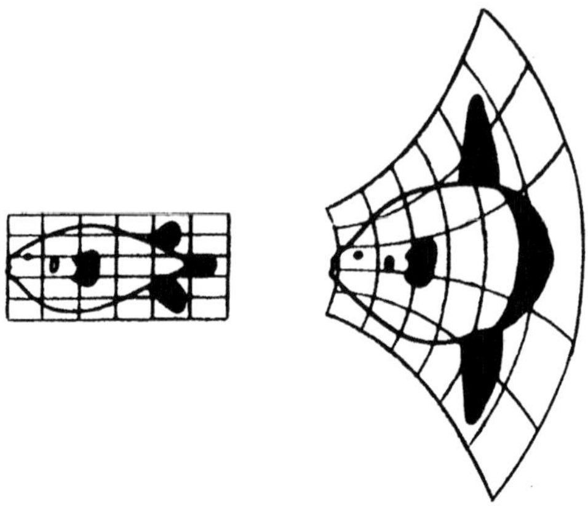

Abb. 5.13
Beispiel für quantitative Veränderungen

Den Übergang von dem kleinen Fisch zum Großen werden wir als *quantitativ* bezeichnen, die „Qualität“ des Objekts Fisch hat sich bei der Abbildung nicht verändert.

Ganz andere Verhältnisse treffen wir an, wenn wir die Entwicklung eines Molches beispielsweise studieren (vgl. Abb. 5.14). Die in der Abbildung dargestellten verschiedenen Entwicklungsphasen sind nicht mehr eineindeutig aufeinander abbildbar. Wir werden sagen, sie sind qualitativ verschieden. Unser Anliegen ist es, zu zeigen, daß die Instabilitäten, die wir in der Synergetik betrachten, von genau derselben Struktur sind, wie wir das an diesen einfachen und einleuchtenden Beispielen dargelegt haben. Man spricht bei den verschiedenen Entwicklungsphasen des Molches, die in Abb. 5.14 dargestellt sind, von einer Folge *strukureller* Instabilitäten. Ihrer mathematischen Charakterisierung wollen wir uns jetzt zuwenden.

Zunächst werden wir dazu ein besonders wichtiges Resultat der Mathematik vorlegen, das besagt, daß es sich bei der Beziehung „eineindeutige und stetige Abbildung“, die man auch als Homöomorphismus bezeichnet, um eine Beziehung zwischen Objekten handelt, die eine Äquivalenzrelation festlegt. Eine Äquivalenzrelation hat, mathematisch formal eingeführt, die folgenden Eigenschaften:

Wir betrachten eine Menge bestehend aus den Elementen A, B, C, ... Eine Äquivalenzrelation bedeutet nun eine Strukturierung der Elemente. Sie besagt (das Symbol ~ bedeutet hier äquivalent zu)

$$A \sim A. \qquad (5\text{-}57)$$

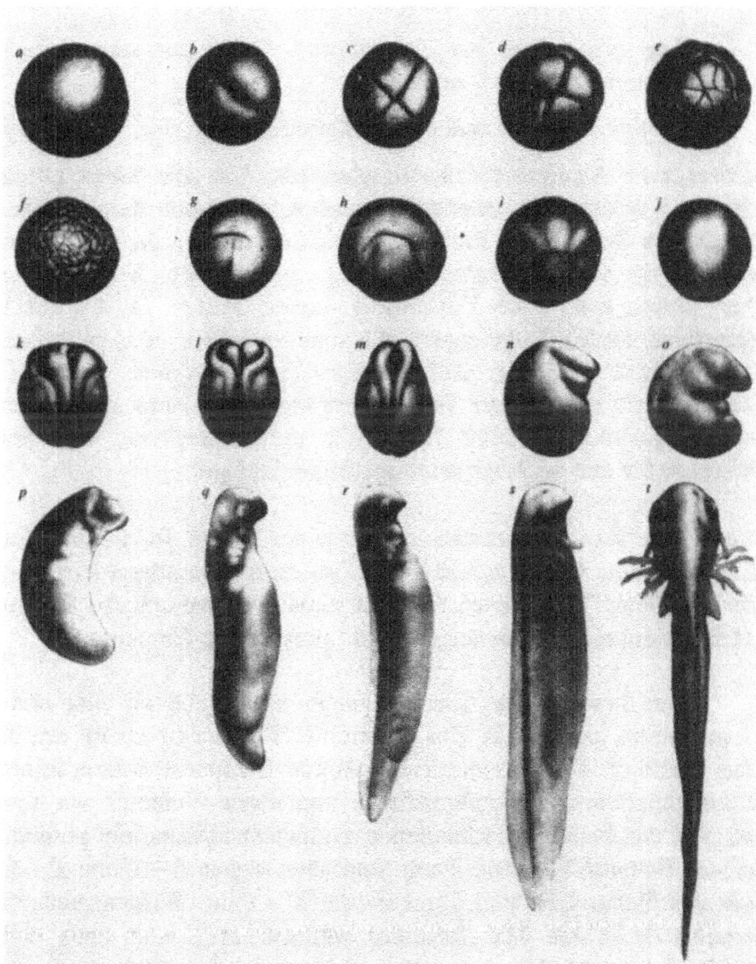

Abb. 5.14 Entwicklungsstadien eines Molches

Ein Element A ist sich selbst äquivalent, man spricht von Reflexivität. Ferner

$$A \sim B, \quad \text{dann auch} \quad B \sim A. \tag{5-58}$$

Die Relation ist also symmetrisch: Ist A äquivalent zu B, dann ist auch B äquivalent zu A. Schließlich

$$A \sim B \quad \text{und} \quad B \sim C, \quad \text{dann auch} \quad A \sim C. \tag{5-59}$$

Man spricht hier von Transitivität. Es ist nun sehr einfach sich klar zu machen, daß, setzt man

$$\sim \; = \text{eineindeutige und stetige Abbildung,} \tag{5-60}$$

dieses eine Äquivalenzrelation darstellt. Um die Konsequenz dieses Resultats zu ermitteln, stellen wir noch den mathematischen Begriff der Partition vor. Nehmen wir an, wir haben eine Menge von Elementen A, B, C ... vorgegeben. Als Partition bezeichnet man eine Einteilung dieser Menge in disjunkte (elementfremde) Teilmengen, die man irgendwie vorgenommen hat. Disjunkt bedeutet, daß ein Element der Menge, beispielsweise C, nur einer dieser Teilmengen angehören kann, nicht aber zweien gleichzeitig (Abb. 5.15). Wir stellen dies vor, weil der folgende für uns wichtige mathematische Satz gilt:

Satz: Jede Äquivalenzrelation über einer Menge M, die aus den Elementen A, B, C ... besteht, führt zu einer eindeutigen Partition der Elemente. Umgekehrt: Jede Partition der Elemente der Menge M führt auf eine Äquivalenzrelation über diesen Elementen.

Zum Beweis dieses Satzes nehmen wir an, daß wir eine erste Äquivalenzklasse durch das Elemente X und eine zweite durch das Element Y repräsentieren. Beide Elemente sollen einer unterschiedenen Äquivalenzklasse angehören. Nehmen wir nun an, daß die beiden verschiedenen Äquivalenzklassen ein gemeinsames Element Z hätten. Dann folgt aber wegen $Z \sim X$ und $Z \sim Y$ aus der Symmetrie und Transitivität $X \sim Y$ im Widerspruch zu unserer Annahme. Mit derselben Methode zeigt man auch, daß beide Äquivalenzklassen, wenn sie verschieden sind, kein gemeinsames Element haben können.

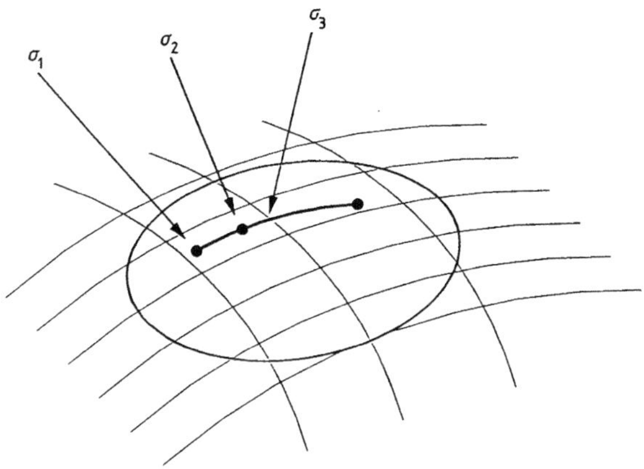

Abb. 5.15 Schematische Darstellung einer Partitionierung dynamischer Systeme durch eine Äquivalenzrelation. Eingezeichnet ist ein spezieller Weg durch den Raum dieser Systeme, der bei Änderung eines Kontrollparameters eingeschlagen wird.

Wir können also die Äquivalenzrelation „Homöomorphismus" dazu benützen, unsere Systeme, die durch die Gleichung (5-56) beschrieben werden, in Äquivalenzklassen einzuteilen. Wir verlangen dabei von dem Homöomorphismus, daß er eine eineindeutige stetige Abbildung zwischen den Systemen darstellt, der die Orientierung der Trajektorien erhält (Abb. 5.16). Wir haben damit unsere dynamischen Systeme, die wir betrachten, in disjunkte Klassen eindeutig aufgeteilt (Abb. 5.15). In diesem Bild können wir nun eine Vorstellung darüber entwickeln, was wir unter quantitativer und qualitativer Veränderung verstehen wollen. Dazu verändern wir einen unserer Kontrollparameter σ vom Wert σ_1 zum Wert σ_2, wie dies in Abb. 5.15 dargestellt ist. Wir beobachten dabei, daß wir die Äquivalenzklasse der Systeme, von der wir ausgegangen sind, nicht verlassen haben. Die entsprechende Änderung des Verhaltens des Systems nach dieser Änderung des Kontrollparameters bezeichnen wir als quantitativ. Es ist beispielsweise nicht schwer, derartiges Verhalten beim Laser wiederzufinden.

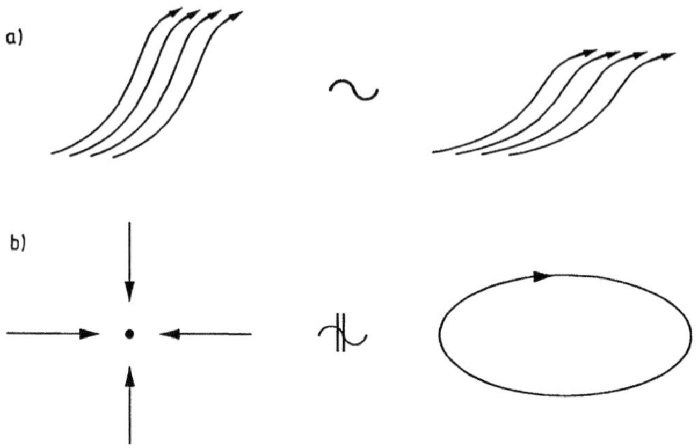

Abb. 5.16 a) Beispiel für äquivalente Systeme, b) für nichtäquivalente Systeme

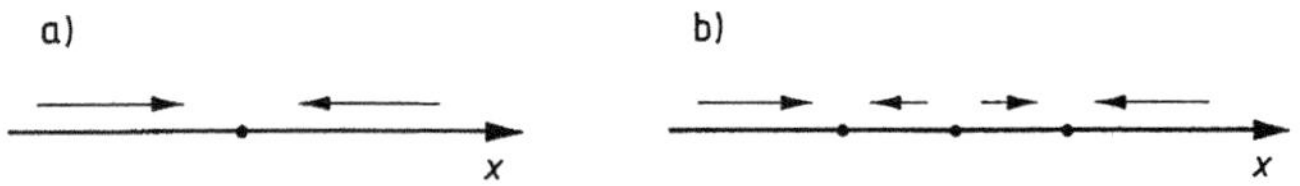

Abb. 5.17 Trajektorienbild zur Lasergleichung (vgl. (5-3) und (5-4)) a) unterhalb, b) oberhalb der Schwelle

Betrachten wir dazu das Potential, das wir früher in Abb. 4.22 aufgezeichnet haben. Unterhalb der Schwelle, also dort, wo keine Lasertätigkeit stattfindet, wird bei einer kleinen Änderung des Pumpparameters das Potential so deformiert, daß die zugehörigen Trajektorien (Abb. 5.17) ohne weiteres mittels einer Abbildung, die alle unsere Vorgaben erfüllt, auf einander abgebildet werden können. Profaner ausgedrückt: Der Laser arbeitet auch nach dieser Veränderung wie eine Lampe.

Gänzlich anders stellen sich die Verhältnisse dar, wenn wir die Grenze zwischen zwei Äquivalenzklassen passieren (Abb. 5.15). Machen wir uns die Situation wieder am Beispiel des Lasers klar. Der Übergang besteht dort darin, daß wir vom Zustand der Lampe zur Lasertätigkeit wechseln. In der Tat sind die beiden verschiedenen sich ergebenden Trajektorienbilder (vgl. die Abb. 5.17) nicht mehr eineindeutig aufeinander abbildbar. Den Wechsel zwischen zwei Äquivalenzklassen, die dort auftretende qualitative Veränderung, bezeichnen wir wieder als strukturelle Instabilität oder kurz als Instabilität.

Es ist für uns wichtig anzumerken, daß wir eine derartige Instabilität schon durch die Betrachtung der linearisierten Version unseres Systems (5-56) entdecken können. Beim Auftreten der Instabilität, die durch die Gleichungen (5-48) und (5-49) angezeigt wird, verwandelt sich nämlich der ursprünglich stabile Knoten, den wir in Abschnitt 5.3 betrachtet haben, oberhalb der Schwelle in einen Sattelpunkt: Dabei verändert sich die Orientierung der Trajektorien (vgl. Abb. 5.16). Wir können also mit der Methode der linearen Analyse, wie wir sie hier nennen wollen, eine strukturelle Instabilität in systematischer Weise entdecken.

Das Konzept strukturell stabiler Systeme ist natürlich nur solange sinnvoll, solange „genügend viele" solcher Systeme auch tatsächlich existieren. Damit ist gemeint, daß im Raum der dynamischen Systeme die strukturell stabilen Systeme eine, wie man sagt, offene dichte Menge bilden. Salopp gesprochen bedeutet dies, daß wir in jeder beliebigen Umgebung eines vorgegebenen Systems auch ein strukturell stabiles auffinden können. Dies ist nun im allgemeinen nur der Fall, wenn die Ordnungsparametergleichung die Dimension zwei nicht überschreitet. Das erklärt unsere Bemerkungen in Abschnitt 5.1, wo wir darauf hingewiesen haben, daß die möglichen Bewegungsformen von Systemen vollständig charakterisiert werden können. Bei Systemen von drei Variablen und mehr ist dies, wie das der amerikanische Mathematiker Smale bewiesen hat, nicht mehr der Fall. Ganz neuartige Erscheinungen treten dann auf, die wir in Kapitel 9 streifen werden.

*5.7 Phänomenologische Synergetik

Das Konzept der strukturellen Stabilität und Instabilität erlaubt es uns, die Synergetik in einer überraschend neuen Form zur Geltung zu bringen. Sind wir bisher von Systemen ausgegangen, deren Untersysteme wir genau gekannt haben, so müssen wir doch zur Kenntnis nehmen, daß dies in den meisten Fällen, die eben uns auch interessieren sollten, nicht zutrifft. Die Untersysteme sind dann schon so kompliziert, daß wir ihre Dynamik im einzelnen gar nicht verstehen können. Geben wir doch einige Beispiele an. Betrachten wir die Zellen eines biologischen Organismus, die in ihrer Gesamtheit ein funktionierendes Organ bilden, die Leber etwa, Nieren usw. Die Zellen, die das Organ aufbauen, werden wir als die Untersysteme des Organs bezeichnen. Aber diese Untersysteme sind kompliziert. In den Zellen laufen mannigfache Reaktionen ab, die bis heute nicht in ihren Details entschlüsselt sind. Besonders extrem wird die Situation, wenn wir das wohl komplizierteste Organ, das wir bisher kennen, betrachten, das menschliche Gehirn. Auch hier glauben wir die Untersysteme zu kennen, die dieses Gehirn konstituieren: Neuronen (die Gehirnzellen), Gliazellen usw. Wieder sind die Untersysteme so kompliziert, daß eine mathematische Beschreibung, wie wir sie durch die Gleichungen (5-2) vorgestellt haben, ausweglos erscheint.

In gleichem Maße unübersichtlich muß uns die Situation bei der Analyse menschlicher Gesellschaften erscheinen, die ja auch – zumindest in bestimmten Situationen – als Systeme beschreibbar werden, wie wir sie hier vorgestellt haben: Sie bestehen aus vielen Untersystemen, den Menschen nämlich, und erweisen sich bei Situationen, wie sie etwa die Meinungsbildung darstellt, als offenes System, das kollektives Verhalten zeigt. Instabilitäten werden angebbar, die beispielsweise zu einer Polarisierung der Meinung Anlaß geben können usw.

Um deutlich machen zu können, daß die Synergetik sich auch in einer solchen Situation bewähren kann, müssen wir einige spätere Resultate dieses Buches bereits hier vorwegnehmen. Es wird sich nämlich herausstellen, daß die anhand des Beispiels Laser erarbeiteten Vorstellungen keineswegs isoliert nur für dieses System zutreffen (auch unsere Vorarbeit, die wir in den vorangegangenen Abschnitten getroffen haben, weist darauf hin), sondern daß wir anhand des Lasers grundlegende Konzepte entdeckt haben, die für alle Systeme, die wir hier betrachten wollen, zutreffen. Das erste wichtige Ergebnis ist, daß eine auftretende Instabilität in einem Vielteilchensystem fern vom thermischen Gleichgewicht gar nicht von den detaillierten Mechanismen der Wechselwirkung und der Art der betrachteten Untersysteme abhängt. Diese Erkenntnis erlaubt es uns wieder, Methoden der qualitativen Theorie der Differentialgleichungen anzuwenden, wie wir das bei der Einführung des Begriffs der strukturellen Stabilität und Instabilität bereits getan haben. Nehmen wir also an, unser System sei durch eine Gleichung der allgemeinen Struktur (5-2) beschreibbar. (Wir vernachlässigen wieder die Fluktuationen und räumliche Inhomogenitäten. Selbstverständlich bedeutet diese Annahme eine Einschränkung.)

Wir gehen davon aus, daß wir einen stabilen Ausgangszustand $\boldsymbol{U}_0$ vorfinden bei einem gegebenen Wert der Kontrollparameter σ. Wir können uns jetzt vorstellen, diesen Parametersatz so zu ändern, daß wir einen bestimmten Weg im Parameterraum einschlagen (vgl. Abb. 5.12). Diese Kurve läßt sich, wenn wir mit w einen Parameter bezeichnen, darstellen als

$$\sigma = \sigma(w). \qquad (5\text{-}61)$$

Die Komponenten des Vektors σ sind also wohldefinierte Funktionen des einen Parameters w. Wir können also w selbst als einen Kontrollparameter auffassen, bei dessen Veränderung wir einen bestimmten Weg durch den Parameterraum nehmen. Unser Parameterraum ist nun angefüllt mit verschiedenen kritischen Gebieten: Flächen, Schnittlinien von Flächen usw., wie wir das bereits in der Abb. 5.12 für den dreidimensionalen Fall aufgezeichnet haben. Durchschreiten wir auf unserem Weg nun ein derartiges kritisches Gebiet, wird unser System eine strukturelle Instabilität erleiden, wie wir das in 5.6 ausgeführt haben. Das einfachste kritische Gebiet, das wir antreffen können, ist in unserem dreidimensionalen Beispiel eine Fläche, wie sie durch Gleichung (5-35) festgelegt wird. Treffen wir auf eine solche Fläche, dann wissen wir, daß dort gerade ein Eigenwert des zugehörigen Gleichungssystems instabil werden kann. Selbstverständlich können wir auf unserem Weg auch durch die Schnittlinie zweier solcher Flächen gelangen, wir treffen auf eine kompliziertere Instabilität, bei der gleichzeitig zwei Moden instabil werden usw.

Stellen wir uns vor, daß wir ein System vorliegen haben, dessen genaueren Details, also die Dynamik der Untersysteme, wir nicht kennen und verändern an diesem System einen Parameter w. Wir können jetzt sagen, daß bei der Veränderung des einen Parameters w zu einem anderen Wert entweder keine Instabilität auftritt. Das ist dann der Fall, wenn wir dabei auf kein kritisches Gebiet des Systems im Parameterraum der Kontrollparameter treffen. Wir können aber auch auf eine Fläche treffen, die der Instabilität einer Mode entspricht, eine Schnittlinie, Instabilität zweier Moden ... .

Wodurch unterscheiden sich nun bei unserem Weg durch den Parameterraum die Instabilität einer Mode von der zweier Moden? Da wir unser System nicht genau kennen, ist uns natürlich auch der spezielle Weg, wie er in Abb. 5.12 gezeichnet ist, nicht bekannt. Betrachten wir also einen benachbarten Weg, wie dies auch in der Abbildung angedeutet ist. Wir bemerken sofort, daß wir, schlagen wir den benachbarten Weg ein, zwar weiterhin die Fläche treffen, die zur Instabilität einer Mode führt, aber nicht mehr die Schnittlinie. Wir können deshalb sagen, daß die Instabilität einer Mode stabil ist gegenüber Störungen des Parameterweges (sie bleibt uns erhalten), daß die kompliziertere Instabilität aber verschwunden ist – ihr Auftreten ist nicht stabil gegenüber einer kleinen Störung.

Wenn wir das System also nicht genau kennen, werden wir von der komplizierteren Instabilität absehen können, wir werden sie typischerweise bei einem Gang durch den Parameterraum nicht entdecken können. Die „stabile" Instabilität jedoch werden wir entdecken können, eben aufgrund ihrer Stabilität gegenüber kleinen Störungen. Was hier für die Instabilität zweier Moden behauptet wurde, gilt natürlich erst recht für die gleichzeitige Instabilität dreier Moden usw.

Wir halten also fest: Bei der Änderung eines Kontrollparameters erwarten wir typischerweise: a) Wir treffen auf kein kritisches Gebiet, b) wir treffen auf eine Fläche – sonst nichts. Unsere Überlegungen lassen sich sofort auch auf den Fall verallgemeinern, wo wir zwei Kontrollparameter w_1 und w_2 gleichzeitig verändern. Jetzt wird es beispielsweise durchaus typisch sein, auch eine Schnittlinie in unserem Bild anzutreffen.

Wir begnügen uns jedoch hier, unseren einfachen Fall eines sich verändernden Parameters w zu diskutieren.

Das entscheidende ist nun, daß es gelingt, die Ordnungsparametergleichungen für die möglichen typischen Instabilitäten, die mit dem Auftreffen auf eine Fläche möglich sind, vollständig anzugeben. Dies ist einmal (bei entsprechender Symmetrie) die Gleichung, die wir beim Einmodenlaser für die Lichtfeldamplitude angegeben haben:

$$\frac{du}{dt} = \varepsilon u - u^3 \tag{5-62}$$

mit

$$\varepsilon = \frac{w - w_c}{w_c}, \tag{5-63}$$

wenn w_c den kritischen Parameterwert bezeichnet, bei dem die Instabilität eintritt. Wir haben diese Ordnungsparametergleichung in Kapitel 4 bereits diskutiert (vgl. auch Abb. 5.17).

Und es wird eine zweite Instabilität möglich, die zu einem schwingenden Zustand des Systems führt, der Übergang von einem Fokus zu einem Grenzzyklus. Die Ordnungsparametergleichungen sehen in diesem Fall folgendermaßen aus:

$$\frac{dx}{dt} = -\omega y + \lambda x - \beta x(x^2 + y^2), \tag{5-64}$$

$$\frac{dy}{dt} = +\omega x + \lambda y - \beta y(x^2 + y^2), \tag{5-65}$$

wobei wir hier die Ordnungsparameter mit x und y bezeichnet haben. Gehen wir mit dem Ansatz

$$x(t) = r(t)\cos(\omega t + \phi), \tag{5-66}$$

$$y(t) = r(t)\sin(\omega t + \phi), \tag{5-67}$$

wobei ϕ eine konstante Phase ist, in die Gleichungen (5-64) und (5-65) ein, kürzen gleiche Glieder auf den beiden Seiten heraus und berücksichtigen $\sin^2\alpha + \cos^2\alpha = 1$, so erhalten wir für die beiden Gleichungen (5-64), (5-65) dieselbe Gleichung für den Radius r:

$$\frac{dr}{dt} = \lambda r - \beta r^3. \tag{5-68}$$

Der Radius r genügt also der eben diskutierten „Laser" Gleichung. $x(t)$ und $y(t)$ stellen eine Rotation dar, bei der sich $r(t)$ noch zeitlich ändert. Für $\lambda < 0$ resultiert so ein Fokus, für $\lambda > 0$ ein Grenzzyklus (vgl. Abb. 5.18a und 5.18b). Man bezeichnet diesen Übergang als Hopfbifurkation nach ihrem Entdecker, dem Mathematiker E. Hopf.

Damit haben wir alle in unserem Falle möglichen Übergänge zusammengestellt. Alle weiteren möglichen typischen Übergänge lassen sich durch einen Homöomorphismus auf die beiden vorgestellten abbilden. Die beiden hier diskutierten Gleichungen lassen sich als die einfachsten Vertreter der zugehörigen Äquivalenzklasse auffassen. Andere Äquivalenzklassen gibt es in unserem Falle nicht.

Damit können wir in der folgenden Weise Aussagen machen über ein System, dessen detaillierten Aufbau wir nicht im einzelnen kennen. Ändern wir einen Kontrollparameter, dann müssen wir typischerweise erwarten, daß sich der Zustand des Systems nur quantitativ verändert oder aber eine der beiden diskutierten Instabilitäten auftritt. Wir werden so in die Lage versetzt, eine Vorhersage mehrerer möglicher Verhaltensweisen des Systems zu treffen, die aber jetzt wohl definiert sind. Ein besonderer Vorteil dieses Verfahrens besteht eben darin, daß man den möglichen Zustand eines Systems nicht bloß linear extrapoliert, sondern

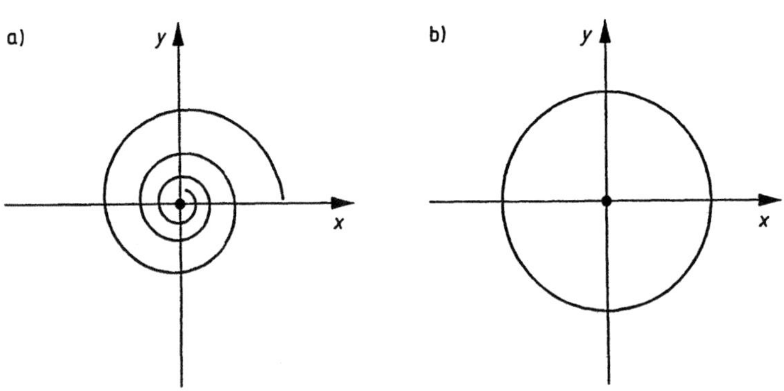

Abb. 5.18 a) Fokus ($\lambda < 0$) und b) Grenzzyklus ($\lambda > 0$)

mögliches nichtlineares Verhalten, das mit charakteristischen Instabilitäten verknüpft ist, berücksichtigt.

Es sei an dieser Stelle nicht verschwiegen, daß das Problem der Interpretation damit noch nicht gelöst ist. Es bleibt dem Geschick des Beobachters überlassen, die Ordnungsparameter auch korrekt mit dem Verhalten des Systems in Relation zu setzen, also die makroskopischen Variablen richtig zu identifizieren.

5.8 Makroskopische Synergetik

Wir deuten das Vorgehen der makroskopischen Synergetik hier nur kurz an, da wir ihre Methodik am Beispiel des Lasers wie auch bei der Begründung der statistischen Mechanik eingehend diskutiert haben. Ihr Vorgehen beruht auf dem Jaynesschen Prinzip, das wir in Abschnitt 2.2 ausführlich besprochen haben. Maximiert wird die Information unter geeignet gewählten makroskopischen Nebenbedingungen. Bereits beim Laser haben wir darauf aufmerksam gemacht, daß diese Nebenbedingungen bei den in der Synergetik betrachteten Systemen ganz anders zu wählen sind als im Fall der statistischen Mechanik. Als Nebenbedingungen dienen uns jetzt die Momente der Amplituden ξ_i der kollektiven Variablen beispielsweise in der Form

$$\langle \xi_i \xi_j \rangle, \quad \langle \xi_i \xi_j \xi_k \rangle, \quad \langle \xi_i \xi_j \xi_k \xi_l \rangle \tag{5-69}$$

Der Formalismus läßt sich jetzt genauso weiterverfolgen, wie wir das bereits früher gezeigt haben. Man kann übrigens die gesamten Konzepte der Synergetik von diesem Standpunkt her neu begründen. Wir verweisen dazu auf die Speziallliteratur. Gegenüber der phänomenologischen Synergetik bringt die makroskopische Synergetik das Element der Fluktuationen zusätzlich ein.

5.9 Ein Beispiel aus der Lasertheorie

Die Lasergleichungen (4-78) und (4-79) lassen sich in einer sehr schönen Weise verwenden, um die im Zusammenhang mit den dynamischen Systemen eingeführten Begriffsbildungen noch genauer kennenzulernen. Dazu führen wir in die Gleichungen (4-78) und (4-79) die Abhängigkeit der Inversion von den Photonenzahlen bzw. den Intensitäten n_1 und n_2 explizit ein. In Verallgemeinerung unserer früheren Überlegungen über die Abnahme der Inversion aufgrund des Vorhandenseins von einer Lasermode erwarten wir jetzt eine Beziehung der Form

$$N_2 - N_1 = (N_2 - N_1)_0 - c_1 n_1 - c_2 n_2 , \tag{5-70}$$

da ja sowohl durch n_1 als auch n_2 die Inversion verringert wird. Setzen wir (5-70) in (4-78) bzw. (4-79) ein, so erhalten wir

$$\frac{dn_1}{dt} = (G_1 - an_1 - bn_2)\, n_1 \tag{5-71}$$

und

$$\frac{dn_2}{dt} = (G_2 - cn_1 - dn_2)\, n_2 . \tag{5-72}$$

Darin haben wir die folgenden Abkürzungen eingeführt:

$$G_1 = 2\alpha_1 (N_2 - N_1)_0 - 2\kappa_1 , \tag{5-73}$$

$$G_2 = 2\alpha_2 (N_2 - N_1)_0 - 2\kappa_2 , \tag{5-74}$$

$$a = 2\alpha_1 c_1 , \tag{5-75}$$

$$b = 2\alpha_1 c_2 , \tag{5-76}$$

$$c = 2\alpha_2 c_1 , \tag{5-77}$$

$$d = 2\alpha_2 c_2 . \tag{5-78}$$

Es gibt aber auch Fälle beim Laser, etwa bei stehenden Wellen, wo diese Beziehungen (5-75)–(5-78) durch allgemeinere ersetzt werden müssen. Im folgenden wollen wir daher annehmen, daß *a, b, c, d* noch willkürlich gewählt werden können. Um die Gleichungen (5-71) und (5-72) zu studieren, liegt es nahe, wiederum mit den stationären Lösungen, für die also

$$\frac{dn_1}{dt} = 0, \quad \frac{dn_2}{dt} = 0 \tag{5-79}$$

gilt, zu beginnen. Die Bedingung (5-79) legt die Fixpunkte fest. Wegen (5-79) gehen (5-71) und (5-72) in die Bedingungen

$$(G_1 - an_1 - bn_2)\, n_1 = 0 \tag{5-80}$$

und

$$(G_2 - cn_1 - bn_2)\, n_2 = 0 \tag{5-81}$$

über, die nun auf verschiedene Lösungen hin untersucht werden können. Die triviale Lösung ist natürlich durch

$$n_1 = 0, \quad n_2 = 0 \tag{5-82}$$

gegeben. Sie ist für uns uninteressant, da hier keine Lasertätigkeit stattfindet. Für die Einmodentätigkeit haben wir die Bedingung:

$$n_1 \neq 0, \quad n_2 = 0 \tag{5-83}$$

oder damit äquivalent

$$G_1 - an_1 = 0, \tag{5-84}$$

die sich auch nach n_1 auflösen läßt:

$$n_1 = \frac{G_1}{a}. \tag{5-85}$$

Ersichtlich ist Lasertätigkeit ($n_1 > 0$) nur möglich, falls

$$G_1 > 0 \tag{5-86}$$

gilt. In symmetrischer Weise können wir das gleiche für die zweite Mode durchführen, haben also

$$n_1 = 0, \quad n_2 \neq 0, \tag{5-87}$$

$$G_2 - an_2 = 0, \tag{5-88}$$

$$n_2 > 0 \quad \text{nur falls } G_2 > 0. \tag{5-89}$$

Der interessante Fall für uns ist natürlich eine eventuelle Koexistenz, bei der

$$n_1 \neq 0, \quad n_2 \neq 0 \tag{5-90}$$

gilt.

Hier müssen nun die beiden Relationen

$$G_1 - an_1 - bn_2 = 0 \tag{5-91}$$

und

$$G_2 - cn_1 - dn_2 = 0 \tag{5-92}$$

erfüllt sein, wozu die Bedingung kommt, daß die Photonenzahlen positiv sein müssen:

$$n_1 > 0, \quad n_2 > 0. \tag{5-93}$$

Gleichungen (5-91) und (5-92) sind lineare Gleichungen für n_1 und n_2 und können sofort explizit aufgelöst werden; es ergibt sich

$$n_1 = \frac{G_1 d - G_2 b}{ad - bc} \tag{5-94}$$

und

$$n_2 = \frac{aG_2 - cG_1}{ad - bc}. \tag{5-95}$$

Falls zusätzlich die Bedingung (5-93) erfüllt ist, wären (5-94) und (5-95) also mögliche stationäre Lösungen. Ob diese aber im Laser tatsächlich realisiert werden, hängt von der Stabilität ab. Um die Stabilität zu untersuchen, muß man nachsehen, wie sich die zeitlichen Gleichungen (5-71) und (5-72) bezüglich ihrer Lösungen verhalten. Wegen der umfangreichen Diskussion müssen wir auch hier wieder auf die Fachliteratur verweisen.

Wir wollen lediglich illustrieren, wie man im Prinzip das Verhalten von n_1 und n_2 behandeln kann, wobei wir auf Computerlösungen zurückgreifen wollen. Um sich das Verhalten von n_1 und n_2 vorzustellen, denkt man sich ein Koordinatensystem, dessen eine Achse von n_1 und dessen andere Achse von n_2 bestimmt ist. Trägt man nun in diesem Koordinatensystem einen Punkt ein, so entspricht dieser einem speziellen Wert des Paares n_1, n_2. Im allgemeinen werden sich diese Werte aber im Laufe der Zeit ändern, da wir uns ja nicht unbedingt auf einem Punkt befinden, wo (5-79) gilt. Die Gleichungen (5-71) und (5-72) besagen nun, daß im allgemeinen n_1 und n_2 im Laufe der Zeit sich ändern werden. Verfolgt man diese zeitliche Änderung und trägt diese in der Ebene n_1, n_2 auf, so ergibt sich eine Trajektorie. Abb. 5.19 zeigt, wie die Fixpunkte und Trajektorien für die Gleichungen (5-71) und (5-72) liegen, wobei bestimmte Parameterwerte gewählt wurden, um typisches Verhalten zu zeigen.

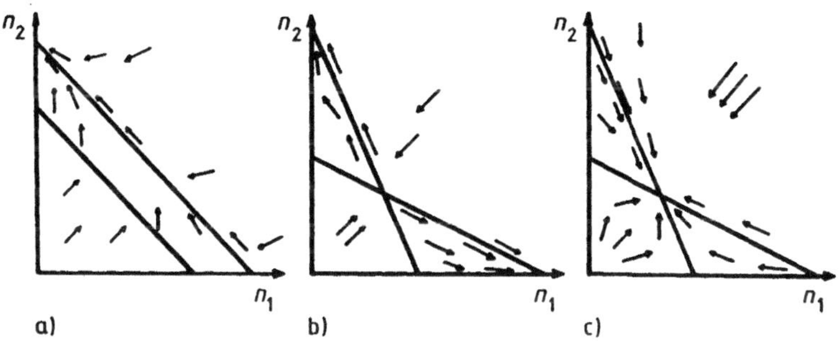

Abb. 5.19 Trajektorien zu (5-71) und (5-72)

6
Strukturbildung in Flüssigkeiten und Gasen

6.1 Einleitung

Flüssigkeiten und Gase sind in unserem Alltag so selbstverständlich verfügbare und für alle möglichen Zwecke benutzte Materialien, daß wir uns der grundlegenden Bedeutung ihrer Dynamik, gerade auch in der Gestaltung unseres Alltagslebens, nur selten bewußt werden. Finden wir jedoch genügend Muße, so können wir uns beispielsweise den durchaus ästhetischen Manifestationen dieser Dynamik zuwenden. Strukturen, die besonders dieses ästhetische Empfinden berühren, kann man in Strömungsversuchen mit Flüssigkeiten sichtbar machen. Abb. 6.1 beispielsweise zeigt die Entstehung einer Wirbelstraße, die man unter sorgsam festgelegten Versuchsbedingungen erhalten kann, bei

Abb. 6.1 Karmansche Wirbelstraße (nach T. Schwenk)

denen ein Stäbchen möglichst gleichmäßig durch eine Flüssigkeit gezogen wird. Doch nicht nur geordnete Strukturen werden identifizierbar, wie etwa auf der Wasseroberfläche in Abb. 6.2, wo verschiedene Ordnungsformen (Strömungsmuster) aufeinandertreffen. Auch völlig ungeordnete Strömungsmuster, wie beispielsweise die in Abb. 6.3 gezeigte vollständig entwickelte turbulente Strömung hinter einem Gitter, können beobachtet werden. Wir wollen uns in diesem Kapitel ein Verständnis dieser hier angedeuteten ungewöhnlichen Vielfalt der auftretenden Muster verschaffen, ohne jedoch dabei ihre besondere Bedeutung für die Praxis aus dem Auge zu verlieren.

Wenden wir uns also zunächst einigen der eher praktischen Aspekte der Dynamik von Flüssigkeiten und Gasen zu und nehmen dies zum Anlaß, ihre besondere Wichtigkeit, soweit es in diesem Rahmen möglich ist, herauszuarbeiten. Wir wählen dazu verschiedenartige grundlegende Probleme der Geophysik aus, mit denen wir uns im folgenden genauer befassen wollen. Beginnen wir zunächst mit einem der einfachsten, nämlich der natürlichen Strömungsform von Flüssen und Bächen. Der Eingriff des Men-

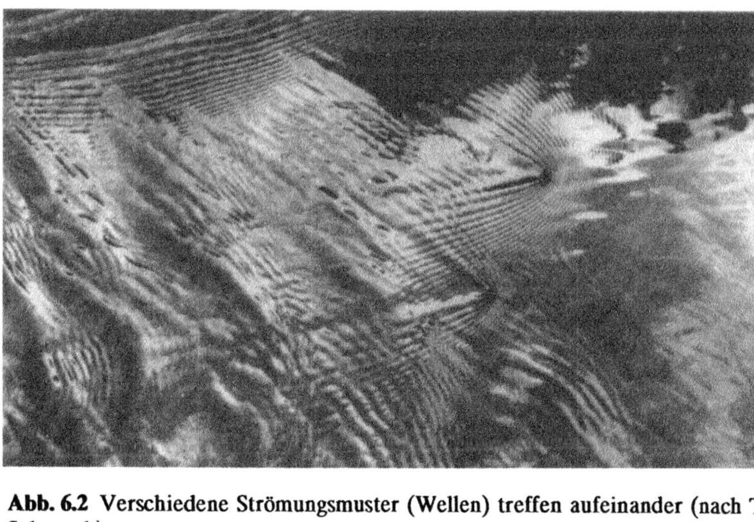

Abb. 6.2 Verschiedene Strömungsmuster (Wellen) treffen aufeinander (nach T. Schwenk)

schen in die Natur hat uns diese Strömungsformen schon fast vergessen lassen: Flüsse strömen in der Regel nicht einfach geradlinig und auf kürzestem Wege dem Meer zu, sondern mäandrieren in weiten regelmäßigen Bögen oder Schleifen. Abb. 6.4 zeigt ein Bild des Bassin d'Arcachon in Südwestfrankreich. Ganz im Sinne der Synergetik können wir diese Mäander deuten als spontan auftretende Instabilität einer laminaren geradlinigen Strömung gegenüber Strömungen quer zur Fließrichtung. Die zuerst instabil werdende Querkomponente besitzt nun eine charakteristische Wellenlänge, die die Länge und damit die Ordnung der Mäander bestimmt. Selbstverständlich wird eine vollkommene Regelmäßigkeit dabei durch die unterschiedliche Zusammensetzung des Untergrundes, sich abwechselnde geologische Formationen, variierendes Gefälle, zuströmende andere Bäche und Flüsse, verhindert.

Ein weiteres, besonders interessantes Phänomen, das vorwiegend durch die Dynamik von Gasen bestimmt wird, beobach-

Abb. 6.3 Turbulente Strömung hinter einem Stabgitter (nach T. Schwenk)

Abb. 6.4 Mäandrierender Fluß (Bassin d'Archon in Südwestfrankreich)

ten wir bei der Wolkenbildung. Bereits von der Erde aus sichtbar sind beispielsweise die sogenannten Wolkenstraßen (s. Abb. 6.5). Die Bedingungen für ihr Entstehen werden wir im folgenden noch im Detail analysieren. Offenbar handelt es sich wieder wie beim Mäander um Strukturen, die sich ohne erkennbaren Einfluß von selbst bilden. Unter dem Wort „Einfluß“ wollen wir dabei im folgenden verstehen, daß keinerlei äußeres Agens diese Struktur von außen her antizipiert.

Erst Satellitenaufnahmen haben uns in den letzten 30 Jahren in die Lage versetzt, eine genauere und vollständigere Vorstellung von Strukturbildungsprozessen bei der Entstehung von Wolken zu gewinnen. Der im folgenden geschilderte Prozeß ist vom

Abb. 6.5 Wolkenstraßen als Folge hochgeordneter Luftbewegungen

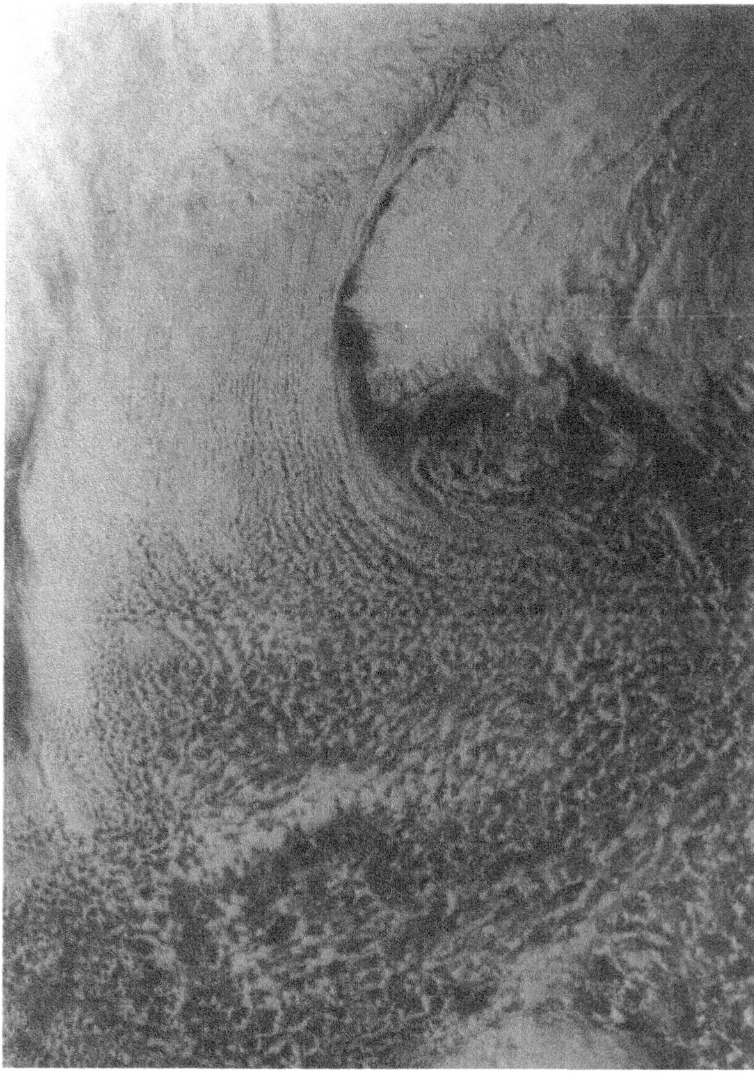

Abb. 6.6 Satellitenaufnahme über dem nordöstlichen Atlantik

Erdboden aus nicht beobachtbar: nämlich das Auftreten von Cumulus-Wolken über den Ozeanen während spontan erfolgender Ausbrüche von polarer Meeresluft. Ein Beispiel zeigt Abb. 6.6. Hier strömt polare Luft von der Kante des Eises aus über die vergleichsweise warme Meeresoberfläche. Bedingt durch die hohen Temperaturunterschiede zwischen dem Wasser und der Luft beobachtet man eine Luftströmung, die wir als Konvektion (s.u.) bezeichnen: Sie wird erzeugt durch Temperaturunterschiede und dient einem möglichst effektiven Temperaturausgleich. Die Luft erwärmt sich in den untersten Schichten und die warme Luft drängt, da sie leichter ist, nach oben, wobei sie einen verhältnismäßig hohen Feuchtigkeitsgrad aufweist. Beim Aufsteigen wird diese Luft jedoch abgekühlt, wodurch die Bedingungen für eine Kondensation der mitgeführten Wassermoleküle erreicht werden. Die entstehenden Wolken organisieren sich nun im ersten Moment ihres Entstehens in Form von Wolkenstraßen, wie wir sie bereits oben vorgestellt haben. Dies deutet darauf hin, daß die Konvektion, wie man vielleicht naiv erwarten würde, nicht statistisch regellos, sondern auf den räumlich betrachteten Maßstäben hoch geordnet erfolgt.

Auf ihrem Weg über die See brechen die Wolkenstraßen jedoch auf (werden destabilisiert) und neue, kompliziertere Organisationsformen der Wolken werden beobachtet. In den häufigsten Fällen bestehen diese Strukturen aus Zellverbänden, in denen ein Ring von Wolken eine wolkenfreie Zone umgibt. Man spricht in diesem Falle manchmal auch von offenen Zellen. Auch der „inverse" Fall ist möglich (Abb. 6.7): Werden die Wolkenzellen von wolkenfreien Gebieten umgeben, spricht man von geschlossenen Zellen. Abb. 6.8 zeigt eindrucksvoll die Entstehung der offenen Zellen aus den Wolkenstraßen bei der Wanderung nach Süden.

Nicht nur die Wolkenbildung ist es, die für unser Klima von hervorragender Bedeutung ist. Es sind auch die über große Distanzen stattfindenden kurz- und langfristigeren Strömungen in der Atmosphäre. Das Verhalten kurzfristiger Änderungen der Strömung gewinnt seine praktische Bedeutung in der Wettervorhersage, längerlebige Strömungsformen haben Einfluß auf

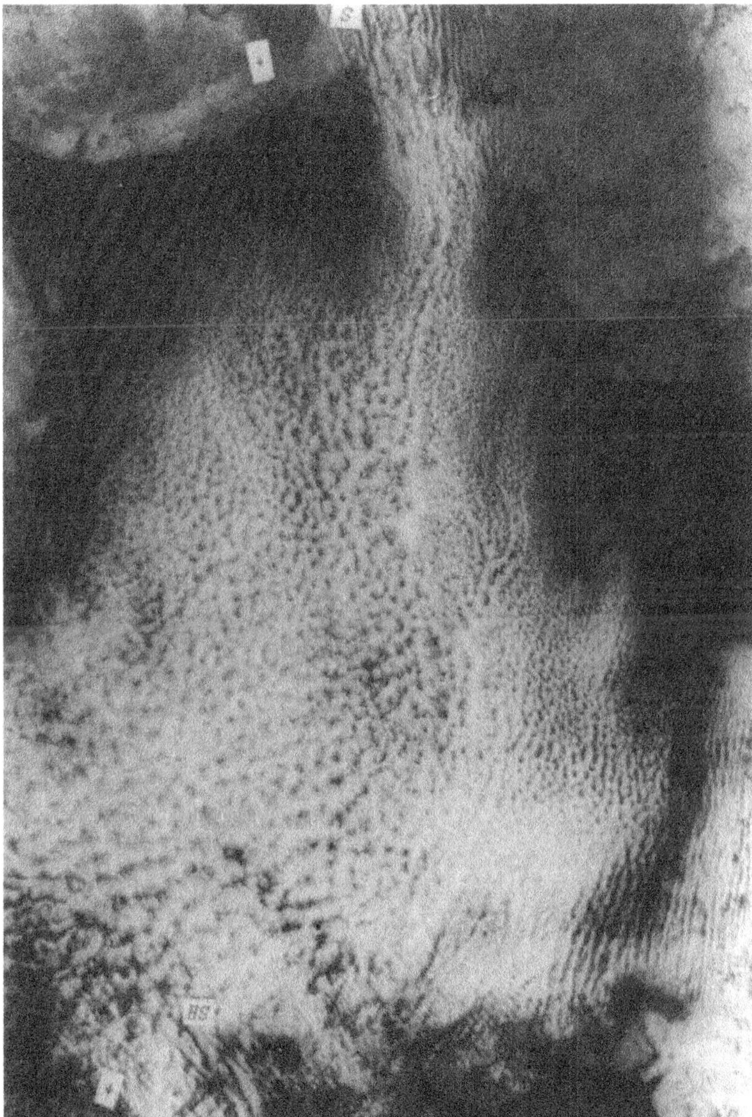

Abb. 6.7 „Geschlossene“ Konvektion über der Nordsee

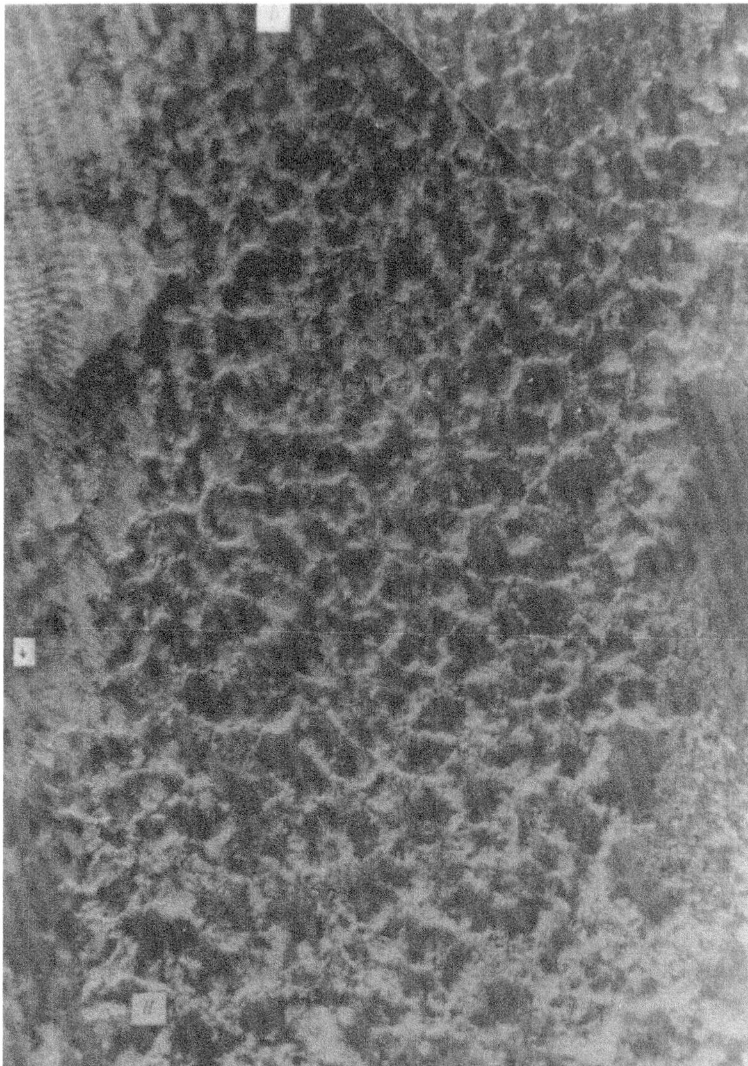

Abb. 6.8 „Offene“ Konvektionszellen über der Nordsee

unser Klima. Wir betrachten dazu als Beispiel Strömungen auf der Nordhalbkugel der Erde (diejenigen auf der Südhalbkugel sind spiegelsymmetrisch zu den betrachteten). Verantwortlich für das Zustandekommen der Strömungen sind zunächst wieder Temperaturunterschiede, bedingt etwa durch unterschiedliche Sonneneinstrahlung in verschiedenen Regionen, die unter anderem durch Konvektion ausgeglichen werden. Aber auch die Erddrehung selbst (Corioliskraft) beeinflußt diese Strömungen erheblich. Über ein Jahr gemittelt ergeben sich so auf der nördlichen Halbkugel die Strömungsbilder der Abb. 6.9. Es leuchtet unmittelbar ein, daß diese Strömungsverhältnisse für die Klimagürtel der Erde bestimmend sind.

Zu den bedeutenden großräumigen Strömungen auf der Erde gehört auch die Strömung in Ozeanen. Bekanntlich stellen die Ozeane die wichtigsten, wie man sagt, Langzeitspeicher von Wärme auf der Erde dar. Das liegt an ihrer hohen Wärmekapazität, ungefähr viermal so hoch wie die der Luft. Berücksichtigt man die viel höhere Dichte des Wassers, läßt sich die folgende Bilanz erstellen: Die Wärmekapazität der gesamten Luftsäule über der Erde läßt sich bereits in den obersten drei

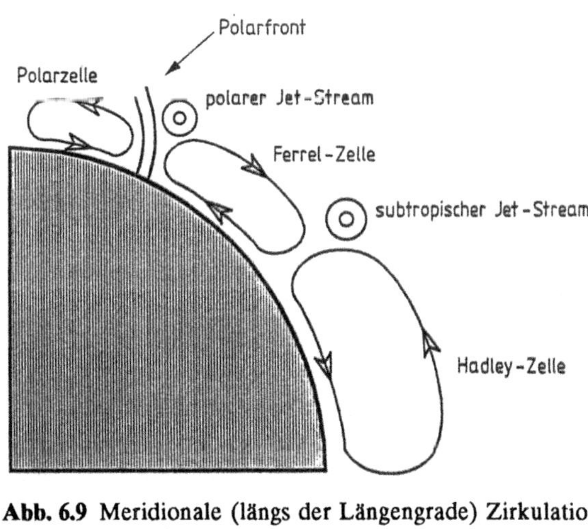

Abb. 6.9 Meridionale (längs der Längengrade) Zirkulation der Atmosphäre im jährlichen Mittel

Metern der Ozeane speichern. Diese hohe Wärmekapazität hat zur Folge, daß anomale Zustände der Atmosphäre abgemildert werden. Eine Konsequenz ist beispielsweise die bekannte Unterscheidung zwischen Festland- und Seeklima; das Festlandklima zeichnet sich durch sehr viel stärkere Schwankungen der Temperatur aus als etwa das Seeklima.

Strömungen in Ozeanen sind verknüpft mit einem Transport der gespeicherten Wärme. Betrachten wir zunächst Zirkulationen, die mit dem Austausch von Wassermassen aus den verschiedenen Tiefen der Ozeane zusammenhängen. Im Laufe ungefähr eines Jahrzehnts findet durch Konvektionsströmungen ein Austausch des Wassers bis hinunter in 1000 Meter Tiefe statt. Ventilation bis in die tiefsten Schichten der Ozeane nimmt eine Zeitspanne von der Größenordnung ein Jahrtausend in Anspruch. Die Änderungen der Oberflächentemperaturen der Ozeane haben nun einen starken Einfluß auf die Temperaturen der Atmosphäre. Es besteht beispielsweise eine strenge Korrelation zwischen der Oberflächentemperatur des äquatorialen Pazifik und der über die gesamte Nordhemisphäre gemittelten Temperatur. Temperaturschwankungen im äquatorialen Pazifik, sogenannte Anomalien, werden mit einer gewissen Verzögerung genauso in der mittleren Temperatur der Nordhemisphäre beobachtet (s. Abb. 6.10). Es handelt sich hier um einen Teil dessen, was man in der Klimatologie als El-Niño-Ereignis bezeichnet: In unregelmäßigen Abständen von einigen Jahren auftretende Erwärmungen des Oberflächenwassers über große Bereiche des Pazifik. Die anomal warmen Wasser liegen bis zu fünf Grad über der normalen durchschnittlichen Oberflächentemperatur. Seine Auswirkungen bestehen häufig in ökologischen und ökonomischen Katastrophen für die betroffenen Küstenländer.

In längeren Zeitmaßstäben, nämlich über Dekaden und Jahrhunderte, spielt sich der Transport der Wärme in den Ozeanen vom Äquator zu den Polen ab. Es hat sich gezeigt, daß dieser Transport nicht allein auf die obersten Schichten der Ozeane beschränkt ist; vielmehr scheint die gesamte Schichtung des Wassers von Bedeutung, Schichtungen bezüglich der Temperaturverteilung, aber auch der Strömungsmuster. Beide müssen übrigens nicht übereinstimmen.

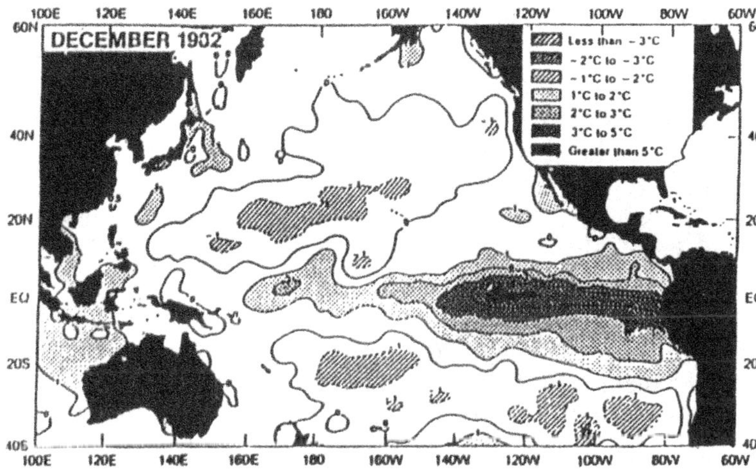

Abb. 6.10 Anomalie in der Oberflächentemperatur im Pazifik für Dezember 1982 (Rasmusson 1985)

Eine weitere bedeutende Anwendung des Strömungsverhaltens von Flüssigkeiten und Gasen bildet die Erforschung des globalen Klimas und seiner Entwicklung auf unserer Erde. Klimatische Entwicklungen unterscheiden sich – wie bereits angedeutet – von der kurzfristigen Wettervorhersage dadurch, daß jetzt Aussagen über sehr viel längere Zeiträume getroffen werden, beispielsweise über ein Jahr, über Jahrzehnte, Jahrhunderte und länger. Um die kurzfristigen Änderungen, etwa zufällige kurzfristige Schwankungen auszuschließen, mittelt man die Daten entsprechend über längere Zeiträume. Will man etwa Aussagen über das jährliche Klima vornehmen, wird man beispielsweise die Daten über den Zeitraum eines Monats mitteln. Klimatische Kenngrößen, die man dabei angibt, sind beispielsweise die mittlere Windrichtung und Windgeschwindigkeiten, die Temperatur, die mittlere Niederschlagsmenge, die Bodenfeuchtigkeit usw. Von besonderer Bedeutung ist selbstverständlich auch die Strahlungsbilanz der Sonne und deren Schwankungen.

Will man sehr langfristige Aussagen treffen, dann hat man offenbar immer vielfältigere Einflüsse zu betrachten. Globale

Wechselwirkungen zwischen der Atmosphäre und den Ozeanen, den Eisgebieten (Nordpol, Antarktis, Gletscher), den Landmassen sowie der Biosphäre müssen berücksichtigt werden. Notwendig wird dazu ein kompliziertes Netz von Meßstationen und auch Satelliten, um geeignetes Datenmaterial zusammenzustellen. Daten, wie auch die zu ihrer Interpretation erstellten Modelle, sind in der Regel nur mittels eines Großcomputers handhabbar. Eine typische Problemstellung der modernen Forschung besteht etwa darin, den Einfluß menschlicher Tätigkeit auf langfristige Veränderungen der klimatischen Bedingungen von den natürlichen Änderungen, die über Jahrmillionen stattgefunden haben, zu isolieren. Beispiele bilden der erwartete Treibhauseffekt durch den Anstieg etwa der Kohlendioxidkonzentration in der Atmosphäre oder die Entstehung und Entwicklung des Ozonlochs über der Antarktis durch die zunehmende Konzentration von Fluor-Chlor-Kohlenwasserstoffen, die in der Atmosphäre nach oben steigen. Bisher ist es allerdings nicht gelungen, eindeutig natürliche Schwankungen, wie etwa die der Sonnenstrahlung oder Änderungen infolge von Erdbahnverschiebungen von denen, die durch anthropogene, d.h. vom Menschen erzeugte Einflüsse, bestimmt sind, eindeutig zu trennen.

Mit ganz ähnlichen Problemen sehen wir uns konfrontiert, wenn wir uns mit dem Aufbau und der Geschichte des Planeten Erde beschäftigen. Die Vorstellungen, die über den Aufbau der Erde erarbeitet wurden, sind schematisch in Abb. 6.11 zusammengestellt. Nach innen hin nehmen der Druck und die Temperatur erheblich zu. Im Erdmittelpunkt wird der Druck auf $1{,}3 \cdot 10^6$ bis $3{,}5 \cdot 10^6$ bar geschätzt, die Temperatur auf 4000 bis 5000 Grad Kelvin. Unterhalb der Erdkruste, die von den Kontinenten und Ozeanen gebildet wird, finden wir einen Silikatmantel. Trotz seiner hohen Zähigkeit sind bereits hier Strömungsbewegungen möglich, die in Zeitintervallen von 10^8 Jahren zu merklichen Veränderungen führen. Auf diese Bewegungen wird die von dem deutschen Geologen A. Wegener postulierte Kontinentaldrift zurückgeführt. Geradezu wie in einem Puzzle können die Kontinente aneinandergepaßt werden. Die beste Übereinstimmung wird allerdings nicht erzielt, wenn man die Küsten aneinander-

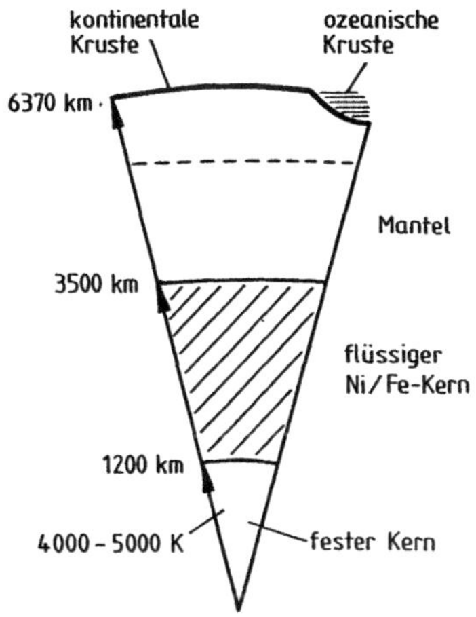

Abb. 6.11
Schematische Darstellung des Aufbaus der Erde

paßt, vielmehr sind es die Abbrüche der Schelfe, die die Vorstellungen Wegeners am eindringlichsten bestätigen. Tief im Erdinneren trifft man auf den sogenannten Erdkern, der ungefähr bei einer Tiefe von 2900 km beginnt, und der – und darauf weisen viele experimentelle Daten hin – vorwiegend aus den Elementen Eisen und Nickel zu bestehen scheint.

Der innere Erdkern selbst ist in zwei Bereiche unterteilt, den inneren festen Kern, der bis zu einem Radius von ungefähr 1200 km reicht (die Materie hat sich dort, bedingt durch den extrem hohen Druck, trotz der hohen Temperaturen verfestigt) und den äußeren flüssigen Kern. Diesen Bereich wollen wir im folgenden genauer betrachten. Seine Zusammensetzung weist nämlich auf eine hohe elektrische Leitfähigkeit hin. Auch hier erwarten wir das Auftreten von Strömungen, bei denen jetzt aber zusätzlich durch den Transport von Ladungen auch elektrische Ströme auftreten. Diese elektrischen Ströme haben für das erdmagnetische Feld, das wir an der Erdoberfläche beobachten können, außerordentliche Bedeutung.

Wir wollen zunächst eine erste Hypothese über die Entstehung des erdmagnetischen Feldes diskutierten. Danach sind beim Kollaps der Materie unter dem Einfluß der Gravitation

(Akkretionsmodell), der zur Bildung des Planeten Erde schließlich führte, interstellare Magnetfelder (primordiale Felder) mit eingeschlossen worden, die wir heute als erdmagnetisches Feld registrieren. Obwohl diese Vorstellung durchaus konsistent ist mit den Gesetzen, die wir aus der Magnetohydrodynamik kennen, kann man doch im Fall der Erde sehr einfach abschätzen, daß diese Hypothese der Wahrheit kaum nahekommen kann. Wie wir aus der Elektrizitätslehre wissen, kann der Strom in einer kurzgeschlossenen, sich selbst überlassenen Leiterschleife aufgrund ihres Ohmschen Widerstandes nicht beliebig lange fließen. Mit dem Strom zerfällt natürlich auch das magnetische Feld, das durch ihn erzeugt wird. Eine einfache Rechnung, die die Leitfähigkeit des Erdkerns berücksichtigt, ergibt ganz entsprechend, daß das Magnetfeld der Erde in einem Zeitraum von ungefähr 30 000 Jahren zerfallen sein müßte. Tatsächlich haben wir jedoch paläontologische (erdgeschichtliche) Zeugnisse, die darauf hinweisen, daß das Magnetfeld der Erde bereits seit mindestens rund drei Milliarden Jahren existieren muß. Ferner weisen diese Daten darauf hin, daß während dieses Zeitraums das Erdmagnetfeld Schwankungen aufweist, die – wie die Beobachtungen ergeben – sehr unregelmäßig aufgetreten sind. Beispielsweise hat sich das Dipolfeld der Erde in Zeiträumen von 10^4 bis 10^5 Jahren mehrfach umgekehrt, Süd- und Nordpol haben ihre Rolle getauscht. Auch beim Erdmagnetfeld handelt es sich also um ein dynamisches Gebilde. Sein Ursprung – und das ist eine zweite Hypothese – liegt vermutlich in den Bewegungen des flüssigen, leitfähigen Erdkerns, denn es muß ja über die zeitliche Größenordnung von ungefähr 30 000 Jahren immer wieder neu generiert werden. Man spricht deshalb auch von einem sich selbst erregenden Dynamo. Auch hier sind also Prozesse der Selbstorganisation am Werke, deren Natur und Antrieb bisher allerdings noch nicht eindeutig identifiziert werden konnten.

Strömungen in der sogenannten Konvektionszone der Sonne scheinen in ähnlicher Weise für die magnetische Aktivität der Sonne verantwortlich zu sein. Der 22-Jahreszyklus der Sonnenflecken gibt Zeugnis davon. Ähnliches gilt für andere Planeten, die ein Magnetfeld besitzen, und für Sterne.

Wir haben anhand der angeführten Beispiele versucht, einen wichtigen Ausschnitt der Dynamik von Flüssigkeiten und Gasen aufzuzeigen, der letztendlich auch die Bedingungen unserer biologischen Existenz überhaupt festlegt. Im folgenden wollen wir einige der aufgezeigten Erscheinungen eingehender und unter dem Aspekt einheitlicher synergetischer Konzepte analysieren.

6.2 Das Bénardproblem

6.2.1 Vorstellung des Modells

In diesem Paragraphen soll ein möglichst einfaches Modell zur Untersuchung der Konvektionsströmung vorgestellt werden, das experimentell von dem französischen Gelehrten Bénard um die Jahrhundertwende erstmals systematisch untersucht wurde. Hier treffen wir wohldefinierte Bedingungen an, die es uns erlauben werden, reproduzierbar verschiedenartige Realisierungen von Flüssigkeitsströmungen zu beobachten und im einzelnen zu untersuchen.

Wir betrachten eine Flüssigkeitsschicht der Dicke *d*, die von unten her gleichmäßig erwärmt wird (Abb. 6.12). Man macht sich ohne Schwierigkeiten deutlich, daß wir wieder ein System vorliegen haben, das alle Bedingungen eines synergetischen Systems erfüllt. Das System ist offen, von außen her wird die Temperaturdifferenz zwischen dem Boden und der oberen Schicht der Flüssigkeit kontrolliert. Bezeichnen wir die Temperaturdifferenz mit $\Delta T = T_1 - T_2$, dann können wir ΔT als Kontroll-

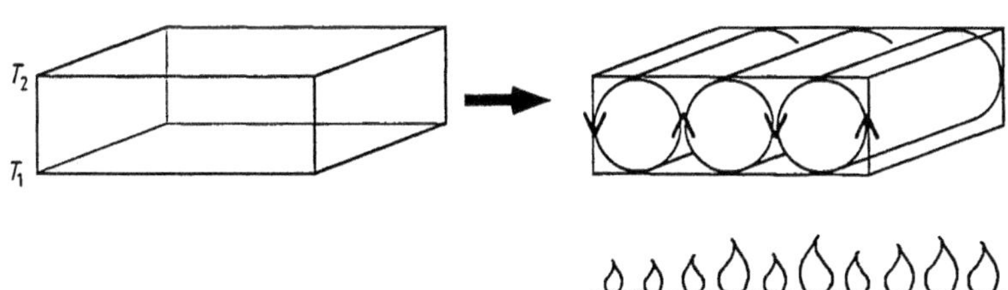

Abb. 6.12 Modellsystem zur Entstehung der Konvektionsströmung

parameter auffassen, der offenbar ein Maß dafür darstellt, wie weit unser System aus dem thermischen Gleichgewicht hinausgetrieben wurde. Ferner ist unser System aus vielen Untersystemen zusammengesetzt, die wir im folgenden vereinfachend als Flüssigkeitselemente bezeichnen wollen. Schließlich treten in diesem System, wie wir dies eingehend darlegen werden, Prozesse der Selbstorganisation auf einem makroskopischen Maßstab auf.

Wir wollen uns in diesem Abschnitt eine Vorstellung der in diesem System auftretenden physikalischen Prozesse verschaffen, die für sein Verhalten wesentlich werden. Betrachten wir zunächst die Dichte ρ der Flüssigkeit. Sie ist eine Funktion der Temperatur T: $\rho = \rho(T)$. Der Verlauf dieser Funktion läßt sich weiter präzisieren (wenn man etwa von der bekannten Anomalie des Wassers absieht): Bei einer Erhöhung der Temperatur dehnen sich nämlich erfahrungsgemäß Körper aus, das Volumen V vergrößert sich bei gleichbleibender Masse m. Die Dichte $\rho = m/V$ nimmt deshalb ab. In der Regel ist die Dichte also eine monoton abnehmende Funktion der Temperatur:

$$\text{Ist } T_1 > T_2, \quad \text{dann folgt} \quad \rho(T_1) < \rho(T_2). \tag{6-1}$$

Im einfachsten Fall wird man erwarten, daß die Änderung der Dichte näherungsweise linear von der Temperaturdifferenz abhängt (vgl. Abb. 6.13). Bezeichnen wir mit T_0 eine Referenztemperatur und mit α den thermischen Volumenausdehnungskoeffizienten der Flüssigkeit, dann ist für nicht zu große Temperaturabweichungen $\Delta T = T - T_0$ von der Referenztemperatur T_0

$$\rho(T) = \rho(T_0)\,(1 - \alpha\,(T - T_0)). \tag{6-2}$$

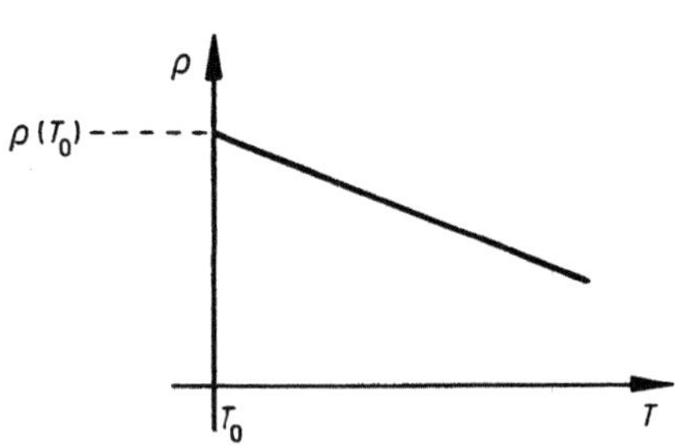

Abb. 6.13
Dichte ρ als lineare Funktion der Temperatur T. Die Steigung der Geraden ist $-\alpha$ (Gleichung (6-2)).

Wegen der Bedingung (6-1) muß offenbar $\alpha > 0$ sein. (Im folgenden werden wir als Referenztemperatur die Temperatur T_1 an der Unterseite der Flüssigkeitsschicht wählen und die Dichte dort gleich ρ_0 setzen.)

Durch die Erwärmung von unten her entsteht mithin im Schwerefeld der Erde, das wir in Abb. 6.15 durch den Vektor der Erdbeschleunigung $\boldsymbol{g}$ angedeutet haben, eine instabile Situation: Die dichteren und somit schwereren Flüssigkeitselemente sind oben in der Schicht versammelt, die leichteren unten. Man erwartet deshalb, daß die Flüssigkeit diese instabile Situation aufhebt, indem die leichteren Flüssigkeitselemente nach oben steigen und die schwereren nach unten absinken. Das Problem stellt sich allerdings nicht mehr ganz so einfach dar, wenn wir berücksichtigen, daß die Flüssigkeit eine Zähigkeit besitzt, die durch ihre dynamische Zähigkeit oder Viskosität $\tilde{\eta}$ beschrieben wird.

Um eine Vorstellung von dieser Größe zu erhalten, betrachten wir die Versuchsanordnung der Abb. 6.14. Die Flüssigkeit befindet sich dort zwischen einer festen Wand und einer beweglichen Platte der Fläche A. Wir stellen uns die Frage, welche Kraft $\boldsymbol{F}$ wir aufwenden müssen, wenn man die bewegliche Platte mit einer festen Geschwindigkeit $\boldsymbol{v}$ bewegt. Dabei sollen nun Prozesse der inneren Reibung innerhalb der Flüssigkeit berücksichtigt werden. Zunächst ist klar, daß infolge der Reibung zwischen den Platten und den Flüssigkeitsteilchen am Rande die Geschwindigkeit der Flüssigkeit an den Rändern mit der Geschwindigkeit der jeweiligen Platte übereinstimmen wird: An der

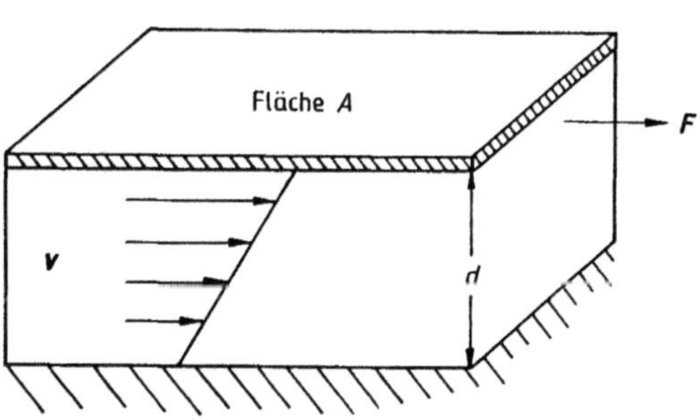

Abb. 6.14
Zur Erläuterung der Viskosität: Eine Platte der Fläche A wird mit der Kraft $\boldsymbol{F}$ gleichmäßig über die Flüssigkeitsschicht gezogen.

ruhenden Platte ist die Geschwindigkeit Null, an der bewegten Platte ist sie gleich $\boldsymbol{v}$. Für nicht zu hohe Geschwindigkeiten $\boldsymbol{v}$ erwartet man zwischen den beiden Berandungen ein linear zunehmendes Geschwindigkeitsprofil (vgl. Abb. 6.14).

Die aufzuwendende Kraft $\boldsymbol{F}$ ist sicher proportional zur Fläche A der beweglichen Platte, denn die Zahl der mitgenommenen Flüssigkeitselemente ist proportional zu dieser Fläche. Ferner wird man erwarten, daß diese Kraft proportional zu der vorgegebenen Geschwindigkeit ansteigt. Man kann sich jedoch leicht vergegenwärtigen, daß diese Erwartung den Sachverhalt nicht ganz präzise wiedergibt. Bewegte man nämlich beide Platten mit der Geschwindigkeit $\boldsymbol{v}$, würde sich die Flüssigkeit überall mit derselben Geschwindigkeit $\boldsymbol{v}$ bewegen, eine Reibung zwischen den Flüssigkeitsteilchen könnte nicht auftreten. Die Kraft $\boldsymbol{F}$ muß deshalb proportional zum Geschwindigkeitsgefälle zwischen den beiden Platten, nämlich $\boldsymbol{v}/d$ sein, also insgesamt

$$\boldsymbol{F} \propto \frac{A\boldsymbol{v}}{d}. \tag{6-3}$$

Durch die Einführung des Proportionalitätsfaktors $\tilde{\eta}$ können wir die Relation (6-3) als Gleichung schreiben:

$$\boldsymbol{F} = \tilde{\eta}\,\frac{A\boldsymbol{v}}{d}. \tag{6-4}$$

$\tilde{\eta}$ bezeichnet man als Koeffizient der inneren Reibung oder dynamische Viskosität. Der Koeffizient variiert von Flüssigkeit zu Flüssigkeit. Er zählt, genauso wie etwa der thermische Volumenausdehnungskoeffizient, zu den makroskopischen Charakteristika einer vorliegenden Flüssigkeit (oder eines Gases). Wir werden allerdings im folgenden bei unseren Betrachtungen der kinematischen Viskosität ν den Vorzug geben; man gewinnt sie aus der dynamischen Viskosität, indem man diese durch die Dichte der Flüssigkeit dividiert

$$\nu = \frac{\tilde{\eta}}{\rho}. \tag{6-5}$$

(Die kinematische Viskosität oder kurz Viskosität wird gewöhnlich in Einheiten cm^2/s gemessen.) Die Viskosität gewinnt also immer dann Bedeutung, wenn innerhalb einer Flüssigkeit Geschwindigkeitsdifferenzen auftreten, und sie versucht diese auszugleichen, indem sie der oben dargestellten Kraft entgegenwirkt. Damit wird unmittelbar klar, daß sie auch eine spontan auftretende Konvektionsströmung behindern wird. Mit dem Aufwärtsströmen der leichteren Teilchen muß ja eine Gegenströmung der schwereren nach unten verknüpft sein. Die Viskosität ist bestrebt, die auftretenden Geschwindigkeitsdifferenzen (die Geschwindigkeiten der aufstrebenden und der herabfallenden Flüssigkeitsteilchen haben verschiedene Richtungen) wieder auszugleichen.

Die Viskosität stellt sich also einer unmittelbaren Aufhebung der durch die Erwärmung von unten her entstehenden instabilen Situation entgegen, so daß die Flüssigkeit bei nicht zu großen Temperaturdifferenzen zwischen oben und unten zunächst weiterhin in Ruhe bleibt. Man spricht von einem räumlich homogenen Zustand der Flüssigkeitsschicht. Trotzdem muß natürlich die Wärme, die wir von unten her zuführen, durch die Flüssigkeit nach oben abtransportiert werden. Dies geschieht mittels des bereits beschriebenen Prozesses der Wärmeleitung. Wir können die Formel (3-22) aus Abschnitt 3.3 direkt übernehmen. Die pro Flächeneinheit und Zeiteinheit nach oben transportierte Wärmemenge, der Wärmestrom j_Q, ist gegeben durch

$$j_Q = \kappa \rho \, c_s \frac{\Delta T}{d}, \qquad (6\text{-}6)$$

$$\Delta T = T_1 - T_2.$$

Damit haben wir die für uns zunächst wichtigen beteiligten physikalischen Prozesse zusammengestellt, die berücksichtigt werden müssen, wenn wir die Vorgänge in unserem Modellbeispiel genauer verstehen wollen: die Ausdehnung der Flüssigkeit bei Erwärmung, die Reibungsprozesse innerhalb der Flüssigkeit und den Wärmeaustausch zwischen verschiedenen Flüssigkeitselementen. Es ist wichtig, sich an dieser Stelle zu verdeutlichen, daß die quantitative Formulierung dieser Prozesse streng auf der Basis der linearen irreversiblen Thermodynamik erfolgte.

6.2.2 Bedingungen für die Konvektionsinstabilität

Nachdem wir die wichtigsten zugrundeliegenden physikalischen Prozesse identifiziert haben, wollen wir diese in ihren gegenseitigen Rollen abschätzen, um Bedingungen anzugeben, unter denen der homogene Zustand der Flüssigkeit destabilisiert werden kann und Konvektionsströmungen schließlich einsetzen werden. Wir stellen dazu zwei verschiedene Energiebilanzen auf, nämlich für Prozesse, die die Konvektionsströmung fördern und solche, die bestrebt sind, sie zu verhindern. Beide werden wir dann gegeneinander abwägen. Unser Vorgehen stützt sich dabei auf zwar grobe aber doch sehr einfache Abschätzungen, die uns immerhin ein sehr genaues Gespür für die vorliegende Problematik vermitteln werden.

Wir berechnen dazu zunächst die potentielle Energie verschiedener Flüssigkeitselemente (Abb. 6.15) und bezeichnen diese mit E_{pot}. Sie läßt sich für ein Flüssigkeitselement sehr einfach bestimmen, wenn wir uns an elementare Ergebnisse der klassischen Mechanik erinnern. Danach ist die potentielle Energie zunächst nur bis auf eine willkürliche Konstante bestimmt, über die wir frei verfügen können. Diese Konstante können wir beispielsweise so wählen, daß die potentielle Energie des Flüssigkeitselements am Boden Null wird. Aus der elementaren klassischen Mechanik wissen wir dann, daß das obere Flüssigkeitsteilchen (Abb. 6.15) bei überall konstanter Dichte ρ_0 im Schwerefeld der Erde die potentielle Energie

$$E_{pot} = mgd = \rho_0 V g d \tag{6-7}$$

besitzt, wobei V das Volumen des betrachteten Flüssigkeitselements angibt. Um zu einem Ergebnis zu gelangen, das von der

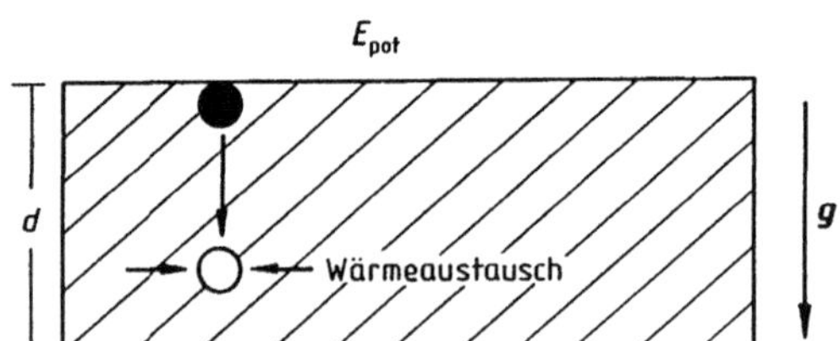

Abb. 6.15
Flüssigkeitselement der Masse *m* mit dem Volumen *V*, dem Durchmesser *l* und der Oberfläche *O* bei seinem Weg durch die Flüssigkeit

speziellen Gestalt des gewählten Flüssigkeitselements unabhängig ist, berechnen wir die potentielle Energie pro Volumeneinheit ε_{pot} für das obere Teilchen:

$$\varepsilon_{pot} = \frac{E_{pot}}{V} = \rho_0 g d. \tag{6-8}$$

Bei konstanter Dichte ρ_0 liegt offenbar eine mechanisch stabile Situation vor. Durch die Erwärmung von unten her nimmt nun aber die potentielle Energie zu, da die Dichte der Flüssigkeitsteilchen nach oben hin zunimmt. (Wir nehmen dabei an, daß die Dichte der Flüssigkeit am Boden weiterhin ρ_0 ist.) Die zusätzliche potentielle Energie pro Volumeneinheit $\Delta\varepsilon_{pot}$ können wir für das obere Teilchen abschätzen, indem wir (6-2) berücksichtigen. Wir müssen dazu in unserer Formel (6-8) nur zunächst ρ_0 durch ρ ersetzen und dann (6-2) einsetzen. Das Resultat ist

$$\tilde{\varepsilon}_{pot} = \varepsilon_{pot} + \Delta\varepsilon_{pot} \sim \rho_0 (1 - \alpha (T_2 - T_1))\, g d, \tag{6-9}$$

wobei T_1 und T_2 die Temperaturen am Boden bzw. dem oberen Rand der Flüssigkeit bezeichnen (Abb. 6.12). Um hervorzuheben, daß es sich bei unseren Rechnungen nur um Abschätzungen handelt, verwenden wir hier und auch im folgenden das Zeichen „~" statt des Gleichheitszeichens. Die Differenz der Temperaturen $T_1 - T_2 > 0$ setzen wir gleich ΔT. Durch die Erwärmung von unten her gewinnen wir also zusätzliche potentielle Energie pro Volumeneinheit

$$\Delta\varepsilon_{pot} \sim \alpha \rho_0 \, g \Delta T d. \tag{6-10}$$

Diese zusätzliche potentielle Energie $\Delta\varepsilon_{pot}$.kann nun durch die Bewegung unseres Flüssigkeitselements von oben nach unten frei werden und steht somit als Antriebsenergie zur Verfügung, sobald sich die Flüssigkeit bewegen kann. Strömt die Flüssigkeit beispielsweise mit der mittleren Geschwindigkeit v, dann braucht das Teilchen die Zeit τ, um von oben nach unten zu gelangen. Offenbar kann man diese Zeit τ folgendermaßen abschätzen:

$$\tau \sim \frac{d}{v}. \tag{6-11}$$

Die potentielle Energie, die dann pro Zeit- und Volumeneinheit frei wird, hat die Größenordnung (vgl. (6-10))

$$\frac{\Delta \varepsilon_{pot}}{\tau} \sim \alpha \rho_0 \, g \Delta T v. \tag{6-12}$$

Dieses wichtige Zwischenresultat bedarf nun noch einer wesentlichen Korrektur. Aufgrund der Wärmeleitungsprozesse nämlich, denen das Teilchen auf seinem Weg von oben nach unten nicht entgehen kann (vgl. Abb. 6.15), wird sofort klar, daß es auf seinem Weg nicht die vollständige potentialle Energie $\Delta \varepsilon_{pot}$ befreien und damit für den Antrieb bereitstellen kann. Auf seinem Weg durch die mittleren Schichten wird es sich zusätzlich erwärmen: Es nimmt Wärme von den es bei seiner Wanderung umgebenden wärmeren Flüssigkeitsschichten auf.

Wir können diesen Sachverhalt in unserem Resultat (6-12) dadurch berücksichtigen, daß wir die Temperaturdifferenz ΔT durch eine effektive Temperaturdifferenz ΔT_{eff} ersetzen. Wir schreiben also genauer

$$\frac{\Delta \varepsilon_{pot}}{\tau} \sim \alpha \rho_0 \, g \Delta T_{eff} v \, . \tag{6-13}$$

Damit sehen wir uns vor die Aufgabe gestellt, ΔT_{eff} abzuschätzen, indem wir den Prozeß der Wärmeleitung mit in unsere Überlegungen einbeziehen. Wir legen dazu unser Teilchen zunächst durch seinen Durchmesser l und seine Oberfläche O fest. Offenbar gilt dann für sein Volumen V

$$V \sim O \, l, \tag{6-14}$$

wobei der Proportionalitätsfaktor durch die Form des Teilchens bestimmt wird. Für unsere Abschätzung können wir von solchen Details absehen. Haben wir uns auf diese Abschätzungen verständigt, können wir jetzt mit Hilfe von Gleichung (6-6) den Wärmestrom in das Teilchen hinein während seiner Reise von oben nach unten folgendermaßen angeben:

$$j_Q \sim \kappa \rho_0 c_s \frac{\Delta T_{eff}}{d}. \tag{6-15}$$

Aus dem Wärmestrom j_Q gewinnen wir eine Abschätzung für die aufgenommene Wärmemenge pro Zeiteinheit, indem wir den Ausdruck für j_Q mit der Oberfläche O des Teilchens multiplizieren. Bezeichnen wir wie sonst auch die entsprechende Wärmemenge mit Q, dann ist

$$\frac{Q}{\tau} \sim \kappa \rho_0 c_s O \frac{\Delta T_{\text{eff}}}{d}. \qquad (6\text{-}16)$$

Verwenden wir jetzt (6-14), dann können wir aus (6-16) folgenden Ausdruck für die aufgenommene Wärmemenge pro Zeit- und Volumeneinheit gewinnen:

$$\frac{Q}{V\tau} \sim \kappa \rho_0 c_s \frac{\Delta T_{\text{eff}}}{l d}. \qquad (6\text{-}17)$$

Die damit verknüpfte Temperaturerhöhung ΔT_{Tr} des Tropfens läßt sich nach einer uns bereits bekannten Formel der Thermodynamik ausrechnen (vgl. Abschnitt 3.3)

$$\frac{Q}{V\tau} \sim \rho_0 c_s \frac{\Delta T_{\text{Tr}}}{\tau}. \qquad (6\text{-}18)$$

Setzen wir (6-17) und (6-18) gleich, dann erhalten wir nach einer einfachen Umformung

$$\Delta T_{\text{eff}} \sim \frac{v d}{\kappa} \Delta T_{\text{Tr}}, \qquad (6\text{-}19)$$

wobei wir noch l durch die charakteristische Länge d abgeschätzt haben. Bezeichnen wir den Korrekturfaktor, der es erlaubt, unsere Abschätzung (6-19) als Gleichung zu schreiben, mit K_1, dann finden wir endgültig

$$\Delta T_{\text{eff}} = K_1 \frac{v d}{\kappa} \Delta T_{\text{Tr}}. \qquad (6\text{-}20)$$

Die gesamte Temperaturänderung ΔT_{Tr}, die der Tropfen auf seinem Weg von oben nach unten erfährt, ist aber gerade ΔT:

$$\Delta T = \Delta T_{\text{Tr}}. \qquad (6\text{-}21)$$

Setzen wir (6-21) in (6-20) ein, dann haben wir eine einfache mathematische Formel hergeleitet, die es erlaubt, ΔT_{eff} durch ΔT auszudrücken. Dieses Ergebnis kann nun verwendet werden, um (6-13) folgendermaßen umzuformen:

$$\frac{\Delta \varepsilon_{\text{pot}}}{\tau} = K_1 \alpha \rho_0 g \frac{d}{\kappa} \Delta T v^2. \qquad (6\text{-}22)$$

Unser Resultat (6-22) liefert uns mithin eine Näherungsformel für die Energie, die uns pro Zeit- und Volumeneinheit als Antrieb zur Verfügung steht. (Die kinetische Energie des Tropfens brauchten wir hier nicht in Betracht zu ziehen, da wir lediglich die Balance zwischen Antrieb und Reibungsverlusten untersuchen.)

Bleibt also noch, die Energie der Verlustprozesse abzuschätzen. Offenbar läßt sich aus Gleichung (6-4) wieder näherungsweise die Arbeit angeben, die gegen die Reibungskraft aufgewendet werden muß. Bezeichnet man den zurückgelegten Weg eines Tropfens mit s, dann ist diese Reibungsarbeit W

$$W \sim Fs. \qquad (6\text{-}23)$$

Den Weg, den unser Tropfen in der Zeit τ zurücklegt, schätzen wir durch d ab, die Fläche A in (6-4) durch die Oberfläche O des Tropfens. Die Arbeit pro Volumen- und Zeiteinheit erhalten wir nach Division des Ausdrucks durch das Volumen V des Tropfens und die Zeit τ:

$$W/(V\tau) \sim \nu \rho_0 v^2/d^2. \qquad (6\text{-}24)$$

Den Korrekturfaktor, der es erlaubt, unsere Abschätzung (6-24) als Gleichung zu schreiben, bezeichnen wir mit K_2. Bewegung der Flüssigkeit ist nun offenbar dann möglich, wenn die zur Verfügung stehende Antriebsenergie pro Zeit- und Volumeneinheit die durch Prozesse der inneren Reibung bedingten Energieverluste (wieder pro Zeit- und Volumeneinheit) aufwiegt oder gar übertreffen kann.

Dies ist dann der Fall, wenn das Verhältnis

$$\frac{\frac{\Delta\varepsilon_{pot}}{\tau}}{\frac{W}{V\tau}} > 1 \tag{6-25}$$

wird. Unter Verwendung von (6-22) und (6-24) können wir diese Forderung folgendermaßen umschreiben:

$$\frac{\alpha}{\kappa\nu} d^3 g \Delta T = \mathrm{Ra} > \frac{K_2}{K_1}. \tag{6-26}$$

Das Verhältnis auf der linken Seite von Ungleichung (6-26) stellt eine dimensionslose Zahl dar, die wir mit dem Namen Ra belegt haben. Sie wird als Rayleighzahl bezeichnet zu Ehren von Lord Rayleigh, der als erster in systematischer Form die Bedingungen für eine Instabilität, bei der der homogene Zustand der Flüssigkeit in eine Konvektionsströmung übergeht, mathematisch formuliert hat. Die Rayleighzahl hängt als dimensionslose Größe von den Flüssigkeitsparametern α, ν und κ ab, der Geometrie der Anordnung über das Glied d^3 und den äußeren Einwirkungen: der Erdbeschleunigung g sowie der Temperaturdifferenz ΔT. Die Proportionalität zu ΔT erlaubt es uns, in Zukunft die Rayleighzahl anstelle der Temperaturdifferenz ΔT als Kontrollparameter zu betrachten.

Die besondere Bedeutung der Rayleighzahl als einer dimensionslosen Größe reicht jedoch sehr viel weiter. Um dieses zu ermessen, betrachten wir die Klassen aller Flüssigkeiten, die bei einem Bénardexperiment durch die Größen α, ν und κ vollständig charakterisiert sind, wie wir das angenommen haben. (Wir bemerken, daß diese Annahmen insofern einschränkend sind, als wir dabei etwa die Unabhängigkeit von κ usw. von der Temperatur vorausgesetzt haben. Da die Temperatur mit der Schichthöhe variiert, müssen bei temperaturabhängigem κ die oben gemachten Überlegungen entsprechend verallgemeinert werden.) Ferner spielt noch die Geometrie der Anordnung eine Rolle (d). Es zeigt sich nun, daß das Verhalten einer gesamten Unterklasse aus verschiedenen Flüssigkeiten insofern ähnlich ist, als beispielsweise die Konvektionsinstabilität etwa bei vorgegebener Geometrie zwar bei verschiedenen Temperaturdifferenzen ΔT auftritt, für all diese Flüssigkeiten jedoch bei gleicher Rayleighzahl Ra. Derartiges „Ähnlichkeitsverhalten" läßt sich nicht nur in der Hydrodynamik sehr allgemein mathematisch formulieren. Da dieser Tatsache schon deshalb eine besondere Bedeutung zukommt, werden wir dieses Problem später noch an einem konkreten Beispiel genauer vorstellen und untersuchen (s. Abschnitt 6.2.4).

Als Ergebnis solcher Ähnlichkeitsüberlegungen können wir für uns die folgende Regel übernehmen: Die Zahl der verschiedenen unabhängigen dimensionslosen Größen, die aus den beteiligten Kontrollparametern, Parametern der Flüssigkeit und geometrischen Charakteristika des Systems gebildet werden können, bestimmen die „Dimension" der Ähnlichkeit. Wir wollen diese Regel an unserem Beispiel, der Konvektionsinstabilität, erproben. Die erste dimensionslose Größe, auf die wir aufgrund physikalischer Überlegungen gestoßen sind, war die Rayleighzahl Ra. Dimensionsüberlegungen zeigen aber, daß es noch eine zweite dimensionslose Größe gibt, die aus den vorgegebenen Parametern gebildet werden kann. Es handelt sich dabei um das Verhältnis

$$\mathrm{Pr} = \frac{\nu}{\kappa}, \tag{6-27}$$

die sogenannte Prandtlzahl, die ausschließlich durch Größen festgelegt wird, die die Flüssigkeit selbst charakterisieren, nämlich das Verhältnis aus kinematischer Viskosität und Wärmeleitfähigkeit. Die Klasse der Flüssigkeiten, in denen bei unserem Modellbeispiel ähnliches Verhalten in den Bewegungsformen auftritt, wird also durch die Rayleighzahl und die Prandtlzahl bestimmt. Es stellt sich nun allerdings heraus, daß die Prandtlzahl bei der ersten einsetzenden Instabilität des homogenen Zustandes, falls diese zu perfekten Rollen führt, keinen Einfluß hat. Bei höheren Instabilitäten wird sie jedoch wesentlich, und wir werden darauf zu gegebener Zeit hinweisen.

6.2.3 Das Rollenmuster (Wolkenstraßen)

Die Analyse der Bedingungen für eine mögliche Instabilität des homogenen wärmeleitenden Zustandes gegenüber einer möglichen konvektiven Bewegung sagt natürlich nichts darüber aus, in welcher Form die Konvektionsbewegung dann auch tatsächlich verläuft. Diese Erkenntnis ist insofern von besonderer Bedeutung, als sie genau die Grenzen der irreversiblen Thermodynamik wiedergibt. Auf der Basis von Prozessen, wie sie die irreversible Thermodynamik behandelt, konnten wir die Bedingungen einer möglichen Instabilität des homogenen Zustandes herleiten. Mehr ist jedoch, wie wir zeigen werden, mit den Methoden der irreversiblen Thermodynamik nicht möglich. Naiv erwartet man nämlich oberhalb einer derartigen Instabilität viel eher ein völlig irreguläres Strömen der einzelnen Elemente. Tatsächlich beobachtet man jedoch unter bestimmten Bedingungen regelmäßige Rollenmuster, in denen die Strömung etwa in Wolkenstraßen (s. Abb. 6.5) verläuft. Wie wir im folgenden eingehend zeigen werden, handelt es sich hier um einen Prozeß spontaner Selbstorganisation der Flüssigkeit oder eines Gases auf einem makroskopischen Maßstab. Genau dieselbe Sprechweise ist selbstverständlich auch auf Laborexperimente anwendbar, bei denen das Bénardproblem experimentell untersucht wird.

Wir können uns vom Auftreten der Rollenformation eine Vorstellung verschaffen, indem wir ganz analog wie bei der Diskussion des Laserprozesses vorgehen. Dazu erinnern wir an die Rolle des Resonators bei der Lasertätigkeit: Der Resonator erlaubte uns, das Lichtfeld in einzelne Moden („reine Schwingungsformen“, wenn man so will) zu zerlegen. Es stellt sich nun heraus, daß Entsprechendes für das Bénardproblem möglich ist. Statt der Bewegung einzelner Flüssigkeitselemente betrachtet man nun verschiedene „reine“ Bewegungsmöglichkeiten der gesamten Flüssigkeit, die durch die Geometrie vorgegeben werden. Da man hierbei nicht mehr die Bewegung der einzelnen Flüssigkeitselemente, sondern die gesamte Flüssigkeit betrachtet, spricht man auch von kollektiven Bewegungen; sie werden von den Flüssigkeitselementen in ihrer Gesamtheit ausgeführt (vgl. auch 5.4.2, wo die kollektiven Moden formal eingeführt wurden). Beispiele solcher idealisierten reinen Bewegungsformen der gesamten Flüssigkeit sind in Abb. 6.16 wiedergegeben. Wie sich beim Laser das gesamte elektrische Feld für den Fall einer beliebigen Feldverteilung als Superposition (Überlagerung) aller möglichen reinen Schwingungen des Resonators darstellen ließ, läßt sich nun auch jede Bewegungsform der Flüssigkeit durch eine Superposition der reinen Strömungsformen angeben. Man erwartet, daß je wirrer die Bewegung verläuft, desto mehr solcher reiner Bewegungsformen durch Überlagerung zur Darstellung dieser Bewegung verwendet werden müssen. Beispiele dazu, die unsere Erwartung bestätigen, sind in Abb. 6.17 aufgezeichnet.

Um unsere Überlegungen möglichst anschaulich vorstellen zu können, vereinfachen wir zunächst unser Problem. Wir nehmen an, daß längs jedes Schnitts parallel zur xz-Ebene, also jeder Ebene $y = \text{konst.}$, die Bewegung gleichartig verläuft (Abb. 6.18). Aufgrund dieser Annahme genügt es dann, die

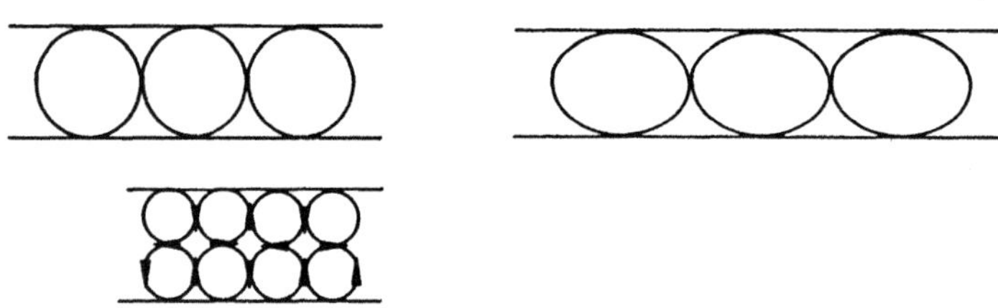

Abb. 6.16 Beispiele kollektiver Flüssigkeitsbewegungen

Abb. 6.17 a) Einfache Bewegungsform, b) kompliziertes Muster. Letzteres läßt sich darstellen als Überlagerung mehrerer verschiedener einfacher Bewegungsformen.

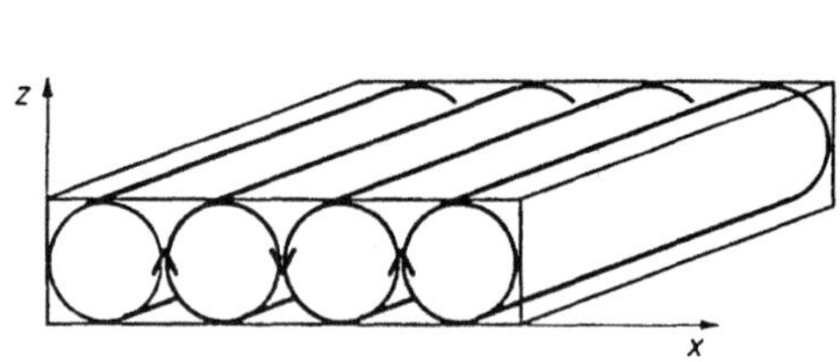

Abb. 6.18
Die Flüssigkeitsbewegung verläuft in jeder zur x, z-Ebene parallelen Ebene gleichartig.

möglichen kollektiven Bewegungsformen in der xz-Ebene zu analysieren.

Konzentrieren wir uns zunächst auf die z-Richtung in dieser Ebene. Wir interessieren uns beispielsweise für das Verhalten der z-Komponente der Geschwindigkeit, die wir mit v_z bezeichnen. Im allgemeinen ist diese eine Funktion des Ortes, den wir durch die Koordinaten x, y und z festlegen, und der Zeit t.

$$v_z = v_z(x, y, z; t). \tag{6-28}$$

Unsere Forderung, daß die Bewegung in jeder Ebene $y =$ konst. gleichartig verlaufen soll, besagt nun, daß wir eine y-Abhängigkeit nicht mehr zu berücksichtigen brauchen. Es genügt

$$v_z = v_z(x, z; t). \tag{6-29}$$

zu schreiben.

Es ist klar, daß die z-Komponente der Geschwindigkeit am Boden und an der oberen Begrenzung der Flüssigkeitsschicht verschwinden muß. Offenbar ist dieses gewährleistet, wenn wir

$$v_z(x, z; t) = v_{z,n}(x; t) \sin\left(\frac{n\pi z}{d}\right), \quad (n = 1, 2, \cdots) \tag{6-30}$$

setzen. Dabei sind beliebige natürliche Zahlen n zugelassen, und jede Strömungsform n kann mit der Amplitude $v_{z,n}(x,t)$ vertreten sein, wobei die x-Abhängigkeit wie auch die Zeitabhängigkeit dieser Amplitude zunächst noch offen bleibt. Wir merken zu unserem Resultat (6-30) an, daß wir durch diesen Ansatz das Problem in z-Richtung in völliger Analogie zur eingespannten Saite behandeln.

Zur Bestimmung der x-Abhängigkeit dieser Amplitude bemerken wir, daß in der x-Richtung in unserer, der Einfachheit halber unendlich ausgedehnt angenommenen Flüssigkeitsschicht alle möglichen stehenden Wellen (d.h. Wellen beliebiger Wellenlänge) auftreten können (vgl. Abb. 6.16). Wir unterscheiden sie durch den Index k, der in dem betrachteten idealisierten Fall einer unendlich langen Schicht in x-Richtung alle Werte $k > 0$ annehmen kann. Die stehenden Wellen können wir durch den Ansatz

$$v_{z,n}(x; t) = A_{n,k}(t) \sin kx, \quad k = \frac{2\pi}{\lambda} \tag{6-31}$$

beschreiben, wobei k die verschiedenen stehenden Wellen durchnumeriert und λ die zugehörigen Wellenlängen bezeichnet. (Da k kontinuierliche Werte annimmt, spricht man auch von einer Indexfamilie. Der Übersichtlichkeit wegen werden wir jedoch k so behandeln, als würde es nur diskrete positive Werte annehmen. Unsere Aussagen werden durch diese Vereinfachung nicht berührt). Wie wir oben bereits ausgeführt haben, ist das Geschwindigkeitsmuster in z-Richtung nun im allgemeinen darstellbar als eine Superposition all dieser möglichen reinen Bewegungsformen (vgl. Gleichungen (6-30) und (6-31)), wobei jede natürlich mit einer anderen Amplitude $A_{n,k}(t)$ vertreten ist:

$$A_{n,k}(t) \sin(kx) \sin\left(\frac{n\pi z}{d}\right). \qquad (6\text{-}32)$$

Wir deuteten diese Bewegungsformen bereits als *kollektive* Moden oder Bewegungsformen: Sie beschreiben nicht mehr die Bewegung einzelner Flüssigkeitselemente, sondern Bewegungsformen der Flüssigkeit insgesamt. Für die allgemeinste mögliche Bewegungsform erhalten wir jetzt das Resultat:

$$v_z(x, y; t) = \sum_k \sum_n A_{n,k}(t) \sin(kx) \sin\left(\frac{n\pi z}{d}\right). \qquad (6\text{-}33)$$

Die Aufgabe der Theorie ist erledigt, wenn die einzelnen Amplituden $A_{n,k}$bestimmt sind, die wir im folgenden, dem allgemeinen Sprachgebrauch gemäß, auch als die Freiheitsgrade des Systems bezeichnen werden. Die Angabe der Amplituden als Funktion der Zeit legt das Strömungsmuster und seine Entwicklung in der Zeit fest. Das Resultat für diese Amplituden ist dann in Gleichung (6-33) einzusetzen, und das Strömungsmuster, die Geschwindigkeit $v_z(x,z;t)$, ist damit bestimmt. (Man kann übrigens zeigen, was wir hier allerdings nicht tun wollen, daß damit in unserem Fall auch die Geschwindigkeiten in x- und z-Richtung, nämlich v_x bzw. v_z, festgelegt sind, das Strömungsmuster also insgesamt bekannt ist.) Wir übernehmen nun ein Resultat der strengen hydrodynamischen Theorie der Konvektionsinstabilität, das es erlaubt, unser weiteres Vorgehen erheblich zu vereinfachen: Die Theorie zeigt nämlich, daß wir in den von uns betrachteten Situationen nur die Moden mit $n = 1$ zu berücksichtigen brauchen. Dies wird auch unmittelbar anschaulich verständlich, wenn man sich beispielsweise Bewegungsformen aufzeichnet, die zu $n = 2$ gehören: Diese Muster ändern sich auf kleinerem räumlichen Maßstab, das Geschwindigkeitsgefälle insgesamt muß erheblich größer sein, um diese Bewegungsformen zu realisieren. Die Viskosität wird mithin ihr Auftreten sehr viel wirkungsvoller verhindern können, als das der Moden mit $n = 1$.

Damit läßt sich Gleichung (6-33) drastisch vereinfachen, wir brauchen aus der Summe über n nur das Glied mit $n = 1$, also die Amplituden $A_{1,k}$, zu berücksichtigen. Da im folgenden daraus keinerlei Mißverständnisse möglich sind, lassen wir den Index 1 einfach weg und schreiben

$$A_{1,k}(t) = A_k(t). \qquad (6\text{-}34)$$

Wir müssen jetzt die Konkurrenz der verschiedenen möglichen Rollenmuster untersuchen, die uns nach den vorgenommenen Vereinfachungen noch verblieben sind. Zu einem bestimmten k-Wert gehört jeweils ein Muster (vgl. Abb. 6.16). Man kann sich nun sehr einfach überlegen, daß jedem dieser Muster eine eigene *kritische* Rayleighzahl $\mathrm{Ra_c}$ zugeordnet ist. In der Tat ist ja – wie wir das bereits in (6-31) angedeutet haben – jedem k-Wert die Wellenlänge λ zugeordnet:

$$\lambda = \frac{2\pi}{k}. \qquad (6\text{-}35)$$

Die jeweilige Wellenlänge können wir als eine charakteristische Länge auffassen, die einen Maßstab festlegt, auf dem sich das vorliegende Muster k merklich ändert. Für sehr kleine Wellenlängen einerseits wird nun die Viskosität der Flüssigkeit bei der Bewegung die Flüssigkeitselemente sehr effektiv bremsen können, da bei diesen Bewegungsformen das Geschwindigkeitsgefälle zwischen benachbarten Gebieten der Flüssigkeit sehr hoch wird. Andererseits werden Zustände, die durch sehr große Wellenlängen λ charakterisiert sind, mit wachsendem λ dem homogenen Zustand immer ähnlicher. Von diesem Zustand wissen wir aber, daß er oberhalb einer kritischen Rayleighzahl $\mathrm{Ra_c}$ destabilisiert, also nicht mehr angetroffen wird. Wir fassen diese Überlegungen in zwei Schritten zusammen: Unsere Erwartung, daß jeder Mode k eine eigene kritische Rayleighzahl Ra_c zukommt, bringen wir dadurch zum Ausdruck, daß wir schreiben

$$Ra_c = Ra_c(k). \tag{6-36}$$

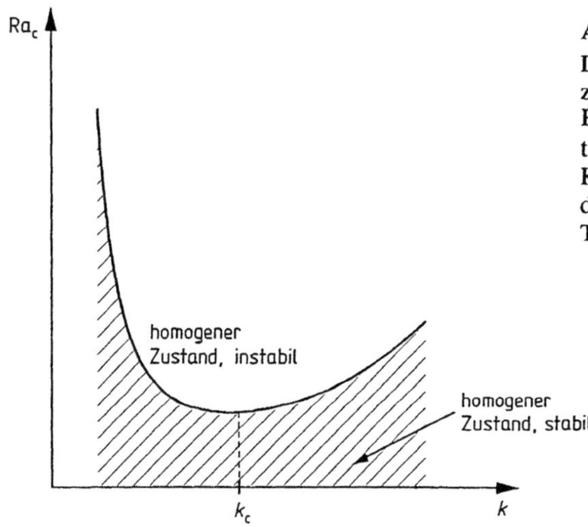

Abb. 6.19
Die kritische Rayleighzahl als Funktion von k: $Ra_c = Ra_c(k)$. Aufgetragen ist hier bereits die Kurve, die das Resultat der vollständigen Theorie wiedergibt.

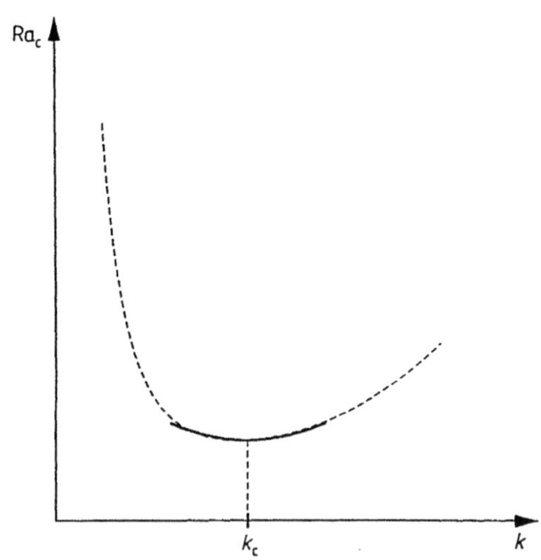

Abb. 6.20
Approximation von $Ra_c(k)$ in der Umgebung von k_c durch eine Parabel

Der zweite Schritt unserer Zusammenfassung besteht nun darin, daß aus obigen Überlegungen folgt, daß es eine Mode mit dem Index $k = k_c$ geben muß, für die $\mathrm{Ra}_c(k_c)$ ein Minimum annimmt. Qualitativ wird man also einen Verlauf des Graphen von $\mathrm{Ra}_c = \mathrm{Ra}_c(k)$ erwarten, wie er in Abb. 6.20 aufgetragen ist.

Natürlich läßt sich der Graph von $\mathrm{Ra}_c = \mathrm{Ra}_c(k)$ auch berechnen, und es ist durchaus möglich, sich ein anschauliches Verständnis der dabei verwendeten mathematischen Methode zu erarbeiten: Dort testet man nämlich die Stabilität jeder Amplitude $A_k(t)$, indem man sie fiktiv für variierende Werte von Ra anregt und beobachtet, ob sie bei dem gewählten Wert Ra zerfällt oder weiter anwächst, wenn man sie sich in ihrem Verhalten nach dem Auftreten der Störung selbst überläßt. Wie uns bereits von der Lasertheorie her bekannt ist, kann man das zeitliche Verhalten der Amplituden $A_k(t)$ durch Gleichungen der Form

$$\frac{dA_k}{dt} = \lambda(k, \mathrm{Ra})\, A_k(t) \tag{6-37}$$

beschreiben. Selbstverständlich können diese Größen $\lambda(k, \mathrm{Ra})$ von Mode zu Mode variieren, was wir durch die aufgeführte Abhängigkeit von k berücksichtigt haben. Ferner werden sich die Werte von $\lambda(k, \mathrm{Ra})$ stetig mit der Rayleighzahl verändern. Dies wurde durch die explizit angeschriebene Ra-Abhängigkeit berücksichtigt. Die Mode k zerfällt im Laufe der Zeit, wenn $\lambda(k, \mathrm{Ra}) < 0$, und wächst an, falls $\lambda(k, \mathrm{Ra}) > 0$. Die Bedingung für eine Instabilität liegt offenbar genau dann vor, wenn $\lambda(k, \mathrm{Ra})$ als Funktion von Ra sein Vorzeichen wechselt. Die Grenze zwischen Stabilität und Instabilität wird also durch die Bedingung

$$\lambda(k, \mathrm{Ra}) = 0 \tag{6-38}$$

festgelegt (vgl. in diesem Zusammenhang auch mit (5-35)). Lösen wir diese Gleichung nach Ra auf, dann erhalten wir gerade Gleichung (6-36). Wir sind nun insbesondere daran interessiert, welche Mode k denn zuerst instabil wird. Anders ausgedrückt, wir müssen das Minimum der Kurve $\mathrm{Ra}_c(k)$ aufsuchen. Wenn wir annehmen, daß $\mathrm{Ra}_c(k)$ eine differenzierbare Funktion von k ist, dann ist die notwendige Bedingung für das Vorliegen eines Minimums

$$\frac{d\mathrm{Ra}_c}{dk} = 0. \qquad (6\text{-}39)$$

Diese Gleichung legt den Wert $k = k_c$ der Mode fest, die bei langsamer Erhöhung der Rayleighzahl, also der Temperaturdifferenz zwischen dem Boden und der oberen Platte, zuerst instabil wird. (Wir bezeichnen, wie wir das schon früher getan haben, diesen Wert k mit k_c.) Um dieses Minimum bei k_c kann man, zumindest in der engeren Umgebung von k_c, die Kurve $\mathrm{Ra}_c(k)$ durch die folgende Parabel approximieren:

$$\mathrm{Ra}(k) \approx \mathrm{Ra}(k_c) + c_3(k - k_c)^2, \qquad (6\text{-}40)$$

wobei die Konstante c_3 positiv sein muß, wenn gewährleistet sein soll, daß auch tatsächlich ein Minimum vorliegt. Abb. 6.20 veranschaulicht unser Resultat. Nachdem wir nun auf heuristische Weise eine Vorstellung der Sachverhalte erarbeitet haben, können wir auch das exakte Resultat unmittelbar verstehen (Abb. 6.19). Dort ist die sogenannte neutrale Kurve aufgezeichnet, die den stabilen Bereich der homogenen Flüssigkeit vom instabilen Bereich trennt.

Nach der Bestimmung von k_c können wir sofort angeben, welche Mode die besten „Wachstumsbedingungen" antrifft, sobald wir die Rayleighzahl langsam bis zum kritischen Punkt erhöhen. (Statt "langsam" könnten wir auch quasistatisch sagen. Gemeint ist, daß Ra so langsam erhöht wird, daß das System in jedem Moment in dem zugehörigen stationären Zustand vorliegt, es also durch die Änderung des Kontrollparameters nicht dynamisch angeregt wird.) Gehen wir nämlich über den kritischen Punkt $\mathrm{Ra}_c(k)$ hinaus, dann können wir aus den Gleichungen (6-37) folgern, daß zuerst die Mode k_c exponentiell anwächst. Das rührt, wie wir das von unseren Betrachtungen beim Laser her bereits wissen, daher, daß die linearen Gleichungen (6-37) die Wechselwirkungen zwischen den einzelnen Moden nicht enthalten. Diese Wechselwirkungen können wir aber nur unberücksichtigt lassen, solange die Werte der Amplituden klein sind und sie nach einer kleinen äußeren Störung wieder zerfallen. In der Umgebung, und insbesondere oberhalb des kritischen Punktes, wenn instabile Moden zu wachsen beginnen, verliert diese Näherung ihren Sinn. Anwachsende Moden sind durch die Nichtlinearität der Wechselwirkung an Moden gekoppelt, die bei dem vorliegenden Wert von Ra weiterhin stabil bleiben. Es ist genau diese Kopplung, die ihr Anwachsen beschränkt, und die instabilen Moden bei einem endlichen Wert ihrer Amplitude stabilisiert.

Wir wollen versuchen, eine anschauliche Vorstellung von der hier ankoppelnden Mode zu gewinnen. Es handelt sich dabei nicht um eine Geschwindigkeitsmode, sondern um eine Temperaturmode. Genauso, wie wir die z-Komponente der Geschwindigkeit in Gleichung (6-33) entwickelt haben, können wir auch für die Abweichungen der Temperatur von ihrem linearen Profil verfahren. Die Mode, der dabei besondere Bedeutung zukommt, ist dadurch ausgezeichnet, daß sie nicht von der Koordinate x, sondern nur von der Koordinate z abhängt. Sie ist proportional zu $-\sin 2\pi\, z/d$. Das bedeutet, daß durch sie die Temperatur im unteren Teil der Rolle erniedrigt wird gegenüber dem linearen Temperaturprofil und im oberen Teil erhöht, was offenbar zu einer Bremsung der Bewegung der Rollenbewegung Anlaß gibt.

*6.2.4 Ein mathematisches Modell

Wir können uns ein einfaches mathematisches Modell konstruieren, das den verbal beschriebenen Vorgang verdeutlicht und dem beim Bénardproblem angetroffenen tatsächlichen Sachverhalt sehr nahe kommt. Um unsere Gleichungen möglichst übersichtlich anschreiben zu können, vereinfachen wir zunächst unsere Bezeichnungsweise. Wir setzen die Amplitude der kritischen Mode, nämlich $A_{k_c}(t)$ gleich $u = u(t)$ (wie "unstable") und nehmen an, daß wir aus allen stabil bleibenden Moden k nur eine einzige zu berücksichtigen brauchen, nämlich gerade die oben erwähnte Mode des Temperaturfeldes. Physikalisch hängt das damit zusammen, daß die Mode k_c nicht mit allen anderen Moden gleich stark wechselwirkt, sondern bestimmte Moden bevorzugt.

Die Stärke dieser Wechselwirkung kann dabei nur von der Größe $\Delta k = k_c - k$ abhängen.

Wir suchen uns für unser vereinfachtes Modell gerade diejenige stabile Mode heraus, für die diese Wechselwirkung oder Kopplung am stärksten ist (s.o.). Ihre Amplitude bezeichnen wir mit $s(t) = s$ (wie "stable"). Ferner führen wir noch die folgenden Bezeichnungen ein:

$$\lambda(k_c, \mathrm{Ra}) = \varepsilon \tag{6-41}$$

und $-\lambda$ für den Eigenwert der stabilen Temperaturmode.

In der Umgebung des kritischen Punktes, die wir ja untersuchen wollen, ist ε sehr klein. In der Tat ist ja $\lambda(k_c, \mathrm{Ra}_c) = \varepsilon_c = 0$. Ferner haben wir λ über ein zusätzliches Minuszeichen definiert, um hervorzuheben, daß dieser Eigenwert negativ ist; λ selbst ist also positiv. Das System von Gleichungen (6-37) reduziert sich jetzt nach den vorgenommenen Vereinfachungen auf die beiden Beziehungen

$$\frac{du}{dt} = \varepsilon u \tag{6-42}$$

und

$$\frac{ds}{dt} = -\lambda s. \tag{6-43}$$

Nur diese beiden Gleichungen aus dem Satz von (6-37) müssen wir in der Umgebung des kritischen Punktes verbessern, indem wir nichtlineare Wechselwirkungen zwischen beiden Moden zulassen. Alle anderen Gleichungen, d.h. die Gleichungen zu Moden mit anderen Werten von k, können wir in der ursprünglichen Form (6-37) belassen: die zugehörigen Amplituden bleiben sehr klein, sind linear weiterhin stabil und koppeln in unserer Näherung nicht an die instabile Mode u.

Den Gleichungen (6-42) und (6-43) haben wir nun nichtlineare Glieder hinzuzufügen, so daß wir das Verhalten des Systems in der Umgebung des kritischen Punktes zumindest qualitativ richtig beschreiben können. An unsere erweiterten Gleichungen stellen wir – da unser Anliegen ja ein qualitatives Verständnis der Vorgänge ist – die folgende Forderung: Sie sollen möglichst einfach sein. Unbefangen wird man hier zunächst vermuten, daß damit jeglicher Willkür Tür und Tor geöffnet wird. Tatsächlich wird jedoch in der qualitativen Theorie der Differentialgleichungen aufgezeigt (wie wir das in Kapitel 5 auch ausgeführt haben), daß eine derartige Vermutung nicht haltbar ist. Gelingt es nämlich, das qualitative Verhalten eines Systems durch vereinfachte Gleichungen in einem gewissen Gebiet des Parameterbereichs von Ra zu beschreiben, dann läßt sich immer eine eindeutige und stetige Variablentransformation finden, die das Verhalten des vereinfachten Modellsystems auf das Verhalten des tatsächlichen Systems in diesem Parameterbereich abbilden kann. Das rechtfertigt unser Vorgehen.

Die einfachsten Funktionen, die wir zur Erweiterung unserer Gleichungen auswählen können, sind Polynome. Wir erweitern dementsprechend Gleichung (6-42) in der folgenden Weise:

$$\frac{du}{dt} = \varepsilon u + a_1 u^2 + a_2 us + a_3 s^2 + \cdots, \qquad (6\text{-}44)$$

und genauso Gleichung (6-43) zu

$$\frac{ds}{dt} = -\lambda s + b_1 u^2 + b_2 us + b_3 s^2 + \cdots. \qquad (6\text{-}45)$$

Die Punkte in den Gleichungen deuten an, daß durchaus auch höhere Potenzen in u und s auftreten könnten. Wir nehmen jedoch an, daß zwar Rayleighzahlen oberhalb des kritischen Punktes zugelassen sind, so daß die Nichtlinearitäten bedeutsam werden, daß wir aber andererseits nur soweit über den kritischen Punkt hinausgehen, daß die Amplituden u und s immer noch hinreichend klein bleiben. Unter diesen Bedingungen wird der Beitrag höherer Potenzen immer kleiner, wie man sich leicht klar machen kann.

Die in den Gleichungen (6-44) und (6-45) auftretenden Konstanten a_i und b_i sind zunächst noch willkürlich. Betrachten wir nun aber das erste Zusatzglied $a_1 u^2$ in der Gleichung (6-44) für u. Über a_1 läßt sich nämlich eine wichtige Aussage treffen, wenn wir uns die Rollenbewegung, die wir beispielsweise in den Wolkenstraßen beobachten, im Bild verdeutlichen. Abb. 6.21 zeigt, daß die beiden dort untereinandergezeichneten Strömungs-

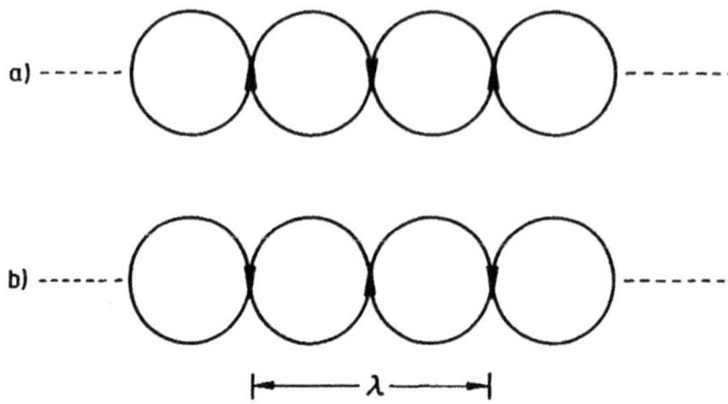

Abb. 6.21 Beide Strömungsformen sind gleichwertig. Muster b) geht aus a) hervor durch Verschiebung um λ/2 (λ: Wellenlänge)

formen in einer unendlich ausgedehnten Flüssigkeits- oder Luftschicht völlig äquivalent sein müssen. Es gibt keinen Grund, warum die eine Strömungsform gegenüber der anderen bevorzugt werden sollte. Die eine Strömungsform geht aber aus der anderen dadurch hervor, daß wir ein Muster um eine halbe Wellenlänge verschieben. Vergleichen wir beide Strömungsformen, dann sehen wir, daß wir in unseren Gleichungen (6-44) und (6-45) die eine Strömungsform aus der anderen erhalten, indem wir u durch $-u$ ersetzen. Da beide Strömungsformen gleichwertig möglich sind, darf auch in unserer Gleichung (6-44) beispielsweise keine bevorzugt werden. Die Gleichung muß – wie man auch sagt – invariant sein gegenüber der Ersetzung $u \to -u$. Das ist aber, wie man durch einfaches Nachrechnen nachweist, nur dann der Fall, wenn das Glied $a_1 u^2$ für alle Werte von u verschwindet. Dies ist gleichbedeutend mit der Forderung

$$a_1 = 0. \tag{6-46}$$

Aus demselben Grunde muß übrigens auch gelten

$$a_3 = 0. \tag{6-47}$$

a_2 kann dann ungleich Null sein, wenn gilt

$$u \to -u \quad \text{und gleichzeitig} \quad s \to s. \tag{6-48}$$

Dieses Verhalten von s findet seine natürliche Erklärung in den Eigenschaften der Temperaturmode, die wir mit s in Verbindung gebracht haben. Soll sie auf beide möglichen Strömungsformen abbremsend wirken, darf sie sich nicht verändern, wenn wir von der einen Strömungsform zur anderen übergehen.

Dies hat aber Konsequenzen in Gleichung (6-45) für die stabile Mode. In der Tat findet man sofort, daß bei dieser Transformation das Glied $b_1 u^2$ die geforderte Invarianz der Gleichung für s mit den oben angegebenen Transformationsbedingungen erfüllt und daher ungleich Null sein kann. Nicht so $b_2\, us$. Wir kommen damit zu dem Schluß

$$b_2 = 0. \tag{6-49}$$

Weiter vereinfachen können wir die Gleichung für s noch durch folgende Überlegung. Das Glied $b_3 s^2$ darf zwar gemäß unseren Forderungen ungleich Null sein. Später werden wir jedoch nachweisen, daß dieses Glied sehr viel kleiner ist als der Term $b_1 u^2$. Das Verfahren, das wir dabei anwenden werden, ist bekannt unter dem Namen Methode der „Selbstkonsistenz". Sie besteht darin, zunächst einfach anzunehmen, das vernachlässigte Glied sei klein, die Gleichungen unter dieser Voraussetzung zu lösen und dann nachzuweisen, daß die so gefundene Lösung konsistent ist mit der anfangs gemachten Annahme.

Unser ursprüngliches Gleichungssystem hat sich jetzt erheblich vereinfacht: Es geht über in

$$\frac{du}{dt} = \varepsilon u - a_2' us \tag{6-50}$$

und

$$\frac{ds}{dt} = -\lambda s + b_1 u^2 . \tag{6-51}$$

In der Gleichung (6-50) für u haben wir noch eine kleine Veränderung vorgenommen und die Größe $a_2' = -a_2$ eingeführt. Wir wollen dieses folgendermaßen rechtfertigen. Unser Gleichungssystem kann offenbar nur dann die beobachtete Rollenformation beschreiben, wenn es global stabile Lösungen aufweist. Dies ist der Fall, wenn das Verhältnis $b_1/a_2 < 0$ ist, also die beiden Konstanten b_1 und a_2 mit verschiedenem Vorzeichen auftreten. Dies ist beispielsweise garantiert, wenn wir $b_1 > 0$ und $a_2 < 0$ (oder $a_2' > 0$) wählen.

Wir wollen uns mit der Form (6-50) und (6-51) unserer Gleichungen noch nicht zufrieden geben. Vielmehr interessieren wir uns noch für das Verhalten unseres Gleichungssystems unter der folgenden Ähnlichkeitstransformation. Wir führen neue Variable ein:

$$at' = t, \quad bu' = u \text{ und } cs' = s. \tag{6-52}$$

a, b und *c* sind dabei noch willkürliche positive Konstanten. Wieder wollen wir sie nach unserem "Einfachheitskriterium" auswählen. Offenbar treten in unseren beiden Gleichungen (6-50) und (6-51) vier Konstanten auf, nämlich ε, a_2', λ und b_1. Wir können nun die Größen *a, b* und *c* so festlegen, daß in den Gleichungen für die transformierten Variablen, den Gleichungen für u' und s', genau drei der Konstanten den Wert 1 haben. Man rechnet nun leicht nach, daß dies der Fall ist, wenn wir

$$a = 1/\lambda, \quad b = \frac{\lambda}{(a_2'b_1)^{1/2}} \quad \text{und} \quad c = \lambda/a_2' \tag{6-53}$$

wählen. Setzt man noch $\varepsilon' = \varepsilon/\lambda$, dann erhalten wir endgültig

$$\frac{du'}{dt} = \varepsilon'u' - u's' \tag{6-54}$$

und

$$\frac{ds'}{dt} = -s' + u'^2. \tag{6-55}$$

Was haben wir durch die vorgenommene Ähnlichkeitstransformation (6-52) gewonnen? Zunächst sind unsere Gleichungen übersichtlicher geworden. Nehmen wir nun an, wir hätten eine Lösung unseres vereinfachten Systems gefunden. Eine solche Lösung hängt von der Zeit t' und den Anfangsbedingungen u_0' und s_0' beispielsweise zur Zeit $t' = 0$ ab und selbstverständlich von der Wahl ε'. Wir schreiben sie deshalb in der Form

$$u' = u'(t', \varepsilon', u_0', s_0'), \tag{6-56}$$

$$s' = s'(t', \varepsilon', u_0', s_0'). \tag{6-57}$$

Wenn wir aber diese Lösung angegeben haben, können wir unmittelbar jede Lösung des Gleichungssystems mit beliebigen

Konstanten ε, a_2', λ und b_1 durch eine einfache Rücktransformation entsprechend (6-52) gewinnen. Offenbar ist

$$u = bu'\left(\frac{t}{a}, \frac{\varepsilon}{\lambda}, \frac{u_0}{b}, \frac{s_0}{c}\right) \tag{6-58}$$

und

$$s = cs'\left(\frac{t}{a}, \frac{\varepsilon}{\lambda}, \frac{u_0}{b}, \frac{s_0}{c}\right) \tag{6-59}$$

genau diese Lösung, wobei die Konstanten *a, b, c* ja durch Gleichung (6-53) festgelegt wurden. (Zum Verständnis von (6-58) sei ein einfaches Beispiel angeführt: Finden wir eine Lösung u' in der Form

$$u' = \varepsilon'^n t'^m,$$

dann finden wir für u

$$u = b\left(\frac{\varepsilon}{\lambda}\right)^n \left(\frac{t}{a}\right)^m.)$$

Wir brauchen mithin nicht mehr jedes System mit verschiedenen Konstanten ε, a_2', λ, b_1 für sich lösen, sondern können die Lösungen all dieser Systeme durch eine einfache Ähnlichkeitstransformation aus der Lösung unseres vereinfachten Systems gewinnen. Unser vereinfachtes System repräsentiert also eine ganze Klasse von Systemen. Diese Klasse wird durch die Ähnlichkeitstransformation (6-52) präzise definiert.

Es lohnt sich an dieser Stelle noch auf einen weiteren Vorteil der vereinfachten Gleichungen aufmerksam zu machen. Während nämlich unsere Ausgangsgleichungen suggerierten, daß wir vier freie Konstanten nach Belieben variieren könnten, zeigt uns die Transformation, daß unsere Gleichungen in ihrem qualitativen Verhalten bereits durch einen freien Parameter ε' vollständig charakterisiert sind. Wir haben damit explizit am Beispiel vorgeführt, was wir oben als Regel für die allgemeinen Gleichungen der Hydrodynamik formuliert haben.

Wenden wir uns nun der Lösung unseres so vereinfachten Systems von Gleichungn (6-54) und (6-55) zu. Um diese in der Umgebung des kritischen Punktes aufzufinden, machen wir uns jetzt folgende Aussage des Versklavungsprinzips zunutze: In der Umgebung eines kritischen Punktes bestimmen nur wenige makroskopische Größen, die Ordnungsparameter, das makroskopische Verhalten eines sich selbst organisierenden Systems. Ein Ordnungsparameter ist insbesondere vor den anderen Freiheitsgraden eines Systems dadurch ausgezeichnet, daß er sich auf einem sehr großen Zeitmaßstab erst merklich verändert, während die versklavten Moden vergleichsweise schnell zerfallen und ihren Gleichgewichtswert annehmen. Der Zeitmaßstab, auf dem sich s' verändert, ist gerade der Betrag des inversen Vorfaktors vor dem linearen Glied, nämlich $\tau_s = 1$. Entsprechendes gilt für den Zeitmaßstab der Mode u', τ_u. ε' haben wir so konstruiert, daß es am kritischen Punkt gerade verschwindet. In der Umgebung des kritischen Punktes finden wir dementsprechend

$$\frac{1}{|\varepsilon'|} = \tau_u \gg 1 = \tau_s . \qquad (6\text{-}60)$$

In unserem vereinfachten Modell werden wir also u' mit dem Ordnungsparameter des Systems und s' mit der versklavten Mode des Systems identifizieren. Der gesamte Sachverhalt ist in Abb. 6.22 nocheinmal veranschaulicht.

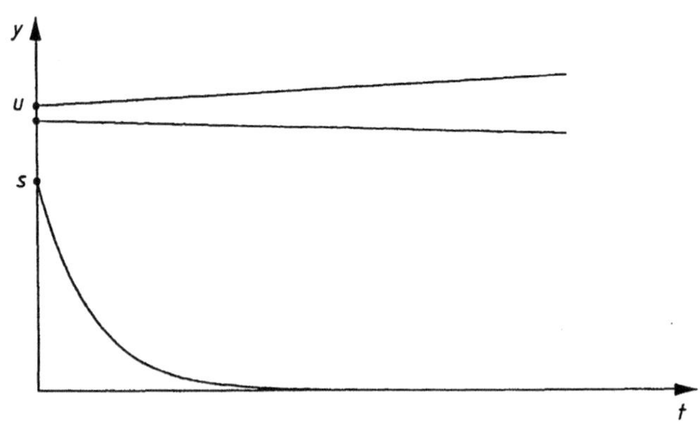

Abb. 6.22 Schneller Zerfall von $s(t)$, langsame Variation von $u(t)$ für $\varepsilon < 0$ und $\varepsilon > 0$

Aufgrund der vergleichsweise hohen Dämpfung der stabilen Mode wird diese sehr schnell zerfallen auf einen Gleichgewichtswert, der ihr durch die instabile Mode u' vorgegeben wird. Mathematisch können wir diesen Sachverhalt genauso ausdrücken, wie wir das beim Laser getan haben. Daß die stabile Mode einen Gleichgewichtswert annimmt, führt auf die Bedingung

$$\frac{ds'}{dt'} = 0. \tag{6-61}$$

Berücksichtigen wir (6-55), dann erhalten wir die Bedingung

$$0 = -s' + u'^2. \tag{6-62}$$

Lösen wir Gleichung (6-62) nach s' auf, dann finden wir die Werte s', die durch u' vorgegeben werden:

$$s'(t') = u'^2(t'). \tag{6-63}$$

Gleichung (6-63) drückt eine spezielle Realisierung des Versklavungsprinzips aus: Das zeitliche Verhalten der versklavten Mode s' wird vollständig durch den Ordnungsparameter u' festgelegt (vgl. (5-54)). Wir können zudem an unserer Lösung zwei weitere wichtige Feststellungen treffen. Zunächst sieht man unmittelbar, daß bei einer Transformation $u' \to -u'$ tatsächlich gilt $s' \to s'$. Ferner können wir an diesem Resultat die Selbstkonsistenzforderung, die wir oben diskutiert haben, unmittelbar bestätigen. Unter den angegebenen Voraussetzungen gilt

$$u'^2 > s'^2. \tag{6-64}$$

Mit der Angabe der Ordnungsparametergleichung ist unsere Aufgabe gelöst (vgl. Gleichung (5-55)). Dazu setzen wir das Ergebnis (6-63) in die Gleichung (6-54) ein und erhalten endgültig

$$\frac{du'}{dt'} = \varepsilon' u' - u'^3. \tag{6-65}$$

Diese Gleichung ist uns aber schon begegnet. Ihre Konsequenzen wurden in 4.3 ausführlich diskutiert: Die Entstehung des Rollenmusters kann in völliger Analogie zum Übergang des Einmodenlasers als eine Instabilität bei $\varepsilon' = 0$ interpretiert werden, die mit einer spontanen Symmetriebrechung verknüpft ist, die der Drehrichtung der Rollen zugeordnet werden kann. Wir dürfen es dem interessierten Leser überlassen, die in 4.3 eingeführte Sprechweise sowie die dort angegebenen Folgerungen auf die Entstehung des Rollenmusters zu übertragen.

6.2.5 Höhere Instabilitäten des Rollenmusters

Es existieren für weiter ansteigende Rayleighzahlen eine ganze Reihe von neuen Instabilitäten, die zu – wenn man so will – höher geordneten Zuständen führen: Eine einfachere Ordnungsstruktur wird dann durch eine kompliziertere wieder über eine Instabilität abgelöst. Zunächst wird dabei die oben beschriebene Rollenformation instabil. Die Form der jetzt auftretenden Muster hängt nun aber zusätzlich von der Prandtlzahl ab, die wir in Gleichung (6-27) eingeführt haben.

Große Prandtlzahl besagt, daß die Viskosität der Flüssigkeit sehr groß ist im Vergleich zu ihrer thermischen Leitfähigkeit. Rein geschwindigkeitsabhängige nichtlineare Glieder ($\propto v^2$ also) in den Bewegungsgleichungen sowie zeitliche Änderungen der Geschwindigkeit werden deshalb sehr klein und können vernachlässigt werden. Da sich jedoch Temperaturunterschiede infolge der vergleichsweise geringen Wärmeleitfähigkeit nur sehr langsam ausgleichen, werden solche nichtlinearen Glieder bedeutsam, wo Temperaturunterschiede an das Geschwindigkeitsfeld ankoppeln ($\propto v(\Delta T)$), über die das Temperaturfeld das Geschwindigkeitsfeld gewissermaßen versklavt. Das Resultat dieser Ankopplung sind beispielsweise sogenannte bimodale Muster, wie sie in Abb. 6.23 dargestellt sind. Man kann sie sich zustandegekommen denken als Überlagerung zweier senkrecht zueinander stehenden Rollenmuster. Bei weiterer Erhöhung der Rayleighzahl wird dann die Strömungsform sehr schnell turbulent.

Ist die Prandtlzahl klein, $\mathrm{Pr} < 1$, sind es die Geschwindigkeitsmoden, die schwach gedämpft sind, die entscheidenden Nichtlinearitäten rühren nur von den Geschwindigkeiten her. Jetzt versklavt das Geschwindigkeitsfeld das Temperaturfeld. Die Instabilität, die man beobachtet, besteht in einer regelmäßigen Oszillation der Rollen längs ihrer Achse mit der Frequenz ω_1.

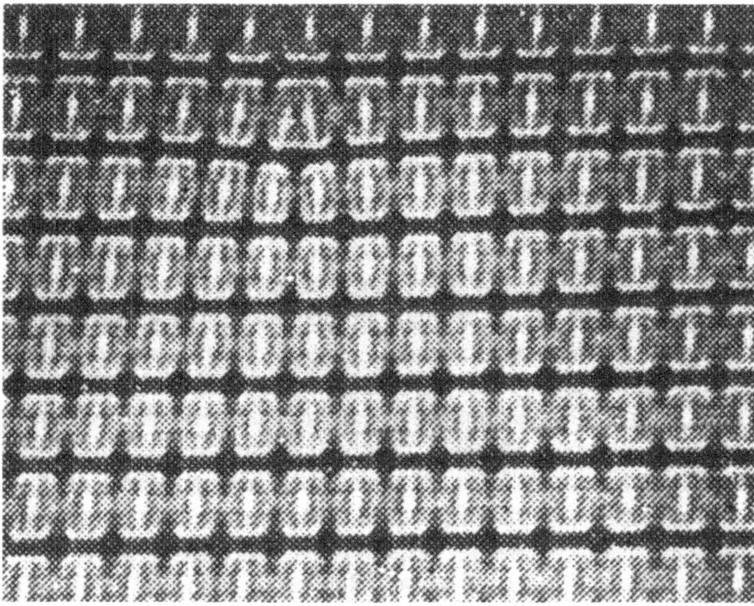

Abb. 6.23 Bimodales Muster bei großen Prandtlzahlen

Diese Instabilität ist an flüssigem Helium sehr intensiv untersucht worden. Die Anordnung wurde dabei so gewählt, daß nur zwei Rollen in das Gefäß hineinpassen. Es zeigte sich dabei, daß bei einer langsamen weiteren Erhöhung der Rayleighzahl auch dieses regelmäßig oszillierende Muster instabil wird. Das neu auftretende Muster kann man als Überlagerung zweier Oszillationen mit den Frequenzen ω_1 und ω_2 beschreiben. Es stellt sich dabei heraus, daß beide Frequenzen inkommensurabel sind, d.h., das Verhältnis

$$\frac{\omega_1}{\omega_2} \tag{6-66}$$

ist irrational (im Zustandsraum verläuft die Bewegung auf einem Torus). Bei weiterer Änderung der Rayleighzahl verändern sich die Frequenzen jedoch so, daß sie rational werden. Diesen Effekt

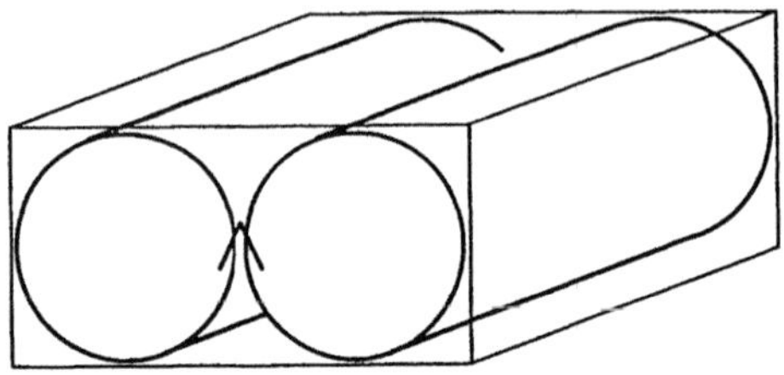

Abb. 6.24
Experimentelle Anordnung nach Libchaber und Maurer (schematisch), bei der Oszillationen längs der Rollenachse untersucht wurden

bezeichnet man "locking" der Frequenzen, und er muß zu seiner Erklärung dem Einfluß der nichtlinearen Wechselwirkung zwischen beiden Oszillationen zugeschrieben werden. Eine weitere Erhöhung der Rayleighzahl treibt dann das System auf einem charakteristischen Weg, nämlich dem der Periodenverdopplung, in einen Bereich chaotischen Verhaltens. Wir werden darauf später in dem Kapitel 9 über Chaos noch genauer eingehen.

Besonders schwierig, zumindest vom mathematischen Standpunkt aus, wird das Verhalten unseres Systems für mittlere Prandtlzahlen: $Pr \cong 1$. In diesem Bereich tragen Temperaturfeld und Geschwindigkeitsfeld zum Verhalten des Systems in gleichem Maße bei. Die in den oben besprochenen Grenzfällen vorgenommenen Näherungen werden nicht mehr möglich. Die Ankopplung der Temperaturdifferenzen an das Geschwindigkeitsfeld wie auch die Nichtlinearität des Geschwindigkeitsfelds selbst müssen gleichermaßen berücksichtigt werden. Ein charakteristisches Muster, das dann beobachtet wird, ist in Abb. 6.25 festgehalten.

Wir sehen also, daß das Verhalten unseres Systems sehr schnell immer komplizierter wird und das reine Rollenmuster, wie wir es im vorherigen Abschnitt vorgestellt haben, schon eine Idealisierung bedeutet. Wir wollen deshalb noch auf einige Bilder hinweisen, die noch genauer den realen Verhältnissen Rechnung tragen. So haben wir bisher dem Einfluß von Rändern, den Begrenzungen des Flüssigkeitsvolumens also, keine Beachtung geschenkt. Darüber hinaus haben wir in unserem Modell des vorherigen Abschnitts nicht berücksichtigt, daß – zumindest vom Standpunkt der linearen Stabilitätsanalyse unterhalb der Schwelle her – mit wachsender Rayleighzahl immer mehr Moden die

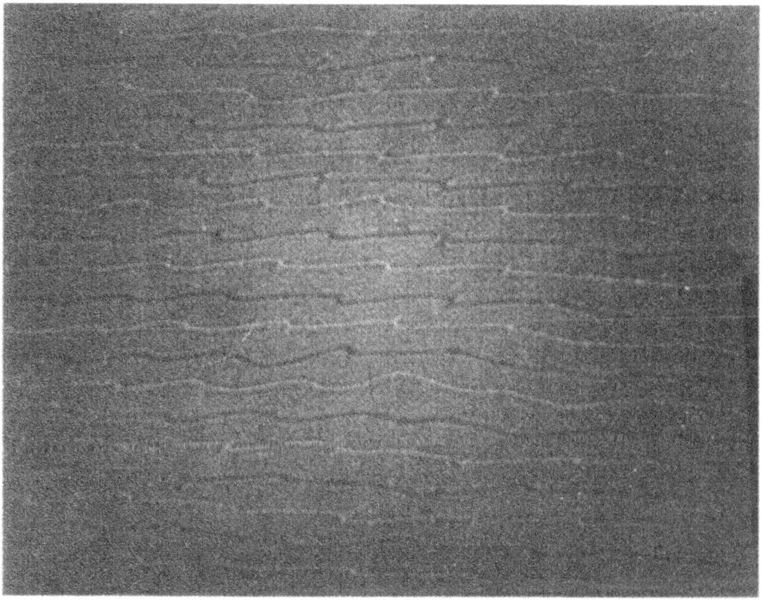

Abb. 6.25 Das „Krampfadermuster", das bei mittleren Prandtlzahlen beobachtet wird

Bedingungen antreffen, anzuwachsen. Es zeigt sich nämlich, daß der Selektionsmechanismus, den wir beim Laser ausführlich diskutiert haben, im Falle des Bénardproblems sehr viel weniger effektiv ist. Oberhalb der Schwelle müssen wir demgemäß mehrere Moden berücksichtigen, deren k-Wert in der direkten Umgebung von k_c liegt (vgl. auch Abb. 6.26). Der Effekt dieser zusätzlichen Moden besteht nun in einer Modulation (ganz in Analogie zu Schwebungen bei zeitlichen Schwingungsvorgängen) des Rollenmusters mit k_c. Nehmen wir nun an, daß zusätzliche Moden in einem Bereich Δk um k_c herum zu einer verbesserten Beschreibung nötig werden und daß dabei gilt

$$\Delta k < k_c. \tag{6-67}$$

Nun ist bekanntlich mit k_c eine Wellenlänge λ_c verknüpft

$$\lambda_c \propto \frac{1}{k_c}, \tag{6-68}$$

Abb. 6.26
Änderungen der Strömungsform durch Berücksichtigung eines ganzen Bandes Δk benachbarter Muster

und entsprechend mit Δk eine Wellenlänge $\Delta\lambda$. Offenbar gilt wegen der Ungleichung (6-67)

$$\Delta\lambda > \lambda_c. \tag{6-69}$$

Diese Ungleichung läßt sich folgendermaßen interpretieren: Die Muster mit der Wellenlänge λ_c werden durch die zusätzlichen Moden auf einem Längenmaßstab moduliert, der sehr viel größer ist als die Wellenlänge λ_c. Die numerische Lösung einer Ordnungsparametergleichung, die unseren Überlegungen Rechnung trägt, ist in Abb. 6.26 aufgezeichnet. Sie bestätigt unsere qualitativen Erwartungen.

6.2.6 Bienenwabenmuster

Kompliziertere Muster treten auch auf, wenn die oben besprochene Symmetrie $u \rightarrow -u$ und $s \rightarrow s$ in unserem System nicht mehr vorliegt oder – wie man auch sagt – gebrochen wird. Eine solche Symmetriebrechung liegt beispielsweise vor, wenn die obere und untere Berandung der Flüssigkeit verschiedene physikalische Eigenschaften aufweisen. Eine solche Symmetriebrechung kann auch dadurch eintreten, daß die Parameter, die die Flüssigkeit charakterisieren (gemeint sind die Viskosität, die Temperaturleitfähigkeit und der thermische Ausdehnungskoeffizient), in dem betrachteten Temperaturbereich merklich von der Temperatur abhängen, so daß sie in verschiedenen Schichten andere Werte annehmen. Die Flüssigkeitsbewegung ordnet sich in diesem Falle um, man beobachtet das sogenannte Bienenwabenmuster (Abb. 1.39). Die Flüssigkeit strebt im Zentrum der Zellen hoch und fällt am Rande wieder auf den Boden zurück. Abb. 1.39 zeigt, wie wir das Bienenwabenmuster aus drei Rollen konstruieren können, die jeweils den Winkel 60 Grad gegeneinander einnehmen. Das Muster kommt also zustande durch die Wechselwirkung dreier Rollen, deren Amplituden wir wieder jeweils als Ordnungsparameter auffassen. Das kompliziertere Muster kann man sich also dadurch zustande gekommen denken, daß drei Ordnungsparameter miteinander *kooperieren*. Ordnungsparameter müssen also keineswegs immer im Wettbewerb zueinander stehen, wie das beim Laser der Fall war, sondern können durch Kooperation komplexere Muster bilden. Wettbewerb tritt jetzt allerdings auf einer höheren Ebene auf und beschreibt die Selektion des komplexeren Musters aus anderen möglichen komplexen Mustern.

Anmerkung

Man kann die Hexagone schon in einem sehr einfachen Experiment erzeugen. Dazu gießt man in eine flache Aluminiumschale eine dünne Schicht Silikonöl, das man vorher mit kleinen Aluminiumflittern vermischt hat und erhitzt die Schale auf einer Herdplatte. Durch die Aluminiumflitter wird die Strömung sichtbar gemacht.

6.2.7 Erweiterungen des Systems

Das Bénardproblem läßt sich in mannigfacher Weise abändern. So kann man auch noch ein Konzentrationsgefälle in diesem System erzeugen, indem man ihm von oben her Salz zuführt. Zum Geschwindigkeitsfeld und Temperaturfeld tritt dann noch ein Konzentrationsfeld $n = n(x, y, z; t)$ hinzu. Das Studium der hierbei neu auftretenden Effekte hat insbesondere Anwendung bei der Analyse von Meeresströmungen. Die Dichte des Meerwasser ist nun nicht mehr nur eine Funktion der Temperatur, sondern zusätzlich noch eine Funktion der Salzkonzentration.

Ist die Flüssigkeit oder das Gas auch noch leitfähig, muß darüberhinaus noch die Wechselwirkung mit elektrischen und magnetischen Feldern berücksichtigt werden. Wir kommen dabei in die Gebiete der Magnetohydrodynamik und der Plasmaphysik. Die elektrischen Feldlinien eines sich geordnet bewegenden Plasmas sind als Beispiel in Abb. 6.27 dargestellt.

Auf ein grundlegendes Problem der Magnetohydrodynamik haben wir bereits hingewiesen. Es geht beispielsweise darum, Strömungsformen einer leitenden Flüssigkeit zu finden, die zu einer Dynamotätigkeit Anlaß geben und das magnetische Feld etwa der Erde immer neu generieren. In Abb. 6.28 ist ein mechanisches Modell eines derartigen Dynamos dargestellt und beschrieben. Bei einer Rotation der Achse in einem kleinen

Abb. 6.27
Geordnete Strömungsformen in einem Plasma

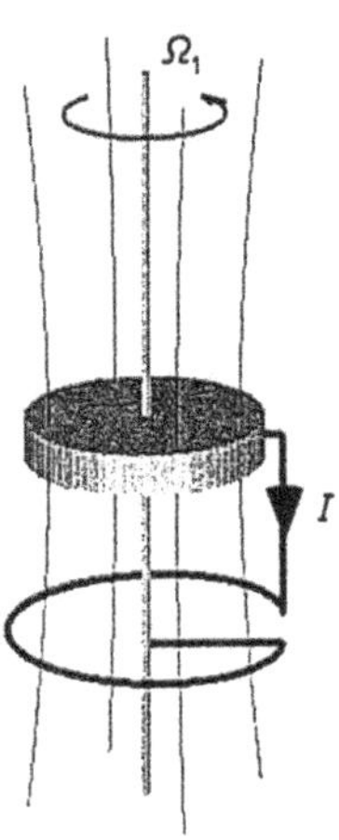

Abb. 6.28
Mechanisches Modell eines sich selbst erregenden Dynamos

vorhandenen magnetischen Restfeld, das durch seine magnetische Induktion ***B*** bezeichnet ist, werden auf der oberen Scheibe über die Lorentzkraft Ladungsträger getrennt. Der entstehende Strom wird in die untere Leiterschleife abgeleitet, die ihrerseits nun das B-Feld verstärkt. Auf diese Weise kann dann oberhalb einer kritischen Drehfrequenz ein starkes dauerhaftes Magnetfeld erzeugt werden. Hier handelt es sich um ein rein mechanisches Modell. Es zeigt sich, daß eine entsprechende Übertragung auf Flüssigkeitsbewegungen nicht ohne weiteres möglich ist. Alle einfachen und symmetrischen Strömungsformen führen zu keinem Dynamoeffekt. Ferner kann man kaum erwarten, daß die Strömung z.B. im Erdinnern völlig regelmäßig ist. Eher muß man annehmen, daß sie hoch turbulent verläuft. Es ist offen, ob sich dieser turbulenten Strömung eine großräumige, nur langsam veränderliche Konvektionsströmung überlagert, die am einfachsten beispielsweise die hohe Konstanz des Dipolfeldes der Erde erklären könnte.

Unser vereinfachtes mechanisches Dynamomodell (Abb. 6.28) erklärt jedoch nicht die Dynamik des Erdmagnetfeldes, etwa die in Zeiträumen von hunderttausend Jahren erfolgende Umkehr des Erdmagnetfeldes. Aber das mechanische Modell läßt sich so erweitern, daß es derartige Effekte zumindest qualitativ beschreiben kann. Abb. 6.29 zeigt eine solche erweiterte mechanische

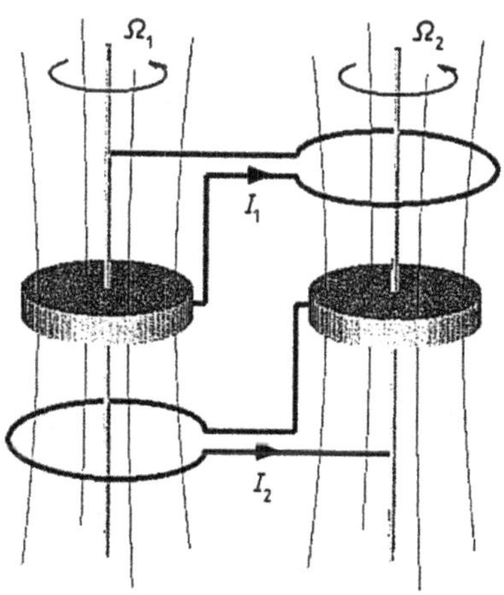

Abb. 6.29
Erweitertes Dynamomodell nach Rikitake

Version, das sogenannte Rikitake-Modell. Eine numerische Lösung der zugehörigen Bewegungsgleichungen ergibt, daß diese keinerlei Regelmäßigkeit aufweist, das Umklappen des Feldes in diesem Modell also chaotisch verläuft.

Nach dem Hinweis auf diese noch zum größten Teil offenen Probleme werden wir uns nun dem Bénardproblem in einer anderen Geometrie zuwenden.

6.2.8 Das Bénardproblem auf der Kugel

Neue Phänomene können wir beobachten, wenn wir die Geometrie des Problems verändern. Statt des ebenen Problems wenden wir unsere Aufmerksamkeit nun dem entsprechenden Problem auf der Kugel zu. Der Hintergedanke besteht darin, damit ein realistischeres Bild etwa der großräumigen Strömungen in der Konvektionszone der Sonne zu gewinnen. Auch dem Dynamoproblem beim Erdmagnetfeld können wir uns so besser annähern. Wir betrachten also mögliche kollektive Strömungsformen auf der Kugel, die durch ihre Symmetrie vorgegeben werden. Unser System besteht jetzt aus einer inneren, wärmeren Kugel und einer äußeren, kalten Kugel. Die Gravitation ist zentralsymmetrisch und zeigt zum Zentrum der beiden konzentrisch angeordneten Kugeln (s. Abb. 6.30).

Zwischen den beiden Kugeln sind nun wieder, wie wir das schon vom ebenen Bénardproblem her kennen, verschiedene reine kollektive Strömungsmuster möglich. Zwei solcher Muster

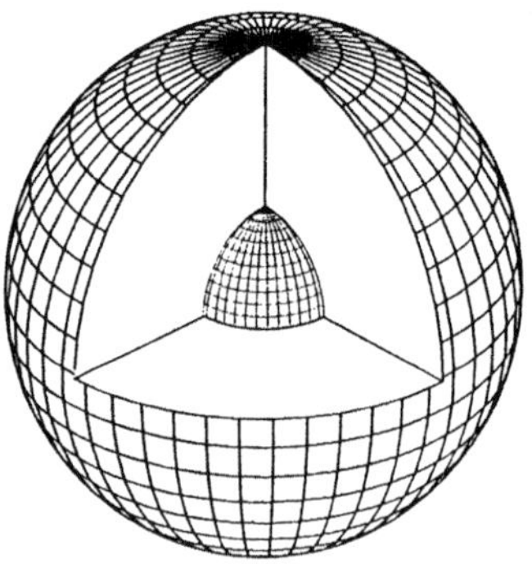

Abb. 6.30
Bénardproblem bei Kugelsymmetrie. Die Gravitation zeigt zum Zentrum der Kugeln.

(die einfachsten) sind in Abb. 6.31 aufgezeichnet. Wir numerieren diese verschiedenen Muster mit einem Index l durch: $l = 1$ bezeichnet das einfachste Muster (a), $l = 2$ das zweite (b), schon kompliziertere usw. Höhere Werte von l führen also auf immer kompliziertere Muster. (Wir merken an, daß es zu jedem von uns bezeichneten Muster l insgesamt $2l + 1$ gleichwertige Versionen gibt, die man etwa mit einem Index m durchnumerieren kann. Man spricht in diesem Falle von $(2l + 1)$-facher Entartung. Zu jedem dieser Muster l, m gehört eine Amplitude A_{lm}. Um jedoch die Darstellung möglichst einfach zu halten, unterscheiden wir unsere Muster nur durch den Index l.) In Abb. 6.32 ist ein Stabili-

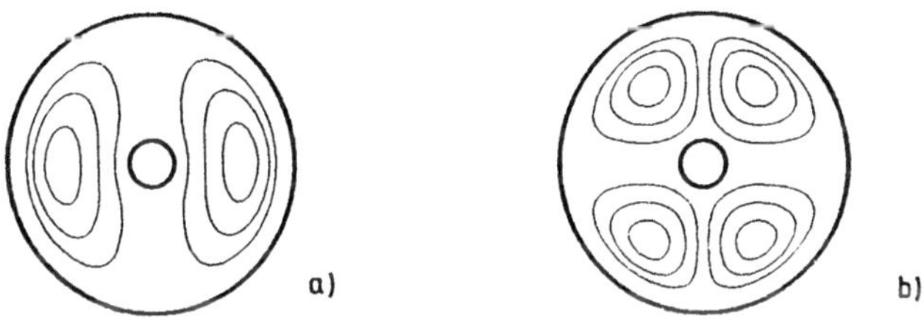

Abb. 6.31 Zwei Grundströmungsmuster auf der Kugel, die wir im folgenden genauer untersuchen werden. Wir werden sie durch die Nummern $l = 1$ (a) und $l = 2$ (b) unterscheiden.

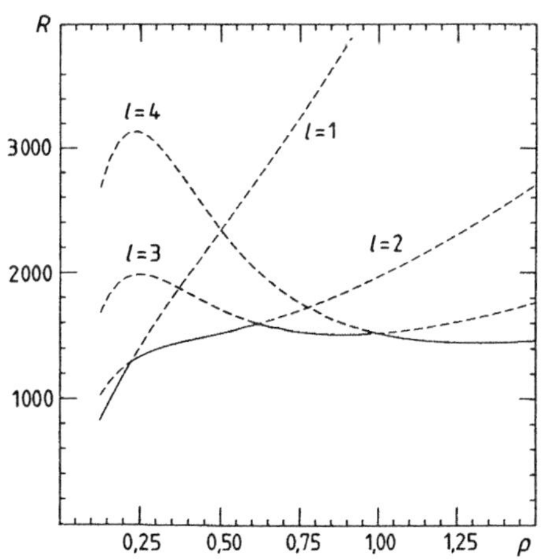

Abb. 6.32
Stabilitätsdiagramm in Abhängigkeit vom inneren Radius der beiden Kugeln für verschiedene Muster $l = 1, 2, 3, 4, \ldots$ Unterhalb der eingezeichneten Kurven ist der ruhende Zustand der Flüssigkeit oder des Gases stabil. Für kleinen inneren Radius werden zuerst die Moden mit kleinem l instabil, für die großen die mit größerem l.

tätsdiagramm aufgezeichnet, das die Instabilitätsgrenzen der verschiedenen Muster $l = 1, 2, 3, 4$ andeutet. Dieses Stabilitätsdiagramm soll im folgenden etwas genauer diskutiert werden. Nach oben aufgetragen ist die Rayleighzahl, nach rechts der Radius der inneren Kugel. Wir verändern also jetzt zwei Parameter: die Temperaturdifferenz und den Radius der inneren Kugel.

Wählen wir beispielsweise den Radius der inneren Kugel klein und erhöhen die Rayleighzahl, dann bewegen wir uns in der Abb. 6.32 längs einer Geraden parallel zur Ordinate nach oben. Wir sehen, daß wir zuerst auf die Stabilitätsgrenze, die zu der Mode $l = 1$ gehört, stoßen. Unterhalb des Schnittpunktes ist diese stabil, oberhalb instabil. Wenn wir also diesen Weg ausgesucht

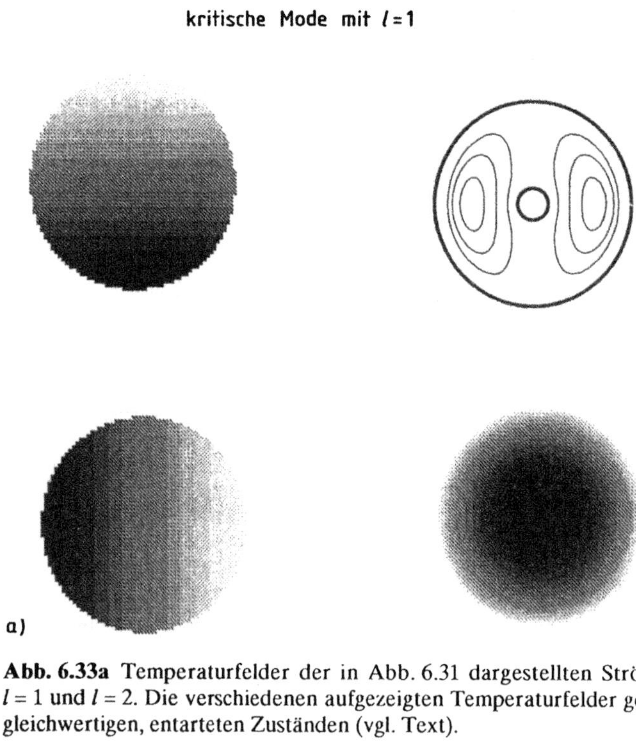

Abb. 6.33a Temperaturfelder der in Abb. 6.31 dargestellten Strömungsmuster $l = 1$ und $l = 2$. Die verschiedenen aufgezeigten Temperaturfelder gehören zu den gleichwertigen, entarteten Zuständen (vgl. Text).

haben, wird zuerst die Mode mit $l = 1$ instabil. Wir erwarten das in Abb. 6.31a eingezeichnete Strömungsmuster als eine stationäre Lösung auch des erweiterten nichtlinearen Problems.

Schlagen wir jedoch den entsprechenden Weg von einem größeren inneren Radius aus ein, dann beobachten wir, daß jetzt zuerst das Muster zu $l = 2$ instabil wird. Wieder erwarten wir als stationäre Lösung die in Abb. 6.31b gezeichnete Strömungsform oder die zugehörige, in Abb. 6.33b dargestellte Temperaturverteilung. Auf diese Weise können wir fortfahren. Wir bemerken jedoch, daß es auch Schnittpunkte für die Stabilitätsgrenzen benachbarter Muster gibt. Die lineare Stabilitätsanalyse, auf der dieses Diagramm beruht, besagt dort, daß beispielsweise beide Muster $l = 1$ und $l = 2$, von einer linearen Analyse her gesehen,

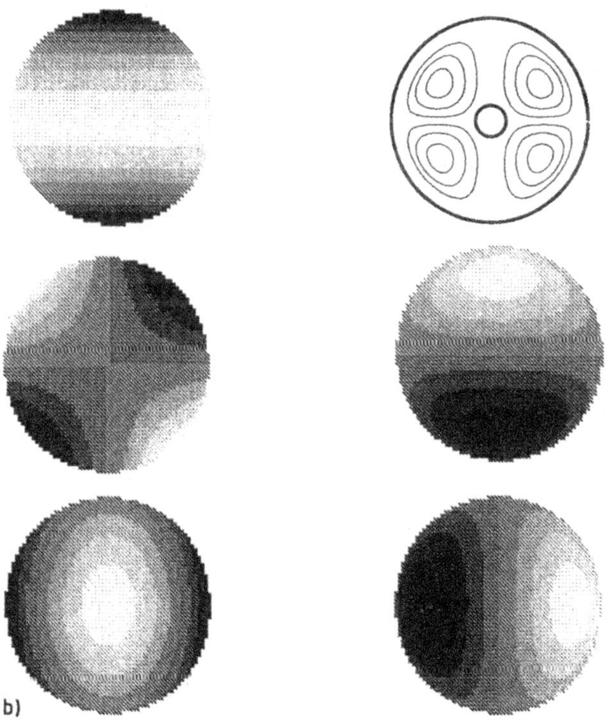

Abb. 6.33 b

gleichwertige Bedingungen antreffen, beide haben danach die Möglichkeit sich zu verstärken und makroskopisch instabil zu werden.

Es ist mithin zu erwarten, daß das System in der Umgebung eines derartigen Punktes eine besonders interessante Dynamik aufweist. Und so ist es in der Tat. Allerdings ist klar, daß wir von den bloß linearen Gleichungen her zu dieser Dynamik wenig sagen können. Vielmehr werden Nichtlinearitäten jetzt von ausschlaggebender Bedeutung. Eine nichtlineare Analyse der zugehörigen Ordnungsparametergleichungen führt nun zu dem in Abb. 6.34 gezeichneten „Phasendiagramm", das qualitativ verschiedene dynamische Zustände des Systems heraushebt. Schlagen wir den Weg $\tilde{\rho} = -5{,}0$ parallel zur $\tilde{\varepsilon}$-Achse ein, so finden wir einen ersten Bereich, in dem das stationäre zeitunabhängige Muster mit $l = 1$ stabil ist. Überschreiten wir dessen Stabilitätsgrenze, finden wir ein neues, zeitabhängiges Muster. Die Temperaturverteilung ändert sich in der Form einer rotierenden Welle über die gesamte Kugel hinweg (Abb. 6.35). Bei weiterer Erhöhung der Rayleighzahl passieren wir deren Stabilitätsgrenze und finden eine andersartige rotierende Welle (Abb. 6.36). Auch diese hat nur einen beschränkten Stabilitätsbereich: Darüber findet man einen

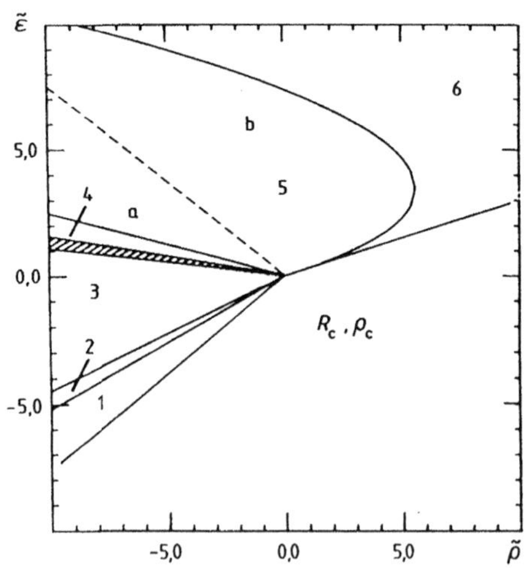

Abb. 6.34
Ausschnitt des Phasendiagramms in der Umgebung des Schnittpunktes der Instabilitätsbereiche von $l = 1$ und $l = 2$, jetzt unter Berücksichtigung der nichtlinearen Beiträge

quasiperiodischen Zustand, der durch zwei inkommensurable Frequenzen (also solche, deren Frequenzverhältnis eine irrationale Zahl bildet) charakterisiert ist (Abb. 6.37). Schließlich wird das System chaotisch. Wir werden auf diesen Zustand später im Kapitel über Chaos noch zurückkommen.

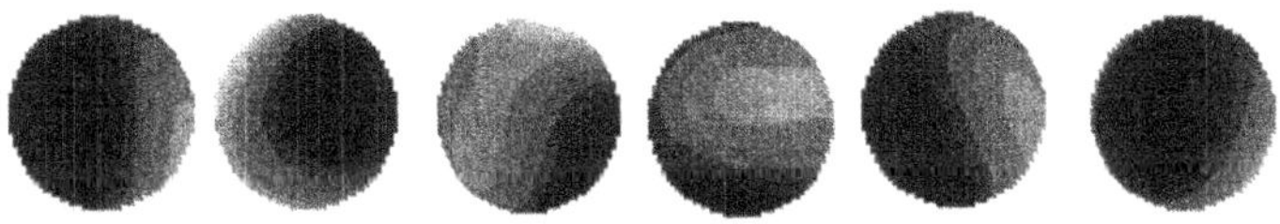

Abb. 6.35 Rotierende Welle, dargestellt anhand des Temperaturfeldes

Abb. 6.36 Andersartige rotierende Welle als nächste Instabilität

Abb. 6.37 Quasiperiodisches Verhalten

Zusammenfassend finden wir also, daß bereits die Wechselwirkung weniger Ordnungsparameter eine höchst komplexe makroskopische Dynamik erzeugen kann. Zum Abschluß sollten wir noch erwähnen, daß das Modell - um etwa für die Dynamik der Konvektionszone in der Sonne realistische Ergebnisse zu liefern - noch erweitert werden muß. Beispielsweise spielt ja dort die Eigendrehung der Sonne noch eine bedeutsame Rolle (Corioliskraft). Die Verhältnisse werden dann aber sofort sehr viel komplizierter.

6.3 Das Taylorproblem

Eines der experimentell am gründlichsten untersuchten Systeme der Hydrodynamik bildet das Taylorproblem. Mit ein Grund dafür ist sicher der, daß es sich - allerdings mittlerweile nur unter beträchtlichem experimentellem Aufwand - als ein rein mechanisches Nichtgleichgewichtssystem behandeln läßt. Wir betrachten hier eine Flüssigkeit, die zwischen zwei koaxialen Zylindern eingebracht wird (s. Abb. 6.38). Für die Durchführung des Versuchs erweist sich Silikonöl als besonders geeignet. Die Effekte lassen sich deutlich sichtbar machen, wenn man dem Silikonöl in ausreichender Konzentration Aluminiumflitter beimengt.

Der besondere experimentelle Aufwand, der bei sehr präzisen Experimenten notwendig wird, besteht unter anderem darin, das System möglichst perfekt thermisch zu isolieren.

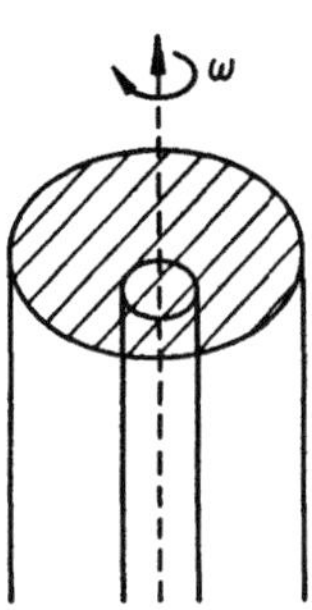

Abb. 6.38
Zwei koaxiale Zylinder, zwischen denen die Flüssigkeit eingebracht wird. Der innere Zylinder wird rotiert. Dabei übernimmt die Winkelgeschwindigkeit ω die Rolle des Kontrollparameters.

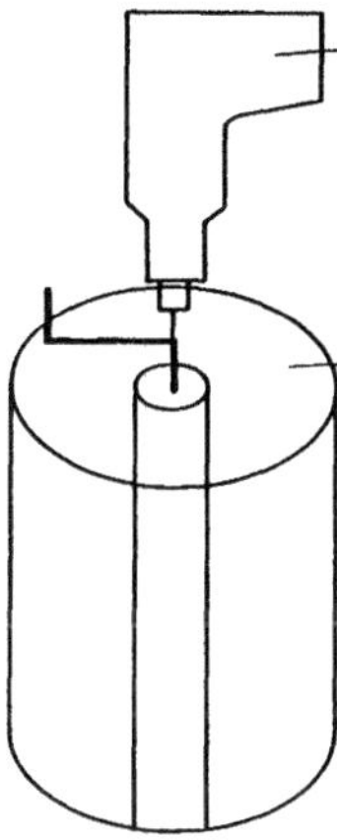

Abb. 6.39
Schematische Darstellung eines Konstruktionsvorschlags, um den Versuch aufzubauen

Andernfalls müßten nämlich thermische Effekte mitberücksichtigt werden, die das Verständnis erheblich erschweren würden. Wir beschränken uns hier auf eine einfache und bloß schematische Schilderung der Versuchsanordnung. Sie hat den Vorteil, daß man sie sehr einfach nachbauen kann (Abb. 6.39). Quantitative Messungen, wie sie derzeit in vielen Labors durchgeführt werden, sind allerdings mit dieser einfachen Anordnung nicht nachvollziehbar. Von den beteiligten physikalischen Prozessen her betrachtet, erscheint dieses Problem zunächst einfacher als beispielsweise das Bénardproblem in der Ebene. Von der geometrischen Anordnung her ist es theoretisch gesehen – zumindest von den notwendigen technischen mathematischen Fertigkeiten her – schwieriger zu behandeln.

Der innere Zylinder ist – bei der einfachsten Durchführung des Experiments – drehbar gelagert und kann entweder von Hand oder mit einer gewöhnlichen Bohrmaschine angetrieben werden. Zunächst, bei niedrigen Drehzahlen, kann die Flüssigkeit der Bewegung des inneren Zylinders folgen. Die Flüssigkeitsströmung ist laminar. Dies wird für uns unmittelbar verständlich, wenn wir uns an die Zähigkeit der Flüssigkeit erinnern, die dazu führt, daß sich die Flüssigkeit den durch die Ränder vorgegebenen Bedingungen unmittelbar anpaßt (vgl. Abb. 6.40). Man spricht in dieser

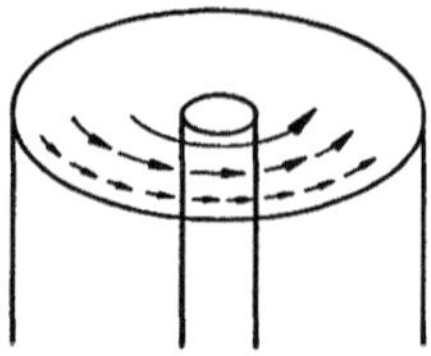

Abb. 6.40
Couette-Strömung. Die Länge der eingezeichneten Strömungslinien symbolisiert die Größe der Geschwindigkeit.

Situation von der sogenannten Couette-Strömung. Tatsächlich befindet sich die Flüssigkeit jedoch in einer mechanisch gesehen instabilen Situation. Die inneren Flüssigkeitsteilchen bewegen sich nämlich schneller als die äußeren. Mechanisch stabil wäre demgegenüber ein Verhalten, wie wir es bei einem rotierenden starren Körper antreffen. Dort sind bekanntlich die Bedingungen, die wir vorfinden, gerade umgekehrt: Die äußeren Teile des starren Körpers bewegen sich, wie man sich leicht überlegt, bei einer gleichmäßigen Rotation mit einer höheren Geschwindigkeit als die inneren.

Bei einer Erhöhung der Drehgeschwindigkeit des inneren Zylinders erwartet man deshalb, daß die laminare Couetteströmung instabil wird. In der Tat findet man oberhalb einer gewissen kritischen Drehgeschwindigkeit des inneren Zylinders ein ganz neues Strömungsmuster: die Taylorwirbel. Die Strömung ist in Abb. 1.9 aufgezeichnet. Man entdeckt also oberhalb einer gewissen kritischen Drehzahl des inneren Zylinders einen auf einem makroskopischen Maßstab hoch geordneten Zustand. Wieder lassen sich sämtliche der inzwischen entwickelten Begriffsbildungen direkt übertragen. Wir können den Zustand deuten als eine spontane Selbstorganisation der Flüssigkeit auf einem makroskopischen Maßstab. Vernachlässigen wir den Einfluß der oberen und unteren Berandung des Zylinders, dann können wir ganz analog wie beim Bénardproblem folgern, daß auch in jedem der Wirbel die entgegengesetzte Bewegungsrichtung der Flüssigkeit möglich wäre. Mithin treffen wir eine entsprechende Symmetrie an, wie wir sie vom Bénardproblem her bereits kennen. Machen wir nun die Annahme (die sich tatsächlich auch mathematisch rechtfertigen läßt), daß wir einen zugeordneten vollständigen Satz kollektiver Moden oder Bewegungen auffinden können, dann ergibt sich für diesen geordneten Zustand unmittelbar das folgende Bild: Aus den möglichen kollektiven Strömungen setzt sich oberhalb einer gewissen Schwelle eine durch. Ordnen wir der den Ordnungsparameter A zu (ihre Amplitude), dann sollte sich aus Symmetriegründen die folgende Gleichung für den Ordnungsparameter A ergeben

$$\dot{A} = \varepsilon A - A^3. \tag{6-70}$$

Selbstverständlich hat dabei der Kontrollparameter ε eine andere Bedeutung als etwa beim Bénardproblem. Er mißt jetzt die Abweichung von der kritischen Drehzahl des inneren Zylinders, bei der die Instabilität der Couetteströmung gegenüber den Taylorwirbeln auftritt. Die Gültigkeit der Gleichung (6-70) wurde übrigens auch experimentell eindrucksvoll bestätigt.

In der einfachen vorgeschlagenen experimentellen Anordnung können bereits eine ganze Reihe höherer Instabilitäten beobachtet werden. Tatsächlich werden die zeitlich stationären Taylorwirbel oberhalb einer neuen Schwelle (bei Erhöhung der Drehgeschwindigkeit des inneren Zylinders) ebenfalls instabil. Ein neuer, nun auch in der Zeit geordneter Zustand, bildet sich heraus, dem man eine Kreisfrequenz ω_1 zuordnen kann. Es erscheint also insgesamt eine raum-zeitlich geordnete Struktur (Abb. 1.9).

Bei weiterer Erhöhung der Drehgeschwindigkeit wird dann diese instabil gegen eine neue, wie es scheint, in der Zeit quasiperiodische raumzeitliche Struktur, deren zeitliches Verhalten nun durch zwei Frequenzen ω_1 und ω_2 beschrieben werden muß, die inkommensurabel sind. Wir wollen an dieser Stelle eine Rechtfertigung dafür geben, daß wir eine so vorsichtige Formulierung getroffen haben. In der Tat erweist es sich als physikalisch gesehen außerordentlich schwierig, auf der Basis von Frequenzmessungen zwischen periodischen und quasiperiodischen Bewegungen zu unterscheiden. Eine Frequenz wie beispielsweise ω_1 ist nämlich nur bis auf endlich viele Dezimalen genau meßbar. Dieselbe Einschränkung gilt für jede Frequenzmessung an einem real vorliegenden physikalischen System. Eine Frequenzmessung allein kann uns also keine Gewißheit darüber liefern, ob die oben angeführte Bedingung der Inkommensurabilität zweier Frequenzen auch tatsächlich vorliegt.

Unsere Abb. 1.9 zeigt nun, daß eine weitere Erhöhung der Drehzahl das System schnell turbulent werden läßt. Es lohnt sich allerdings anzumerken, daß es offenbar nicht sofort in einen Zustand übergeht, wie wir ihn bei der vollentwickelten Turbulenz erwarten (s. auch den Abschnitt über die Turbulenz 6.5), wo keine geordneten Strukturen mehr sichtbar sein sollten. Vielmehr findet man bei einer sorgsamen Verfolgung des Experiments zumindest einen Zwischenzustand, bei dem der Zustand oszillierender Taylorwirbel noch sichtbar bleibt. Der Zustand wird jedoch dauernd durch eine überlagerte turbulente Strömung gestört. Daß man die oszillierenden Taylorwirbel weiterhin sieht, kann man sich folgendermaßen klarmachen: Innerhalb des Systems lassen sich Längenmaßstäbe identifizieren, die voneinander unterscheidbar getrennt sind. Einmal der charakteristische Längenmaßstab der Taylorwirbel, zum anderen der der turbulenten Strömung, der offenbar zunächst deutlich kleiner ist als der der Taylorwirbel. Dieser "Zwischenzustand“ verschwindet dann, wenn beide – zunächst getrennten – Längenmaßstäbe dieselbe Größenordnung erreichen.

Die an dieser Stelle entwickelte Vorstellung legt nebenbei eine bemerkenswerte Idee nahe, die wir an dieser Stelle wenigstens erwähnen wollen. Man könnte sich durchaus vorstellen, daß es sich bei der vollentwickelten Turbulenz um einen Grenzzustand (allerdings von ganz anderer Art) handelt, wie ihn am Beginn unserer Untersuchungen die Thermodynamik darstellte. Aus der Kenntnis der thermodynamischen Zustände eines Systems als Ausgangszustände hatten wir eine Theorie der spontanen Selbstorganisation entwickelt, die auf der Untersuchung möglicher Instabilitäten dieser Zustände beruhte. Das Taylorexperiment beispielsweise legt es nun nahe, den Zustand der vollentwickelten Turbulenz als einen entsprechenden Zustand der Systeme aufzufassen – jedoch vom „anderen Ende“ der Werte der Kontrollparameter her. Für die hier entwickelte Vorstellung existiert allerdings bisher keine entsprechende theoretische Ausarbeitung, wie wir sie vom thermischen Gleichgewicht her entwickelt haben.

6.4 Einige Strömungsformen der Erdatmosphäre in den mittleren Breiten

6.4.1 Übersicht

Nachdem wir uns in den vorangegangenen Abschnitten eine Vorstellung für mögliche Strömungsformen erworben haben, wie sie in Flüssigkeiten oder Gasen auftreten können, sobald diese durch vertikale Temperaturdifferenzen oder mechanisch angetrieben werden, wollen wir nun qualitativ die Strömungen in der Erdatmosphäre beschreiben. Die Einflüsse, die das dynamische Verhalten dort bedingen, sind selbstverständlich weit vielfältiger und komplexer, als die am Beispiel des Bénardproblems erläuterten. So sind unter anderem, wie wir dieses bereits in unserem einführenden Abschnitt diskutiert haben, bei einer globalen Diskussion der sogenannten „allgemeinen Zirkulation" der Atmosphäre sehr viel mehr Einflußgrößen zu berücksichtigen als beim idealisierten Bénardproblem. Dennoch gelingt es auch hier von unserem einheitlichen Standpunkt her, den wir uns in früheren Kapiteln erarbeitet haben, ein erstes Verständnis für wesentliche Erscheinungen zu gewinnen. Mehr im Detail werden wir uns dabei mit der sogenannten baroklinen Instabilität beschäftigen, die insbesondere für die Wetterlagen in unseren Breiten von besonderer Bedeutung ist. Zunächst wollen wir jedoch der Übersicht wegen auf einige allgemeine Eigenschaften der Bewegungsformen der Atmosphäre und deren Ursachen eingehen. Es ist nicht zu erwarten, daß wir die dabei auftretenden Probleme erschöpfend abhandeln können. (Ein befriedigendes Verständnis sämtlicher Einflüsse und ihrer jeweiligen Bedeutung liegt auch bis heute im Grunde genommen nicht vor.)

6.4.2 Der Antrieb

Die wichtigste Kraft, der die Luftmassen ausgesetzt sind, ist sicher die Gravitation. Sie ist aufgrund der Größe der Erde stark genug, die Luftmoleküle an der Erdoberfläche zu halten und ihr Entkommen, sieht man vom Helium und dem Wasserstoff ab, zu verhindern. Unmittelbar einsichtig ist für uns, daß zur Erzeugung atmosphärischer Strömungen und ihrer permanenten Aufrechterhaltung jedoch eine extreme Nichtgleichgewichtssituation erforderlich ist. Der Antrieb, der diese Situation herstellt, ist leicht aufzufinden: es ist die tägliche Energieeinstrahlung von der Sonne her, vorwiegend in der Form von elektromagnetischer Strahlung. Sie also bildet den Energielieferanten. Gemessen wird diese Energiezufuhr durch die Angabe der sogenannten Solarkonstanten, die die eingestrahlte Energie pro Zeit- und Flächeneinheit angibt. Der Mittelwert für die Einstrahlung über die ganze Erde hinweg wurde an der oberen Erdatmosphäre gemessen zu

$$\text{Solarkonstante} = 12{,}98 \text{ cal}/(\text{m}^2 \text{ min}). \qquad (6\text{-}71)$$

Die in (6-71) angegebene Zahl stellt selbstverständlich nur einen von der Aussagekraft her sehr groben Mittelwert dar. Gemittelt wird ja über die gesamte Erdoberfläche. Tatsächlich sind die Verhältnisse komplizierter. In der Tat variiert die Sonneneinstrahlung von Ort zu Ort (vgl. Abb. 6.41), sie ist erheblich höher in Gebieten um den Äquator als an den Polen. Dadurch erst entsteht für die Erde eine solche extreme Nichtgleichgewichtssituation, wie wir sie auffinden wollten. Diese wird zusätzlich verstärkt durch das Abstrahlverhalten der Erde. Abgegeben wird die Energie nämlich wieder in Form elektromagnetischer Strahlung an den Weltraum, jetzt aber vorwiegend im ultraroten Bereich. Obwohl die Gesamtenergiebilanz, über die ganze Erde gemittelt, ausgeglichen ist, zeigt sich, daß die Bilanz in der Umgebung der Pole negativ ist; es wird dort mehr Energie abgegeben, als durch Strahlung aufgenommen wird. Für die

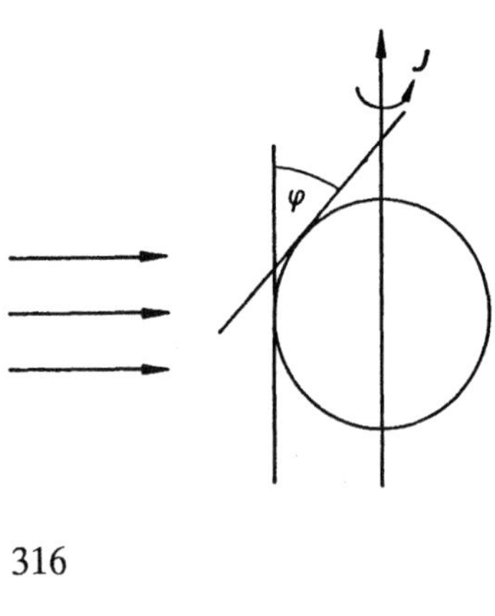

Abb. 6.41
Die Sonneneinstrahlung verändert sich von Breitengrad zu Breitengrad. Ist die Strahlungsintensität am Äquator I_0, dann ist sie in der um ϕ geneigten Fläche $I_0 \cos\phi$. (Der Drehimpuls $\boldsymbol{J}$ der Erde bleibt erhalten)

äquatorialen Bereiche ist die entsprechende Bilanz positiv. Verknüpft mit den sich so verstärkt ausbildenden Temperaturdifferenzen zwischen den Polen und dem Äquator sind erhebliche Druckdifferenzen, die für einen mechanischen Antrieb der Luft sorgen können (Abb. 6.42).

Rund ein Drittel der von der Sonne eingestrahlten Energie wird übrigens sofort wieder von der Atmosphäre reflektiert, der verbleibende Rest verteilt sich zu einem Drittel auf die Atmosphäre, die anderen Zweidrittel werden an der Erdoberfläche absorbiert. Der größte Teil der absorbierten Energie wird dabei in die Verdunstung von Wasser investiert und, wenn man so will, als latente Wärme gespeichert.

Die Schichtdicke der Luft (wie auch der Ozeane) ist dünn im Vergleich zum Erdradius. Das hat beispielsweise zur Folge, daß sich entstehende großräumige Wirbel scheibenförmig ausbilden. Die Dichte der Luftmassen nimmt dabei mit der Höhe ab, wie auch der herrschende Druck. Das Temperaturverhalten in Abhängigkeit von der Höhe erlaubt, in der Atmosphäre unterschiedliche Schichtungen zu identifizieren, in denen die Lufttemperatur einen anderen Verlauf nimmt.

6.4.3 Der Einfluß der Erddrehung

Die Erde dreht sich um ihre eigene Achse. Dies führt, wie wir auch schon im Abschnitt 6.2 angedeutet haben, für das Strömungsverhalten der Atmosphäre (selbstverständlich auch der Ozeane) zu einer weiteren Komplizierung der auftretenden Bewegungsformen. (Wir beschränken uns bei unserer Diskussion wie schon früher auf die nördliche Hemisphäre der Erde. Alle

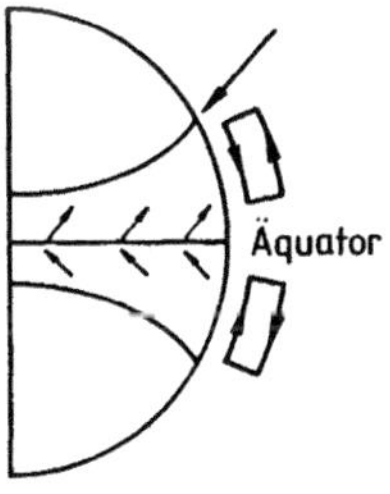

Abb. 6.42
Schematische Darstellung der Hadleyzelle (nach H. J. Lugt). Sie reicht bis etwa 30° nördlicher Breite

getroffenen Aussagen lassen sich dabei auf die südliche Hemisphäre übertragen, wenn man eine Spiegelung aller Größen längs einer Ebene vornimmt, die durch den Äquator festgelegt wird. Sorgsam zu beachten ist dabei, daß es auch Größen gibt, wie beispielsweise den Drehimpuls der Erde, die invariant gegenüber einer solchen Spiegelung sind!)

Das Verständnis der Bewegungsformen der Atmosphäre gewinnt nun zusätzliches Interesse durch die Beobachtung, daß sich die Winkelgeschwindigkeit der Rotation der Erde über lange Perioden des Erdalters hinweg kaum verändert hat. Dies ist keineswegs zu erwarten, wenn man bedenkt, daß ja Reibung, verursacht durch die Relativbewegung zwischen Erdkruste und der Atmosphäre, eine Rolle spielen sollte: Sie müßte zu einer Verlangsamung der Erdrotation führen, sollte nur eine Bewegungsrichtung der Winde ausgezeichnet sein, der Winde von Ost nach West nämlich. (Im umgekehrten Fall müßte die Rotation beschleunigt werden.) Diese Tatsache weist darauf hin, daß die Aufrechterhaltung einer nahezu konstanten Drehimpulsbilanz mit an die besonderen Strömungsformen der Atmosphäre geknüpft sein muß. Eine vollständige Theorie muß diesen Sachverhalt selbstverständlich erklären können. (Ähnliche Befunde gelten übrigens auch für die ozeanischen Strömungen.) Wir können dazu hier nur anmerken, daß eine komplizierte Balance des Drehimpulses der Atmosphäre, gemittelt über die ganze Erde hinweg, notwendig ist.

Die Rotation bedeutet für den Beobachter auf der Erde, daß er sich in einem beschleunigten Bezugssystem befindet. Gewohnt sind wir jedoch, Erscheinungen dann anschaulich leicht zu verstehen, wenn wir sie von einem Inertialsystem her deuten. Es handelt sich dabei um ein nicht beschleunigtes, sondern sich gleichförmig und geradlinig bewegendes Bezugssystem, in dem wir unsere Koordinaten wählen. Für die Alltagsbewältigung reicht diese Vorstellung gewöhnlich durchaus hin: Wir betrachten die Erdoberfläche als ein derartiges Bezugssystem und sehen von ihrer Rotation näherungsweise ab. Das ist jedoch bei Luftströmungen, die sich über hunderte oder gar tausend Kilometer hinweg abspielen, nicht mehr erlaubt, die Erdrotation gewinnt nämlich dann auf die sich entwickelnden Bewegungsformen entscheidenden Einfluß. Den Effekt des in unserem Falle gleichförmig rotierenden Bezugssystems können wir formal durch zwei zusätzliche Kräfte beschreiben: Die Zentripetalkraft und die Corioliskraft.

Veranschaulichen können wir uns die Zentripetalkraft als diejenige Kraft, die wir aufwenden müssen, um einen an einer Schnur festgebundenen Stein auf eine Kreisbahn zu zwingen (vgl. Abb. 6.43). Man kann nun aus bekannten Daten abschätzen, welchen Einfluß diese Kraft im Vergleich zur Erdanziehung auf die Luftmassen hat. Es stellt sich heraus, daß dieser Einfluß verhältnismäßig gering ist: Er ist um einen Faktor 1/300 kleiner als der der Gravitation, so daß wir im folgenden von dieser zusätzlichen Kraft näherungsweise absehen können.

Ganz anders stellen sich die Verhältnisse im Fall der Corioliskraft dar. Sie nämlich erreicht dieselbe Größenordnung wie die oben besprochenen Druckdifferenzen zwischen den Polen und dem Äquator, die durch die unterschiedliche Einstrahlung der Sonne hervorgerufen werden. Auch die Corioliskaft läßt sich an einem einfachen Modell veranschaulichen. Wir stellen dazu einen Beobachter auf eine gleichförmig rotierende Scheibe (vgl. Abb. 6.44) und bitten ihn, das folgende Experiment auszuführen: Er soll eine reibungsfrei bewegliche Kugel radial nach außen rollen lassen und das Ergebnis dieses Versuchs beschreiben. Nun ist die Winkelgeschwindigkeit der Scheibe zwar konstant, nicht aber die tangentiale Geschwindigkeit v_t ihrer einzelnen Massenelemente. Diese nimmt linear nach außen mit dem Radius r zu. Bezeichnen wir mit ω die Winkelgeschwindigkeit der Scheibe, dann gilt bekanntlich

$$v_t = \omega r. \qquad (6\text{-}72)$$

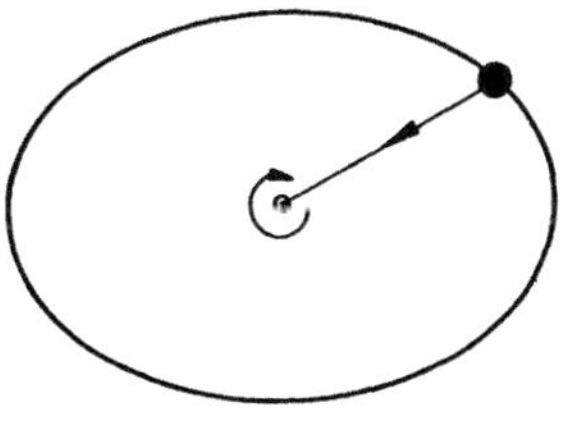

Abb. 6.43
Stein der Masse m. Der eingezeichnete Vektor gibt die Richtung der Zentripetalkraft an.

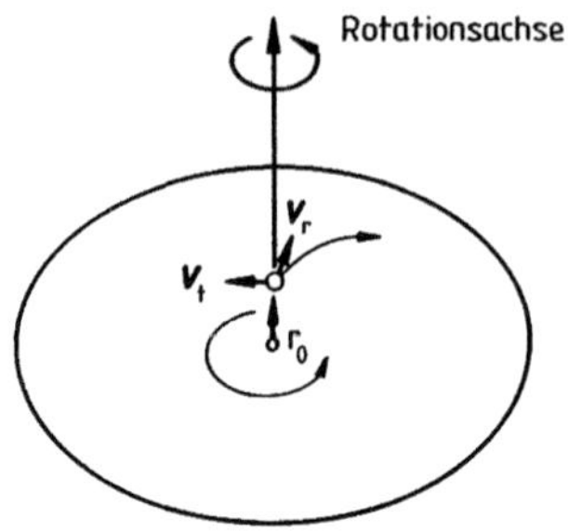

Abb. 6.44
Corioliskraft: Die nach außen gerollte Kugel bleibt gegenüber dem Beobachter im rotierenden Koordinatensystem zurück. Eine scheinbare Kraft wirkt senkrecht zur Bewegungsrichtung und zur Rotationsachse.

Der Beobachter gibt nun durch seine Eigenbewegung der Kugel der Masse m zusätzlich zu ihrer radialen Geschwindigkeit die tangentiale Geschwindigkeit

$$v_t = \omega r_0 \qquad (6\text{-}73)$$

mit. Beim nach außen Rollen der Kugel (reibungsfrei!) ist diese tangentiale Geschwindigkeit wegen Gleichung (6-72) jedoch kleiner als die der dortigen Massenelemente der als starr angenommenen Scheibe. Die Folge ist, daß uns der Beobachter berichten wird, daß die Kugel gegenüber ihm zurückbleibe. Er wird das auf eine Kraft zurückführen, die auf diese Kugel wirkt. Diese Kraft bezeichnet man als Corioliskraft. Offenbar ist sie sowohl senkrecht zur Drehachse unserer Scheibe als auch senkrecht zu der vorgegebenen radialen Geschwindigkeit v_r gerichtet. Bezeichnen wir die Drehachse mit dem Vektor $\boldsymbol{\omega}$, wobei Länge dieses Vektors gleich der Winkelgeschwindigkeit ω sein soll, und die momentane Geschwindigkeit der Kugel der Masse m mit $\boldsymbol{v}$, dann ermittelt der Beobachter diese Kraft zu

$$\boldsymbol{F}_C = -2\, m\boldsymbol{\omega} \times \boldsymbol{v}, \qquad (6\text{-}74)$$

wobei wir mit × die Operation des Kreuzprodukts zwischen den beiden Vektoren $\boldsymbol{\omega}$ und $\boldsymbol{v}$ bezeichnet haben. Das Kreuzprodukt garantiert, daß die Kraft senkrecht zur Geschwindigkeit und der Drehachse wirkt.

Wie kann man nun den Einfluß dieser Kraft abschätzen? Ganz entsprechend der Vorgehensweise in Abschnitt 6.2 werden wir dazu eine dimensionslose Größe suchen, die aus den uns interessierenden Parametern gebildet werden kann. In unsere Überlegungen eingeflossen sind Geschwindigkeiten, die wir durch eine charakteristische Geschwindigkeit v abschätzen wollen. Ferner gingen ein die Längenskalen der Strömungen, denen wir eine charakteristische Länge L zuordnen. Schließlich ist von Bedeutung die Winkelgeschwindigkeit der Rotation, ω. Daraus läßt sich die folgende dimensionslose Größe bilden:

$$\mathrm{Ro} = \frac{v}{2L\omega}, \tag{6-75}$$

die sogenannte Rossbyzahl. Der im Nenner auftretende Faktor 2 entspringt einer Übereinkunft, er ist für die folgenden Betrachtungen ohne Bedeutung. Man entnimmt Gleichung (6-75), daß der Einfluß der Rotation zunimmt, wenn die Rossbyzahl kleiner wird. Typische Werte der Rossbyzahl für das Wettersystem der Erdatmosphäre werden mit 0,14 angegeben (für den roten Punkt auf dem Jupiter beispielsweise mit 0,015). Die Abschätzung erweist damit, daß die Erddrehung auf die Bewegungsformen der Atmosphäre über die Corioliskraft einen erheblichen Einfluß nimmt. Wir müssen die mit ihr verknüpften Konsequenzen in unsere Überlegungen mit einbeziehen.

6.4.4 Atmosphärische Strömungen auf verschiedenen Maßstäben

Lokal auftretende Luftströmungen spielen für die Gesamtbilanz des Wärmeaustausches zwischen dem Äquator und den Polen eine nur untergeordnete Rolle; wir können sie, solange wir uns für die allgemeine Zirkulationen interessieren, vernachlässigen. Von Bedeutung sind für uns Windbewegungen, die sich über einen großen räumlichen Maßstab erstrecken: Beispielsweise die sogenannten Monsune und Passate. Sie bestimmen im Mittel den wesentlichen Austausch und Wärmetransport durch Zirkulation in der Umgebung des Äquators (bis ungefähr zum 30. Breitengrad).

Die Passate scheinen dabei das bedeutendste stationäre Windsystem zu bilden. Es besteht aus zwei Wirbelsystemen südlich und nördlich des Äquators (vgl. Abb. 6.9 und 6.42). Die am Äquator erwärmte Luft steigt nach oben und kühlt sich auf ihrem

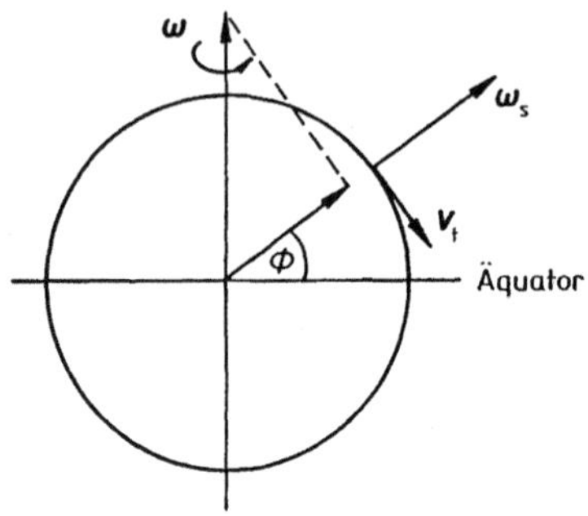

Abb. 6.45
Der Anteil ω_S, der senkrecht steht zur Erdoberfläche am Breitengrad ϕ. Man entnimmt der Zeichnung $\boldsymbol{\omega}_s = \omega \sin\phi$.

Weg nach Norden ab, sinkt dort auf die Erdoberfläche und fließt zum Äquator zurück. Die resultierende meridionale Zirkulation wird als Hadleyzelle (Abb. 6.42) bezeichnet. Der Einfluß der Corioliskraft ist in diesen Breiten gering, der Vektor $\boldsymbol{\omega}$ ist nahezu parallel zum Tangentialvektor an die Erdoberfläche in Süd-Nord-Richtung. Man kann ihren Einfluß als Funktion des Breitengrades ϕ leicht abschätzen (vgl. Abb. 6.45). Aufgrund der schon erwähnten dünnen Schicht, die die Atmosphäre im Vergleich zum Erdradius bildet, begnügen wir uns damit, zur Erdoberfläche tangentiale Strömungen zu berücksichtigen. Auf diese wirkt als Corioliskraft nur der zur dortigen Erdoberfläche senkrechte Anteil des Vektors der Erdrotation $\boldsymbol{\omega}$. Dessen Betrag ist offenbar gegeben durch

$$\omega \sin\phi . \tag{6-76}$$

Die Größe

$$f = 2\,\omega \sin\phi \tag{6-77}$$

trägt den Namen Coriolisparameter und ist klein in der Umgebung des Äquators. Die Corioliskraft führt zu einer Westabweichung der an der Erdoberfläche zurückfließenden Luft (vgl. Abb. 6.46).

Der Monsunwind unterliegt einer halbjährlichen Richtungsänderung, ihre Ursache sind die unterschiedlichen Temperaturen des Festlandes und der See zu verschiedenen Jahreszeiten. Selbstverständlich wird auch er durch die Corioliskraft beeinflußt.

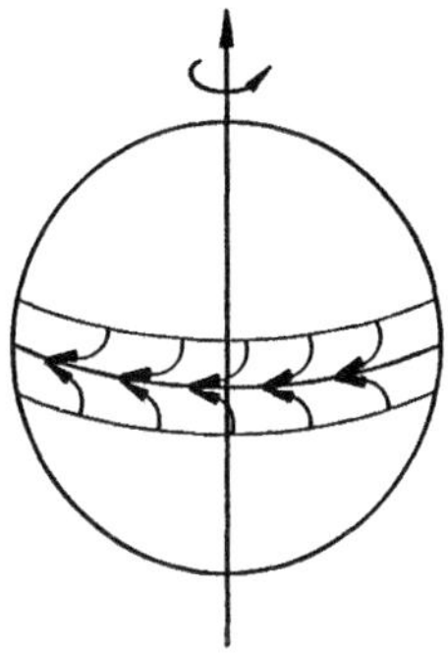

Abb. 6.46
Wirkung der Corioliskraft auf die Passate

Ganz andere Verhältnisse gelten für die sogenannten mittleren Breiten (ϕ ungefähr 30 bis 60 Grad). Dort, so geben Messungen an, ist der Temperaturgradient zwischen dem Äquator und den Polen am größten. Auch der Einfluß der Corioliskraft wird merklich, was man unmittelbar am zugehörigen Coriolisparameter (6-77) ablesen kann. Daher erwarten wir, daß auch die Dynamik des Systems vielfältiger wird als in der Umgebung des Äquators. Sie ist jetzt nicht mehr einfach durch stationäre Konvektionszellen beschreibbar. Dennoch, so zeigt sich, kann die über ein Jahr *statistisch gemittelte* Zirkulation längs der Meridiane in diesem Bereich durch die sogenannte Ferrell Zelle dargestellt werden (Abb. 6.9). In diesem Bereich gewinnt nun, wie schon erwähnt, die barokline Instabilität für die dort beobachteten Strömungsformen der Atmosphäre besondere Bedeutung. Um das Bild zu vervollständigen, haben wir in Abb. 6.9 noch weitere wichtige Strömungsformen, die im jährlichen Mittel auftreten, aufgenommen, auf die wir hier aber nicht weiter eingehen werden.

6.4.5 Die mittleren Breiten

Wollen wir im Sinne der Synergetik vorgehen, dann besteht unsere Aufgabe zunächst darin, mögliche Grundströmungsformen herauszufinden und daraus auf neue kollektive Strömungsformen zu schließen, die sich durch Instabilitäten aus ihnen entwickeln können. Klar ist von vornherein, daß der Zustand einer starren Mitrotation der Atmosphäre mit der Erdoberfläche infolge des meridionalen Temperaturgefälles und dem damit verbundenen Druckgefälle keinen sinnvollen Ausgangszustand darstellen kann. Die Atmosphäre wird vielmehr durch dieses Druckgefälle in Bewegung versetzt und ist damit auch der Corioliskraft unterworfen. Wir werden demnach nach einer Balance zwischen dem Druckgefälle einerseits und der Corioliskraft andererseits suchen und die damit verbundene Strömung als eine Grundströmung identifizieren, von der aus wir uns neue kollektive Bewegungsmuster erschließen werden. Die Diskussion führen wir qualitativ. Wir nehmen als Ausgangssituation an, die Luft bewege sich parallel zum meridionalen Druckgefälle mit der Geschwindigkeit $\boldsymbol{v}$ nach Norden (vgl. Abb. 6.47a). Der dort senkrecht zur Erdoberfläche weisende Anteil des Drehvektors $\boldsymbol{\omega}$, nämlich $\boldsymbol{\omega}_s$, steht senkrecht zur Papierebene und ist durch einen Kreis angedeutet. Die sich daraus ergebende Corioliskraft weist nach rechts. Dadurch wird die sich nach Norden bewegende Luft nach rechts beschleunigt und aus ihrer ursprünglichen Bewegungsrichtung abgelenkt. Diese Ablenkung verändert nun wiederum die Corioliskraft, wie dies in Abb. 6.47b schematisch dargestellt ist. Man kann nun erwarten, daß sich schließlich der in Abb. 6.47c dargestellte Gleichgewichtszustand einstellt: Das Druckgefälle von Süden nach Norden wird kompensiert von der Corioliskraft,

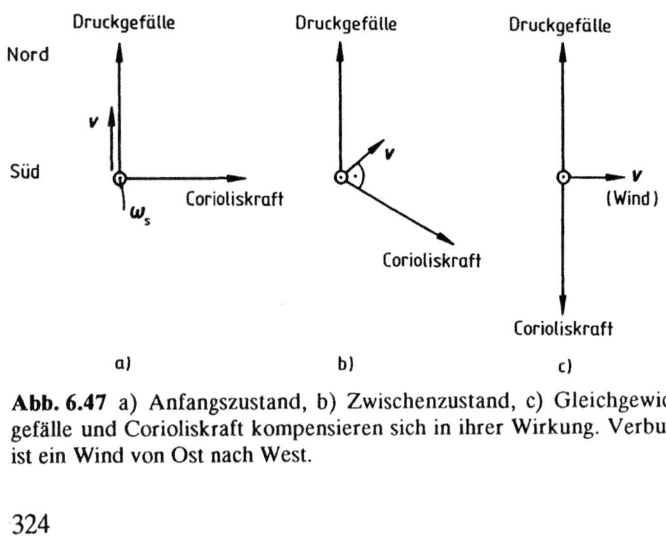

Abb. 6.47 a) Anfangszustand, b) Zwischenzustand, c) Gleichgewicht: Druckgefälle und Corioliskraft kompensieren sich in ihrer Wirkung. Verbunden damit ist ein Wind von Ost nach West.

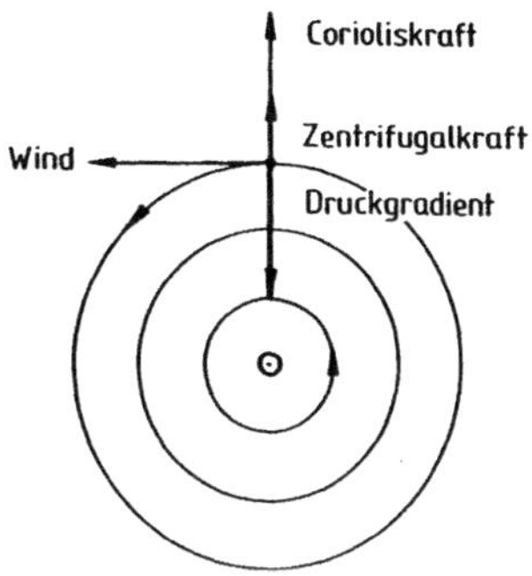

Abb. 6.48
Wirbel als stationärer Zustand (vgl. Text)

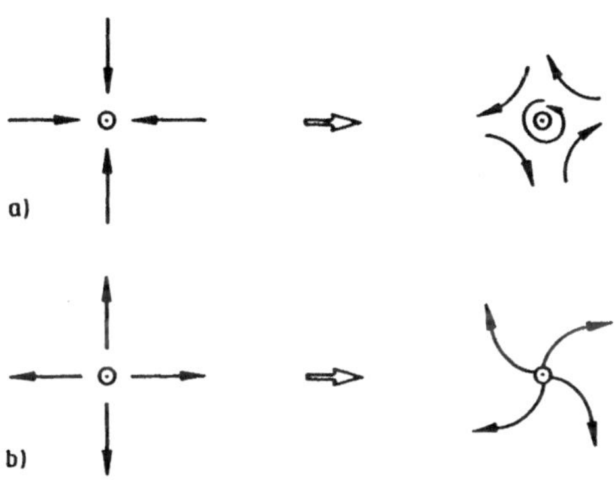

Abb. 6.49 Zyklonische (a) und antizyklonische (b) Strömungsform

verknüpft mit einem zugehörigen Wind von Ost nach West. Man nennt diese Strömung, bei der offenbar die Stromlinien des Gases mit den Isobaren (den Linien gleichen Drucks) übereinstimmen, *geostrophisch.* (Wir merken an, daß diese Übereinstimmung insbesondere beim Lesen von Wetterkarten von Bedeutung ist.) Die geostrophische Bewegung ist also eine der möglichen Grundströmungen, von denen wir ausgehen können.

Wir betrachten noch ein anderes, mehr lokales stationäres Muster, einen scheibenförmigen Wirbel. In diesem Wirbel bewegen sich die Teilchen so schnell, daß man die vom Wirbel verursachte Zentrifugalkraft nicht mehr vernachlässigen kann. Abb. 6.48 zeigt ein solches Gleichgewichtsdiagramm: Das Druckgefälle wird dort kompensiert durch die gemeinsame Aktion von Zentrifugal- und Corioliskraft, die wieder mit einem entsprechenden Wind verbunden ist.

Solche Wirbel werden nun durch die Corioliskraft auch in bemerkenswerter Weise in ihren Eigenschaften verändert. Man kann nämlich zeigen, daß bei einem Wirbel in einem Inertialsystem, einem System also, das nicht durch Drehbewegungen beispielsweise beschleunigt wird, das Minimum des Druckes immer im Zentrum des Wirbels vorliegen muß. Dieser Sachverhalt wird durch die Anwesenheit von Corioliskräften in einem rotierenden Koordinatensystem grundlegend verändert. Im Kern des Wirbels wird nun auch ein Maximum des Druckes möglich. Dies erklärt zumindest in grober erster Näherung das uns bekannte Vorliegen der Hochs und Tiefs auf unserer Wetterkarte.

Übrigens kann die Corioliskraft zur Entstehung solcher Wirbel wesentlich beitragen. Schematisch ist der Mechanismus in Abb. 6.49 dargestellt. Wir gehen zunächst aus von einem lokalen Tief, das wir uns als eine „Senke“ für die Stromlinien vorstellen können, die Stromlinien laufen darauf zu. Unter dem Einfluß der Corioliskraft werden sich nun die Stromlinien, wie in der Abbildung dargestellt, verbiegen, ein Wirbel mit einem Tief in seinem Zentrum wird erzeugt. Man nennt solche Strömungen zyklonisch. Antizyklonische Bewegung erhält man, wenn man von einem lokalen Hoch ausgeht (auffaßbar als Quelle der Strömungslinien) und die Deformation der Linien wieder unter dem Einfluß der Corioliskraft beachtet (Abb. 6.49b).

Wir wollen nun versuchen, zwei kollektive Bewegungsformen zu diskutieren, auf die man qualitativ von unseren bisher angegebenen Grundströmungen her schließen kann. Gehen wir zunächst vom zweiten Fall, dem eines stabilen stationären Wirbels, aus, der eingebettet ist in eine geostrophische Bewegung nach Osten. Eine der gesuchten Bewegungsformen kann nun in einer Oszillation des Wirbels während seiner Bewegung entstehen. Wie kann man diese wellenartig sich ausbreitende Strömung anschaulich verstehen? Wir wollen dies anhand der Abb. 6.50 tun. Der Beobachter untersucht dort die Verhältnisse auf der Erde von einem Inertialsystem her. Er beobachtet einen Wirbel, der sich

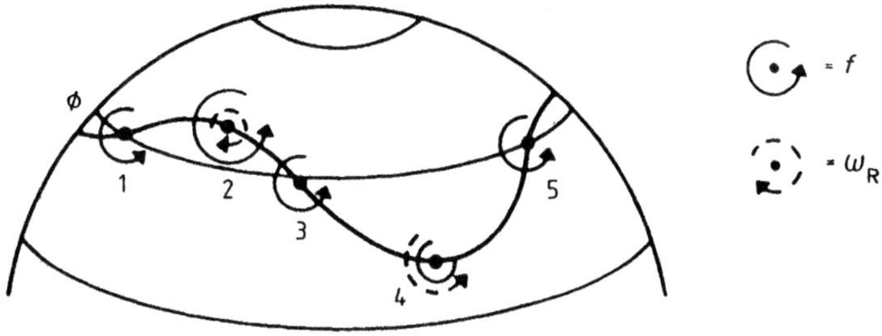

Abb. 6.50

nach Osten hin bewegt. Von den Luftmassen hat er die vereinfachende Vorstellung gewonnen, daß sie sich reibungsfrei bewegen. Ohne Reibung kann er annehmen, daß am Ort des Wirbels die Gesamtzirkulation, die wir durch ω_1 abkürzen, erhalten bleibt. Sie setzt sich für ihn additiv zusammen aus der Zirkulation des Wirbels ω_w und dem Anteil der zur Erdoberfläche senkrechten Zirkulation der Erde, die wir durch den Coriolisparameter f beschreiben.

$$\omega_1 = \omega_w + f = \text{const.} \qquad (6\text{-}78)$$

Bei der geostrophischen Bewegung des Wirbels, der eine Nord-Süd-Komponente der Geschwindigkeit überlagert sein soll, fließen nun Luftelemente des Wirbels beispielsweise nach Norden (vgl. Abb. 6.50, sein Zentrum ist dort zunächst bei ϕ) über die durch ϕ markierte Grenze hinweg nach oben. Für diese Elemente nimmt nach Gleichung (6-77) f zu. Nimmt f ausreichend zu, dann kann, soll die Relation (6-78) erfüllt sein, ω_w negativ werden. Unser Beobachter sieht sich vor der Situation 2. Diese Drehrichtung des Wirbels bedingt eine Krümmung der Stromlinie nach Süden. Der Vorgang kann nun in umgekehrter Richtung ablaufen. Das Resultat besteht in einer wellenförmigen Ausbreitung des Wirbels. Man bezeichnet solche Wellen als Rossbywellen. Sie erweisen sich als von grundlegender Bedeutung für Energie und Impulstransport in den mittleren Breiten.

Solche Wellen und Störungen breiten sich nun nicht beliebig weit aus. Vielmehr sind ihrer Ausbreitung Grenzen gesetzt. Ein typisches Beispiel einer solchen Grenze liefert etwa der Machsche

Kegel (Abb. 6.51). Diese Grenzen bezeichnet man gewöhnlich als die "Charakteristiken".

Versuchen wir nun dieses Konzept der Charakteristiken auf einen stabilen geostrophischen Zustand anzuwenden. Offenbar sind es in diesem Grenzfall gerade die Linien parallel zur Drehachse, die als Charakteristiken aufgefaßt werden können (Abb. 6.52). Änderungen können sich also in diesem idealisierten Fall nicht parallel zur Drehachse ausbreiten, Änderungen sind nur senkrecht zur Drehachse möglich. Genau dies ist die Aussage des Taylor-Proudman-Theorems, die sich auch im Experiment bestätigen läßt. Abb. 6.53 zeigt die Versuchsanordnung zur

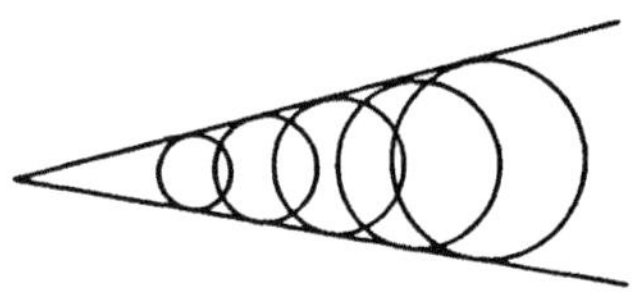

Abb. 6.51
Machscher Kegel, Grenzen als „Charakteristiken"

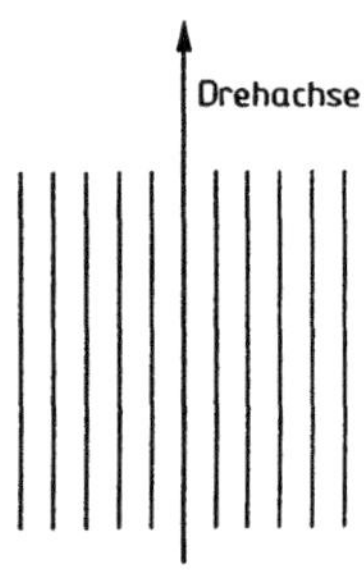

Abb. 6.52
Charakteristiken einer geostrophischen Bewegung

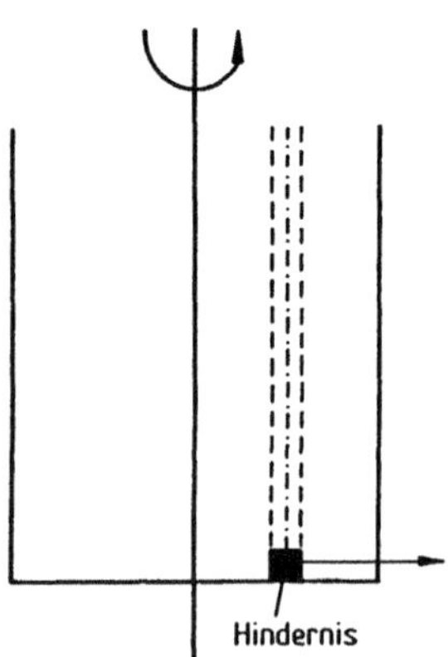

Abb. 6.53
Taylorsäule, die sich über dem Hindernis bildet und von der Flüssigkeit umströmt wird

Erläuterung des oben besprochenen Sachverhaltes. Wir sehen einen rotierenden Zylinder, der mit einer Flüssigkeit gefüllt ist und um seine Achse rotiert wird. Am Boden dieses Zylinders ist ein bewegliches Hindernis angebracht. Das Experiment zeigt nun, daß dieses Hindernis nicht überströmt wird, sondern sich über ihm eine Säule, die sogenannte Taylorsäule ausbildet, die insgesamt von der übrigen Flüssigkeit umströmt wird. Dies ist in Übereinstimmung mit der Aussage, daß sich Störungen parallel zur Rotationsachse nicht ausbreiten können. Zu betonen bleiben noch einmal die Einschränkungen, unter denen man diese Phänomene beobachten kann: Die Strömung muß geostrophisch sein, Viskosität und Trägheit der Flüssigkeit müssen vernachlässigbar klein sein.

Eine weitere wichtige Näherung, die wir bisher stillschweigend übergangen haben, war die Nichtbeachtung des Einflusses der Temperaturunterschiede in der Atmosphäre sowohl in vertikaler als auch in horizontaler Richtung. Diese Vernachlässigung ist zu einem gewissen Grade erlaubt, solange die Strömungen barotrop verlaufen. Gemeint ist damit die Übereinstimmung der Linien konstanten Druckes mit den Linien konstanter Temperatur (Isothermen) oder gleichwertig den Linien gleicher Dichte. Strömungsformen, die dieser Forderung nicht genügen, nennt man baroklin. (Berücksichtigt haben wir explizit auch nirgends die Krümmung der Erdoberfläche, sondern diese jeweils durch die Tangentialebene an einem hervorgehobenen Punkt angenähert.)

All diese Näherungen müssen in der von uns vorgenommenen Form der Betrachtungsweise verbessert werden, will man die barokline Instabilität befriedigend verstehen. Nach Auskunft der Metereologen handelt es sich dabei um die wichtigste Instabilität des geostrophen stationären Westwindes. (Abb. 6.54 zeigt die Wetterkarte, die wesentlich durch die barokline Instabilität bestimmt wird.) Um ihre Ursachen vollständig darzustellen, darf man auch nicht mehr, wie wir das oben anschaulich versucht haben, die Rossbywellen in der idealisierten und linearisierten Form behandeln. Vielmehr wechselwirken diese über die Nichtlinearitäten, die diesem komplexen System

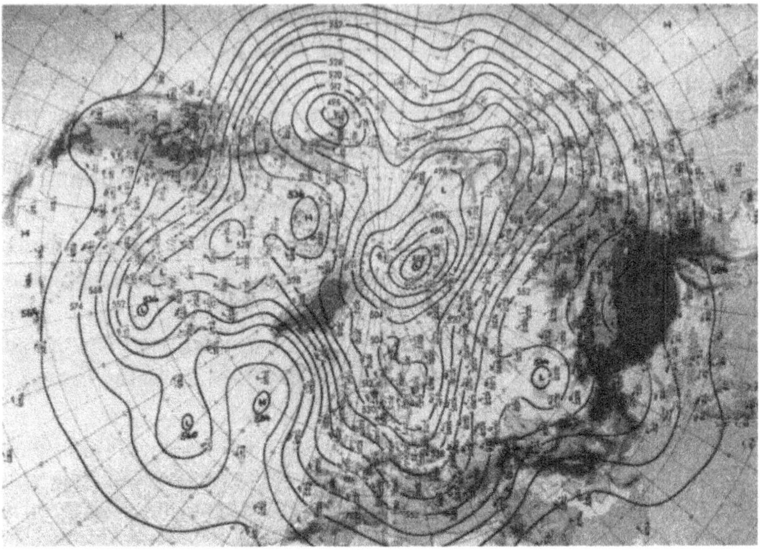

Abb. 6.54 Wetterkarte der mittleren Breiten

Atmosphäre inhärent sind, in komplizierter Weise mit kleinskaligeren Wellen, Temperaturschwankungen usw. Störungen, die sich aufgrund dieser vielfältigen Wechselwirkungen ausbreiten und über Tage oder gar Wochen aufrechterhalten, bilden die hauptsächliche Ursache für die Entstehung von Zyklonen, Kalt- und Warmfronten, Jet-Strömen.

Einen (allerdings extrem vereinfachten) Zugang zu dieser Instabilität kann man aufgrund des folgenden Modells gewinnen. Wir betrachten einen schnell rotierenden Zylinder (Abb. 6.55), in dem die Strömung geostroph verlaufen soll. Ferner soll ein horizontales Temperaturgefälle vorherrschen, das durch die schräg eingezeichneten Linien konstanter Dichte dargestellt ist. Wir unterwerfen jetzt ein Teilchen am Ort P einer baroklinen Störung, indem wir es nach P_1 verschieben. Um das weitere Verhalten dieses nun sich selbst überlassenen Flüssigkeitsteilchens zu untersuchen, nehmen wir an, daß die geostrophe Strömung stabil sei. Die Flüssigkeit wird dann beispielsweise

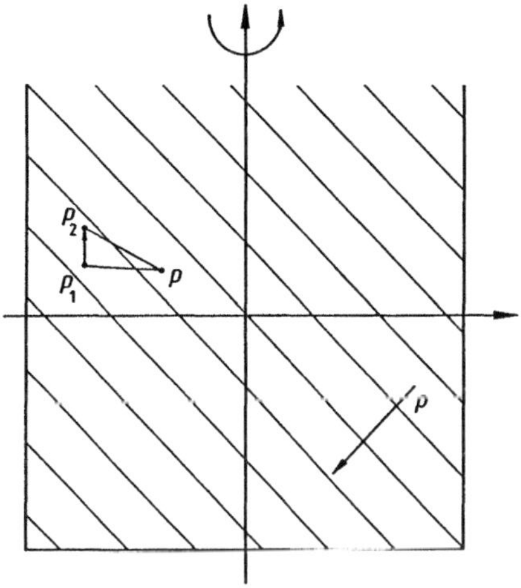

Abb. 6.55
Modellhafte Darstellung der baroklinen Instabilität: ein schnell rotierender Zylinder bei horizontalem Temperaturgefälle. Der Pfeil bei ρ weist in die Richtung zunehmender Dichte.

dafür sorgen, daß das Teilchen die dort herrschende Geschwindigkeit annimmt. Dies läßt sich aus dem Taylor-Proudman-Theorem schließen, nachdem ja Geschwindigkeitsänderungen parallel zur Drehachse ausgeschlossen sind. Das Teilchen ist jedoch damit noch nicht im Gleichgewicht, es hat eine kleinere Dichte als seine Umgebung. Um dieses auszugleichen, wird es senkrecht nach oben steigen und den Punkt P_2 als endgültigen Gleichgewichtswert erreichen. Vergleichen wir aber nun den Abstand des Punktes P_2 vom Ausgangspunkt P mit dem der ursprünglichen Störung nach P_1, so sehen wir, daß sich dieser trotz Annahme eines stabilen geostrophen Flusses der Flüssigkeit vergrößert hat. Man kann also sagen, die betrachtete geostrophe Bewegung ist instabil gegen barokline Störungen, die Störungen werden verstärkt.

Wir können hier nur erwähnen, daß die besprochenen Effekte mit dem Ordnungsparameterkonzept behandelbar werden, und verweisen dazu auf die Spezialliteratur.

6.4.6 Eine Zusammenfassung

Wir haben versucht, an dieser Stelle ein erstes Gefühl zu vermitteln, wie kompliziert, aber auch interessant die Strömungsformen in der Erdatmosphäre und speziell in unseren mittleren Breiten sind. Eine weitere Vorgehensweise, wie sie die Synergetik nahelegt, besteht darin, zunächst einzelne kollektive Effekte zu isolieren, sie mathematisch zu beschreiben und die zugehörigen Ordnungsparameter zu bestimmen. Der nächste Schritt muß dann darin bestehen, die Kopplungen zwischen den verschiedenen Ordnungsparametern zu untersuchen, um so zumindest qualitativ Aussagen über die allgemeine Zirkulation der Atmosphäre zu gewinnen.

6.5 Zur Turbulenz

Motiviert durch unsere Ergebnisse beim Taylorproblem werden wir im folgenden einige Aspekte turbulenten Verhaltens diskutieren, wie wir es bei Gasen oder Flüssigkeiten antreffen. Das Verständnis der Turbulenz ist zudem ein wichtiges Hilfsmittel zu einem tieferen Verständnis der Vorgänge in der Erdatmosphäre, ozeanischen Strömungen, Strömungen in Sternen (der Sonne beispielsweise) usw.

6.5.1 Zur Entstehung turbulenter Zustände

An dieser Stelle werden wir ein – allerdings nur vorläufiges – Modell vorstellen, das versucht, die schrittweise Ausbildung eines voll entwickelten turbulenten Zustandes in allen Einzelheiten nachzuvollziehen. Entwickelt hat dieses Modell der russische Physiker L. D. Landau. Eine konkrete mathematische Realisierung dieses Modells hat der Mathematiker Hopf vorgeschlagen. Allerdings hält diese, durch das Modell vermittelte Vorstellung, den experimentellen Daten nur selten stand. Diese Erkenntnis ist insbesondere auch ein Ergebnis der modernen Chaosforschung, auf die wir in Kapitel 9 eingehen werden. Vom empirischen Standpunkt her weist also die im folgenden entwickelte Vorstellung beträchtliche Mängel auf und ist in ihrer ursprünglichen Form wohl kaum haltbar. Das Modell trotzdem zu diskutieren, lohnt aus zweierlei Gründen. Zum einen gibt es einen besonders einleuchtenden Zugang zur Turbulenz und manche seiner Konsequenzen bleiben – trotz aller Mängel – weiterhin richtig.

Nebenbei kann man aus diesem Modell lernen, welche „Streiche" Nichtlinearitäten unserer, von der scheinbar klaren, vornehmlich „linearen" Anschauung her inspirierten Vorstellung spielen können.

Übernehmen wir zur Darstellung, um ein konkretes System zur Hand zu haben, die gleichmäßige Umströmung eines Zylinders durch eine Flüssigkeit (s. R. Feynman, von dem die Abb. 1.10 übernommen wurde). Bei hinreichend langsamer Anströmgeschwindigkeit V_0, die wir weit entfernt vom Zylinder messen, ist die Strömung vollkommen laminar (Abb. 1.10). (Wir müssen wenigstens in Klammern doch hervorheben, daß es sich bei unserer Beschreibung um ein ausschließlich experimentell gewonnenes Resultat handelt. Bis heute ist man nicht in der Lage, schon dieses scheinbar einfache Problem analytisch zu lösen.)

Erhöht man nun die Anströmgeschwindigkeit V_0, dann beobachtet man nach einer ersten Instabilität das stationäre Muster, das in Abb. 1.10 dargestellt ist. Wir schreiben es der spontanen Selbstorganisation der Flüssigkeit in einen makroskopisch geordneten Zustand zu. Bei weiterer Erhöhung der Anströmgeschwindigkeit wird auch dieser stationäre geordnete Zustand instabil, die beiden Wirbel, die sich an der Rückseite des Zylinders zunächst statisch ausgebildet haben, beginnen gegeneinander zu oszillieren – wir beobachten, aus unserer an den Konzepten der Synergetik orientierten Betrachtungsweise, einen makroskopisch höher geordneten Zustand. Schließlich wird, bei weiterer Erhöhung der Anströmgeschwindigkeit, die Bewegung der Flüssigkeitselemente hinter dem Zylinder sehr schnell turbulent.

Wie kann man sich das Entstehen dieser turbulenten Strömung im einzelnen vorstellen? Wie wir gesehen haben, entsteht nach dem stationären, makroskopisch geordneten ersten Muster eine zeitliche Oszillation, die wir durch ihre Frequenz ω_1 charakterisieren können. Ferner werden wir diese Oszillation als eine kollektive makroskopische Mode der Flüssigkeit deuten, die wir durch ihre zugeordnete Amplitude A_1, den Ordnungsparameter also, charakterisieren können.

Eine „typische" Gleichung für den Betrag der Amplitude dieser neuen Strömung können wir sofort angeben; bringen wir die bisher gemachten Erfahrungen ein, dann erwarten wir, daß diese Amplitude zu Beginn der Instabilität exponentiell anwächst, dann aber durch die nichtlinearen Wechselwirkungen in ihrem Wachstum begrenzt wird. Die typische Gleichung, die diese Erfahrung wiedergibt, hat die Form

$$\dot{A}_1 = \varepsilon A_1 - A_1^3. \tag{6-79}$$

Die Bedingungen für eine Verstärkung der Amplitude A_1 liegen offenbar dann vor, wenn $\varepsilon > 0$. Im weiteren Verlauf des Versuches, bei einem Ansteigen der Anströmgeschwindigkeit also, wird auch dieses Muster instabil werden; im einfachsten Fall wird sich dem vorgegebenen zeitabhängigen Muster eine neue Frequenz überlagern. Wir bezeichnen sie mit ω_2 und nehmen an

$$\frac{\omega_1}{\omega_2} = \text{irrational.} \tag{6-80}$$

(Dieser Annahme liegt die Vorstellung zugrunde, daß es sehr viel mehr irrationale Zahlen gibt als rationale. Die „Wahrscheinlichkeit" also, daß das Verhältnis irrational ist, ist bedeutend höher. Es bleibt darauf hinzuweisen, daß diese Vorstellung durchaus nicht unumstritten ist.) Dementsprechend wird man zusätzlich eine zweite Ordnungsparametergleichung der Form (6-79) für die zugehörige Amplitude A_2 ansetzen. Und so – könnte man sich vorstellen – setzt sich dieses fort ad infinitum.

Mit steigender Anströmgeschwindigkeit finden immer mehr, anderen Frequenzen zugeordnete Modenamplituden die Bedingungen vor, unter denen sie instabil werden können. Es ist klar, daß die Folge der neuen Instabilitäten immer dichter wird, d.h. in immer kleineren Intervallen ΔV_0 auftreten. Ferner kann man sich leicht verdeutlichen, daß die Instabilitäten bei immer höherer Anströmgeschwindigkeit immer kleineren räumlichen Strukturen zugeordnet sein müssen: Höhere Anströmgeschwindigkeit bedeutet ja, daß immer mehr Energie pro Zeiteinheit in das System eingebracht wird. Muster, die sich auf kleinem räumlichen Maßstab wesentlich ändern, sind als erste ein Opfer der Viskosität der Flüssigkeit, da ja – wie wir gesehen haben– die Reibungskraft vom Geschwindigkeitsgefälle abhängt. Umgekehrt jetzt, je mehr Energie wir dem System pro Zeiteinheit zuführen, desto eher finden auch kleinräumige Wirbel die Möglichkeit, sich selbst aufrechtzuerhalten.

Damit haben wir eine erste Vorstellung zur Entstehung der vollentwickelten Turbulenz dargelegt. Es ist selbstverständlich, daß die Strömung schon nach wenigen derartigen Instabilitäten für den Beobachter völlig verwirrend und somit turbulent erscheint. Unser einfaches Modell faßt diese Strömung als ein „Gas" von nichtwechselwirkenden nichtlinearen Oszillatoren auf, deren Amplituden A jeweils Gleichungen von einem Typus genügen, wie er durch die Amplitude A_1 in Gleichung (6-79) repräsentiert wird. Nun schwingt jeder der von uns eingeführten (nichtlinearen!) Oszillatoren i in einer bestimmten Phasenlage ϕ_i, die sich zufällig ergibt. Der Anschwingvorgang wird ja durch Fluktuationen bestimmt, so daß uns der Anfangszustand für jeden einzelnen Oszillator unbekannt bleibt. Dieser Befund weist auf die Möglichkeit, eine statistische Theorie der Turbulenz zu entwickeln – dies ganz in Analogie zur klassischen statistischen Thermodynamik; wir werden dann im einfachsten Fall von einer Gleichverteilung dieser Phasenlagen ausgehen. Eine befriedigende Theorie der Turbulenz – das folgt aus diesen Überlegungen – kann also nur eine statistische Theorie sein. Dieses Ergebnis hat auch dann noch Bestand, wenn wir die hier dargelegten Vorstellungen abändern müssen.

Tatsächlich gibt es nun natürlich auch Wechselwirkungen zwischen diesen hier als unabhängig voneinander behandelten nichtlinearen Oszillatoren; diesen werden wir uns im nächsten Abschnitt zuwenden.

6.5.2 Ähnlichkeitsbetrachtungen bei der vollentwickelten Turbulenz

Es erweist sich als besonders reizvoll, die in Abschnitt 6.2 dargelegten Ähnlichkeitsbetrachtungen auf die vollentwickelte Turbulenz anzuwenden. Wir beschränken uns dabei auf eine Situation, in der wir thermische Einflüsse völlig ignorieren können: Die Flüssigkeit soll thermisch isoliert sein. Die Schwierigkeiten, denen wir uns gegenüber sehen, bestehen darin, daß im Fall der voll ausgebildeten Turbulenz die Schwankungen in der Geschwindigkeit $\Delta \boldsymbol{v}$ der Flüssigkeit dieselbe Größenordnung annehmen, wie sie die Geschwindigkeit $\boldsymbol{v}$ selbst hat. Die Bahnkurven der einzelnen Flüssigkeitselemente werden mithin völlig erratisch. Bei den Ähnlichkeitsbetrachtungen waren es dimensionslose Größen, die eine ausgezeichnete Rolle gespielt haben. Es ist einer Überlegung wert, sich diese dimensionslosen Größen für unseren Fall zusammenzustellen. Unser Kontrollparameter war die Anströmgeschwindigkeit der Flüssigkeit V_0. In unserem System (Abb. 1.10) finden wir darüberhinaus eine charakteristische Länge, nämlich den Durchmesser unseres Zylinders, den wir mit L bezeichnen. Die vorliegende Flüssigkeit selbst wird in unserem vereinfachten Fall allein durch ihre Viskosität ν charakterisiert. Daraus aber läßt sich sofort eine dimensionslose Größe konstruieren, die Reynoldszahl Re:

$$\mathrm{Re} = \frac{V_0 L}{\nu}. \tag{6-81}$$

Offenbar spielt sie die Rolle eines dimensionslosen Kontrollparameters. Steigende Anströmgeschwindigkeit bedeutet steigende Reynoldszahl. Steigende Reynoldszahl kann aber auch als abnehmende Viskosität gedeutet werden (vgl. (6-81)).

Das Konzept der Reynoldszahl, wie wir sie oben eingeführt haben, läßt sich offenbar verfeinern. Der eingeführte Längenmaßstab L charakterisiert ja gerade die Länge, die für die Erzeugung des turbulenten Zustandes verantwortlich ist. Es ist unmittelbar klar, daß auf diesem Längenmaßstab das Bild turbulenten Verhaltens maßgeblich durch die Geometrie des sie erzeugenden Hindernisses bestimmt ist. Die Folgerung, die wir ziehen müssen, ist die folgende: Auf dem Längenmaßstab, auf dem die Turbulenz erzeugt wird, kann sie keineswegs universellen Gesetzmäßigkeiten genügen, solchen also, die unabhängig von den speziellen Bedingungen ihrer Erzeugung sind. Wollen wir also universelle Gesetzmäßigkeiten in dem oben beschriebenen Sinne aufspüren, dann müssen wir uns für kleinere Längenmaßstäbe interessieren.

Dort, wo wir universelle vollentwickelte Turbulenz antreffen, muß die spezielle Form ihrer Erzeugung von geringer Bedeutung sein, sie muß vernachlässigbar sein. Beispielsweise sind charakteristische Längen des Zylinders in dem in Abb. 1.10 angedeuteten Bereich dann offenbar ohne Bedeutung. Die interessierende Länge selbst wird jetzt allein durch das System und seine Eigendynamik festgelegt: die erzeugten Wirbel innerhalb der Strömung nämlich. Man gelangt so zu dem Ergebnis, daß die Flüssigkeitsbewegung auf Maßstäben, wie sie dort hervorgehoben sind, nicht mehr von ihrer konkreten Form der Erzeugung abhängt, mithin also den gesuchten „universellen" Charakter annimmt (falls er existiert). Dieser Bereich ist es, der den Physiker besonders interessieren wird.

Fassen wir zusammen: Entscheidend ist, daß es ein Gebiet von Längenmaßstäben gibt, in dem die Merkmale der Turbulenz nicht mehr von ihrer konkreten Erzeugung abhängen, sondern Eigenschaften vorgefunden werden – und, wie wir annehmen, universelle Eigenschaften – die über das konkret betrachtete System hinausreichen. (Abb. 6.56 zeigt eine Fotographie einer – wenn man so will – eingefrorenen Turbulenz bei der Struktur des Stammes einer Bergeiche, die geeignet ist, unsere Vorstellung weiter zu untermauern.)

In diesem von uns ausgemachten Gebiet wird es nun weiterhin wichtig, zwei Bereiche voneinander zu trennen. Einmal beobachtet man dort Wirbel, die relativ groß sind, zum anderen extrem kleine Wirbel. Für die kleineren Wirbel scheint eine untere Grenze des Längenmaßstabes zu existieren; unterhalb dieses Längenmaßstabes existieren keine Wirbel mehr. Welche physikalischen Vorgänge müssen demnach in den kleinsten Wirbeln ablaufen? Dem von uns konkret betrachteten System (vgl. Abb. 1.10) wird dauernd Energie von außen zugeführt. Selbstverständlich muß in einem stationären Zustand diese Energie auch wieder abgeführt werden. Dafür verantwortlich ist die Zähigkeit der Flüssigkeit ν. Diese Energie muß deshalb vornehmlich in den kleinsten Wirbeln – wir finden dort ja wegen des hohen Geschwindigkeitsgefälles die höchste Reibung – dissipiert werden. Wie kann man diesem Umstand Rechnung

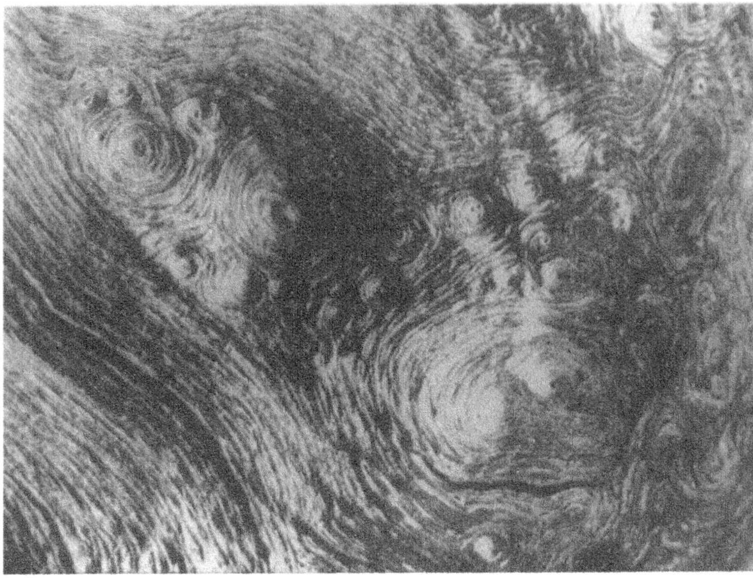

Abb. 6.56 Turbulente morphogenetische Entwicklung einer Bergeiche

tragen? Wir können das offenbar dadurch tun, daß wir jeder Wirbelgröße mit dem Durchmesser l eine eigene Reynoldszahl Re_l zuordnen. Bezeichnen wir die charakteristische Geschwindigkeit im Wirbel mit v_l, dann definieren wir seine Reynoldszahl Re_l durch

$$\mathrm{Re}_l = \frac{v_l \cdot l}{\nu}. \tag{6-82}$$

Aus diesem Resultat läßt sich auf einfache Weise eine wichtige Abschätzung für die Größe der Wirbel gewinnen, in denen die zugeführte Energie schließlich dissipiert wird. Die Dissipation wird offenbar dann wichtig, wenn Zähler und Nenner in Gleichung (6-82) dieselbe Größenordnung erhalten. Wir deuten das in der folgenden Form an:

$$\nu \sim v_\mathrm{d} l_\mathrm{d} \quad \text{oder} \quad \mathrm{Re}_l \sim 1. \tag{6-83}$$

Den Index d haben wir eingeführt, um zu betonen, daß wir hier mit Größen arbeiten, die der Dissipation der Energie zugeordnet sind. (6-83) können wir dazu benützen, die Geschwindigkeit v_d zu bestimmen. Wir erhalten

$$v_d \sim \frac{\nu}{l_d}. \tag{6-84}$$

Wir sind an l_d interessiert. Ein sinnvoller Ausdruck für diese Länge sollte nur von einfach meßbaren Größen abhängen. Eine derartige Größe, die mit l_d in Zusammenhang gebracht werden muß, ist sicher die Viskosität der Flüssigkeit. Eine zweite, die mit dieser Dissipationslänge in Verbindung stehen muß, ist die dem System pro Zeit- und Masseneinheit zugeführte Energie, die wir im folgenden mit ε bezeichnen. Genau diese Größe legt ja ein Maß dafür fest, welche Energie dissipiert werden muß.

Wir hatten früher schon für die Reibungskraft in einer Flüssigkeit oder einem Gas gefunden, daß diese proportional zum Geschwindigkeitsgefälle v/l sein müsse (vgl. Abschn. 6.2.1). Spezifiziert auf unsere Situation müssen wir beiden Größen bloß noch den Index d hinzufügen. Die pro Zeit- und Masseneinheit dissipierte Energie muß deshalb proportional zu $(v_d/l_d)^2$ sein.[1] Die Proportionalitätskonstante ist selbstverständlich die Viskosität der Flüssigkeit ν. (Man kann diese Aussage auch leicht durch eine Dimensionsbetrachtung verifizieren.) Wir erhalten so

$$\varepsilon \sim \nu \frac{v_d^2}{l_d^2}. \tag{6-85}$$

(6-85) enthält die von außen her nicht zu beeinflussende Größe v_d. Wir können diese Geschwindigkeit jedoch eliminieren, wenn wir Gleichung (6-84) beachten. Eliminieren wir über diese

1) Dies läßt sich folgendermaßen ableiten: Es ist $\varepsilon \sim \frac{F \cdot l}{\rho \cdot V \cdot t}$ mit F aus (6-3). Im Zähler steht die Arbeit, im Nenner die Masse $m = \rho \cdot V$ multipliziert mit einer charakteristischen Zeit t. Elementare Umformungen unter Verwendung von $V = A \cdot l$, $v \sim \frac{l}{t}$ und $v = \tilde{\eta}/\rho$ führen auf das behauptete Resultat.

Relation v_d in Gleichung (6-85) und lösen die so erhaltene Gleichung nach l_d auf, dann ergibt sich

$$l_d \sim \left(\frac{\nu^3}{\varepsilon}\right)^{\frac{1}{4}}. \tag{6-86}$$

Damit haben wir eine Abschätzung der Dissipationslänge gewonnen, die ausschließlich von direkt zugänglichen und damit direkt meßbaren Parametern abhängt. Aufgrund ähnlicher Überlegungen wurde diese Formel wie auch die folgenden bemerkenswerten Abschätzungen zuerst von Kolmogorov angegeben.

6.5.3 Der Trägheitsbereich

Ausführlich diskutiert haben wir bisher zwei Bereiche in den Längenmaßstäben der Turbulenz: den Maßstab, auf dem wir die Turbulenz erzeugen, und den Maßstab, auf dem die gleichmäßig zugeführte Energie dissipiert wird. Wir schulden eine Diskussion des Zwischenbereichs. Soll unsere bisherige Diskussion Sinn machen, dann muß diesem Zwischenbereich, physikalisch gesehen, folgende Rolle zukommen: Dort wird die auf dem Maßstab L zugeführte Energie transportiert, bis sie schließlich auf dem Maßstab l_d ankommt, um dort dissipiert zu werden. Trifft diese Vorstellung zu, dann sollte in diesem Bereich, sofern die Längenmaßstäbe L und l_d genügend weit voneinander getrennt sind,

$$L \gg l_d \tag{6-87}$$

keine Energie dissipiert, sondern ohne nennenswerte Verluste nur transportiert werden. Man bezeichnet dieses Gebiet als den Trägheitsbereich der turbulenten Strömung. Für diesen Bereich läßt sich nun bemerkenswerterweise ein einfaches Gesetz der Energieverteilung in den einzelnen Wirbeln herleiten. Wieder charakterisieren wir diese Wirbel durch ihre Abmessung l, wobei immer gelten soll

$$L \gg l \gg l_d. \tag{6-88}$$

Man kann nun selbstverständlich genausogut wie die Länge l die zugeordnete Wellenzahl k als charakteristische Größe betrachten

$$k = \frac{2\pi}{l}. \tag{6-89}$$

Wir führen jetzt die folgende Größe ein: die Energie pro Zeit, Masse und Wellenzahl

$$E(k) \sim \frac{v_k^2}{k}. \tag{6-90}$$

Offenbar gibt sie gerade die Energie an, die in $l \sim 1/k$ pro Massen- und Zeiteinheit steckt. Sie kann nach den gemachten Voraussetzungen sicher nicht von dissipativen Größen wie der Zähigkeit ν der Flüssigkeit abhängen, da ja nach unserer Vorstellung die Dissipation auf einem viel kleineren Längenmaßstab erst auftreten soll. Folgen wir nun dem oben entworfenen Bild der verschiedenen angeregten nichtlinearen Oszillatoren, dann besagt die Forderung eines Transports von ε auf kleinere Längenskalen l' offenbar, daß zwischen diesen Oszillatoren, die verschiedenen Längenmaßstäben zugeordnet sind, eine Wechselwirkung bestehen muß, die einen derartigen Energieaustausch erst ermöglichen kann. Er erfolgt von Oszillatoren, die auf größerem Längenmaßstab schwingen, zu solchen, denen ein kleinerer Längenmaßstab zugeordnet werden muß. Die einfachste nichtlineare Kopplung in der Bewegungsgleichung, die man sich vorstellen kann, erfolgt über quadratische Glieder $\propto v^2$ in der Geschwindigkeit. Um vom dynamischen Verhalten zur Energie zu kommen, werden wir in einer einfachen Abschätzung, wie wir sie ja vornehmen wollen, zur transportierten Energie ε gelangen, indem wir das entsprechende Glied in der Bewegungsgleichung $\propto v^2$ mit v multiplizieren. Eine direkte Analyse der Einheiten zeigt dann, daß wir folgenden Ansatz zu wählen haben:

$$\varepsilon \sim v_k^3 k, \tag{6-91}$$

wobei v_k die charakteristische Geschwindigkeit im Wirbel mit der Wellenzahl k bezeichnet. Andererseits war nun die kinetische

Energie, die in einem Wirbel, der durch die Wellenzahl k charakterisiert wird, durch den folgenden Ausdruck gegeben:

$$E(k) \sim \frac{v_k^2}{k}. \tag{6-92}$$

Mit Hilfe von Gleichung (6-91) können wir nun v_k in Gleichung (6-92) sehr einfach eliminieren. Die elementare Rechnung ergibt

$$E(k) \sim \varepsilon^{2/3} k^{-5/3}. \tag{6-93}$$

Formel (6-93) gibt das berühmte Kolmogorovspektrum, die Energieverteilung als Funktion der Wellenzahl, für den Trägheitsbereich im Falle der vollentwickelten Turbulenz wieder. Abb. 6.57 faßt unsere Ergebnisse, die auch experimentell außerordentlich gut verifiziert werden konnten, zusammen. Wir finden ein Gebiet für große Längenmaßstäbe L, auf denen die Energie in das System eingebracht wird. Dort – so haben wir gesehen – ist universelles Verhalten des Systems jedoch ausgeschlossen. Daran anschließend finden wir zunächst den universellen Trägheitsbereich, auf dem wir die Kolmogorovsche Formel (6-93) bestätigt finden. Daran an schließt sich als ein zweiter Bereich, in dem ebenfalls universelles Verhalten auftritt, das Gebiet von Wellenzahlen k, in dem die Energie dissipiert wird.

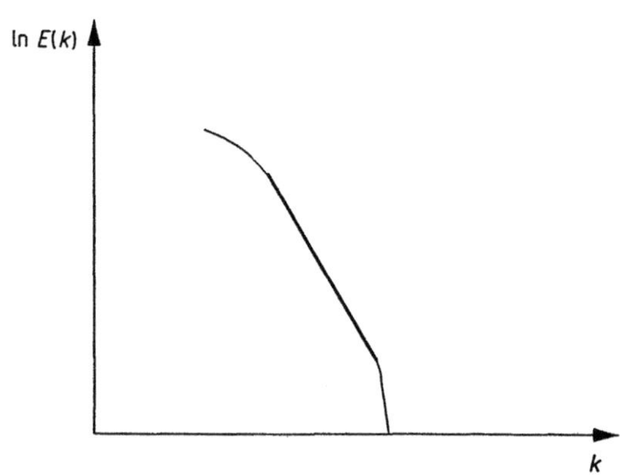

Abb. 6.57 Energiespektrum $E(k)$ einer turbulenten Strömung. Der Kolmogorovsche Trägheitsbereich ist besonders hervorgehoben.

6.5.4 Zur statistischen Theorie der vollentwickelten Turbulenz

Wir können an dieser Stelle nur andeuten, daß eine befriedigende Theorie der vollentwickelten Turbulenz nur eine statistische sein kann. Dazu genügt es bereits, die Zahl der in einem turbulenten Zustand angeregten Freiheitsgrade abzuschätzen. Der turbulente Zustand, von dem wir ausgehen, hat die Eigenschaft, daß er homogen und isotrop ist. Mit homogen wollen wir ausdrücken, daß dieser Zustand von allen Orten aus, von denen her wir ihn betrachten, im statistischen Mittel immer gleich aussieht. Mathematisch gesprochen heißt das, daß eine Verschiebung unseres willkürlich vorgegebenen Koordinatensystems unsere Vorstellungen nicht ändern kann. Genau dasselbe Bild des Zustandes einer vollentwickelten Turbulenz erhalten wir, wenn wir unser ursprünglich gewähltes Koordinatensystem um einen bestimmten Winkel ϕ drehen. Diese Tatsache wird durch das Wort Isotropie vermittelt.

Unsere Betrachtungen in 6.5.2 machen klar, daß wir die Zahl der angeregten Freiheitsgrade sehr einfach abschätzen können. Offenbar gibt uns der Längenmaßstab l_d, auf dem die Dissipation erfolgt, ein Maß für die Zahl der angeregten Freiheitsgrade n pro Volumeinheit:

$$n \sim \frac{1}{l_\mathrm{d}^3}. \tag{6-94}$$

Berücksichtigen wir nun Relation (6-86) und Formel (6-91) für den Trägheitsbereich, dann erhalten wir

$$n \sim \frac{\mathrm{Re}^{9/4}}{l^3} \tag{6-95}$$

und für die Zahl der Freiheitsgrade

$$N = nl^3 \tag{6-96}$$

die Abschätzung

$$N \sim \mathrm{Re}^{9/4}. \tag{6-97}$$

Mit wachsender Reynoldszahl nimmt also die Zahl der Freiheitsgrade sehr schnell zu. Aus unseren Darlegungen wird klar, wie die Theorie der Turbulenz weiter auszubauen ist. Statistische Eigenschaften sind in befriedigender Form zu berücksichtigen, eine präzise Definition der verschiedenen von uns heuristisch eingeführten Längen- und Zeitskalen muß erfolgen. Ein derartiges Unterfangen ist allerdings nur möglich bei einer vollständigen Berücksichtigung der auf der mesoskopischen Ebene zugrunde liegenden Gleichungen.

7
Strukturbildungen in der Chemie

7.1 Einleitung

Wie wir schon aus dem täglichen Leben wissen, können Stoffe miteinander reagieren und dadurch neue Stoffe bilden. So kann der Kohlenstoff der Brennmaterialien mit dem Sauerstoff der Luft reagieren und bei vollständiger Verbrennung ein Gas, das aus Kohlendioxid besteht, erzeugen. Hierbei verbindet sich ein Kohlenstoffatom C mit zwei Sauerstoffatomen O zu CO_2. Aus der Chemie ist bekannt, daß durch Zusammentreffen von Atomen oder Molekülen sich hochkomplexe Moleküle ausbilden können, die, insbesondere auch in der Biologie, eine fundamentale Rolle spielen. Die biologische Funktion solcher Moleküle, etwa der Proteine oder der DNA, ist hierbei an spezielle räumliche Strukturen, die diese Moleküle selbst bilden, geknüpft. Mit diesen räumlichen Strukturen wollen wir uns aber in diesem Buch gerade nicht befassen, da diese sich nur auf einer mikroskopischen Ebene abspielen. Uns interessieren vielmehr chemische Vorgänge, bei denen es zu unserem Auge sichtbaren Strukturbildungen kommt. Normalerweise bilden sich bei der Vereinigung von Stoffen neue Stoffe heraus, die aber dann mehr oder minder homogen, jedoch nicht geordnet, entstehen. In den letzten Jahren sind aber chemische Reaktionen in den Vordergrund des Interesses getreten, die makroskopische zeitliche oder räumliche Strukturen bilden können. Hierzu gehört der periodische Farbumschlag einer Reaktion, z.B. von rot nach blau, wieder nach rot, usw. Schüttet man zunächst die verschiedenen Reagenzien, die wir weiter unten noch näher beschreiben werden, zusammen, so setzt eine derartige Oszillation ein, die aber nach einiger Zeit abklingt und einem homogenen, zeitlich konstanten Gemisch Platz macht. Führt man aber in einen solchen Reaktor ständig neue Stoffe zu und läßt die

Endprodukte z.B. durch einen Überlauf abfließen, so läßt sich dieser periodische Farbumschlag praktisch unbegrenzt lange aufrechterhalten.

Ein anderes Beispiel für solche Strukturbildungen der Chemie stellen konzentrische, nach außen laufende Wellen oder Spiralwellen dar. Die nach außen laufenden konzentrischen Wellen lassen sich leicht anschaulich verstehen, wenn wir an einen Steppenbrand denken, der allerdings nun in einem Zeitraffer ablaufen muß. Der von einer Stelle ausgehende Brand breitet sich kreisförmig aus und ändert damit den Zustand des Grases. Wächst aber nun von innen neues Gras nach, so kann sich der ganze Prozeß ersichtlich wiederholen, und wir bekommen auf diese Weise nach außen laufende konzentrische Wellen (Abb. 7.1).

7.2 Mathematische Formulierung der Reaktionsgleichungen

Im folgenden wollen wir uns an einigen Beispielen vor Augen führen, wie eine Strukturbildung mathematisch erfaßt werden kann, wobei wir uns auf das mathematische Rüstzeug stützen, das wir in den früheren Kapiteln bereits kennengelernt haben. Natürlich wäre es wünschenswert, eine Theorie zu besitzen, die ähnlich wie beim Laser von den einzelnen Molekülen ausgeht und dann das makroskopische Geschehen erfaßt. Hiervon ist aber die Wissenschaft noch ziemlich weit entfernt. Man greift daher zu Modellen, bei denen man von den meisten Eigenschaften der einzelnen Moleküle absieht und die Moleküle gewissermaßen als ein Kollektiv betrachtet. Betrachten wir eine bestimmte Zahl N von Molekülen in einer Lösung mit dem Volumen V, dann ist $n = N/V$ die Dichte dieser Molekülsorte. Wir nehmen nun an, daß in der Flüssigkeit sich noch zwei weitere Molekülsorten mit den Konzentrationen a und b befinden, die miteinander reagieren können und bei der Reaktion ein Molekül der durch n beschriebenen Sorte herausbilden.

Wir wollen untersuchen, wie sich die Dichte der Moleküle n aufgrund dieser Reaktion verändert. Dabei nimmt diese Dichte

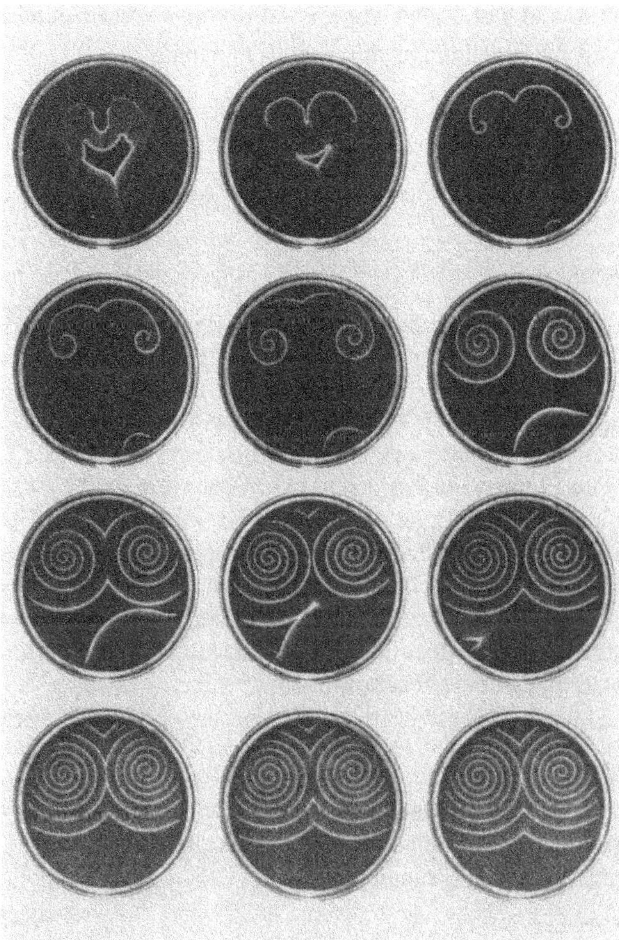

Abb. 7.1 Belousov-Zhabotinsky-Reaktion. Ausbildung von Spiralwellen

zu. Die Rate der Zunahme ist gegeben durch die Dichte der Moleküle a, multipliziert mit der Dichte der Moleküle b. Hinzu tritt noch eine Konstante *k*, die ein Maß für die Reaktionsgeschwindigkeit ist. Je größer die Reaktionsgeschwindigkeit *k*, umso schneller wird die Dichte *n* natürlich erhöht. Wir kommen somit zu der Beziehung, daß die zeitliche Änderung von *n* durch das Produkt aus k, a und b gegeben ist, d.h. wenn wir die zeitliche Änderung mit $\frac{dn}{dt}$ bezeichnen, durch die Gleichung

$$\frac{dn}{dt} = k\,a\,b\,. \tag{7-1}$$

Wie man sich durch Einsetzen leicht überzeugt, wird die Gleichung (7-1) durch

$$n = n_0 + k\,a\,b\,t \tag{7-2}$$

gelöst. Hierbei ist t die seit Beginn der Reaktion verstrichene Zeit und n_0 die Konzentration von n, die zur Anfangszeit $t = 0$ vorhanden war. Abb. 7.2 zeigt den durch (7-2) beschriebenen linearen Anstieg von n mit der Zeit. Bei einem realistischen Versuch ist aber dieser Anstieg begrenzt, weil ja durch die Reaktion (7-1) die Stoffe a und b umgewandelt, d.h. verbraucht, werden. Nehmen wir einmal als Beispiel an, daß wir zwar von b einen sehr großen Vorrat haben, der praktisch nicht verringert wird, während die Konzentration a durch die Umwandlung abnimmt. Pro erzeugtes Molekül n wird ein Molekül a weggenommen. Berücksichtigen wir noch, daß es sich hier um Konzentrationen handelt, so erhalten wir die allgemeine Relation

$$a = a_0 - k_1 n, \tag{7-3}$$

wobei k_1 eine Konstante ist.

Wir wollen nun die Beziehung (7-3) in (7-1) einsetzen. Um die dabei entstehende Gleichung übersichtlich zu gestalten, benutzen wir noch die Abkürzungen

$$C_1 = k\,b\,a_0 \tag{7-4}$$

und

$$C_2 = k\,b\,k_1\,; \tag{7-5}$$

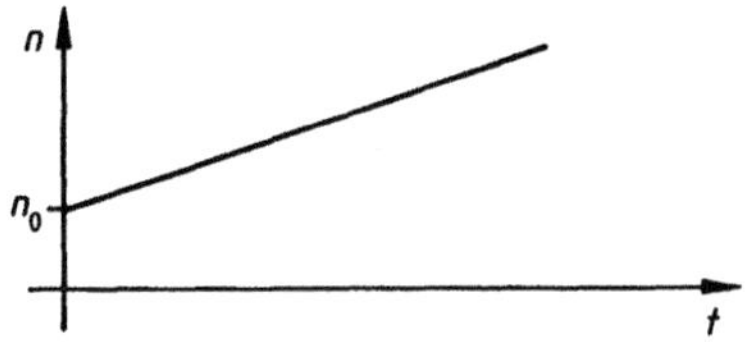

Abb. 7.2
Linearer Anstieg der Konzentration nach Gleichung (7-2)

damit gehen (7-1) und (7-3) in

$$\frac{dn}{dt} = C_1 - C_2 n \tag{7-6}$$

über. Um diese Gleichung zu lösen, gibt es an sich systematische Verfahren, die uns aber hier nicht interessieren sollen. Wir geben stattdessen lieber gleich die Lösung an, die durch

$$n = \frac{C_1 - K\,\mathrm{e}^{-C_2(t-t_0)}}{C_2} \tag{7-7}$$

gegeben ist. K bedeutet darin eine Konstante, die direkt mit der Anfangskonzentration n_0 zusammenhängt. Man kann sich durch Einsetzen von (7-7) in (7-6) überzeugen, daß (7-7) die Gleichung (7-6) löst. Die Lösung (7-7) ist in Abb. 7.3 aufgetragen. Wie man sieht, läuft n nicht mehr mit wachsender Zeit ins Unendliche wie bei Abb. 7.2, sondern strebt einem endlichen Grenzwert zu. Dieser wird dadurch erzwungen, daß der Vorrat von a beschränkt ist. Wir überlassen es dem Leser als eine kleine Übungsaufgabe, in Analogie zu Gleichung (7-6) eine Gleichung herzuleiten, die berücksichtigt, daß nicht nur a, sondern auch b mit wachsender Konzentration abnimmt.

Viele in der Chemie ablaufenden Prozesse gehen oft sehr langsam vor sich. Wie den Chemikern bekannt ist, kann ein solcher Prozeß durch die Hinzugabe eines Katalysators ganz erheblich beschleunigt werden. Ein Katalysator ist dabei ein Stoff, der die Bindung der Reaktionspartner erleichtert, ohne sich dabei selbst zu verändern. In den letzten Jahren ist nun ein Prozeß als sehr wichtig erkannt worden, der ursprünglich mehr eine Außenseiterrolle spielte. Es handelt sich dabei um einen Prozeß, bei dem ein Molekül der Sorte n sich selbst katalysiert. Dies kann auf verschiedene Weise passieren. Zum Beispiel kann ein Molekül a

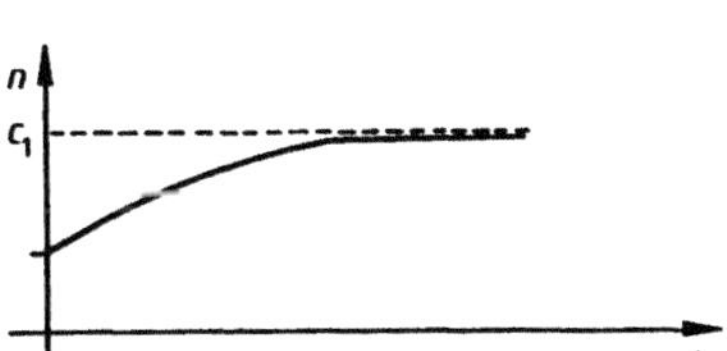

Abb. 7.3
Die Konzentration erreicht den endlichen Grenzwert $C_1 = \frac{C_1}{C_2}$

durch ein Molekül n zu einem Molekül der Sorte n umgewandelt werden. In Analogie zu Gleichung (7-1) kann aber auch die Reaktion von zwei Molekülen a und b, die sich zu einem Molekül n formen, durch Anwesenheit von einem Molekül der Sorte n beschleunigt werden. Diese beiden Prozesse lassen sich mathematisch durch die Gleichungen

$$\frac{dn}{dt} = k\,a\,n \tag{7-8}$$

bzw.

$$\frac{dn}{dt} = k\,a\,b\,n \tag{7-9}$$

wiedergeben. Hier tritt der Faktor n auf, weil eben die Geschwindigkeit k durch die Anwesenheit der Moleküle n um den entsprechenden Faktor erhöht wird.

Betrachten wir die Prozesse der Gleichung (7-8) etwas näher. Auch hier müssen wir bei einem realistischen Experiment annehmen, daß die Dichte der Moleküle a abnimmt, weil diese ja im Laufe der Zeit in Moleküle der Sorte n umgewandelt werden und somit in ihrer Zahl abnehmen. Dies kann wieder durch die Formel (7-3) erfaßt werden. Setzen wir (7-3) in (7-8) ein, so erhalten wir eine Gleichung der Form

$$\frac{dn}{dt} = C_1' n - C_2' n^2. \tag{7-10}$$

Im stationären Fall, in dem die Zeitableitung verschwindet, besitzt diese Gleichung zwei Lösungen, nämlich

$$n = 0 \tag{7-10a}$$

oder

$$n = \frac{C_1'}{C_2'}. \tag{7-10b}$$

Wie sich zeigen läßt, ist die Lösung (7-10a) nicht stabil, sondern muß der Lösung (7-10b) weichen. Es stellt sich also bei diesem Prozeß eine ganz spezielle Stoffkonzentration ein.

Natürlich können wir bei allen bisher betrachteten Prozessen noch nicht von einer Strukturbildung sprechen. Es kommt lediglich zur Ausbildung einer schließlich konstanten und räumlich homogenen Bildung der Molekülsorte n. Anhand relativ einfacher chemischer Prozesse kann man sich aber schon vergegenwärtigen, daß es zur Ausbildung von speziellen Oszillationen kommen kann. Hierzu betrachten wir zwei Molekülsorten 1 und 2, deren Konzentration wir mit n_1 bzw. n_2 bezeichnen wollen. Wir nehmen nun an, daß durch einen praktisch unbegrenzten Vorrat einer speziellen Molekülsorte mit der Konzentration a der Stoff 1 autokatalytisch entsteht. Die Produktionsrate ist also durch $k a n_1$ gegeben. Ferner wollen wir aber annehmen, daß es einen zweiten Stoff 2 gibt, der durch Umwandlung aus dem Stoff 1 hervorgeht, und zwar auch wieder autokatalytisch. Dessen Erzeugungsrate ist also durch $k_2 n_1 n_2$ gegeben. Aufgrund der Umwandlung des Stoffes 1 in den Stoff 2 wird natürlich die Konzentration des Stoffes 1 abnehmen, und zwar mit einer Rate, die proportional zu den Konzentrationen n_1 und n_2 ist. Betrachten wir nur den Prozeß der autokatalytischen Erzeugung von 1 und dessen Vernichtung durch Umwandlung in einen zweiten Stoff 2, so erhalten wir die Ratengleichung

$$\frac{dn_1}{dt} = k a n_1 - k_1 n_1 n_2 . \tag{7-11}$$

Wenn wir ferner annehmen, daß der Stoff 2 spontan, z.B. infolge von Lichteinstrahlung, zerfällt, so erhalten wir insgesamt als Erzeugungs- und Vernichtungsrate des Stoffes 2 die Gleichung

$$\frac{dn_2}{dt} = k_2 n_1 n_2 - k_3 n_2 . \tag{7-12}$$

Bei den Gleichungen (7-11) und (7-12) können wir auf deren rechten Seiten die Faktoren n_1 bzw. n_2 ausklammern. Die Gleichungen nehmen dann die Gestalt

$$\frac{dn_1}{dt} = (ka - k_1 n_2) n_1 \tag{7-13}$$

und

$$\frac{dn_2}{dt} = (k_2 n_1 - k_3)\, n_2 \qquad (7\text{-}14)$$

an. Um diese zu deuten, gehen wir davon aus, daß anfänglich nur wenige Moleküle der Sorte 2 vorhanden sind. Dann ist in (7-13) der Faktor in der Klammer ein positiver Gewinnfaktor; die Zahl der Moleküle, bzw. deren Konzentration, nimmt im Laufe der Zeit zu.

Schauen wir uns nun den ersten Ausdruck in der Klammer in (7-14) an, so erkennen wir, daß der zugehörige Gewinnfaktor für die Molekülsorte 2 mit wachsendem n_1 selbst wächst, d.h. die Molekülsorte 2 wird jetzt immer mehr verstärkt. Damit gewinnt aber der Faktor $-k_1 n_2$ in der Gleichung (7-13) immer mehr an Gewicht; er kann schließlich sogar den Faktor ka überwiegen und somit den Gewinn ins Negative verkehren. Als Folge davon wird also die Konzentration n_1 wieder abnehmen. Nimmt aber n_1 ab, so wird auch der Gewinnfaktor $n_1 k_2 n_2$ in (7-14) kleiner, und die Erzeugungsrate von n_2 wird verringert. Schließlich nimmt auch n_2 wieder ab, wobei aber offensichtlich der Gewinnfaktor in (7-13) wieder vergrößert wird. Wir sehen so ein Hin- und Herpendeln der Konzentrationen n_1 und n_2. Dieses Hin- und Herpendeln läßt sich auf einem Computer leicht berechnen. Ein Beispiel hiervon ist in Abbildung 7.4 wiedergegeben.

Übrigens haben wir dieses Beispiel, das sich auf eine chemische Reaktion bezieht, einem ursprünglich biologischen Modell, das auf Lotka und Volterra zurückgeht, entliehen. Auf jeden Fall wird klar, wie hier eine unbegrenzte Oszillation möglich wird; implizit geht hier allerdings ein, daß die Konzentration a in der Gleichung (7-11) ständig aufrechterhalten wird. Wir haben es daher nicht mit einem abgeschlossenen System, dem

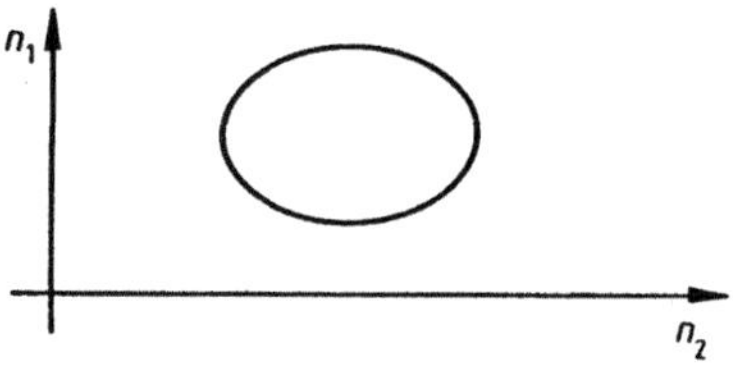

Abb. 7.4
Das Hin- und Herpendeln der Konzentrationen läßt sich durch einen Grenzzyklus im Phasenraum darstellen.

einmal eine Anfangskonzentration *a* zugefügt wurde, zu tun, sondern vielmehr mit einem offenen System, in dem ständig die Konzentration *a* von außen her künstlich aufrechterhalten wird. In der Praxis sind die chemischen Reaktionen, die den Oszillationsvorgängen zugrundeliegen, noch viel komplizierter. Wir werden ein Beispiel für solche Reaktionen am Schluß dieses Abschnittes noch darstellen.

7.3 Die Entstehung makroskopischer Strukturen

Wenden wir uns aber einem zweiten Problem zu, nämlich der Frage, wie makroskopische, räumliche Strukturen bei chemischen Reaktionen entstehen können. In vielen wichtigen Fällen ist es entscheidend, daß die Moleküle innerhalb eines Stoffes diffundieren können, so etwa wie wir es von Tinte, die sich im Löschblatt ausbreitet, her kennen. Die Änderung der Konzentration im Laufe der Zeit setzt sich jetzt aus zwei Bestandteilen zusammen. Die Dichte, die an einem speziellen Ort x herrscht, kann sich aufgrund von Reaktionen an diesem ändern, andererseits aber auch dadurch, daß in das betrachtete Volumenelement Moleküle der gleichen Sorte hinein- oder aus ihr hinausdiffundieren (s. Kapitel 3).

Wir müssen uns nun ein klein wenig damit befassen, wie die Diffusion zustandekommt. Dazu stellen wir uns vor daß wir z.B. Moleküle in einer Flüssigkeit haben, wobei die Konzentration der betrachteten Moleküle n an einer Stelle höher als an einer anderen Stelle ist, oder mit anderen Worten, daß wir ein Konzentrationsgefälle gemäß Abb.7.5 vor uns haben. Nun wissen wir aus der Thermodynamik, daß ein abgeschlossenes System den Zustand

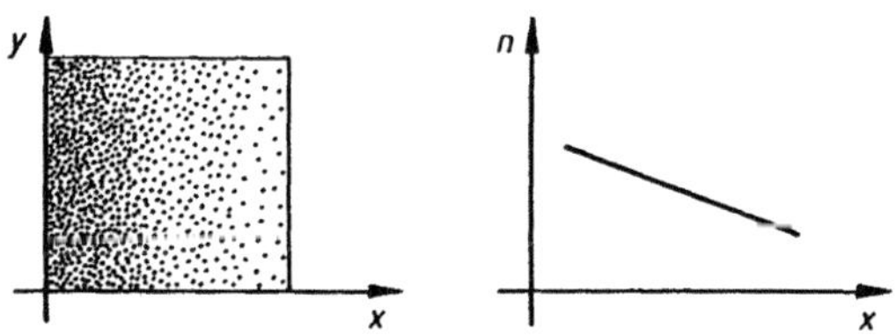

Abb. 7.5 Konzentrationsgefälle, veranschaulicht

maximaler Entropie annimmt. Wie man aus den Abzählvorschriften der statistischen Physik leicht entnehmen kann, ist ein Zustand aber unwahrscheinlicher, bei dem die Konzentration ungleichmäßig verteilt ist, als bei einem, bei dem diese Konzentration gleichmäßig verteilt ist. Hierbei haben wir natürlich die Formel $S = k_B \ln W$ im Hinterkopf. Auf jeden Fall wird das System mit einer ungleichmäßigen Molekülkonzentration versuchen, die Konzentration auszugleichen, was durch einen Materiestrom erfolgt. Hierbei hat sich phänomenologisch ein Gesetz gut bewährt, das annimmt, daß der Materiestrom proportional zur Differenz der Konzentrationsunterschiede ist, und zwar bezogen auf die Längeneinheit. Ein Strom wird natürlich um so größer sein, je stärker das Gefälle ist, d.h. je größer $\frac{\Delta n}{\Delta x}$ (vgl. Abb. 7.6). In der Grenze, daß der Abstand Δx gegen 0 geht, ersetzen wir natürlich $\frac{\Delta n}{\Delta x}$ durch den Differentialquotienten $\frac{dn}{dx}$. Wir werden also erwarten, daß der Materiestrom proportional zu $\frac{dn}{dx}$ ist. Den Proportionalitätsfaktor bezeichnen wir mit D, er ist die sogenannte Diffusionskonstante. Ferner ist der Strom offensichtlich $\frac{dn}{dx}$ im Vorzeichen entgegengesetzt; steigt die Konzentration nach rechts an, so fließt der Strom nach links und umgekehrt. Damit bekommen wir endgültig die Beziehung

$$j = -D\frac{dn}{dx}. \tag{7-15}$$

Schließlich fragen wir uns, wie sich die Konzentration n aufgrund dieser Strömung ändert. Dazu schauen wir uns die Abb. 7.7 näher an, die dort auch erläutert ist. Aufgrund der Abbildung

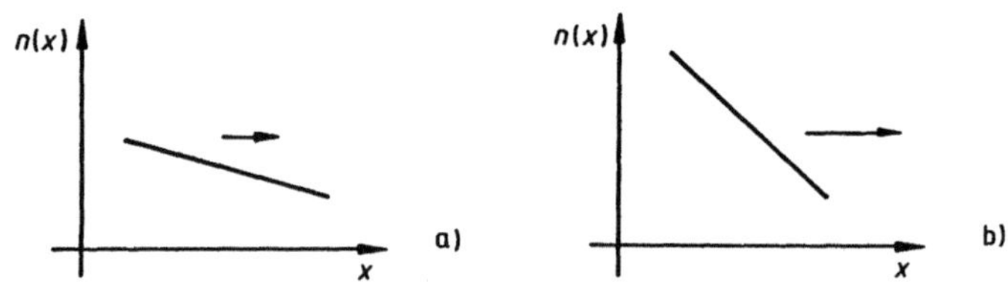

Abb. 7.6 Kleiner Strom bei kleinem Konzentrationsgefälle, größerer Strom bei großem Konzentrationsgefälle

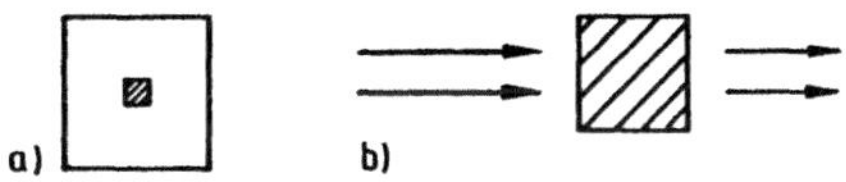

Abb. 7.7 a) Volumenelement, das in b) herausvergrößert wurde. Die Konzentration ändert sich dort beispielsweise dadurch, daß mehr Teilchen hinein als heraus fließen.

erkennen wir, daß die Änderung der Konzentration n in dem betrachteten Volumenelement durch die Differenz aus dem heraus- und hineingehenden Materiestrom gegeben ist. Machen wir auch hier wieder den Grenzübergang $\Delta x \to dx$, so erhalten wir die Beziehung

$$\frac{dn}{dt} = -\frac{dj}{dx}, \qquad (7\text{-}16)$$

wobei wir auch hier wieder auf das Vorzeichen achten müssen. Damit haben wir aber den Ausdruck gefunden, der uns die zeitliche Änderung der Konzentration am Orte x zur Zeit t wiedergibt, und zwar aufgrund der Diffusion alleine. Setzen wir nämlich (7-15) in (7-16) ein, was lediglich bedeutet, daß wir den Strom in (7-15) nochmals nach dem Ort differenzieren müssen, so erhalten wir die Beziehung

$$\frac{dn}{dt} = D\frac{d^2n}{dx^2} \qquad (7\text{-}17)$$

Wir wollen uns nun an einem einfachen mathematischen Beispiel klarmachen, wie es zur Ausbildung einer räumlichen Struktur kommen kann. Dazu wählen wir für die chemische Reaktion eine ganz einfache Funktion, die nämlich linear in n ist, während wir für das Diffusionsglied den Ausdruck (7-17) verwenden. Unter diesen, vielleicht etwas künstlichen Bedingungen, erhalten wir eine Gleichung der Form

$$\frac{dn}{dt} = c(n - n_0) + D\frac{d^2n}{dx^2}. \qquad (7\text{-}17a)$$

Um das Wesentliche herauszuschälen, betrachten wir den stationären Zustand, der durch

$$\frac{dn}{dt} = 0 \tag{7-18}$$

definiert ist. Eine mögliche Lösung von (7-17a) lautet nun

$$n = n_0, \tag{7-19}$$

die uns aber weiter nicht interessiert, da sie eine räumlich homogene Struktur, bei der n_0 nicht vom Ort abhängt, darstellt. Um eine räumliche Struktur zu erhalten, setzen wir als Lösung

$$n(x) = n_0 + a \tag{7-20}$$

in (7-17a) ein, wobei a noch eine von x abhängige Funktion sein darf,

$$a = a(x). \tag{7-21}$$

Wegen

$$\frac{dn_0}{dt} = 0 \tag{7-22}$$

erhalten wir bei Einsetzung von (7-20) in (7-17a) sofort die Gleichung

$$D\frac{d^2a}{dx^2} + ca = 0. \tag{7-23}$$

Eine derartige Gleichung ist uns aus der Mechanik gut bekannt. Wir erkennen in ihr nämlich formal die Gleichung eines harmonischen Oszillators, wenn wir a mit der Amplitude der Schwingung und formal die Koordinate x durch die Zeit t ersetzen,

$$x \to t. \tag{7-24}$$

Vom harmonischen Oszillator her ist die Lösung von (7-23) uns geläufig, sie lautet

$$a = a_0 \sin kx, \tag{7-25}$$

wobei die sogenannte Wellenzahl k durch

$$k^2 = \frac{c}{D} \qquad (7\text{-}26)$$

gegeben ist. Die Konzentration n hat also als Funktion vom Ort x die in Abb. 7.8 angegebene Form. In unserem Zusammenhang ist wichtig, daß sich die Wellenlänge der sich hier ausbildenden Konzentrationsschwankungen allein aus den Größen des Systems, nämlich c und D, zusammensetzt. Die Wellenlänge ist also nicht von außen her aufgezwungen, sondern eine typische Systemgröße. Wir wollen hier nicht verschweigen, daß unser Modell noch einen entscheidenden Nachteil besitzt, die Amplitude a_0 kann nämlich im vorliegenden Falle noch frei gewählt werden. Wie wir aber an anderen Beispielen der Synergetik schon gesehen haben, wird die Amplitude a_0 durch nichtlineare Gleichungen festgelegt. In der Tat ist das erste Glied auf der rechten Seite von (7-17a) noch zu einfach, man braucht nämlich jetzt Prozesse, die die Amplitude von a_0 stabilisieren, d.h. auf einen konstanten Wert treiben, selbst wenn Störungen auftreten. Wie sich gezeigt hat, läßt sich eine solche Stabilisierung in der Tat erreichen, indem man das erste Glied in der Klammer in Gleichung (7-17a) durch eine Nichtlinearität ersetzt und gleichzeitig eine zweite Gleichung hinzufügt, die die Wechselwirkung der Konzentration der Moleküle n mit einer zweiten Molekülsorte beschreibt. Die nähere Diskussion dieser Gleichungen würde aber den Rahmen dieses Buches

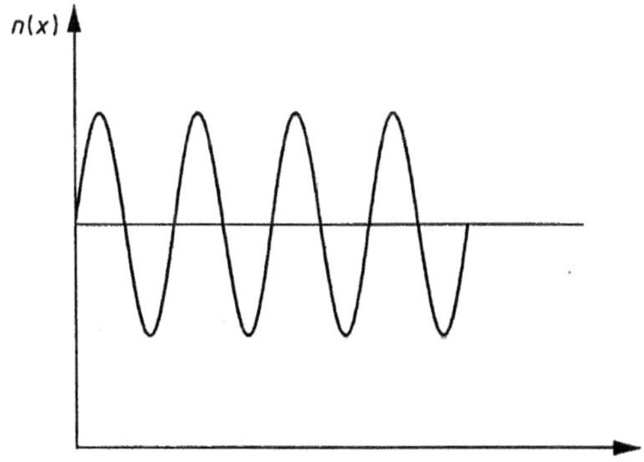

Abb. 7.8
Räumlicher Verlauf der Konzentration nach Gleichung (7-25)

bei weitem überschreiten, und wir müssen deshalb den Leser auf die Fachliteratur verweisen. Übrigens läßt sich zeigen, daß die Amplitude a_0 durch eine Gleichung bestimmt ist, die uns in der Synergetik als eine Art Fundamentalgleichung immer wieder begegnet, die nämlich von der Form

$$\frac{da_0}{dt} = \lambda a_0 - \beta a_0^3 \qquad (7\text{-}27)$$

ist.

Statt die hier auftretenden Gleichungen anzugeben, wollen wir lieber eine anschauliche Deutung versuchen. Bei derartigen Gleichungen sind zwei Substanzen mit den Konzentrationen n_1 bzw. n_2 im Spiel, die miteinander in Wechselwirkung stehen und die beide diffundieren können. Die eine Substanz heißt dabei eine Aktivatorsubstanz. Diese Bezeichnungsweise hat eigentlich erst Bedeutung, wenn man an Prozesse in der Biologie denkt, was uns nicht interessieren soll. Die andere Substanz hingegen heißt Inhibitor. Sie hat hier unmittelbar eine Bedeutung, denn mit wachsender Konzentration des Inhibitors wird die Produktionsrate des Aktivators verringert. Man kann sich nun überlegen, daß es zu einer Musterbildung kommt, wenn der Inhibitor schneller diffundiert als der Aktivator. Dann passiert nämlich das Folgende: Unmittelbar an der Grenze, wo der Prozeß anlaufen soll, kann sich der Aktivator aufbauen; wenn er sich aber weiter ausbreitet, so trifft er auf die dort schon erhöhte Konzentration des Inhibitors und kann die Konzentration nicht weiter ausbauen, die Konzentration des Aktivators nimmt wieder ab. Unter speziellen Wechselwirkungen zwischen Inhibitor und Aktivator kann aber der Aktivator dann doch wieder nach einer weiteren Strecke sich multiplizieren; er baut seine Konzentration auf, wobei er aber wieder den Inhibitor verstärkt, der wegen seiner größeren Diffusionsrate ihn dann auch dort wieder am weiteren Aufbau hindert und die Aktivatorrate wieder zurückdrängt. Auf diese Weise kann man qualitativ verstehen, daß es sich hier um die Ausbildung eines periodischen Musters handelt, das tatsächlich auch in einer Reihe von chemischen Reaktionen gefunden werden kann.

7.4 Ein typisches Beispiel, die Belousov-Zhabotinsky-Reaktion

Zum Schluß dieses Kapitels geben wir für den mehr an der Chemie interessierten Leser noch eine typische Reaktion an, nämlich die Belousov-Zhabotinski-Reaktion, bei der es sowohl zur Ausbildung von periodischen Oszillationen als auch zu konzentrischen Kreisen und Spiralen kommen kann.

Bei dieser Reaktion werden $Ce_2(SO_4)_3$, $KBrO_3$, $CH_2(COOH)_2$, H_2SO_4 zusammen mit einigen Tropfen Ferroin (Redox-Indikator) gemischt und verrührt. In einem Testkolben fängt diese homogene Mischung zeitliche Oszillationen in Form periodischer Farbumschläge an. Die rote Färbung hat ihre Ursache in einem Überschuß von Ce^{3+}, die blaue im Überschuß von Ce^{4+}.

8
Mustererkennung durch synergetische Computer

8.1 Einige Grundbegriffe der Mustererkennung

Unser Gehirn ist ständig damit beschäftigt, Sinneseindrücke z.B. durch Hören oder Sehen zu verarbeiten, wobei es insbesondere die einzelnen Sinneseindrücke zusammenfaßt und damit bestimmte Gegenstände erkennt. Solche Gegenstände können etwa Stühle, Tische oder auch Pflanzen oder Tiere sein, aber auch Gesichter oder Handschriften. Will man das menschliche Wahrnehmungsvermögen durch Maschinen nachahmen, so muß man sich Vorgehensweisen überlegen, wie die Maschine arbeiten soll. Nehmen wir als Beispiel eine Schrift her, so ist es für eine Maschine im allgemeinen zu schwer, die Buchstaben sofort ganz als solche zu erkennen. Vielmehr liegt es nahe, die Buchstaben in einzelne Teile zu zerlegen, sowie dies in Abbildung 8.1 wiedergegeben ist. Man kann sich dann vorstellen, daß das Beobachtungssystem der Maschine die einzelnen Teile untersucht, z.B. indem es jeweils die einzelnen Bögen mit vorgegebenen Schablonen vergleicht.

Betrachten wir ein ganz einfaches Beispiel, nämlich die Unterscheidung eines x von einem o. Dies mag weit hergeholt

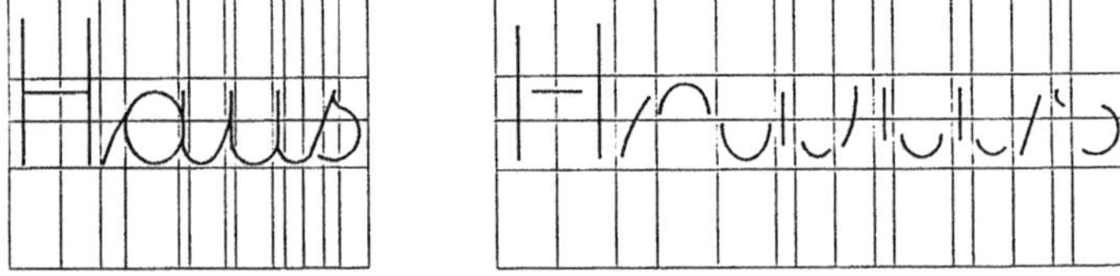

Abb. 8.1 Beispiel für die Zerlegung einer Schrift in einzelne Merkmale

erscheinen, trifft aber schon sehr wohl den Kern der Sache. Legen wir das x und das o in ein Kästchen, so können wir offensichtlich eine Zerlegung nach Abbildung 8.2 vornehmen. Wir wollen nun dem nach rechts offenen Bogen eine 1, dem nach links offenen Bogen eine -1 zuordnen. Die einzelnen Bögen werden als Merkmale oder Elemente bezeichnet (im englischen "features"). Jedem solchen Merkmal wird also eine Zahl zugeordnet, hier 1 bzw. -1. Um die Gesamtbilder x und o wiederzugeben, ordnen wir diesen zwei Zahlen zu, wobei die erste Zahl sich auf das linke Kästchen, die rechte Zahl sich auf das zweite Kästchen bezieht. Ersichtlich erhalten wir so die Zuordnungen

$$)(\rightarrow (-1, 1), \tag{8-1}$$

$$() \rightarrow (1, -1). \tag{8-2}$$

Will man Zahlenpaare darstellen, so greift man oft zu einem Koordinatensystem in der Ebene, wobei wir der ersten Stelle formal die x-Achse, der zweiten Stelle die y-Achse zuordnen. Dann sind in diesem Koordinatensystem die Punkte (8-1) und (8-2), wie in Abb. 8.3 angegeben, dargestellt. Formal können wir

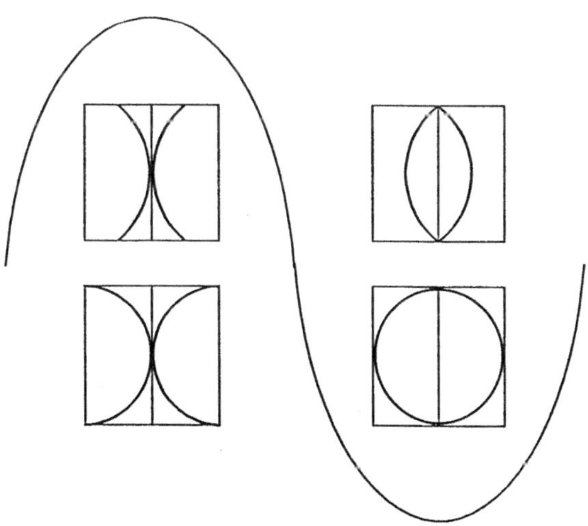

Abb. 8.2 Eine Zerlegung der Buchstaben x (links) und o (rechts)

natürlich auch Punkte (1, 1) oder (–1, – 1) konstruieren. Sie entsprechen offensichtlich sinnlosen Punkten, da diesen keine Bedeutung als Buchstabe zukommt. In einer Ebene befinden sich natürlich unendlich viele weitere Punkte, und wir müssen uns daher fragen, ob diesen auch eine Bedeutung im Rahmen der Mustererkennung zugeschrieben werden kann. Um eine solche Bedeutung zu erkennen, denken wir uns einmal die nach rechts offene Figur um 90° gedreht und diese in einem Koordinatensystem u, v aufgetragen. Wir können dann leicht eine Funktion angeben, die diese offene Figur beschreibt, nämlich die Funktion

$$v = u(1 - u). \tag{8-3}$$

Nun können wir natürlich bei Buchstaben, insbesondere wenn diese von der Hand geschrieben sind, nicht erwarten, daß alle Bögen mit großer Präzision ausgeführt werden. Manche Bögen werden etwa flacher, andere steiler verlaufen. Wir können dies leicht modellieren, indem wir (8-3) zu der neuen Beziehung

$$v = \alpha u(1 - u) \tag{8-4}$$

ergänzen. Wir erhalten so eine ganze Schar von Kurven, wie sie in Abbildung 8.4 wiedergegeben sind. Denken wir uns diese Kurven wieder zurückgedreht, so ergibt sich die in Abbildung 8.5 angegebene Folge von einzelnen Merkmalen.

Betrachten wir nun nochmals Abbildung 8.3, in der wir einige typische Musterpunkte (x, y) eintragen, die einem bestimmten Wert von α an der ersten oder zweiten Stelle in (x, y)

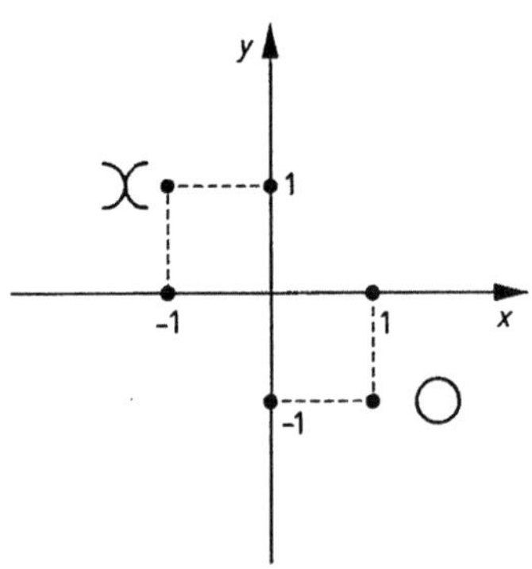

Abb. 8.3
Darstellung der codierten Buchstaben von Abb. 8.2 in einem Koordinatensystem

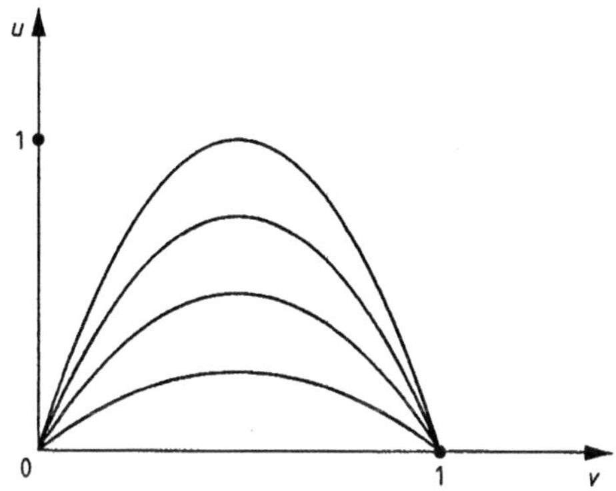

Abb. 8.4
Verschieden gekrümmte Bögen gemäß der Gleichung $v = \alpha \cdot u\,(1 - u)$

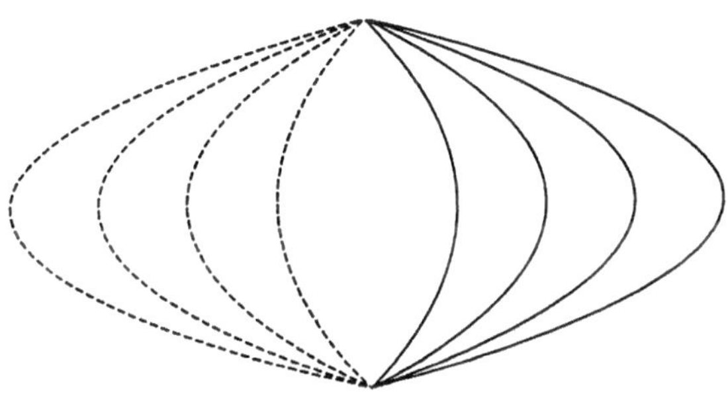

Abb. 8.5 Die gemäß Abb. 8.4 parametrisierten Bögen. Die gestrichelten Bögen nach rechts ergeben sich für negative Werte von α.

entsprechen. Wir erhalten dann etwa Abbildung 8.6, wobei wir hineingeschrieben haben, was an jeder einzelnen Stelle für eine konkrete Ausführung des Buchstabens x bzw. o bzw. der unsinnigen Zeichen vorliegt. In dieser Weise können wir das ganze Gebiet mit Punkten und den zugehörigen Zeichen bedecken. Das Wissen der Mustererkennung besteht nun darin, daß wir zunächst ein Idealmuster oder ein sogenanntes Prototypmuster uns vorgegeben denken. Das wären die Muster, die durch (8-1) und (8 2) beschrieben sind. In der Realität wird natürlich nie ein so exaktes Muster vorliegen, sondern nur ein genähertes. Bei der Mustererkennung müssen wir, bzw. die Maschine, in der Lage sein, ein

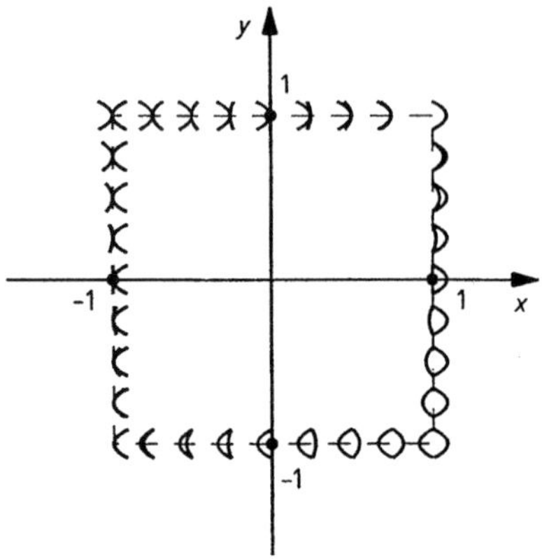

Abb. 8.6
Zu jedem Punkt der xy-Ebene gehört ein bestimmtes Muster, von denen hier einige beispielhaft angegeben sind.

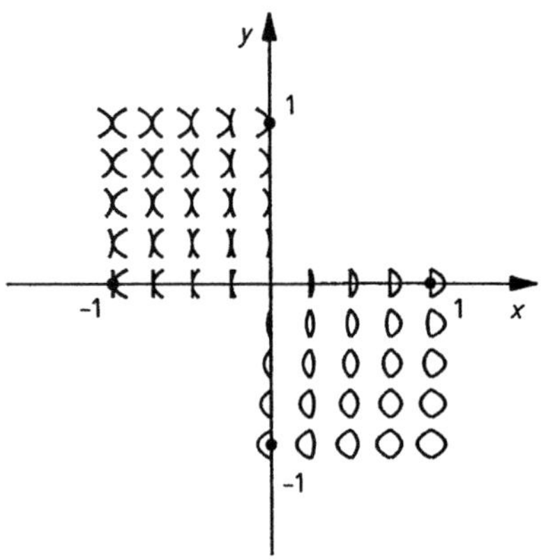

Abb. 8.7
Beispiel für die Unterteilung der Ebene in erlaubte Bereiche (markiert) und verbotene Bereiche (weiß)

angebotenes, genähertes Muster mit dem Prototypmuster zu identifizieren. Dies ist natürlich zum Teil eine Frage einer Übereinkunft, nämlich wie weit wir noch deformierte Muster zulassen wollen, um sie mit dem eigentlichen Prototypmuster zu identifizieren. Wie ein Blick auf Abbildung 8.7 lehrt, liegt es aber sehr nahe, den Bereich der ganzen Ebene in die markierten Bereiche einzuteilen. Wir bekommen dann Einzugsbereiche von angebotenen Mustern, die eindeutig einem bestimmten Prototyp-

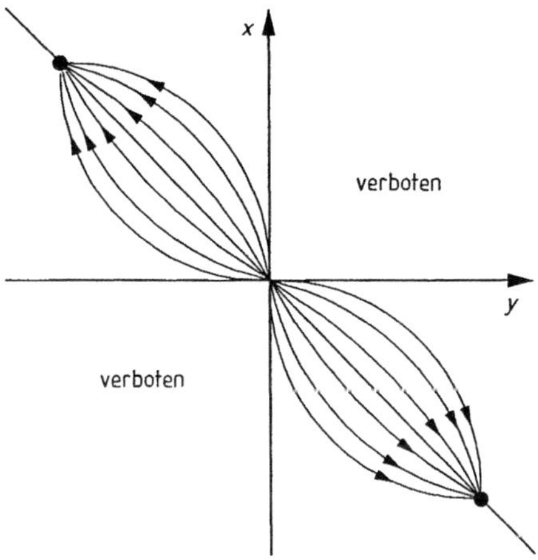

Abb. 8.8
Idealisierte Trajektorien, die zu den Fixpunkten (– 1, 1) und (1, – 1) führen

muster zugeordnet werden können. Die Grundidee des synergetischen Computers besteht nun darin, diesen Prozeß der Zuordnung durch eine Dynamik, z.B. mit Hilfe eines Computers, zu realisieren. Solche Dynamiken haben wir etwa bei dem Zweimodenlaser kennengelernt, wo wir sahen, wie sich in einer Ebene eine bestimmte Schar von Trajektorien verwirklichen läßt. Damals waren die Gleichungen vorgegeben, und wir haben aus ihnen die Trajektorien und die zugehörigen Fixpunkte bestimmt. Hier ist die Aufgabe gewissermaßen umgekehrt: Wir kennen die Fixpunkte, wir wollen nun Trajektorien konstruieren, die innerhalb des jeweiligen Einzugsbereichs auf die entsprechenden Fixpunkte zulaufen. Solche möglichen Trajektorien sind in Abbildung 8.8 wiedergegeben.

8.2 Eine Dynamik für zwei Merkmale

Unsere konkrete Aufgabe besteht also darin, daß wir in der Ebene, die wir wieder als xy-Ebene bezeichnen wollen, eine Dynamik konstruieren, die automatisch einen vorgegebenen Punkt in den jeweiligen ihm zugeordneten Fixpunkt überführt. Dabei wollen wir im Hinblick auf spätere Anwendungen an-

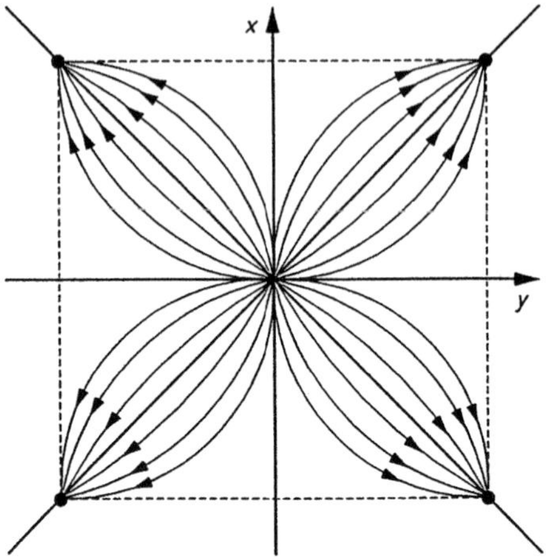

Abb. 8.9
Ein Trajektorienbild, das zu vier Fixpunkten führt

nehmen, daß nicht nur die in Abb. 8.8 angegebenen Fixpunkte vorliegen, sondern die von Abb. 8.9. Dazu bedienen wir uns eines Bildes, dem wir schon mehrfach in diesem Buch begegnet sind, nämlich der Analogie der Dynamik zu der Bewegung eines Teilchens, das sich in sogenannter überdämpfter Bewegung in einem Potentialfeld bewegt, das also, anschaulich gesprochen, in einer Gebirgslandschaft Hänge hinuntergleiten kann. Zunächst einmal ist klar, daß das Teilchen sich von dem Ursprung $x = 0$, $y = 0$ wegbewegen muß. Dies wird erreicht durch eine Gebirgslandschaft, die im Ursprung einen Gipfel besitzt und dann nach allen Seiten hin abfällt. Dazu wählen wir als Potentialfunktion

$$V_0 = -\lambda(x^2 + y^2). \tag{8-5}$$

Ersichtlich wollen wir aber dann nicht einen gleichmäßigen Abfall nach allen Seiten hin, sondern die Teilchen sollen jeweils in Richtung der Winkelhalbierenden gewissermaßen fokussiert werden. Um diese Fokussierung zu beschreiben, denken wir uns Polarkoordinaten eingeführt (Abb. 8.10). Wir beschreiben also einen Endpunkt (x, y) durch den Abstand r und durch den Winkel ϕ zwischen dem Radiusvektor und der x-Achse. Diese Potentialfunktion soll längs der Winkelhalbierenden jeweils ein Minimum haben, längs der Achsen x und y jedoch ein Maximum.

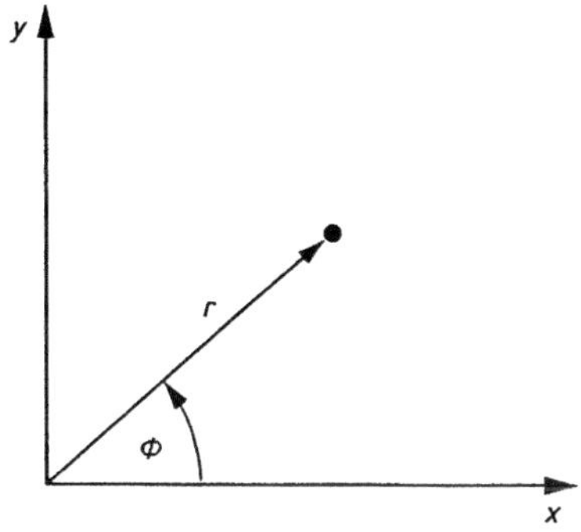

Abb. 8.10
Polarkoordinaten r und ϕ (vgl. Text)

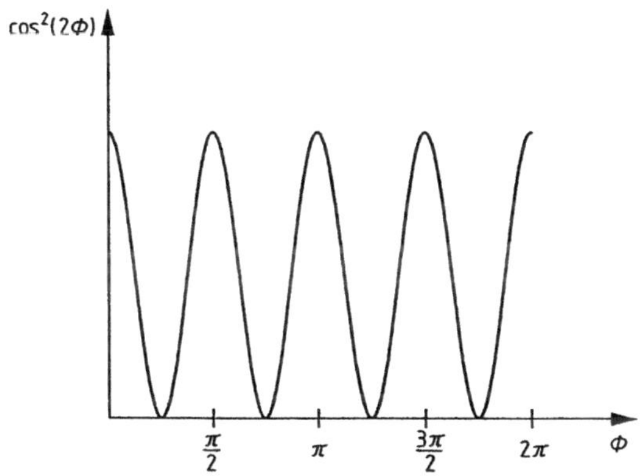

Abb. 8.11 Verlauf der Funktion $\cos^2(2\phi)$; diese erzeugt eine Gebirgslandschaft, deren Grate bei 0, $\pi/2$, π, $3\pi/2$ und dann wieder bei 2π liegen und deren Täler jeweils dazwischen liegen. Die Grate entsprechen den Achsen, und die Täler den Winkelhalbierenden.

Wie man sich anhand von Abb. 8.11 sofort überzeugt, tut dies die Funktion $\cos^2(2\phi)$. Wir führen deshalb eine weitere Potentialfunktion V_1 ein, die durch

$$V_1 = B\,r^4 \cos^2(2\phi) \tag{8-6}$$

wiedergegeben ist. Der Vorfaktor ist dabei noch von x, y gemäß

$$r^2 = x^2 + y^2 \tag{8-7}$$

abhängig. Daß wir die vierte Potenz von r gewählt haben, kann im einzelnen gerechtfertigt werden, soll aber hier nicht weiter erläutert werden.

Das Potential $V = V_0 + V_1$, (8-5) und (8-6), wird dafür sorgen, daß das Teilchen sich zwar in den Talsohlen fokussiert, aber immer weiter ins Unendliche wegfliegt. Um dies zu verhindern, führen wir noch ein rücktreibendes Potential ein, das durch

$$V_3 = C r^4 \tag{8-8}$$

am einfachsten realisiert wird. Rechnen wir den $\cos^2(2\phi)$ in x, y um, so geht das Potential $V = V_1 + V_2 + V_3$ in

$$V = -\lambda(x^2 + y^2) + B(x^2 - y^2)^2 + C(x^2 + y^2)^2 \tag{8-9}$$

über. Durch geeignete Wahl von λ, B und C kann man leicht erreichen, daß die Fixpunkte bei folgenden Werten liegen, die in

$$(x, y) = \left.\begin{matrix}(-1, 1)\\(1, -1)\end{matrix}\right\} \text{erlaubt,} \tag{8-10}$$

$$\left.\begin{matrix}(1, 1)\\(-1, -1)\end{matrix}\right\} \text{verboten} \tag{8-11}$$

angegeben sind. Zwei davon sind erlaubt, zwei davon verboten, oder mit anderen Worten, entsprechen keinem Buchstaben (vgl. Abb. 8.9). Bezeichnen wir die Koordinaten des Teilchens, das das jeweilige Testmuster repräsentiert, mit x, y, so lauten die Bewegungsgleichungen, die wir in Analogie zu unseren früheren Überlegungen sofort hinschreiben können,

$$\frac{dx}{dt} = -\frac{\partial V}{\partial x}, \qquad \frac{dy}{dt} = -\frac{\partial V}{\partial y}. \tag{8-12}$$

Diese Gleichungen können auf einem Computer leicht gelöst werden und liefern uns damit die Lösung der Mustererkennungsaufgabe.

Fassen wir dies noch einmal zusammen: Wir haben zwei Prototypmuster gespeichert, nämlich (1, – 1) und (– 1, 1), während die anderen Prototypmuster (1, 1) und (– 1, – 1) als sinnlos gelten. Wird nun ein Testmuster vorgegeben, das auch eine Verzerrung im Sinne der Abbildungen enthalten kann, so wird durch das Aufnahmegerät der Maschine ein bestimmter Punkt im xy-Raum von Abbildung 8.8 bzw. 8.9 festgelegt, d.h. die Anfangsbedingung für eine Bewegung, die nach den Gleichungen (8-12) abläuft und die auch auf einem Taschencomputer leicht gelöst werden können. Nach im allgemeinen wenigen Iterationsschritten bei der Lösung der Gleichung (8-12) wird dann einer der Fixpunkte erreicht; ist dieser erreicht, so ist der Maschine bekannt, mit welchem Prototypmuster das angebotene Muster zu identifizieren ist. Natürlich ist die hier untersuchte Aufgabe noch relativ simpel.

8.3 Eine Dynamik für viele Merkmale

Wenden wir uns aber nun schwierigeren Problemen zu, etwa dem Erkennen von Gesichtern, wo wir ganz offensichtlich eine große Zahl von Merkmalen brauchen. Wie wir diese Merkmale auswählen und wie wir sie codieren, werden wir erst weiter unten besprechen. Hier wollen wir zunächst einmal das, was wir bisher kennengelernt haben, auf viele Merkmale verallgemeinern. Dazu beginnen wir mit einer einfachen Überlegung, die sich noch auf zwei Merkmale bezieht. Fassen wir nämlich die Grundidee des bisher Gesagten zusammen, so können wir folgendes feststellen: Zunächst sind z.B. zwei Punkte in der x, y-Ebene vorgegeben, die den beiden Prototypmustern A und B entsprechen. Um die Verallgemeinerung für später durchführen zu können, führen wir eine neue Bezeichnungsweise ein, indem wir die x-Achse jetzt x_1-Achse und y-Achse jetzt x_2-Achse nennen. In diesem Koordinatensystem x_1, x_2 sollen die Punkte A und B die Koordinaten (a_1, a_2) bzw. (b_1, b_2) besitzen (Abb. 8.12).

Im folgenden nehmen wir an, daß die Punkte A und B vom Ursprung jeweils den Abstand 1 haben. Wir führen die Distanz zwischen einem Testpunkt X und den Prototyppunkten A bzw. B ein und betrachten der Einfachheit halber das Abstandsquadrat, das wir mit D bezeichnen. Wie man sich mit Hilfe des Satzes von Pythagoras leicht klarmacht, sind diese Abstandsquadrate durch

$$D(\mathrm{X}, \mathrm{A}) = (a_1 - x_1)^2 + (a_2 - x_2)^2 \qquad (8\text{-}13)$$

und

$$D(\mathrm{X}, \mathrm{B}) = (b_1 - x_1)^2 + (b_2 - x_2)^2 \qquad (8\text{-}14)$$

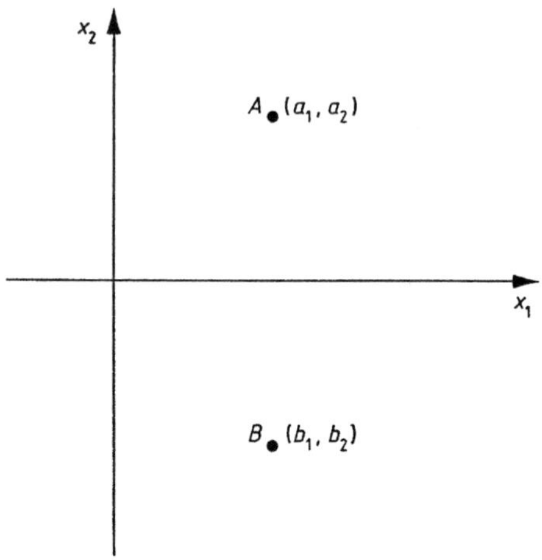

Abb. 8.12
Beispiele für zwei Punkte A, B; die Muster codieren in der x_1, x_2-Ebene.

gegeben. Dabei soll, wie bereits eben bemerkt, gelten

$$D(\mathrm{O}, \mathrm{A}) = a_1^2 + a_2^2 = 1, \tag{8-15}$$

$$D(\mathrm{O}, \mathrm{B}) = b_1^2 + b_2^2 = 1. \tag{8-16}$$

Es soll nun genauso wie oben eine Dynamik eingeführt werden, die einen Punkt X in den Punkt A überführt, wenn der Abstand zwischen A und X kleiner ist als der zwischen B und X, d.h. wenn gilt

$$D(\mathrm{X}, \mathrm{A}) < D(\mathrm{X}, \mathrm{B}). \tag{8-17}$$

Setzen wir hierin Gleichungen (8-13) und (8-14) ein, so erhalten wir

$$\begin{aligned} &a_1^2 + a_2^2 + x_1^2 + x_2^2 - 2a_1 x_1 - 2a_2 x_2 \\ &\quad < b_1^2 + b_2^2 + x_1^2 + x_2^2 - 2b_1 x_1 - 2b_2 x_2, \end{aligned} \tag{8-18}$$

aus denen sich wegen Gleichungen (8-15) und (8-16) die meisten Glieder herauskürzen, so daß wir unmittelbar

$$b_1 x_1 + b_2 x_2 < a_1 x_1 + a_2 x_2 \tag{8-19}$$

erhalten. Statt der Bedingung (8-17) können wir also auch die Bedingung (8-19) benutzen.

Das bisher Gesagte können wir nun sehr leicht auf sehr viele einzelne Merkmale erweitern. Haben wir nämlich N verschiedene Merkmale, so können wir, ähnlich wie wir das schon vorher gesehen haben, die einzelnen Merkmale $1, 2, \dots, N$ durch einzelne Zahlen $a_1, a_2, \dots, a_N$ codieren. Damit haben wir den Prototypmusterpunkt A gekennzeichnet

$$a_1, a_2, \dots, a_N \to \mathrm{A}. \qquad (8\text{-}20)$$

In ähnlicher Weise kennzeichnen wir den Musterpunkt B

$$b_1, b_2, \dots, b_N \to \mathrm{B}. \qquad (8\text{-}21)$$

Ein angebotener Testmusterpunkt wird dann entsprechend durch

$$x_1, x_2, \dots, x_N \qquad (8\text{-}22)$$

repräsentiert. Die Punkte (8-20) bis (8-22) kann man sich, wenigstens formal, als Punkte in einem vieldimensionalen Raum vorstellen. Mathematisch ist es natürlich komplizierter, in einem vieldimensionalen Raum als z.B. in einem zweidimensionalen Raum zu arbeiten. Unser Problem besteht also darin, daß wir das hochdimensionale Problem auf ein niedrigdimensionales Problem zurückführen. Aufgrund unserer Überlegungen, die zur Ungleichung (8-19) führten, liegt es nahe, eine neue Variable in Form

$$d_\mathrm{A} = a_1 x_1 + a_2 x_2 + a_3 x_3 + \dots + a_N x_N \qquad (8\text{-}23)$$

einzuführen, die ersichtlich eine Verallgemeinerung der Variablen von (8-19) darstellt. In entsprechender Weise können wir die Variable d_B einführen. In Analogie zu (8-19) formulieren wir folgenden Formalismus: Falls anfänglich die Beziehung

$$d_\mathrm{A} > d_\mathrm{B} \qquad (8\text{-}24)$$

gilt, soll eine Dynamik so konstruiert werden, daß mit wachsender Zeit

$$d_\mathrm{A} \to 1, \qquad d_\mathrm{B} \to 0 \qquad (8\text{-}25)$$

streben.

Eine solche Dynamik haben wir im Prinzip schon im vorangegangenen Abschnitt kennengelernt. Der einzige Unterschied liegt jetzt darin, daß die Fixpunkte wie in Abb. 8.13 angegeben im $d_A - d_B$-Raum liegen. Um die Bezeichnungsweise zu vereinfachen, führen wir noch die Abkürzungen

$$d_A = X, \qquad d_B = Y \tag{8-26}$$

für die Variablen ein. Der einzige Unterschied gegenüber unserem Buchstaben-Beispiel besteht darin, daß die Fixpunkte jetzt auf den Achsen und nicht mehr auf den Winkelhalbierenden liegen. Wie man anhand von Abbildung 8.13 sich leicht klarmacht, bedeutet das lediglich, daß wir das Vorzeichen von B in Formel (8-9) umkehren müssen. Fassen wir die Glieder 4. Ordnung anders zusammen, so erhalten wir

$$V = -\lambda_1 X^2 - \lambda_2 Y^2 + BX^2Y^2 + C(X^2 + Y^2)^2. \tag{8-27}$$

(Wobei sich die Konstanten B, C von den früheren unterscheiden!) Damit haben wir die Potentiallandschaft konstruiert, die durch Gleichung (8-27) formelmäßig und durch Abbildung 8.14 bildlich wiedergegeben ist. Die im jetzigen Modell möglichen Fixpunkte sind (1, 1), (1, − 1), (− 1, 1) und

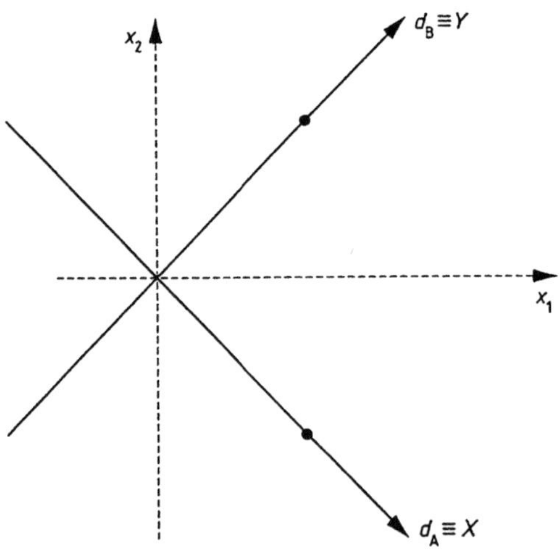

Abb. 8.13 Das gegenüber der Abb. 8.12 gedrehte Koordinatensystem mit X, Y

(– 1, – 1). Die Bewegungsgleichungen nehmen natürlich jetzt die einfache Gestalt

$$\frac{dX}{dt} = -\frac{\partial V}{\partial X}, \qquad \frac{dY}{dt} = -\frac{\partial V}{\partial Y} \tag{8-28}$$

an. Das hier angegebene Verfahren läßt sich leicht auf mehrere Prototypmuster verallgemeinern. Die Idee ist also die folgende: Zunächst werden bestimmte Prototypmuster durch Sätze von Koordinaten gemäß (8-20), (8-21) wiedergegeben. Wird nun ein Testmuster vorgegeben, das durch (8-22) codiert wird, so bildet man zunächst (8-23) und den entsprechenden Ausdruck für d_B und unterwirft dann diese Anfangswerte einer Dynamik, die durch (8-28) wiedergegeben wird. Gleichung (8-28) kann leicht auf einem Computer gelöst werden und führt dazu, daß entweder d_A, d.h. X, schließlich den Wert 1 annimmt oder, im anderen Falle, Y diesen Wert erreicht, wobei der jeweils andere Wert verschwindet. In einem solchen Falle bedeutet dies, daß das angebotene Muster dem Prototypmuster A bzw. B am nächsten kam und damit identifiziert werden konnte. Damit kann zugleich das gesamte Muster A oder B rekonstruiert werden.

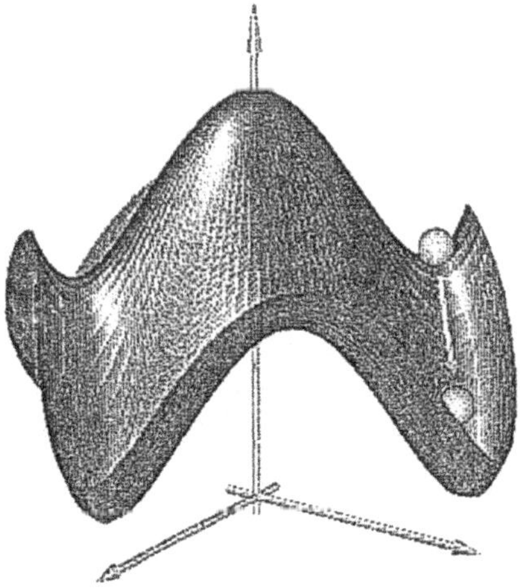

Abb. 8.14
Darstellung des Potentialverlaufs über der *X*, *Y*-Ebene

8.4 Die Erkennung von Gesichtern

Wenden wir unser Vorgehen auf das konkrete Problem der Erkennung von Gesichtern an! Das erste Problem, das sich für uns ergibt, ist natürlich, wie wir die einzelnen Merkmale bestimmen wollen. Hierzu gehen wir in einer höchst primitiven Weise vor. Wir legen dazu über jedes Prototypmuster, d.h. über jedes zu erkennende Gesicht, ein relativ enges Gitternetz, z.B. mit 60×60 Zellen (Abb. 8.15). Diese einzelnen Zellen können wir von 1 bis N durchnumerieren, und jeder Zelle einen bestimmten Grauwert zuordnen. Dieser Grauwert entspricht dann einem Merkmal. Hat die Zelle den Index j, so ordnen wir ihr den Grauwert v_j zu. Die Gesamtheit der Grauwerte können wir wieder zusammenfassen zu einem Punkt in einem vieldimensionalen Raum mit den Koordinaten $v_1, v_2, \ldots, v_N$. Haben wir verschiedene Gesichter, so entsprechen diesen verschiedene Sätze von Grauwerten. Ein Beispiel für eine solche Art verarbeiteter Bilder von Gesichtern zeigt Abbildung 8.16, wobei wir hier nicht nur zwei, sondern zehn Gesichter berücksichtigt haben. Wird dem Computer nun ein Bild angeboten, so kann dieses sich von den Gesichtern, die gespeichert sind, unterscheiden, z.B. indem ein Teil fehlt. Aufgabe des Computers ist es dann, dieses Gesicht zu einem vollständigen Gesicht zu ergänzen. Dies geschieht nach dem eben besprochenen

Abb. 8.15
Beispiel für die Zerlegung eines Gesichts in einzelne Zellen (Pixels)

Abb. 8.16 Beispiele für Gesichter, die in unserem Computer gespeichert wurden

Verfahren: Man bildet zuerst die sogenannten Skalarprodukte d aus dem angebotenen Testmuster $(x_1, x_2, \ldots, x_N)$ und den Prototypmustern, d.h. man bildet Ausdrücke der Form

$$d_A = (a_1 x_1 + a_2 x_2 + \ldots + a_N x_N),$$

$$d_B = (b_1 x_1 + b_2 x_2 + \ldots + b_N x_N), \tag{8-29}$$

wobei jetzt die Sätze a, b, c usw. den einzelnen Prototypgesichtern zugeordnet sind. Sodann führt man eine Dynamik ein, die eine Verallgemeinerung der Dynamik, wie sie in (8-28) angegeben worden ist, entspricht. Für den interessierten Leser geben wir am Schluß dieses Kapitels die allgemeinen Gleichungen hierfür noch an. Das Resultat ist in Abbildung 8.17 wiedergegeben.

Wie man sieht, kann der Computer tatsächlich das Gesicht vollständig ergänzen. Bei diesem Verfahren kann man noch einen Schritt weitergehen, indem man z.B. einem Gesicht noch den jeweiligen Namen zuordnet. Zeigt man dem Computer dann nur einen Teil eines Gesichtes, so kann er das Gesicht und den zugehörigen Namen rekonstruieren. Abbildung 8.18 zeigt hierfür ein Beispiel, wobei der Name nur durch den Anfangsbuchstaben wiedergegeben worden ist, um Rechenzeit zu sparen.

Es ist aufschlußreich, das ganze Verfahren im Lichte von Nichtgleichgewichtsphasenübergängen zu deuten. Betrachten wir

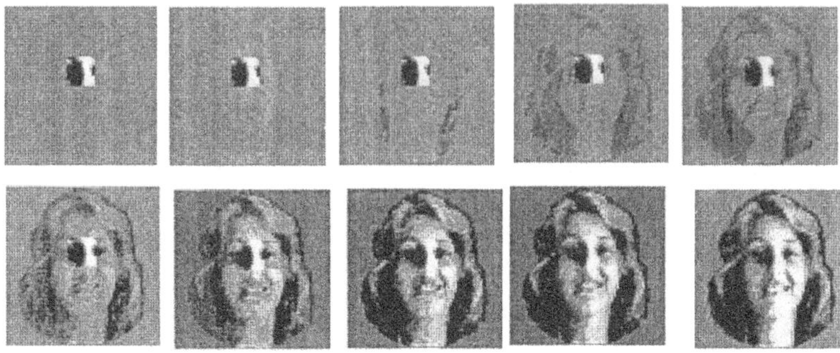

Abb. 8.17 Durch unseren synergetischen Computer wird ein Teil eines Gesichtes zu einem ganzen Gesicht ergänzt und dabei gleichzeitig eine Auswahl zwischen den ursprünglich verschiedenen gespeicherten Gesichtern getroffen.

Abb. 8.18 Werden bei den ursprünglich gespeicherten Gesichtern gleichzeitig auch Namen, z.B. in Form von Buchstaben codiert, eingegeben, so kann der synergetische Computer den Teil eines Gesichts zum ganzen Gesicht plus Namen ergänzen.

nämlich den Spezialfall nur eines einzigen gespeicherten Musters, so lautet die Potentialfunktion

$$V = -\lambda X^2 + CX^4. \tag{8-30}$$

Diese Potentialfunktion entspricht offensichtlich genau der, die uns in diesem Buch mehrfach, etwa beim Laser oder bei Flüssigkeiten, begegnet ist. Hierin spielt λ die Rolle eines Kontrollparameters. Oberhalb von $\lambda = 0$ kann sich ein Muster ausbilden, für negative λ hingegen zerfällt ein ursprünglich vorhandenes Muster. Genau das gleiche erhalten wir im vorliegenden Falle: Bieten wir für $\lambda < 0$ ein ursprüngliches gesamtes Gesicht an,

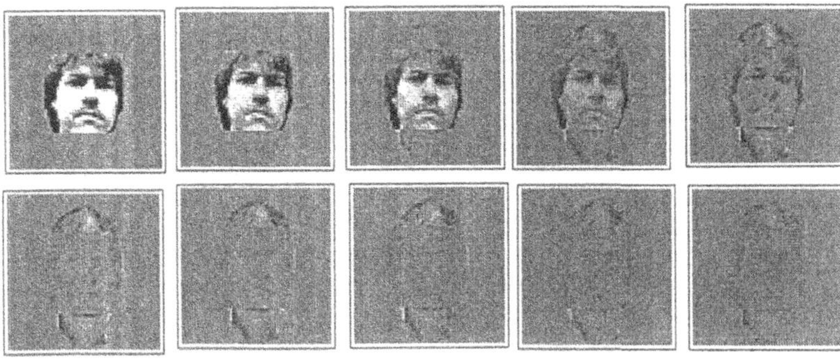

Abb. 8.19 Werden die Aufmerksamkeitsparameter $\lambda < 0$ gesetzt, so löst sich ein zunächst vorgegebenes Gesicht gewissermaßen im Nebel auf dem Bildschirm auf. Erst für positive Aufmerksamkeitsparameter gelingt die Bilderkennung, wie sie in Abb. 8.17 und 8.18 gezeigt wurde.

so zerfließt das Gesicht im Laufe der Zeit (vgl. Abb. 8.19). Die Gleichungen (8-28), bzw. die allgemeinen, noch unten anzugebenden Gleichungen, beschreiben die Konkurrenz zwischen verschiedenen Moden im Sinne der Synergetik. Damit ergibt sich eine neue Interpretation für die oben eingeführten Variablen d bzw. X. Ganz ersichtlich spielen diese hier die Rolle von Ordnern. Wie wir schon gesehen haben, bedeutet die Einführung von Ordnern eine enorme Informationskompression, die wir auch hier wieder beobachten können. Von den ursprünglich sehr vielen Merkmalen reduzieren wir die Information auf nur wenige Ordner, die den einzelnen Gesichtern entsprechen.

Übrigens kann das Verfahren, das wir hier vorgestellt haben, auch noch verallgemeinert werden, um Gruppenfotos zu identifizieren. Dazu wird erst die gesamte Dynamik angewendet, wobei dasjenige Gesicht herausgefiltert wird, das den größten Überlapp mit den gespeicherten Gesichtern hat. Sodann wird der entsprechende Kontrollparameter $\lambda_k = 0$ (vgl. (8-37)) oder gleich einem negativen Wert gesetzt; dem Computer wird es damit unmöglich, dieses Gesicht zu erkennen. Wird nun nochmals das Gruppenfoto dem Computer vorgelegt, so muß er das nächstbeste Gesicht herausgreifen. In dieser Weise kann man ganze Gruppen-

Abb. 8.20
Beispiel für ein Gruppenfoto, das vom synergetischen Computer sukzessive verarbeitet wurde, wobei die einzelnen Gesichter identifiziert wurden

fotos, von denen Abbildung 8.20 ein Beispiel zeigt, analysieren und ein Gesicht nach dem anderen identifizieren.

Das hier Gesagte gilt natürlich genauso nicht nur für Gesichter, sondern z.B. auch für Werkstücke, und hier liegt wohl eine der größeren und wichtigeren Anwendungen des Verfahrens, das wir eben vorgestellt haben. Die Interpretation des Mustererkennens als einen Nichtgleichgewichtsphasenübergang dürfte Auswirkungen auf die Interpretation von Sinneswahrnehmungen durch das Gehirn haben. Nichtgleichgewichtsphasenübergänge treten uns in der Natur allerorten entgegen, wie wir in diesem Buch dargelegt haben. Es ist daher sicher nicht von der Hand zu weisen, daß bei der Wahrnehmung im Gehirn jeweils spezielle Nichtgleichgewichtsphasenübergänge ablaufen.

*8.5 Das mathematische Modell des synergetischen Computers

In diesem Abschnitt erläutern wir das abstrakte mathematische Modell, das der einfachsten Version des synergetischen Computers zugrundeliegt. Nehmen wir als Beispiel die Rasterung der Abbildung 8.15 her. Jedem einzelnen Kästchen ordnen wir einen Index j zu, der also von 1 bis N = Zahl der Kästchen läuft. Zu jedem Kästchen gehört in unserem konkreten Beispiel ein Grauton, der durch die Größe v_j für das Kästchen j wiedergegeben wird. Daraus bilden wir einen Merkmalvektor $\boldsymbol{v}$ gemäß

$$\boldsymbol{v} = (v_1, v_2, \ldots, v_N) \tag{8-31}$$

Haben wir mehrere Muster gespeichert, so müssen wir diese noch durch einen Index k unterscheiden:

$$\mathbf{v}^{(k)}. \tag{8-32}$$

Die Idee besteht nun darin, ein synergetisches System zu konstruieren, bei dem folgender Vorgang abläuft: Geben wir einen Mustervektor $\mathbf{q}(0)$ vor, so soll dieser sich im Laufe der Zeit entwickeln, so daß schließlich der Vektor $\mathbf{q}$ mit einem der Mustervektoren (8-32) identifiziert wird, d.h. identisch wird:

$$\mathbf{q}(0) \rightarrow \mathbf{q}(t) \rightarrow \mathbf{v}^{(k)}. \tag{8-33}$$

Die Komponenten des Mustervektors werden dann der folgenden Gleichung unterworfen

$$\frac{dq_j}{dt} = -\frac{\partial V}{\partial q_j}, \tag{8-34}$$

wobei die Potentialfunktion V aus drei Teilen besteht.

$$V = V_1 + V_2 + V_3. \tag{8-35}$$

Um diese festzulegen, definieren wir noch das Skalarprodukt aus $\mathbf{q}$ und $\mathbf{v}^{(k)}$,

$$(\mathbf{v}^{(k)}\mathbf{q}) = \sum_j v_j^{(k)} q_j\,. \tag{8-36}$$

(Wir merken für den Fachmann an, daß wir hier vereinfachend die Orthogonalität der Muster annehmen. Sonst wäre $\mathbf{v}^{(k)}$ durch die adjungierten Vektoren zu ersetzen.) Der Anteil V_1 ist durch

$$V_1 = \frac{1}{2}\sum_k \lambda_k (\mathbf{v}^{(k)}\mathbf{q})^2 \tag{8-37}$$

gegeben. Er sorgt dafür, daß der vorgegebene Merkmalvektor $\mathbf{q}(0)$ in den Unterraum, der von den Prototypmustern aufgespannt wird, hereingezogen wird. Der Anteil V_2

$$V_2 = \frac{B}{4}\sum_{k \neq k'} (\mathbf{v}^{(k)}\mathbf{q})^2(\mathbf{v}^{(k')}\mathbf{q})^2 \tag{8-38}$$

sorgt für die Diskriminierung zwischen den verschiedenen Mustern. Schließlich sorgt V_3 dafür, daß der Vektor $\boldsymbol{q}$ nicht beliebig anwachsen kann, sondern in einen der vorgegebenen Anziehungspunkte läuft

$$V_3 = \frac{C}{4}\left(\sum_k (\boldsymbol{v}^{(k)}\boldsymbol{q})^2\right)^2 . \tag{8-39}$$

Gleichungen der Form (8-34) mit (8-35) bis (8-39) sind in der Synergetik universell, als sie eine ganze Klasse von Erscheinungen kennzeichnen, die ganz verschiedenen Gebieten angehören. Hierzu gehören die rollenbildenden Flüssigkeiten, die Mehrmodentätigkeit von Lasern, die Ausbildung der Streifen bei Zebras in der Biologie oder Modelle der Populationsdynamik, wobei $d_k^2 = (\boldsymbol{v}^{(k)}\boldsymbol{q})^2$ die Population der Spezies k ist. Während aber früher diese Gleichungen Musterbildungen beschrieben, dienen sie jetzt der Mustererkennung. Die Gleichungen (8-34) bis (8-39) können in vielfältiger Weise realisiert werden, z.B. können sie auf einem seriellen Computer implementiert werden, oder sie können durch verschiedenartige Systeme von Netzwerken wiedergegeben werden. Da dies den Rahmen dieses Buches übersteigt, verweisen wir den interessierten Leser auf die Literatur.

9
Aspekte chaotischen Verhaltens

9.1 Einleitung

Bereits um die Jahrhundertwende entdeckte der französische Mathematiker Poincaré, daß beim Dreikörperproblem der klassischen Mechanik völlig verwirrend erscheinende Trajektorien auftreten können. (Beim allgemeinen Dreikörperproblem betrachtet man drei Körper der Massen m_1, m_2 und m_3, die über die Newtonsche Gravitationswechselwirkung Kräfte gegenseitig aufeinander ausüben.) Das bemerkenswerte Ergebnis von Poincaré drang aber nur wenig in das allgemeine Bewußtsein der wissenschaftlichen Gemeinschaft ein. Immerhin führt dieses Resultat doch zu erstaunlichen Konsequenzen: Wir müssen die allzu naiven ursprünglichen Vorstellungen über *Determinismus*, wie sie beispielsweise der französische Philosoph und Mathematiker Laplace entwickelt hat, erheblich revidieren.

Unter einem deterministischen System versteht man folgendes: Gegeben seien die Bewegungsgleichungen des Systems etwa in folgender Form (wir sind ihr im Laufe unserer Darstellungen schon des öfteren begegnet)

$$\dot{\boldsymbol{q}} = \boldsymbol{N}(\boldsymbol{q})\,, \tag{9-1}$$

mit einem mehrdimensionalen Vektor $\boldsymbol{q}$, den wir wie üblich als den Zustandsvektor des Systems bezeichnen. Kennen wir $\boldsymbol{q}$, dann kennen wir den Zustand des Systems. $\boldsymbol{N}$ bezeichnet einen Vektor, der in nichtlinearer Weise von $\boldsymbol{q}$ abhängen soll.

Zusammen mit den Anfangsbedingungen (beispielsweise soll zur Zeit $t = 0$ $\boldsymbol{q}(t)$ den Wert $\boldsymbol{q}_0$ annehmen) bestimmt das durch (9-1) ausgedrückte Gesetz den Zustand des Systems im Prinzip für alle Zukunft. Wir können jetzt den Zustand des Systems, wenn uns nur eine genügend große und schnelle Rechenmaschine zur Verfügung steht, für alle Zeiten vorausberechnen. Jeder zukünftige Zustand ist für uns also vollständig *determiniert* durch die Anfangsbedingungen, wenn wir nur die Gesetzmäßigkeit (9-1) aufgefunden haben. Aber diese Aussage gilt eben nur „im Prinzip". Wie wir unsere Vorstellungen zum Verhalten eines deterministischen Systems zu erweitern haben gegenüber der naiven Vorstellung einer beliebigen Vorausberechenbarkeit des Systemverhaltens, wie dieses „im Prinzip" genauer zu präzisieren ist, soll in diesem Kapitel herausgearbeitet werden.

Die moderne Chaosforschung wurde mit einer Folge von Arbeiten des Meteorologen Lorenz seit 1963 eingeleitet. Lorenz untersuchte am Bénardproblem als einfachem Modellbeispiel, inwieweit eine zuverlässige Wettervorhersage überhaupt möglich sei. Wir werden einige Aspekte seiner Arbeiten später noch, allerdings anhand eines anderen physikalischen Systems, dem Laser nämlich, in ihren Konsequenzen diskutieren.

Worin besteht die Bedeutung der Chaosforschung für die moderne Naturwissenschaft? Zum einen hat sie sehr viel dazu beigetragen, zu klären, welche „Wege" Systeme einschlagen, wenn sie in ihrem Verhalten schließlich turbulent werden. Es zeigt sich dabei, daß die Vorstellung von Landau zu einem universellen Weg zur Turbulenz (s. Abschnitt 6.5), entwickelt etwa anhand der verschiedenen Zustände einer strömenden Flüssigkeit auf ihren Stationen bis hin zum Zustand der vollentwickelten Turbulenz, keineswegs ohne weiteres so haltbar ist, wie wir sie in Abschnitt 6.5 dargestellt haben. Vielmehr wird sich ergeben, daß sich schon in viel einfacheren Systemen auch ganz andere Wege beim Übergang in die turbulente Phase eröffnen. Es stellt sich dabei ferner bei einer genaueren Untersuchung heraus, daß sich diese Übergänge in den chaotischen Zustand (zumindest in einem gewissen Maße) klassifizieren lassen: Man findet eine Reihe typischer Wege zum Chaos; die bekanntesten und wichtigsten werden wir hier qualitativ vorstellen.

Klar herausstellen müssen wir überdies, daß die chaotischen Phasen eines Systems, die wir in diesem Kapitel diskutieren werden, völlig verschieden sind von dem Chaos, das wir bei

Systemen im thermischen Gleichgewicht vorgefunden haben. Um dieses deutlich zu unterscheiden, bezeichnen wir das Chaos der Thermodynamik, das sich etwa im Gleichverteilungssatz (alle mikroskopischen Freiheitsgrade sind gleich angeregt) manifestiert, als *mikroskopisches Chaos.* Ganz anders ist die Situation bei den hier zu besprechenden Erscheinungen. Wir werden nämlich sehen, daß wir hier makroskopisch angeregte Systeme vorfinden, deren Zustände durch wenige makroskopische Ordnungsparameter beschrieben werden können. Diese wenigen makroskopischen Ordnungsparameter bestimmen die chaotische Dynamik des Gesamtsystems auf dem makroskopischen Maßstab. Wie wir sehen werden, ist es die Wechselwirkung zwischen mehreren solchen Ordnungsparametern, von denen jeder für sich verschiedenen makroskopischen Ordnungszuständen zugeordnet werden kann, die auf diesem makroskopischen Maßstab zu einem völlig erratischen dynamischen Verhalten führen kann. Wir sprechen in diesem Falle von einem Zustand des *makroskopischen Chaos.*

9.2 Zeitlich kontinuierliche und diskrete Systeme

Wir wollen uns dem Auftreten chaotischer Dynamik, wenn man so will, empirisch nähern. Dazu versuchen wir, uns ein möglichst einfaches, aber interessantes System zu beschaffen. Einfach ist hier in dem Sinne gemeint, daß das System möglichst wenige Variable enthält (im günstigsten Fall eine) und doch schon möglichst viele der uns interessierenden Erscheinungen in sich birgt. Es stellt sich heraus, daß dieses bei „zeitlich diskreten Systemen" am direktesten gelingt. Wir wollen uns zunächst an einem Beispiel aus der Biologie verdeutlichen, was wir unter einem zeitlich diskreten System verstehen, und wo solche Systeme auch praktisch bedeutsam werden.

Es existieren eine ganze Reihe von Insektenarten, die nur einen Sommer lang leben und dann absterben. In den abgelegten Eiern überwintert die nächste Generation. Man spricht dann auch von sich zeitlich nicht überlappenden Insektengenerationen. Man kann sich nun die Frage stellen: Wie eigentlich hängt die

Population beispielsweise des Jahres 1989 mit der des Jahres 1988, also des vergangenen Jahres, zusammen? Dazu kann man annehmen, daß die Population im Jahre 1989, die wir mit N_{1989} abkürzen, eine Funktion f der Population des Jahres 1988, nämlich von N_{1988} ist:

$$N_{1989} = f(N_{1988}) . \qquad (9\text{-}2)$$

Hat man den funktionalen Zusammenhang f bestimmt, dann kann man aus der Kenntnis der Population von 1988 die von 1989 vorhersagen. Allgemeiner kann man sagen: Kennt man die Population des Jahres n, dann kann man mittels f die Population im Jahre $n + 1$ vorhersagen:

$$N_{n+1} = f(N_n) . \qquad (9\text{-}3)$$

Ganz im Sinne unserer einführenden Bemerkungen handelt es sich hierbei um ein deterministisches System, wenn wir f für alle Zeiten gleich festlegen können. Man kann nun allerdings nicht erwarten, daß die Funktion für jedes Jahr dieselbe bleibt. Ändern können sich von einem zum nächsten Jahr beispielsweise die klimatischen Bedingungen. Wir können derartige Einflüsse – wie wir das auch schon früher getan haben – berücksichtigen, indem wir f noch von (im einfachsten Fall) einem Kontrollparameter σ abhängen lassen. Wir schreiben also (9-3) in der endgültigen Form

$$N_{n+1} = f(N_n, \sigma) . \qquad (9\text{-}4)$$

Eine spezielle Funktion f wollen wir uns jetzt durch einfache Plausibilitätsbetrachtungen in zwei Schritten beschaffen. In einem ersten Schritt werden wir annehmen, daß die Population des folgenden Jahres $n + 1$ einfach proportional zu der des Jahres n ist, und wählen als Proportionalitätskonstante gerade σ. Unsere Funktion f wird dann

$$f(N, \sigma) = \sigma N \qquad (9\text{-}5)$$

und unsere Gleichung (9-4) nimmt die Gestalt

$$N_{n+1} = \sigma N_n \qquad (9\text{-}6)$$

an. Selbstverständlich kann die Population N nur größer oder gleich Null sein, so daß gelten muß

$$\sigma > 0\,. \qquad (9\text{-}7)$$

Man prüft nun leicht nach, daß unsere Gleichung (9-7) entweder zu einem exponentiellen Zerfall der Population führt, nämlich dann wenn $\sigma < 1$, oder einem exponentiellen Wachstum falls $\sigma > 1$. Wir betrachten im folgenden den letzteren, interessanteren Fall. (9-7) kann hier offenbar nur eine erste, aber bei vielen Schritten n doch zu grobe Annäherung an Verhältnisse darstellen, wie wir sie in der Wirklichkeit antreffen. Tatsächlich erwartet man, wie das Malthus schon im vorigen Jahrhundert formuliert hat, daß „Sättigungseffekte" eine Rolle spielen müssen. Ihre Ursache kann man beispielsweise darin sehen, daß in einem vorgegebenen Lebensraum nur eine endliche Menge von Nahrung zur Verfügung steht, und die Population deshalb nicht beliebig anwachsen kann. Wir können dies in unser Modell am einfachsten aufnehmen, indem wir ein Zusatzglied $-\sigma N^2$ in unserer Funktion (9-5) hinzufügen. Wir schreiben also

$$f(N, \sigma) = \sigma N(1 - N)\,. \qquad (9\text{-}8)$$

Diese Gleichung mit der vorgenommenen speziellen Wahl von f werden wir im nächsten Abschnitt genauer untersuchen.

Wir werden uns bei unserer Diskussion allerdings auf das Verhalten der Funktion im Intervall (0,1) beschränken. Um dieses hervorzuheben, benennen wir unsere Variable N um, bezeichnen sie mit x (man kann sie als relative Population auffassen) und verlangen, daß x auf das angegebene Intervall beschränkt sein soll. Die endgültige Form unserer Gleichung, die wir untersuchen, heißt also

$$x_{n+1} = \sigma x_n(1 - x_n)\,. \qquad (9\text{-}9)$$

Sie wird in der Literatur gewöhnlich als *logistische Gleichung*, und $f = \sigma x(1 - x)$ als *logistische Abbildung* bezeichnet (f bildet den Punkt x_n in den Punkt x_{n+1} ab).

Es gibt weitere Beispiele für zeitlich diskrete Dynamiken, wie wir sie in Gleichung (9-4) allgemein dargestellt haben. Das Fallen eines Steins etwa kann durch Stroboskopmessungen ver-

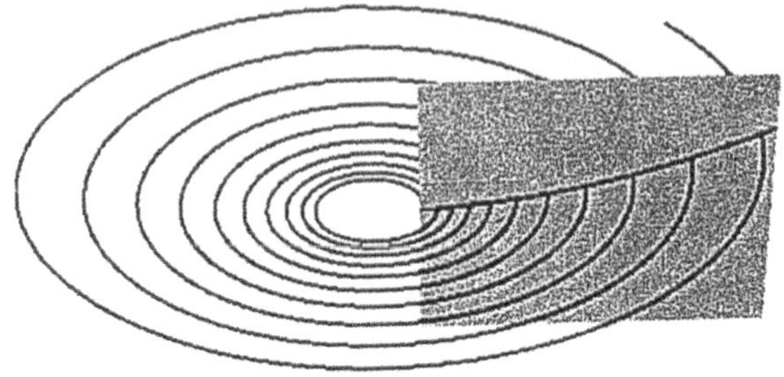

Abb. 9.1 Schnittpunkte einer Trajektorie mit einer transversalen Fläche. Die Folge der Schnittpunkte läßt sich durch eine Gleichung für diskrete Zeitpunkte beschreiben.

anschaulicht werden. In gleichen Zeitintervallen wird der Stein angeblitzt und man beobachtet, daß der im festen Zeitintervall zurückgelegte Weg von Intervall zu Intervall quadratisch anwächst. Stoboskopmessungen können also ebenfalls als eine derartige zeitlich diskrete Dynamik beschrieben werden.

Ein anderes Verfahren, um eine zeitlich kontinuierliche Dynamik auf eine zeitlich diskrete Dynamik überzuführen, wurde von Poincaré angegeben. Das Verfahren ist in Abb. 9.1 veranschaulicht. Man schneidet dort die Trajektorien mit einer, wie man sagt, transversalen Fläche, einer Fläche also, in der keine Trajektorien liegen (die nirgendwo tangential zu den Trajektorien ist), sondern die die Trajektorien schneidet. Man registriert aus dem ganzen Phasenbild der Trajektorien nur noch die Schnittpunkte mit dieser Fläche, was ebenfalls wieder zu einer zeitlich diskreten Dynamik Anlaß gibt. Der Gewinn, den man aus dieser Konstruktion zieht, liegt darin, daß man so die Dimension des zugehörigen Zustandsraumes um 1 reduzieren kann. So kann man in vielen Fällen einen anschaulicheren Zugang zu dem betrachteten System gewinnen.

Nachdem wir uns von der Bedeutung zeitlich diskreter Prozesse auch in praktisch interessanten Problemstellungen überzeugt haben, werden wir uns dem genaueren Studium der Gleichung (9-9) zuwenden. Hier möchten wir noch hervorheben, daß aufgrund der zeitlich diskreten Dynamik und der einfachen Form der Gleichung viele numerische Resultate bereits auf einem programmierbaren Taschenrechner nachvollzogen werden können.

9.3 Die logistische Abbildung

9.3.1 Fixpunkte

Wir analysieren nun – wenigstens bis zu einem gewissen Grade – die dynamischen Strukturen, die sich durch Gleichung (9-9) entfalten lassen. Wir fassen sie dazu auf als eine Abbildung des Punktes x_n in den Punkt x_{n+1}, wobei beide Punkte im Intervall zwischen Null und Eins liegen sollen. Wie wir bereits bei vielen Beispielen gesehen haben, liefert einen ersten Zugang zur Dynamik eines Systems, wie sie durch diese nichtlineare Abbildung f repräsentiert wird, das Aufsuchen ihrer stationären Punkte. Die Methode dazu müssen wir gegenüber den zeitlich kontinuierlichen Prozessen etwas abändern: Den stationären Punkten bei Differentialgleichungen entsprechen in unserem Fall offenbar gerade die Punkte x^*, die bei Anwendung der Abbildung f (mit f aus Gleichung (9-9) beispielsweise) in sich selbst abgebildet werden, für die also gilt

$$x_n^* = x_{n+1}^* \,. \tag{9-10}$$

Solche Punkte bezeichnet man als *Fixpunkte.* Dementsprechend bezeichnen wir (9-10) als Fixpunktgleichung. Wir können (9-10) sofort eine mehr explizite Form geben. Da unser Verfahren nicht auf die spezielle Wahl (9-9) von f beschränkt ist, schreiben wir statt (9-9) die allgemeine Form

$$x_{n+1} = f(x_n, \sigma) \tag{9-11}$$

und setzen dies in (9-10) ein. Dann erhalten wir als Bestimmungsgleichung für den Fixpunkt

$$x^* = f(x^*, \sigma) \,. \tag{9-12}$$

Wir können (9-12) für unseren Fall (9-9) sofort lösen. Es ergibt sich ein erster Fixpunkt $x^*(1)$:

$$x^*(1) = 0 \tag{9-13}$$

und ein zweiter, den wir entsprechend mit $x^*(2)$ bezeichnen,

$$x^*(2) = 1 - \frac{1}{\sigma}. \tag{9-14}$$

Beide Fixpunkte haben wir in dem Graphen unserer Funktion $f(x) = \sigma x(1-x)$ in Abb. 9.2 hervorgehoben. Dabei haben wir noch ein graphisches Verfahren zur Konstruktion der Fixpunkte angedeutet. Wie man nämlich unserer Fixpunktgleichung (9-12) unschwer entnimmt, erhalten wir die Fixpunkte als Schnittpunkte des Graphen $f(x)$ mit der Geraden $y = x$. Diese haben wir in unser Bild mit eingezeichnet.

Anhand dieses Graphen läßt sich die Bewegung des Systems besonders anschaulich darstellen (Abb. 9.3). Wir wählen uns dazu einen Startpunkt x_0 aus. Den Punkt x_1 erhalten wir dann, indem wir parallel zur Ordinate vom Punkt x_0 nach oben gehen bis zum Schnittpunkt mit der Kurve $f(x)$. Der Ordinatenwert dieses Schnittpunktes gibt uns x_1. Wir nehmen jetzt den Punkt x_1, tragen ihn auf der Abszisse ab und nehmen ihn als neuen Startwert, um durch Wiederholung unseres Verfahrens zum Punkt x_2 zu gelangen usw. Dieses Verfahren läßt sich nun erheblich abkürzen. Zunächst sieht man, daß dasselbe Resultat wie bei einer Übertragung der Werte von der Ordinate auf die Abszisse, durch eine einfache Spiegelung der Punkte an der Geraden $y = x$ erreicht

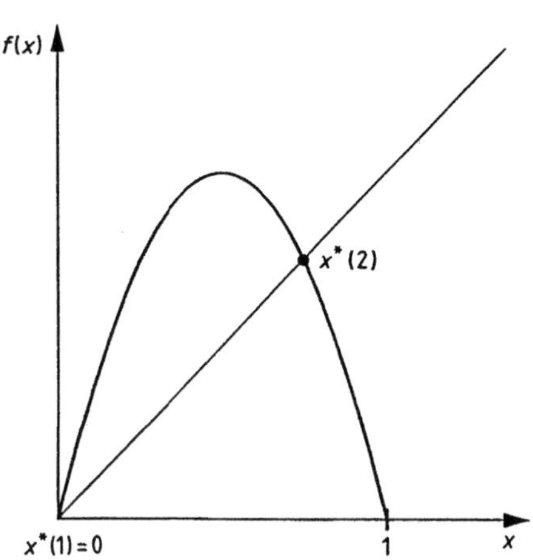

Abb. 9.2
Fixpunkte x^* (1) und x^* (2) der logistischen Abbildung. Man erhält sie als Schnittpunkte des Graphen $f(x)$ mit der Geraden $y = x$.

werden kann. Aus der Abbildung entnimmt man ferner, daß der hervorgehobene andere Weg von x_1 nach x_2 dieser Spiegelung und dem nachfolgenden Hinaufgehen parallel zur Ordinate völlig äquivalent ist: Man geht vom Punkt x_1, dem Wert auf der Ordinate, parallel zur Abszisse bis zum Schnittpunkt mit der Geraden $y = x$ und von diesem Schnittpunkt aus weiter, jetzt parallel zur Ordinate, bis zum Schnittpunkt mit dem Graphen $f(x)$. Das Resultat ist wieder x_2. Das angedeutete Verfahren kann man nun beliebig fortsetzen und so graphisch die Folge der Zustände des Systems bestimmen (vgl. Abb. 9.4). Im folgenden werden wir immer auf

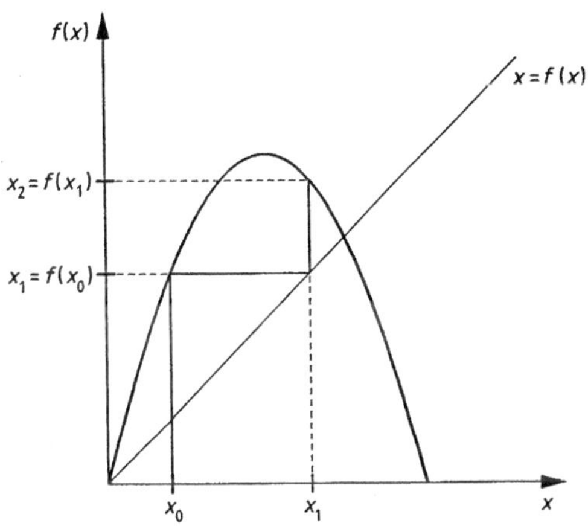

Abb. 9.3
Konstruktion der Folge von Zuständen unseres zeitlich diskreten Systems: $x_0, x_1, x_2, \ldots$

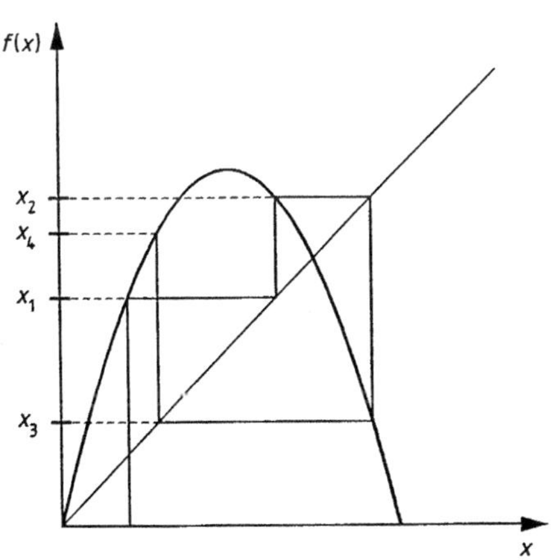

Abb. 9.4
Anwendung des in Abb. 9.3 vorgestellten Verfahrens

diese Weise verfahren, wenn wir die zeitliche Entwicklung unseres Systems graphisch veranschaulichen wollen.

9.3.2 Stabilität der Fixpunkte

Nachdem wir nun eine Möglichkeit gefunden haben, die zeitliche Entwicklung unseres Systems auch graphisch - und damit, wenn es sein muß, auch ohne Computer - zu verfolgen, wenden wir uns nun der Stabilität der aufgefundenen Fixpunkte bei $x = 0$ und $x = 1 - 1/\sigma$ zu. Zunächst wollen wir dazu die Stabilität des Fixpunktes bei $x = 0$ testen. Wir betrachten die Größe

$$q = x - x^*(1)\,, \tag{9-15}$$

eine Abweichung vom Fixpunkt bei $x = x^*(1) = 0$, also. Setzen wir (9-15) in unsere Ausgangsgleichung (9-9) ein, dann finden wir nach kurzer Rechnung für q

$$q_{n+1} = \sigma q_n(1 - q_n)\,. \tag{9-16}$$

An unserer Gleichung hat sich also formal - bis auf den neuen Buchstaben q statt x - nichts verändert. Wir können jedoch nun unsere Abweichungen q vom Fixpunkt sehr klein machen, z.B. wählen wir als Startpunkt $q_0 = 0{,}001$. Einfaches Nachprüfen in (9-16) erweist dann, daß wir das quadratische Glied in (9-16) sicher gegenüber dem linearen vernachlässigen können. Wir begnügen uns also damit, die *lineare* Stabilität dieses Fixpunktes festzustellen. Die Mathematiker versichern uns, daß dann auch die Stabilität des nichtlinearen Systems - zumindest in einer gewissen endlichen Umgebung des Fixpunktes - gewährleistet sei. Es wird allerdings im Falle dieses Fixpunktes bei einem eingehenden Studium dem Leser gehen wie uns: Für $\sigma < 1$ erweist sich das Verhalten des Systems um diesen Fixpunkt als bloß langweilig. Er ist in diesem Bereich stabil und bleibt der einzige Fixpunkt in dem von uns vorgegebenen Intervall zwischen 0 und 1. Die Situation ändert sich jedoch sofort, wenn σ die Schwelle $\sigma = 1$ überschreitet. Der zweite Fixpunkt bei

$$x^*(2) = 1 - \frac{1}{\sigma} \tag{9-17}$$

wächst aus dem obigen Fixpunkt heraus und beginnt (in dem von uns vorgegebenen Intervall) zu existieren. Gleichzeitig verliert der gerade betrachtete Fixpunkt $x^* = 0$, wie auch der zugehörige Graph auf direkte Weise anzeigt, seine Stabilität. Alle Trajektorien münden nun letztendlich in den neuen Fixpunkt (9-17). Dabei läßt sich anhand des Graphen (Abb. 9.5) leicht nachvollziehen, daß dies nicht für alle zugehörigen Werte von σ immer auf direktem Wege geschieht, sondern auch durch ein Hin- und Herhüpfen um diesen neuen Fixpunkt herum, wie das in Abb. 9.5 dargestellt ist. Wie läßt sich nun dieses Verhalten mathematisch mehr im Detail verfolgen? Um das graphisch erhaltene Resultat nachzuprüfen, wollen wir wieder das bereits bewährte Konzept, das wir oben vorgestellt haben, anwenden. Wir betrachten die Abweichung q, jetzt jedoch vom Fixpunkt $x^*(2)$ aus gerechnet:

$$q = x - x^*(2) . \qquad (9\text{-}18)$$

Setzen wir nun diesen Ansatz in (9-9) ein, dann erhalten wir

$$x^*(2) + q_{N+1} = \sigma[x^*(2) + q_N]\,[1 - (x^*(2) + q_N)] . \qquad (9\text{-}19)$$

Berücksichtigen wir darüberhinaus die Gültigkeit der Fixpunktgleichung (9-12) sowie den expliziten Ausdruck für den Fixpunkt (9-17), dann vereinfacht sich (9-19) nach kurzer Rechnung zu

$$q_{N+1} = (2 - \sigma)\, q_N - \sigma q_N^2 . \qquad (9\text{-}20)$$

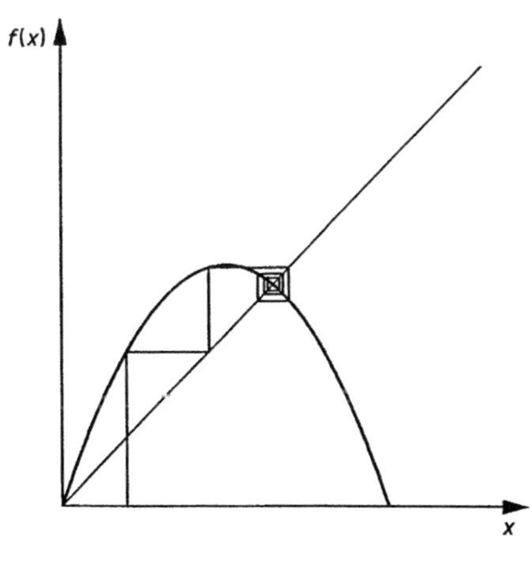

Abb. 9.5
Annäherung an den stabilen Fixpunkt x^* (2) durch Hin- und Herspringen um den Fixpunkt herum

Wieder wollen wir uns zunächst darauf beschränken, bloß kleine Abweichungen von dem Fixpunkt $x^*(2)$ zu untersuchen; wir können uns deshalb auf die Diskussion von

$$q_{N+1} = (2 - \sigma)\, q_N \tag{9-21}$$

beschränken. Wie man beispielsweise auf dem programmierbaren Taschenrechner leicht „experimentell" nachprüft, zerfällt eine vorgegebene Störung q_0 weg vom betrachteten Fixpunkt, die der in (9-21) ausgedrückten Dynamik unterworfen wird, immer solange

$$\sigma < 3 \,. \tag{9-22}$$

Der neue Fixpunkt ist also stabil in dem Bereich $1 < \sigma < 3$. Befassen wir uns jedoch noch etwas genauer mit der „Feinstruktur" dieses Fixpunktes $x^*(2)$. Sobald σ seinen kritischen Wert 1 etwas überschritten hat, ist der Vorfaktor von q_n zunächst positiv und kleiner als 1. Das lineare System (9-21) läuft auf direktem Wege immer auf den Fixpunkt zu. Das Verhalten ändert sich jedoch, wenn σ den Wert 2 überschreitet. Der Vorfaktor von q_N auf der rechten Seite von Gleichung (9-21) wird negativ, sein Betrag bleibt jedoch weiterhin kleiner als 1, solange wir unter der oberen Schranke $\sigma = 3$ bleiben. Der Vorzeichenwechsel des Vorfaktors führt mithin dazu, daß das System jetzt nicht mehr direkt auf den Fixpunkt $x^*(2)$ zuläuft, sondern sich durch ein gedämpftes Hin- und Herhüpfen auf ihn einschwingt.

9.3.3 Höhere Instabilitäten

Die nächste Frage, mit der wir uns nun auseinanderzusetzen haben, betrifft das Verhalten des Systems (9-9), wenn der Fixpunkt $x^*(2)$ seine Stabilität verliert, wenn also σ den Wert 3 überschreitet. Wieder beobachten wir unser System „experimentell" auf dem Rechner (Abb. 9.6). Wir entdecken oberhalb $\sigma = 3$ nach einer gewissen „Einschwingzeit" ein periodisches Hin- und Herspringen des Systems zwischen zwei verschiedenen festen Punkten im vorgegebenen Intervall. Wir können in unserem Graphen wieder von einem beliebigen Punkt im vorgegebenen Intervall starten und enden immer an diesen beiden Punkten, zwischen denen das System dann dauernd hin- und herspringt. Wir können somit diese beiden Punkte zusammengenommen als einen Attraktor des Systems auffassen. Ganz im Sinne der Vorstellungen, die wir im Zusammenhang der allgemeinen Theorie solcher Systeme dargestellt haben (vgl. Kapitel 5), werden wir diesen Attraktor mit einem zeitlich periodischen stationären Zustand des Systems identifizieren, dem wir die Periodendauer 2 zuordnen können.

Bei weiterer Erhöhung von σ wird aber nun auch dieser Zustand instabil und ein neuer, wieder periodischer Attraktor

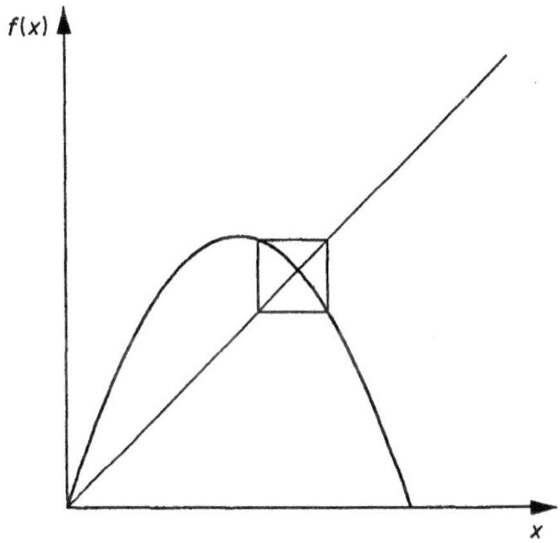

Abb. 9.6
Oberhalb $\sigma = 3$ beobachtet man ein stabiles Hin- und Herspringen des Systems zwischen zwei festen Punkten. Man identifiziert diese Situation mit einem zeitlich periodischen - Attraktor mit der Periodendauer 2.

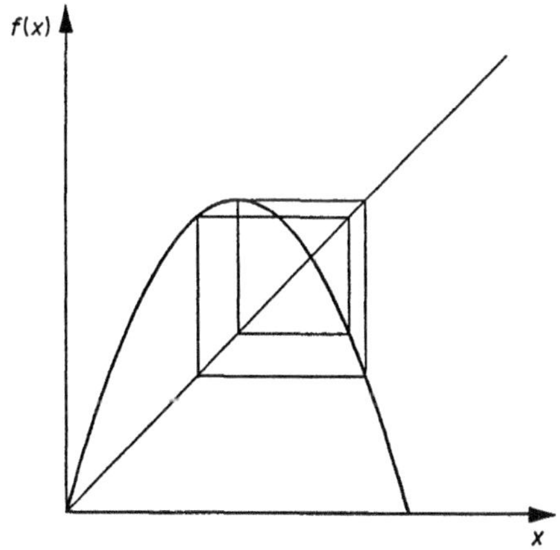

Abb. 9.7
Eine weitere Erhöhung von σ führt zu einer Destabilisierung des Attraktors mit der Periode 2, ein neuer Attraktor der Periode $4 = 2^2$ tritt auf.

entsteht. Die zugehörige Figur ist in Abb. 9.7 wiedergegeben. Der neue Attraktor hat die Periode 4 oder 2^2.

Die Abbildungen 9.8 zeigen, daß sich ein entsprechendes Verhalten fortsetzt. Wir können es folgendermaßen zusammenfassen: Bei steigenden Werten von σ (oberhalb des Wertes 3) durchlaufen wir eine Folge von Instabilitäten. Bezeichnen wir allgemein die n-te Instabilität durch ihren kritischen Wert σ_n, dann führt das Überschreiten dieses Wertes zu einer stationären

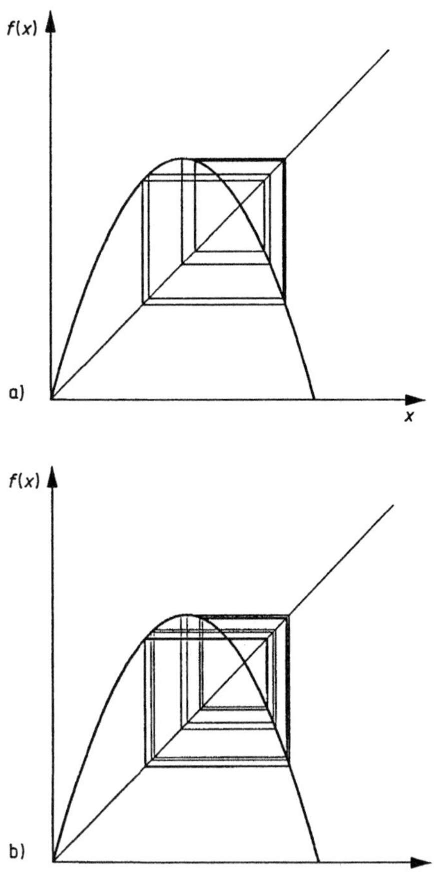

Abb. 9.8
Periode vier wird bei weiterer Erhöhung von σ abgelöst durch einen Zustand der Periode $8 = 2^3$ (a), dieser durch einen Zustand der Periode $16 = 2^4$ (b) usw.

Lösung mit der Periode 2^n. Bemerkenswert ist nun der Umstand, daß diese Instabilitäten immer dichter aufeinanderfolgen, wie das die Abb. 9.9 deutlich demonstriert. Sie „häufen“ sich in einem wie man auch sagt Häufungspunkt σ_∞ (Abb. 9.9). Danach erscheint das Verhalten des Systems als chaotisch. Auf diesem Weg zum Chaos unterscheidet sich der folgende Attraktor vom vorhergehenden immer durch eine Verdoppelung der Periodendauer, die Periode der ersten n Attraktoren ist $2^0, 2^1, 2^2, \dots 2^n$. Man spricht aus diesem Grunde auch vom Weg zum Chaos über Periodenverdoppelung. (Siehe in diesem Zusammenhang die im Anhang des Buches beschriebenen Programme „Logistische Abbildung“ und „Feigenbaum“.)

Was wir hier beschrieben haben, zeigt *einen* Weg zu völlig irregulärem Verhalten an einem besonders einfachen nichtlinearen System, der durch Großmann und Thomae aufgezeigt und durch Feigenbaum in seinen Grundlagen ausgearbeitet wurde. Es handelt sich – wie man auch sagt – um einen „generischen“ Weg zum Chaos. In der Tat haben wir an unserem Beispiel nicht einen

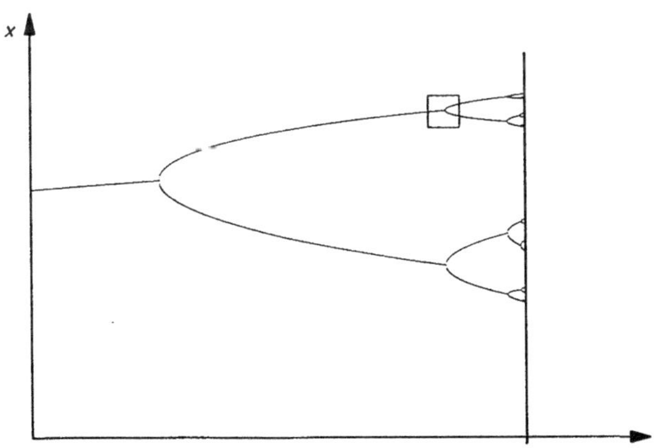

Abb. 9.9 Darstellung der Stabilitätsbereiche der verschiedenen oben vorgestellten Attraktoren als Funktion von σ. Neue Instabilitäten treten in immer kürzeren Intervallen von σ auf und konvergieren gegen das eingezeichnete σ_∞.

singulären Einzelfall vorgestellt, sondern einen Pfad zur „Turbulenz“, den man auch in ganz anderen Systemen antreffen kann.

Ein weiteres unter vielen Beispielen ist ein ganz anderes, in diesem Fall zeitlich kontinuierliches dynamisches System, der sogenannte Helmholtzoszillator, benannt nach seinem „Konstrukteur“, dem Physiker Helmholtz. Wieder zeigen die Bilder (Abb. 9.10) den charakteristischen Weg bei Änderung des äußeren Kontrollparameters der Periodenverdopplung bis hin zu völlig erratischem Verhalten des Systems. Anhand des Pohlschen Rades kann man dieses Verhalten leicht in einem Versuch demonstrieren.

Es liegt aus all diesen Gründen natürlich nahe, sich noch genauer mit diesem Phänomen auseinanderzusetzen, die Frage zu stellen, sind in diesem Verhalten Gesetzmäßigkeiten auffindbar? Daß dieses so ist, können wir an zwei Beispielen verdeutlichen.

Beim ersten Beispiel ist Abb. 9.9 unser Wegweiser. Sie faßt die stabilen stationären Zustände unseres Systems als Funktion

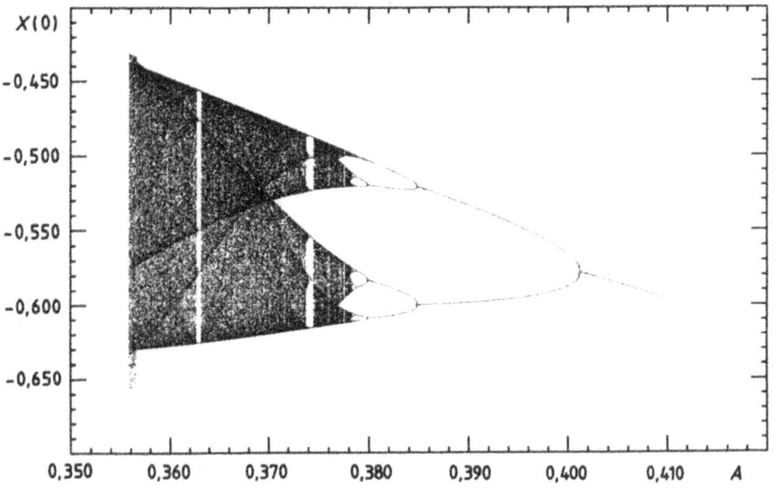

Abb. 9.10 Entsprechender Weg zum Chaos über Periodenverdopplung am Beispiel des Helmholtzoszillators

des Kontrollparameters σ zusammen. σ wird dabei im Bereich von 2,5 bis 4 variiert. Im Bereich zwischen $2{,}5 < \sigma < 3$ finden wir – wie oben ausführlich dargestellt wurde – einen stabilen Fixpunkt, der allerdings bei einer Veränderung des Kontrollparameters σ seine Lage verändert (vgl. (9-17)). Dieser wird oberhalb von $\sigma = 3$ instabil. Es tritt eine „Verzweigung" der Kurve auf; das System springt im stationären Zustand zwischen den beiden Ästen hin und her. Danach tritt eine neue Verzweigung auf, vier Äste stehen dem System im stationären Zustand zur Verfügung. Wir finden also den stationären Zustand mit der Periode 4 usw. Die entsprechende Sprechweise läßt sich fortsetzen bis zum Punkt σ_∞. Betrachten wir nun die Bereiche der Verzweigungen an jedem Punkt σ_n etwas näher. Vergrößern wir nämlich den Ausschnitt der Abb. 9.9 um einen bestimmten Faktor, dann sieht man, daß wir diesen Abschnitt über den der ersten Verzweigung legen können und eine verhältnismäßig gute Übereinstimmung der Bilder herstellen können (Abb. 9.11). Wir können dieses Verfahren fortsetzen und vergrößern das Bild der Verzweigung bei σ_3 um einen bestimmten Faktor und legen es über die bereits erhaltenen Bilder. Wir können so fortfahren. Die Beobachtung ist (Abb. 9.12), daß, je höher wir die Ordnung der Verzweigung wählen, desto perfekter die Übereinstimmung wird. Es zeigt sich

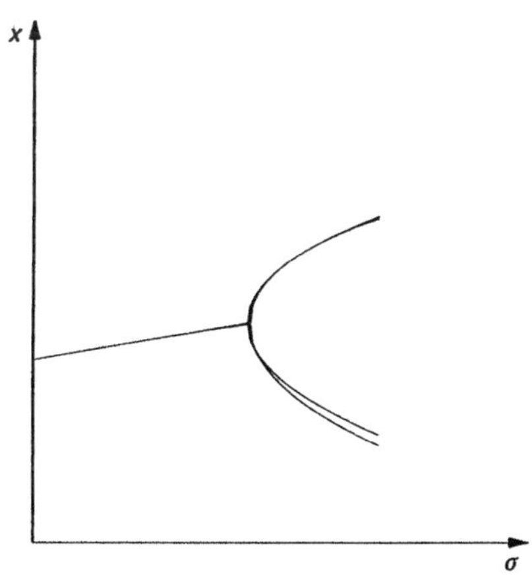

Abb. 9.11
Vergrößerung der in Abb. 9.9 hervorgehobenen Verzweigung, so daß sie näherungsweise über die erste Verzweigung paßt

dabei, daß der Faktor der Vergrößerung schließlich immer gleich gewählt werden kann!

Es handelt sich hierbei um ein so bemerkenswertes Resultat, daß man für diese Erscheinung einen eigenen Begriff geprägt hat: den Begriff der *Selbstähnlichkeit.* Das System verhält sich in jeder

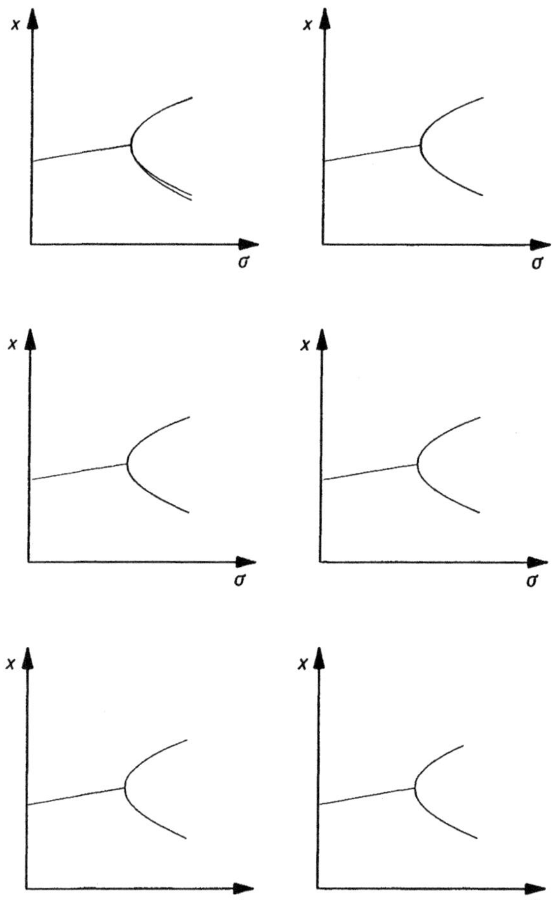

Abb. 9.12 Entsprechendes Verfahren wie bei Abb. 9.11 für höhere Verzweigungen. Mit der Zunahme der Ordnung *n* wird offenbar die Übereinstimmung immer besser.

Verzweigung zumindest lokal ähnlich wie in der vorherigen Verzweigung. (Wir erinnern daran, daß wir den Begriff der Ähnlichkeit in Abschnitt 6.3.4 präzise definiert haben.) Wir müssen unsere Beobachtung allerdings noch etwas genauer interpretieren. Die beobachtete Übereinstimmung ist ja bezüglich der ersten Verzweigung nicht ganz so perfekt wie sie es gegenüber den höheren Verzweigungen ist. Es gibt also keine präzise Selbstähnlichkeit bei den ersten Verzweigungen. Mathematisch gesehen heißt dies, daß perfekte Selbstähnlichkeit erst im Grenzfall $n \to \infty$ erreicht wird. Man spricht deshalb genauer von *asymptotischer Selbstähnlichkeit.*

Das zweite Beispiel eröffnet uns eine andere Sichtweise, von der her wir das System betrachten können. Beispielsweise können wir uns nämlich oberhalb der ersten Instabilität bei $\sigma = 3$ darauf beschränken, uns nur noch für jeden zweiten Zeitschritt zu interessieren

$$x_{N+2} = F(x_N, \sigma) . \tag{9-23}$$

Es bedeutet keinerlei Schwierigkeit, den Zusammenhang zwischen F und f herzustellen. Fassen wir dazu, wie wir das auch schon früher getan haben, f als eine Abbildung auf. Um zu F zu gelangen, müssen wir diese Abbildung einfach nur zweimal anwenden. Vereinbaren wir, diese zweimalige Anwendung als $f^{(2)}$ zu schreiben, dann erhalten wir

$$F(x) = f^{(2)}(x) = f(f(x)) . \tag{9-24}$$

Es lohnt sich, die Vorschrift (9-24) explizit darzustellen. Wir setzen dazu in einem ersten Schritt

$$y = f(x) = \sigma x(1-x) . \tag{9-25}$$

Wir können dann $f(f(x))$ schreiben als

$$f(f(x)) = f(y) = \sigma y(1-y) . \tag{9-26}$$

Im nächsten Schritt werden wir nun in (9-26) y nach (9-25) wieder durch x ausdrücken. Man erkennt unmittelbar, daß $f(f(x)) = f^{(2)}(x)$ ein Polynom vierten Grades ergibt. Zur Veranschaulichung haben wir $f^{(2)}$ in Abb. 9.13 dargestellt.

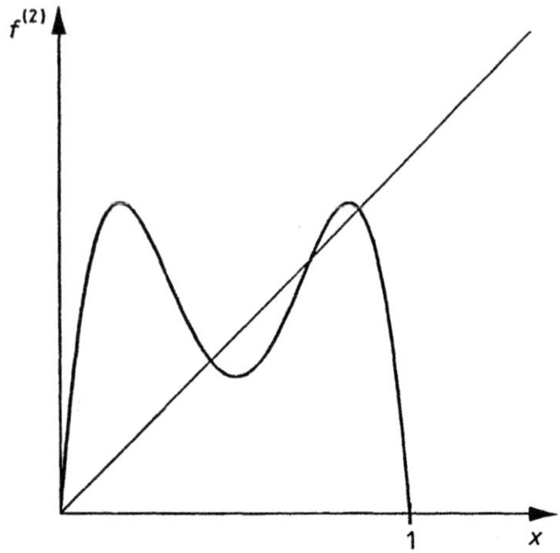

Abb. 9.13
Der Graph von $f^{(2)}(x)$

Das vorgelegte Konzept läßt sich sofort verallgemeinern. Interessieren wir uns für jeden n-ten Schritt ausschließlich, dann haben wir entsprechend zu bilden

$$f^{(n)} = f(f(f \ldots f(x)) \ldots) \,. \tag{9-27}$$

Man weist sofort elementare algebraische Regeln nach, die den Umgang mit diesen Abbildungen beträchtlich erleichtern. Beispielsweise gilt das Kompositionsgesetz für die Abbildungen f^n und f^m

$$f^{(n)} f^{(m)} = f^{(n+m)} \tag{9-28}$$

usw., wenn man in diesem Zusammenhang

$$f^{(0)}(x) = x \tag{9-29}$$

definiert.

Auch hier können wir nun die Selbstähnlichkeit (asymptotisch selbstverständlich) wiederentdecken. Dazu sind in den verschiedenen Graphen (Abb. 9.14), deren zugehörige Abbildung nach den oben formulierten Vereinbarungen bezeichnet sind, Kästchen markiert, die gerade, allerdings in jeweils anderem Maßstab, das Bild des ursprünglichen Graphen f (alternierend auf dem Kopf stehend) aufweisen (Abb. 9.15). Wieder können wir

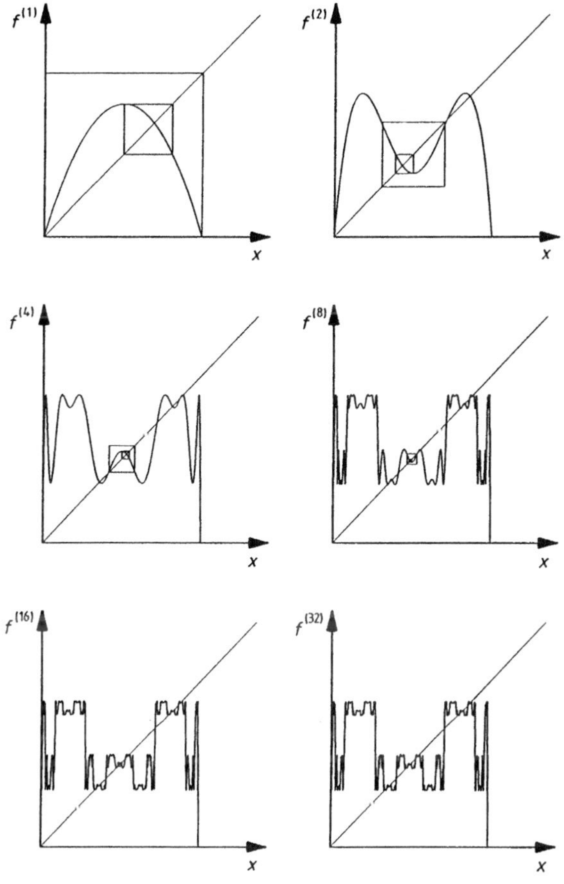

Abb. 9.14 $f^{(1)}$, $f^{(2)}, f^{(4)}, f^{(8)}$ und $f^{(32)}$ sind hier in Folge aufgezeichnet. Der jeweils angedeutete Ausschnitt wird wieder vergrößert und über den jeweils vorhergehenden gelegt. Abb. 9.15 zeigt das Resultat.

(asymptotisch) einen Vergrößerungsfaktor angeben, der diese Kästchen aufeinander abbildet.

Nachdem wir uns nun empirisch mit dem Phänomen der Selbstähnlichkeit vertraut gemacht haben, können wir den Versuch unternehmen, diese Erkenntnisse auch mathematisch etwas eingehender zu formulieren.

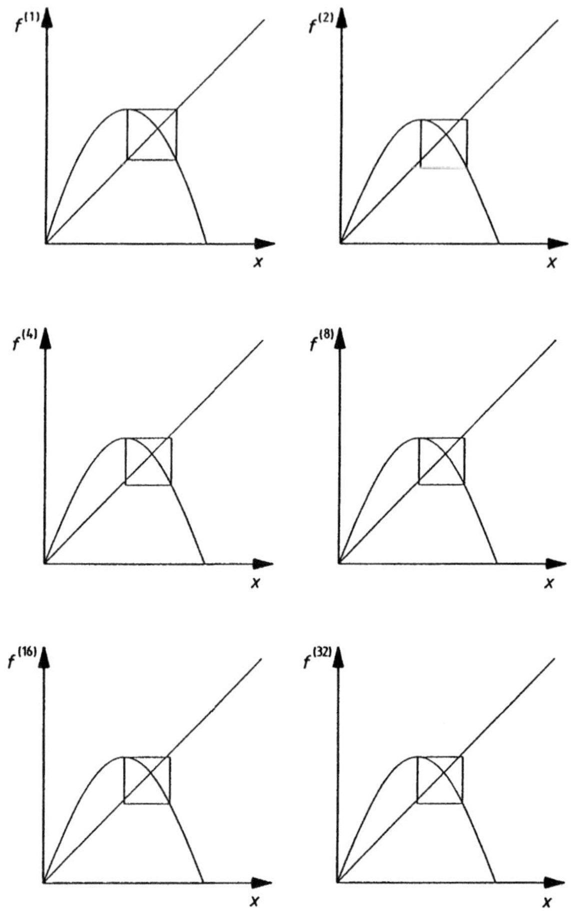

Abb. 9.15 Asymptotische Selbstähnlichkeit bei den in Abb. 9.14 hervorgehobenen Ausschnitten

*9.3.4. Zur mathematischen Formulierung der Selbstähnlichkeit im Fall der logistischen Abbildung

Die Eigenschaften von f haben wir bereits im vorhergehenden Abschnitt ausführlich diskutiert. Ähnlich lassen sich nun entsprechende Eigenschaften von $f^{(2)}, f^{(4)}, f^{(8)}$ usw. auffinden. Diese Tatsache läßt sich insbesondere auch der Abb. 9.14 entnehmen. Man kann sich beispielsweise leicht klar machen, daß, gesetzt den Fall, x^* ist Fixpunkt von f, x^* auch Fixpunkt von $f^{(2)}$ ist usw. Ferner bestätigt man mit ähnlich einfachen Überlegungen, daß, falls x_1^* und x_2^* zu dem Zyklus der Periode 2 von f gehören, jeweils x_1^* und x_2^* Fixpunkte von $f^{(2)}$ sind usw.

Unser Ziel besteht nun darin, die asymptotischen Ähnlichkeitsfaktoren zu bestimmen, die bei dem Vorgang der Periodenverdopplung in der logistischen Abbildung auffindbar sind, und sie zu charakterisieren. Wir halten dabei die Bemerkung in Erinnerung, daß diese Faktoren die Rolle universeller Größen übernehmen werden: Alle Systeme, die den Weg zum Chaos über die Periodenverdoppelung nehmen, werden dieselben Faktoren aufweisen: Es handelt sich also um Größen von *universeller* Bedeutung, die diesem Phänomen der Periodenverdopplung, hier für einen Spezialfall betrachtet, zugeordnet werden können.

Natürlich müssen wir, um unsere Vorhaben erfolgreich durchführen zu können, in der Abbildung gewisse Gebiete auszeichnen, gegenüber denen wir die Ähnlichkeitstransformation durchführen können. Ein Punkt, der für unsere Abbildung von besonders hervorgehobener Bedeutung ist, ist offenbar das Maximum der Kurve $f(x)$. Eine kleine Rechnung, wie man sie von der elementaren Kurvendiskussion her kennt, erweist für den Ort des Maximums x_{max}

$$x_{max} = \frac{1}{2}. \tag{9-30}$$

Wir haben damit einen Punkt entdeckt, der sich ganz entsprechend wieder für $f^{(2)}$ auffinden läßt (vgl. Abb. 9.16). Dieses läßt sich fortsetzen (vgl. die Abb. 9.17). Dieser Punkt gewinnt nun für uns ganz besondere Bedeutung, wenn beispielsweise unsere stationäre periodische Lösung der Periode 2 gerade durch ihn

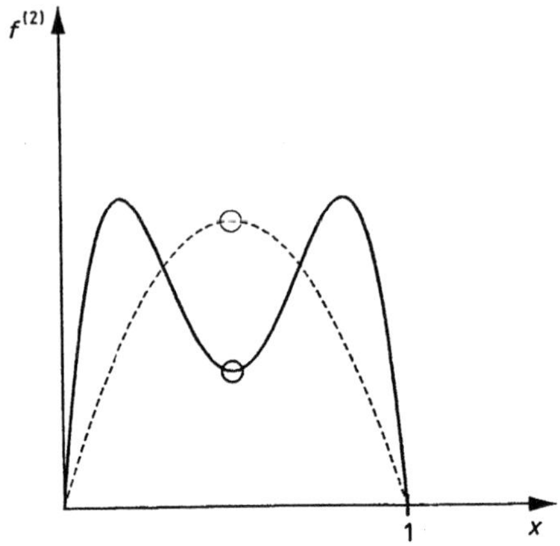

Abb. 9.16
Der dem Maximum von f entsprechende Punkt in $f^{(2)}$

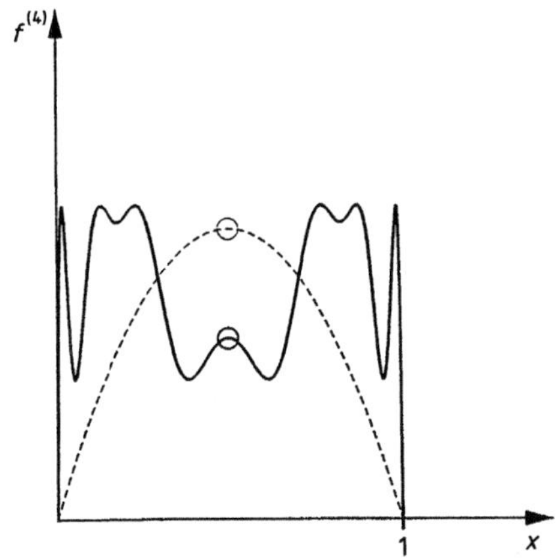

Abb. 9.17
Der dem Maximum von f entsprechende Punkt in $f^{(4)}$

hindurchgeht: Er wird zu einem markanten Meßpunkt, von dem aus wir die angekündigten Ähnlichkeitsbetrachtungen vornehmen können.

Es bereitet keinerlei Schwierigkeit, das Auftreten dieses Zykels in f nachzuweisen. Wie man beispielsweise durch direktes Einsetzen nachvollziehen kann, tritt ein Zyklus der Periode 2 durch das Maximum bei 1/2 gerade dann auf, wenn $\sigma_1 = 1 + \sqrt{5}$.

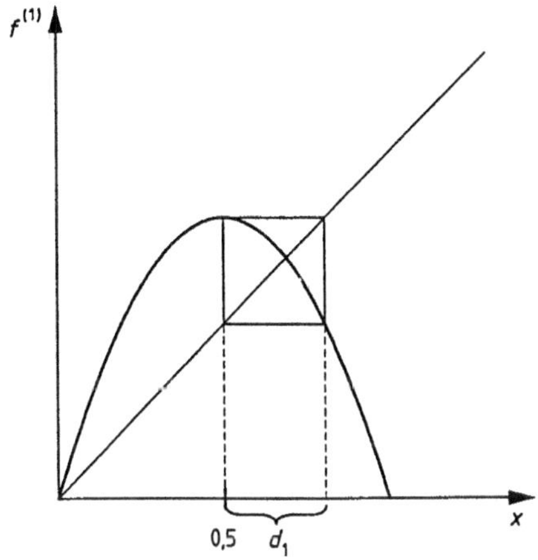

Abb. 9.18
Der Zyklus der Periode 2 geht genau durch das Maximum von f. d_1 bezeichnet den Abstand des zweiten Punktes des periodischen Attraktors vom Maximum.

Den Abstand zum anderen Punkt dieses Zykels ermittelt man ebenso leicht (vgl. Abb. 9.18 und Formel (9-9)). Der eine Punkt des Zykels liegt voraussetzungsgemäß bei $x = 1/2$ der zweite dann bei $f(x = 1/2, \sigma = \sigma_1)$. Bezeichnen wir diesen Abstand mit d_1, dann ist

$$d_1 = f\left(x = \frac{1}{2}, \sigma = \sigma_1\right) - \frac{1}{2} \tag{9-31}$$

oder kürzer

$$d_1 = f\left(\frac{1}{2}, \sigma_1\right) - \frac{1}{2}. \tag{9-32}$$

Man sieht übrigens, daß man durch eine einfache Variablentransformation (Verschiebung des Koordinatensystems), die das Maximum von f in den Ursprung verlegt, d_1 einfacher darstellen kann. Führen wir nämlich die neue Variable

$$x' = x - \frac{1}{2} \tag{9-33}$$

ein, dann läßt sich (9 32) in dieser neuen Variablen folgendermaßen anschreiben:

$$d_1 = f(0, \sigma_1)\,. \tag{9-34}$$

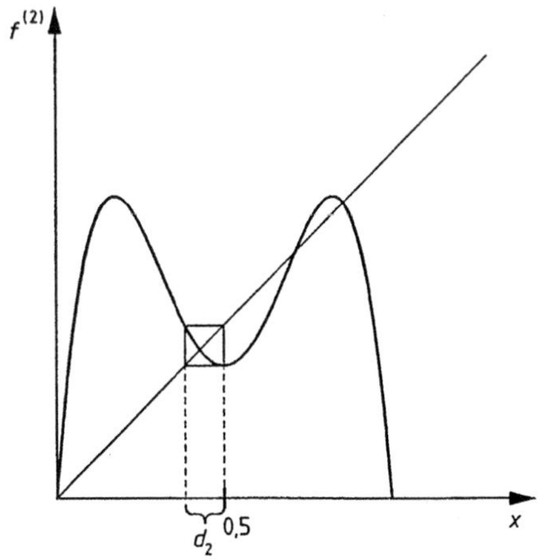

Abb. 9.19
Entsprechende periodische Lösung zu Abb. 9.18 jetzt für $f^{(2)}$

Den entsprechenden Zykel kann man nun im Graphen für $f^{(2)}$ bei einem bestimmten Parameterwert σ_2 wieder identifizieren (Abb. 9.19). Geht man zu f selbst zurück, dann ist dieser Zykel ein Viererzykel, denn nach unseren Regeln (9-28) ist

$$f^{(2)}\, f^{(2)} = f^{(2+2)} = f^{(4)} . \tag{9-35}$$

Das ursprüngliche Maximum geht bei der Bildung von $f^{(2)}$ über in ein Minimum bei $x_{\min} = 1/2$, dessen Lage $x_{\min}$ (vgl. Abb. 9.16), wie die des schon zuvor betrachteten Maximums $x_{\max}$ von f, unabhängig von σ ist. In dem eingezeichneten Graphen finden wir für das entsprechende d_2:

$$d_2 = f^{(2)}\left(\frac{1}{2}, \sigma_2\right) - \frac{1}{2} . \tag{9-36}$$

Eine einfache Verschiebung der Variablen wie oben in Gleichung (9-33) führt wieder zu einer einfacheren Darstellung von (9-36):

$$d_2 = f^{(2)}\,(0, \sigma_2) . \tag{9-37}$$

In dieser vorgezeichneten Weise kann man nun fortfahren: Abb. 9.20 zeigt das Ergebnis noch für $f^{(4)}$. Für den zugeordneten

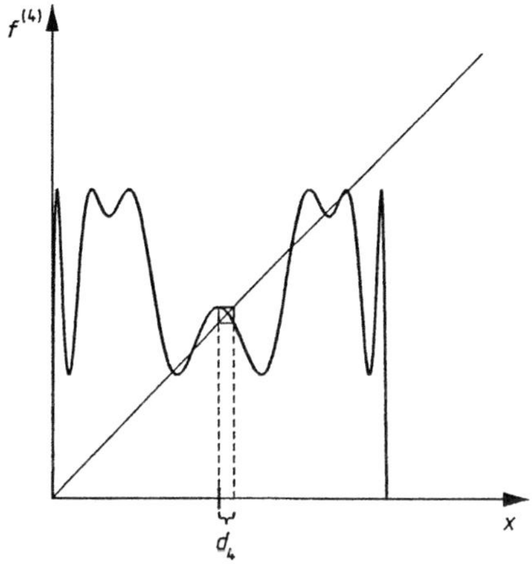

Abb. 9.20
Zyklus durch das Maximum bei 1/2 für $f^{(4)}$

Abstand d_3 ergibt sich in der wieder nach (9-33) verschobenen Variablen:

$$d_3 = f^{(4)}\,(0, \sigma_3)\,, \tag{9-38}$$

wenn σ_3 den Parameterwert bezeichnet, bei dem der Zykel durch das eingezeichnete Maximum geht.

Die gewonnenen Formeln (9-34), (9-37), (9-38) lassen sich unschwer verallgemeinern. Den Abstand d_n bestimmt man in der Abbildung $f^{(2^n-1)}$. Er läßt sich in der verschobenen Koordinate x' schreiben als

$$d_n = f^{(2^n-1)}\,(0, \sigma_n)\,. \tag{9-39}$$

(Es ist durchaus lohnenswert, nachzuprüfen, daß die behandelten Fälle (9-34), (9-37), (9-38) tatsächlich in dem allgemeinen Ausdruck (9-39) enthalten sind.) Wir sind auf der Suche nach einem sich asymptotisch einstellenden Vergrößerungsfaktor α dieser Abstände, mit dem der nachfolgende Abstand multipliziert werden muß, um den ursprünglichen wieder zu erhalten. Dabei müssen wir natürlich zusätzlich berücksichtigen, daß sich bei jedem Schritt das Vorzeichen der Abstände ändert. Die Einführung eines negativen Vorzeichens kann diesen Effekt aufnehmen.

Wir können also, wenn wir den Vergrößerungsfaktor vom $(n+1)$-ten Schritt zum n-ten Schritt zurück mit α_n bezeichnen, die folgende Formel anschreiben

$$\frac{d_n}{d_{n+1}} = -\alpha_n . \tag{9-40}$$

Anhand von (9-40) können wir nun präzise klar machen, was wir unter asymptotischer Ähnlichkeit verstehen wollen. Existiert nämlich der Grenzwert α, der folgendermaßen definiert wird

$$\alpha = \lim_{n\to\infty} \alpha_n , \tag{9-41}$$

dann können wir die betrachtete Folge von Zyklen als asymptotisch selbstähnlich bezeichnen. Man kann sich von seiner Existenz qualitativ anhand der gezeigten Abbildungen überzeugen. Aber auch analytisch läßt sich seine Existenz verfolgen. Unser Verfahren besteht im n-ten Schritt nun darin, den betrachteten Zykel der allgemeinen Abbildung $f^{(2^n)}$ in der dann nachfolgenden Abbildung

$$f^{(2^n)} f^{(2^n)} = f^{(2^n + 2^n)} = f^{(2^{n+1})} \tag{9-42}$$

nach entsprechender Veränderung des Kontrollparameters σ wieder aufzufinden. Schreiben wir Gleichung (9-42) für den uns interessierenden Punkt (im verschobenen Koordinatensystem $x' = 0$ an, dann erhalten wir

$$f^{(2^n)} f^{(2^n)} (0) = f^{(2^n)} (f^{(2^n)} (0)) . \tag{9-43}$$

Mit der Schreibweise (9-43) können wir nun (9-40) unter Verwendung von (9-39) folgendermaßen umschreiben

$$d_n = -\alpha_n d_{n+1}$$

oder

$$f^{(2^{n-1})} (0, \sigma_n) = -\alpha_n f^{(2^{n-1})} (f^{(2^{n-1})} (0, \sigma_{n+1}), \sigma_{n+1}) . \tag{9-44}$$

Bilden wir nun in (9-44) den Grenzübergang $n \to \infty$ und vereinbaren die folgende Abkürzung

$$g(0) = \lim_{n\to\infty} f^{(2^{n-1})} (0, \sigma_n) , \tag{9-45}$$

dann erhalten wir zusammen mit der Definition von α in (9-41) aus (9-44)

$$g(0) = -\alpha g(g(0)) . \tag{9-46}$$

Man kann nun diese Gleichung als eine Bestimmungsgleichung für eine Funktion g auffassen, die am Ort $x' = 0$ den Wert $g(0)$ annimmt. Tatsächlich stellt sich heraus, daß man (9-46) noch erheblich erweitern kann, so daß diese Gleichung den gesamten Funktionsverlauf von g bestimmt. In der Tat wird aus unseren Abbildungen sofort klar, daß $|\alpha| > 0$ gilt. Jeder nächst höhere Zyklus findet nun auf einem Maßstab $x/|\alpha|$ statt. Mit wachsendem n konvergiert dieser gegen Null. Aus diesem Grunde können wir schreiben

$$g(x) = -\alpha g\left(g\left(-\frac{x}{\alpha}\right)\right). \tag{9-47}$$

Diese Gleichung enthält offenbar den von uns hergeleiteten Spezialfall (9-46). (Wir haben hier und im folgenden x' einfach durch x abgekürzt, um die Schreibweise zu vereinfachen.)

Wir wollen den Versuch unternehmen, die Gleichung (9-47) wenigstens näherungsweise analytisch zu lösen. Aufgrund der schnellen Konvergenz der Ähnlichkeit der Bildausschnitte, die wir oben „experimentell" gefunden haben, erwartet man, daß bereits ein einfaches Polynom als Ansatz für $g(x)$ das Gewünschte leistet. Um ein möglichst einfaches Polynom angeben zu können, müssen wir uns nur daran erinnern, daß wir das vorgelegte System immer nur in der Umgebung seines Extremwertes bei $x = 0$ untersucht haben. Wir setzen dort $g(0) = 1$. Andererseits müssen wir die Eigenschaften eines Extremwertes mit in Betracht ziehen, die besagen, daß dort zumindest die erste Ableitung der Funktion verschwinden sollte. Das einfachste Polynom, das beide Forderungen erfüllt, hat die Form

$$g(x) = 1 - ax^2 + \ldots . \tag{9-48}$$

Die linke Seite in (9-47) ergibt mit dem Ansatz (9-48)

$$\text{linke Seite} = 1 - ax^2 . \tag{9-49}$$

Die rechte Seite ermitteln wir in zwei Schritten. Wenn wir entsprechend der früheren Verfahrensweise (vgl. Abschnitt 9.3.3) vorgehen, dann müssen wir zunächst eine neue Variable einführen: Wir schreiben

$$z = g\left(-\frac{x}{\alpha}\right). \tag{9-50}$$

Damit wird aus der rechten Seite von (9-47)

$$-\alpha g\left(g\left(-\frac{x}{\alpha}\right)\right) = -\alpha g(z) = -\alpha(1 - a z^2). \tag{9-51}$$

Setzen wir nun z aus (9-50) ein, dann ergibt sich

$$\text{rechte Seite (9-47)} = -\alpha\left(1 - a g^2\left(-\frac{x}{\alpha}\right)\right). \tag{9-52}$$

$g(-x/\alpha)$ können wir nun wieder durch den Ansatz (9-48) ausdrücken. Offenbar ist

$$g\left(-\frac{x}{\alpha}\right) = 1 - a\left(\frac{x}{\alpha}\right)^2. \tag{9-53}$$

Eingesetzt in (9-52) ergibt sich

$$\text{rechte Seite (9-47)} = -\alpha\left(1 - a\left(1 - a\left(\frac{x}{\alpha}\right)^2\right)^2\right). \tag{9-54}$$

Wir multiplizieren (9-54) aus, wobei wir vereinbaren (vgl. auch (9-49)), nur Glieder bis zur Ordnung x^2 zu berücksichtigen, und erhalten

$$\text{rechte Seite} = \alpha(a - 1) - \frac{2 a^2 x^2}{\alpha}. \tag{9-55}$$

Setzen wir die linke Seite (9-49) mit dem Ausdruck für die rechte Seite (9-55) gleich, dann erhalten wir

$$1 - a x^2 = \alpha(a - 1) - \frac{2 a^2 x^2}{\alpha}. \tag{9-56}$$

Vergleichen wir nun Koeffizienten gleicher Potenzen von x in (9-56) (die Gleichung muß ja für jede Potenz für sich erfüllt sein), dann erhalten wir zwei Gleichungen. Die eine ergibt sich für Glieder bei der Potenz x^0

$$1 = -\alpha(1 - a) \tag{9-57}$$

und die Koeffizienten bei x^2

$$a = \frac{2\,a^2}{\alpha}. \qquad (9\text{-}58)$$

Es handelt sich um zwei Gleichungen für die beiden Unbekannten a und α. Aus der zweiten Gleichung ergibt sich sofort

$$a = \frac{\alpha}{2}. \qquad (9\text{-}59)$$

Setzen wir dieses Ergebnis in (9-57) ein, dann erhalten wir eine quadratische Gleichung für α, deren positive Wurzel den Wert hat

$$\alpha = 1 + \sqrt{3} \cong 2{,}7\,. \qquad (9\text{-}60)$$

Wir haben hier nur eine grobe Näherung für die Bestimmung von α angegeben. Trotzdem ist daraus klar geworden, wie das Verfahren weiter fortzusetzen ist, um α immer genauer zu bestimmen. Wir werden dieses hier jedoch nicht übernehmen und im Detail fortsetzen. Es kam uns darauf an, die prinzipielle Möglichkeit aufzuzeigen, die asymptotischen Ähnlichkeitsfaktoren zu bestimmen. Immerhin haben wir einen der universellen Faktoren der logistischen Gleichung (9-9) damit näherungsweise bestimmt. Eine weiter vorangetriebene Rechnung liefert für α den genaueren Wert

$$\alpha = 2{,}502\,907\,875\,\ldots\,. \qquad (9\text{-}61)$$

Unsere Darstellung hat von den expliziten Werten des Parameters σ abgesehen. Aber auch für die Folge der kritischen Werte σ_n läßt sich, wie wir noch sehen werden, entsprechendes Verhalten nachweisen.

*9.3.5 Die Feigenbaumkonstante δ

Bei unseren bisherigen Überlegungen haben wir den Kontrollparameter σ völlig außer acht gelassen (wir werden das im folgenden noch genauer rechtfertigen, indem wir die Bedingung so zu verfahren, angeben). Sein Wert war fest fixiert durch unsere Forderung, daß der jeweils betrachtete Zyklus durch den von uns festgelegten Extremwert hindurchgehen sollte (vgl. Abb. 9.18). Seinem expliziten Wert kam dabei keinerlei Bedeutung zu. Im folgenden wollen wir jedoch eine gegenüber (9-47) weitere wichtige Verallgemeinerung vornehmen, die den Wert des Kontrollparameters σ explizit berücksichtigt. Leiten soll uns bei unseren Überlegungen das experimentell erhaltene Resultat der Abb. 9.12. Selbstähnlichkeit besteht danach auch in der Umgebung der Verzweigungspunkte, die wir (ganz in Analogie zum vorigen Abschnitt, wo wir das Maximum des Graphen von f hervorhoben) als ausgezeichnete Punkte auffassen können (vgl. Abb. 9.16). Wir werden versuchen, die Selbstähnlichkeit durch das Verhältnis der Längen der Stabilitätsgebiete im Parameterraum, die aufeinanderfolgende Lösungen besitzen (vgl. Abb. 9.9), auszudrücken.

Numerieren wir also zunächst die Parameterwerte an den Verzweigungspunkten durch (vgl. Abb. 9.9): $\sigma = \Sigma_i$ bedeutet jetzt den i-ten Verzweigungspunkt ($i = 1, 2, 3, \ldots$), den wir mit einem anderen Buchstaben belegt haben, um ihn gegenüber den Überlegungen des vorhergehenden Abschnitts abzusetzen. Um Selbstähnlichkeit in der Umgebung dieser Verzweigungspunkte aufzufinden, ist es zunächst zweckmäßig, geeignete Größen einzuführen. Bezeichnen wir das Parameterintervall zwischen dem i-ten und dem $(i + 1)$-ten Verzweigungspunkt mit Δ_i, dann können wir jeden Punkt dieses Bereichs auf unserer Parameterachse leicht folgendermaßen festlegen (vgl. Abb. 9.21):

$$\sigma = \Sigma_i + p_i \Delta_i \, . \tag{9-62}$$

Natürlich darf p_i den Wert 1 nicht überschreiten, wenn (9-62) innerhalb des Parameterintervalls bis zur nächsten Instabilität liegen soll ($0 < p_i < 1$!) Betrachten wir nun das nächste Intervall $i + 1$ und schreiben (9-62) für diesen Fall. Dazu haben wir nur den Index i durch den Index $i + 1$ zu ersetzen:

$$\sigma = \Sigma_{i+1} + p_{i+1} \Delta_{i+1} \, . \tag{9-63}$$

Drücken wir nun Σ_{i+1} in (9-63) durch (9-62) aus, dann erhalten wir

$$\sigma = \Sigma_i + \Delta_i + p_{i+1} \Delta_{i+1} \, . \tag{9-64}$$

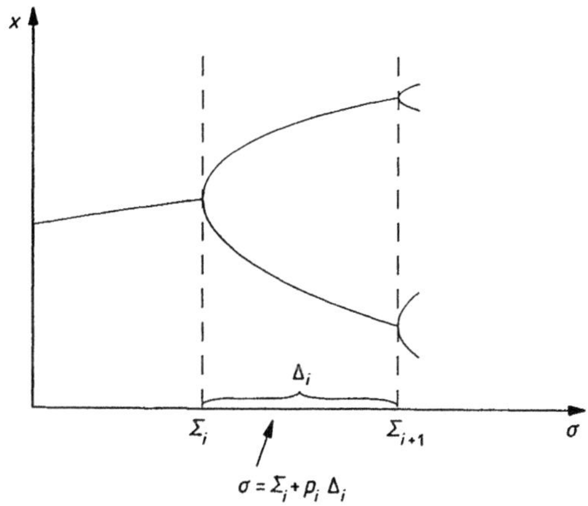

Abb. 9.21 Festlegung der Parameterwerte σ im Intervall zwischen der i-ten und der $(i + 1)$-ten Instabilität. Es ist $0 < p_i < 1$

Wir können jetzt das Verhältnis δ_i der Längen im Parameterbereich, in denen die i-te und die $(i + 1)$-te Lösung stabil sind, folgendermaßen festlegen:

$$\delta_i = \frac{\Delta_i}{\Delta_{i+1}}. \tag{9-65}$$

Selbstähnlichkeit festzustellen, beruht nach unseren bisherigen Erfahrungen darauf, Eigenschaften des vorangegangenen Intervalls im gerade betrachteten wieder aufzufinden. Auf diesem Weg bildete das Einsetzen von (9-62) in (9-63) einen wichtigen Schritt, der zur Formel (9-64) führte. Wir werden jetzt die Definition von δ (vgl. (9-65)) benützen, um (9-64) anders zu schreiben:

$$\begin{aligned}\sigma &= \Sigma_i + \Delta_i + \frac{p_{i+1}}{\delta_i} \cdot \Delta_i \\ &= \Sigma_i + \Delta_i \left(1 + \frac{p_{i+1}}{\delta_i}\right).\end{aligned} \tag{9-66}$$

Nun wird die in (9-47) formulierte Gleichung erweiterbar. Dazu nehmen wir die Parameterabhängigkeit von f explizit in die Gleichung (9-44) auf. Um möglichst einfach vorgehen zu können, wählen wir p für jeden Schritt gleich:

$$p_i = p \,, \tag{9-67}$$

unabhängig vom Index i. (Strenggenommen ist diese Ersetzung (9-67) natürlich nur im asymptotischen Grenzfall erlaubt. Da wir uns aber gerade für diesen interessieren, bedeutet diese Festlegung keine Einschränkung.) Gleichung (9-44) nimmt jetzt die allgemeinere Form an

$$f^{(2^{n-1})}(x, \Sigma_n + p\,\Delta_n) \approx -\alpha_n f^{(2^{n-1})}\left\{ f^{(2^{n-1})}\left[-\frac{x}{\alpha}, \Sigma_n + \Delta_n \left(1 + \frac{p}{\delta_n} \right) \right] \right\}. \tag{9-68}$$

Verwendet haben wir zur Herleitung dieses Resultats (9-68) die Formel (9-66), um die explizite Parameterabhängigkeit auszudrücken (der Übersichtlichkeit wegen ist sie auf der rechten Seite nur einmal aufgeführt).

Im Grenzfall $n \to \infty$ wird selbstverständlich wieder $\alpha_n \to \alpha$ gehen. Ganz entsprechendes erwarten wir von δ_n

$$\lim_{n \to \infty} \delta_n = \delta \,. \tag{9-69}$$

Die Gleichung für die Grenzfunktion g (vgl. (9-47)) nimmt nun mit der Definition

$$g_p(x) = \lim_{n \to \infty} f^{(2^{n-1})}(x, \Sigma_n + p\,\Delta_n)$$

die gegenüber (9-47) erweiterte Gestalt

$$g_p(x) = -\alpha\, g_{1+p/\delta}\left(g_{1+p/\delta}\left(-\frac{x}{\alpha} \right) \right) \tag{9-70}$$

an. Unsere ursprüngliche Gleichung (9-47) erhalten wir offenbar genau dann zurück, wenn

$$p^* = 1 + p^*/\delta \,, \tag{9-71}$$

wobei wir mit p^* genau denjenigen Wert von p bezeichnet haben, der Gleichung (9-71) erfüllt. (9-71) bestimmt die Voraussetzung, unter der unsere früheren Untersuchungen in Abschnitt 9.3.4 Gültigkeit haben.

Wir untersuchen nun das Verhalten unserer Grenzfunktion g, wenn p etwas von diesem jetzt festgelegten Wert (9-71) abweicht. Dazu werden wir uns damit begnügen, nur kleine Abweichungen zuzulassen. Wir schreiben dementsprechend

$$g_p(x) = g_{p^* + \Delta p} = g_{p^*}(x) + h(x)\Delta p \,, \tag{9-72}$$

wobei

$$\Delta p = p - p^* \,. \tag{9-73}$$

Der Ansatz (9-72) führt aber sofort zu Konsequenzen. Gleichung (9-70) muß ja erfüllt sein! Die Folgerungen, die wir ziehen können, beruhen also darin, (9-72) in Gleichung (9-70) einzusetzen. Tun wir das, dann ist das Resultat für die linke Seite bereits festgelegt und wird durch (9-72) angegeben. Die rechte Seite dieser Gleichung auszurechnen bereitet etwas mehr Mühe, und wir werden dies deshalb in mehreren Einzelschritten vornehmen.

Zunächst haben wir dazu die Behandlung von $g_{1+p/\delta}$ zu überdenken. Wir haben dazu die folgenden Rechenschritte nachzuvollziehen, bei denen wir der Einfachheit wegen das Argument x zunächst weglassen: Nahe p^* ist

$$g_{1+p/\delta} = g_{1+p^*/\delta + \Delta p/\delta} \tag{9-74}$$

und wegen (9-73) und (9-71)

$$g_{1+p/\delta} = g_{p^* + \Delta p/\delta} \tag{9-75}$$

oder abgekürzt und auf kleine Abweichungen nur bemessen (vgl. (9-72))

$$g_{1+p/\delta} = g_{p^*} + \frac{\Delta p}{\delta} h \,. \tag{9-76}$$

Die rechte Seite R von Gleichung (9-70) können wir unter Anwendung von (9-76) auf die „innere“ Funktion g folgendermaßen anschreiben:

$$R = -\alpha g_{p^* + \Delta p/\delta}\left[g_{p^*}\left(-\frac{x}{\alpha}\right) + \left(\frac{\Delta p}{\delta}\right) h\left(-\frac{x}{\alpha}\right)\right]. \tag{9-77}$$

In einem nächsten Schritt wenden wir (9-76) auch auf das „äußere“ g in (9-77) an und erhalten

$$R = -\alpha g_{p*}\left[g_{p*}\left(-\frac{x}{\alpha}\right) + \left(\frac{\Delta p}{\delta}\right) h\left(-\frac{x}{\alpha}\right)\right]$$
$$-\alpha\left(\frac{\Delta p}{\delta}\right) h\left[g_{p*}\left(-\frac{x}{\alpha}\right) + \left(\frac{\Delta p}{\delta}\right) h\left(-\frac{x}{\alpha}\right)\right]. \quad (9\text{-}78)$$

Interessiert sind wir an Gliedern bis höchstens erster Ordnung in h. Betrachten wir unter diesem Aspekt die zweite Zeile in (9-78), dann sehen wir, daß wir im Argument der Funktion h den Anteil $\propto h(-x/a)$ weglassen können. In der ersten Zeile entwickeln wir das Argument bis zu linearen Gliedern in h nach einer allgemeinen Methode (die übrigens auch direkt zur Definition des Differentials herangezogen werden kann) nämlich

$$g(x+h) = g(x) + \frac{dg(x)}{dx} h \quad (9\text{-}79)$$

(und $dg(x)/dx = g'(x)$). Mit diesen Näherungen ergibt sich

$$R = -\alpha g_{p*}\left[g_{p*}\left(-\frac{x}{\alpha}\right)\right] - \alpha g'_{p*}\frac{\Delta p}{\delta} h\left[g_{p*}\left(-\frac{x}{\alpha}\right)\right] - \alpha\frac{\Delta p}{\delta} h\left[g_{p*}\left(-\frac{x}{\alpha}\right)\right]. \quad (9\text{-}80)$$

Setzen wir unsere Resultate in (9-70) ein, dann finden wir

$$\underline{g(x)} + h(x)\Delta p = \underline{-\alpha g\left[g\left(-\frac{x}{\alpha}\right)\right]} - \alpha g'\left[g\left(-\frac{x}{\alpha}\right)\right]\frac{\Delta p}{\delta} h\left[-\left(\frac{x}{\alpha}\right)\right]$$
$$-\frac{\alpha}{\delta}\Delta p\, h\left[g\left(-\frac{x}{\alpha}\right)\right]. \quad (9\text{-}81)$$

Dabei haben wir zur übersichtlicheren Schreibweise das Argument p^* bei g weggelassen. Die unterstrichenen Glieder auf der linken und der rechten Seite von (9-81) heben sich wegen des Bestehens der Relation (9-70) und wegen $p = p^*$ weg. Endgültig erhalten wir also

$$\Delta p\, h(x) = -\alpha g'\left[g\left(-\frac{x}{\alpha}\right)\right]\frac{\Delta p}{\delta} h\left(-\frac{x}{\alpha}\right) - \frac{\alpha}{\delta}\Delta p\, h\left[g\left(-\frac{x}{\alpha}\right)\right]. \quad (9\text{-}82)$$

Wir werden nun wieder versuchen, $h(x)$ näherungsweise durch eine Reihenentwicklung zu bestimmen. Da, wie wir bereits gesehen haben, g die Symmetrie

$$g(x) = g(-x) \tag{9-83}$$

besitzt, werden wir später dieselbe Annahme für h machen. Zunächst können wir noch die erhaltene Gleichung (9-82) durch Δp dividieren. Das Resultat besteht dann in einer Gleichung für $h(x)$, denn sowohl $g(x)$ als auch α kennen wir bereits (zumindest näherungsweise). Wir schreiben sie an:

$$h(x) + \frac{\alpha}{\delta} g'\left[g\left(-\frac{x}{\alpha}\right)\right] h\left(-\frac{x}{\alpha}\right) + \frac{\alpha}{\delta} h\left[g\left(-\frac{x}{\alpha}\right)\right] = 0\,. \tag{9-84}$$

Unsere Aufgabe besteht also darin, Gleichung (9-84) zu lösen und dabei δ und $h(x)$ zu bestimmen. Genauso wie in Abschnitt 9.3.4 können wir nun den Versuch unternehmen, ein Näherungsverfahren zu entwickeln, um $h(x)$ und δ auszurechnen. Dazu verwenden wir unsere bereits in 9.3.4 bestimmte Lösung für $g(x)$

$$g(x) = 1 - \frac{\alpha}{2} x^2\,. \tag{9-85}$$

Aus den besprochenen Symmetriegründen (vgl. (9-83)) nähern wir $h(x)$ in der folgenden Weise

$$h(x) = b + c x^2\,, \tag{9-86}$$

wobei die Konstanten b und c durch die Gleichung (9-84) zu bestimmen sind. Wir setzen also diesen Ansatz (9-86) in unsere Gleichung (9-84) ein. Eine einfache Rechnung führt zu dem folgenden Ergebnis:

$$\frac{\delta}{\alpha}(b + c x^2 \alpha^2) - \alpha\left(1 - \frac{\alpha}{2} x^2\right)(b + c x^2) + \left[b + c\left(1 - \frac{\alpha}{2} x^2\right)^2\right] = 0\,. \tag{9-87}$$

Wieder gilt es, die verschiedenen Glieder bei verschiedenen Potenzen von x zu vergleichen. Wir wollen diese einfachen Rechnungen hier jedoch nicht durchführen, sondern sie nur in

Worten beschreiben und die Ergebnisse zusammenstellen. Offenbar liefert der Vergleich verschiedener Potenzen in (9-87) genau drei Gleichungen für *b*, *c* und δ. Daraus können wir eine Gleichung für δ herleiten. Setzen wir $\alpha \approx 2{,}5$, dann erhalten wir für $\delta \approx 4{,}9$. Uns sollte es hier hauptsächlich darum gehen, das Vorgehen bei asymptotisch vorhandener Selbstähnlichkeit zur Berechnung der universellen Konstanten δ vorzustellen. Eine genauere Approximation der Feigenbaumkonstanten δ ergibt

$$\delta = 4{,}669\,201\,6\ldots \qquad (9\text{-}88)$$

Ihre Interpretation wird durch die Gleichung (9-65) festgelegt, an die wir an dieser Stelle noch einmal erinnern wollen.

9.3.6 Abschließende Bemerkungen

Am Beispiel haben wir in den vergangenen Abschnitten versucht, einen Einblick in die Problematik der Selbstähnlichkeit und manche ihrer Konsequenzen gegeben. Wir möchten nicht versäumen, darauf hinzuweisen, daß das Phänomen der Selbstähnlichkeit nicht nur auf chaotische und turbulente Erscheinungen beschränkt ist. Es spielt auch eine besondere Rolle bei unserem Verständnis von kontinuierlichen Phasenübergängen (als Beispiel haben wir den des Ferromagneten in Abschnitt 4.7 besprochen), deren Theorie erst in den letzten Jahrzehnten befriedigend formuliert werden konnte und zwar aufgrund verwandter Selbstähnlichkeitsüberlegungen.

Selbstverständlich haben wir nicht alle Erscheinungen, die mit der logistischen Gleichung zusammenhängen, diskutieren können. So findet man beispielsweise auch Selbstähnlichkeit im chaotischen Bereich. Nicht diskutiert haben wir die sogenannten periodischen Fenster, die unschwer in Abb. 9.10 identifizierbar sind und die sich mit den chaotischen Bereichen abwechseln. Schließlich bleibt noch zu erwähnen, daß man dieses Modell auch bei Anwesenheit von Schwankungen, die zu einem zusätzlichen Glied in der Ausgangsgleichung (9-9) führen, untersuchen kann.

9.4 Andere Wege zum Chaos

Den allgemein bekanntesten Weg ins Chaos, den ein System einschlagen kann, haben wir am Beispiel der logistischen Gleichung (9-9) ausführlich diskutiert. Der Grund liegt auf der Hand: Es wurde versucht und erwies sich als möglich, am einfachst denkbaren System diesen Übergang zu demonstrieren. Darauf, daß dieses System paradigmatische Bedeutung gewinnt als ein möglicher universeller Weg zum Chaos, haben wir ebenfalls hingewiesen. All dies rechtfertigte diese ausführliche (wenn auch nicht erschöpfende) Diskussion dieser Gleichung.

Andere Wege ins Chaos, erst in den letzten Jahrzehnten entdeckt, die von ähnlicher Bedeutung sind wie die Periodenverdopplung, sind vorgeschlagen worden. Wir wollen die wichtigsten kurz und – soweit möglich – in ihrer historischen Reihenfolge erwähnen.

9.4.1 Das Lorenzmodell

Der amerikanische Metereologe E. N. Lorenz hat bei der Analyse der Genauigkeit von Wettervorhersagen an einem vereinfachten Modellsystem von Gleichungen zum Bénardproblem entdeckt, daß unvorhersagbares Verhalten bereits bei solch drastisch reduzierten Modellsystemen auftreten kann. Sie sind einfach in dem Sinne, daß bereits wenige Variable ausreichen, wenn sie nur geeignet miteinander wechselwirken, um unvorhersagbares Verhalten zu erzeugen. Beim Lorenzmodell handelt es sich um ein zeitlich kontinuierliches System, das durch drei Variable – oder in unserer Terminologie Ordnungsparameter – charakterisiert werden kann, die auf eine spezielle Art miteinander in Wechselwirkung stehen. Die Bedingungen, unter denen die Lorenzinstabilität, die zu derartigem chaotischen Verhalten führt, auftritt, sind für das Bénardproblem allerdings äußerst unrealistisch, so daß dort die Aussagen des Modells kaum je auch experimentell untersucht werden können. Haken hat nun festgestellt, daß die Gleichungen des Einmodenlasers auf das Modell von Lorenz abgebildet werden können. Beim Einmodenlaser sind aber die Bedingungen, unter denen die Gleichungen zutreffen, auch experimentell realisierbar. Wir schreiben aus diesem Grund die Gleichungen in einer Form an, wie sie beim Laser auftreten.

Aus Gründen der Anschaulichkeit, die wir suchen, schreiben wir die Gleichungen jedoch in einer leicht abgeänderten Gestalt gegenüber denen, die wir in Kapitel 4 hergeleitet haben. (Die Gleichungen sind jedoch unschwer auf die in Kapitel 4 angegebenen transformierbar. Wir wollen uns damit jedoch nicht aufhalten, da unser Hauptaugenmerk hier ausschließlich auf die *Eigenschaften* dieser Gleichungen gerichtet werden soll.) Wir schreiben die Gleichungen für die Amplitude der elektrischen Feldstärke $\propto E$ derjenigen Mode an, die sich bei der Modenselektion durchgesetzt hat. Ferner die Gleichung für die Polarisation (die Summe der atomaren Dipolmomente) $\propto P$ und eine Größe D, die linear mit der Inversion (vgl. Kap. 4) zusammenhängt. Die Gleichungen (Dämpfungskonstante sind α und β) lauten:

$$\dot{E} = -\alpha E + P\,, \tag{9-89}$$

$$\dot{P} = -\beta P + ED \tag{9-90}$$

und

$$\dot{D} = D_0 - D - EP\,. \tag{9-91}$$

D_0 bezeichnet im Falle des Lasers den Kontrollparameter, nämlich die Pumpstärke. In Abb. 1.29 haben wir bereits das zeitliche Verhalten von $E(t)$ für dieses Systems aus drei gekoppelten Differentialgleichungen im chaotischen Bereich dargestellt. Sein Verhalten ist für Werte von D_0 oberhalb von D_L, der Lorenzschwelle, nur noch für sehr kurze Zeitintervalle vorhersagbar. Man kann sich davon selbst vergewissern, indem man diese Gleichungen nach dem in Kapitel 5 vorgeschlagenen Verfahren diskretisiert, sie numerisch auf dem Computer löst und das Resultat für nahe beieinanderliegende Anfangspunkte aufzeichnet (vgl. auch Abb. 9.22a). Im Anhang dieses Buches haben wir zur numerischen Lösung das Programm „Lorenz" vorgeschlagen.

Das Gebiet, in das die Trajektorien schließlich einmünden, hat weiterhin alle Eigenschaften eines Attraktors (Abb. 9.22b). Die Bewegung dieses Systems auf dem Attraktor ist jedoch auch

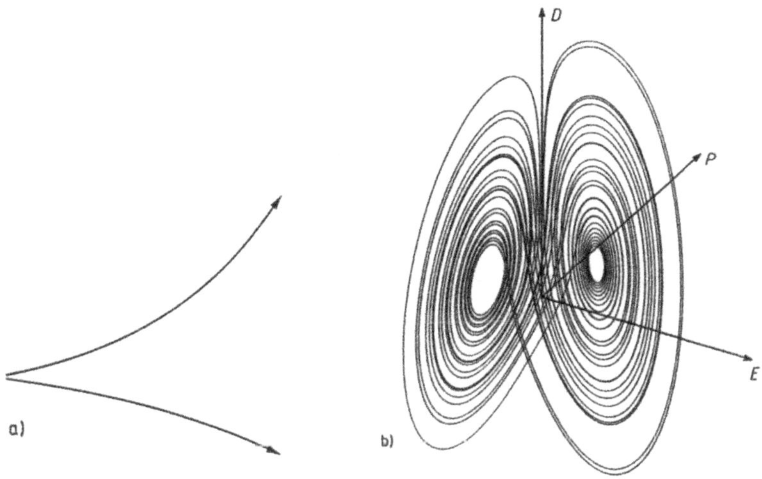

Abb. 9.22 a) Zwei Trajektorien, die sehr nahe beieinander starten, streben exponentiell auseinander. Man spricht von einer *sensitiven Abhängigkeit* von den Anfangsbedingungen. b) Lorenzattraktor, gefunden nach einer numerischen Integration der zugrundeliegenden Bewegungsgleichungen. Es handelt sich um einen „eingeschwungenen" Zustand des Systems, dargestellt im zugehörigen Phasenraum.

durch die besten Computer im Detail nicht mehr vorhersagbar. Der geringste Fehler wird exponentiell verstärkt. Andererseits haben wir für dieses System ein grundlegendes Ergebnis der Mathematik mit in unsere Betrachtungen einzubeziehen: Trajektorien, die von verschiedenen Punkten aus starten, überschneiden sich nicht. Man ist also gezwungen, eine nicht ganz einfache – auch geometrische – Vorstellung für dieses Verhalten zu entwickeln.

Unsere Absicht besteht deshalb darin, auch dieses Beispiel zu nützen, um unser anschauliches Verständnis von Chaos zu vertiefen. Immerhin stellen doch die Gleichungen (9-89) bis (9-91) ein abgeschlossenes, rein deterministisches Gleichungssystem vor. Wie kann in einem derartigen Gleichungssystem „Unvorhersagbares" eintreten? Nützlich wird in diesem Zusammenhang noch einmal das Studium der Abbildung 1.28. Wir repräsentierten dort unser System durch einen kleinen Ball, der eine gewisse Bahn durchfliegt, die allerdings an einem speziell ausgesuchten Hindernis vorbeiführte. Als Hindernis haben wir eine Rasierklinge gewählt. Diese bringt uns in die schwierige Situation, daß wir die Anfangsbedingungen unseres Balles, wenn dieser etwa der Schwerkraft ausgesetzt ist, beliebig genau kennen müssen, um vorherzusagen, in welche Richtung und unter welchem Winkel er von unserer Barriere „gestreut“ wird. Bauen wir nun für unseren Ball, dessen Flug ja das Verhalten des vorliegenden Systems charakterisieren soll, immer mehr derartige Barrieren auf, desto schwieriger wird unsere Aufgabe, sein Verhalten zu prognostizieren.

Genau diese dargestellte Problematik können wir an dem durch die Gleichungen (9-89) bis (9-91) repräsentierten System wiederentdecken. Die Problemstellung, die wir uns zur Lösung vorlegen, ist allerdings nicht ganz einfach und erfordert wieder eine gewisse Sorgfalt und Geduld beim Vorgehen.

Beim „Spielen“ mit den Gleichungen (9-89) bis (9-91), kann man beispielsweise auf die Idee kommen, die dissipativen Glieder (sie bewirken die „Reibung“ im System) in den Gleichungen einfach zu vernachlässigen. Diese haben wir in (9-89) bis (9-91) identifiziert und zur Hervorhebung ein Kästchen um sie gemalt. Lassen wir zunächst diese Glieder einfach weg, dann können wir folgende kleine Entdeckung machen: die Größen

$$R^2 = E^2 + P^2 + \widetilde{D}^2 ,$$
$$\widetilde{D} = D + 1 \qquad (9\text{-}92)$$

sowie

$$\rho^2 = P^2 + (\widetilde{D} - 1)^2 \qquad (9\text{-}93)$$

sind Erhaltungsgrößen. Damit ist folgendes gemeint. Berechnen wir die Zeitableitung dieser Größen unter Verwendung der vereinfachten Bewegungsgleichungen unseres Systems, Gleichungen (9-89) bis (9-91), dann zeigt sich (man hat die Größen einfach nach der Zeit zu differenzieren und für die Zeitableitungen dann die Gleichungen (9-89) bis (9-91) einzusetzen):

$$\dot{R^2} = \dot{\rho^2} = 0 . \qquad (9\text{-}94)$$

In unserem vereinfachten System, dem wir die Dissipation genommen haben, verändern sich diese Größen im Laufe der Zeit nicht. Sie sind also durch die Anfangsbedingungen, unter denen wir das System starten lassen, eindeutig vorgegeben. R^2 = konst. kann geometrisch als eine Schar von Kugeln gedeutet werden, ρ^2 = konst. als eine Schar von Zylindern, wie das in Abb. 9.23 dargestellt ist. Gleichung (9-94) besagt nun, daß nur solche Bewegungen möglich sind, bei denen die beiden Bedingungen R^2 = konst. und ρ^2 = konst. gleichzeitig erfüllt sind. Dies sind offenbar gerade die Schnittlinien dieser beiden geometrischen Körper. Geben wir die Konstanten vor, dann sind, wie in Abb. 9.23 dargestellt, zwei qualitativ verschiedene Situationen möglich in denen die Kugel zum Zylinder stehen kann. Interessant für uns in diesem Zusammenhang ist insbesondere die der Abb. 9.23b.

Die Abbildung deutet die „Klingen" an, über die unser System zu springen hat. Lassen wir nun doch die dissipativen Glieder in unseren Gleichungen wieder zu und versuchen auch deren Auswirkungen zu berücksichtigen. Da sind einmal solche,

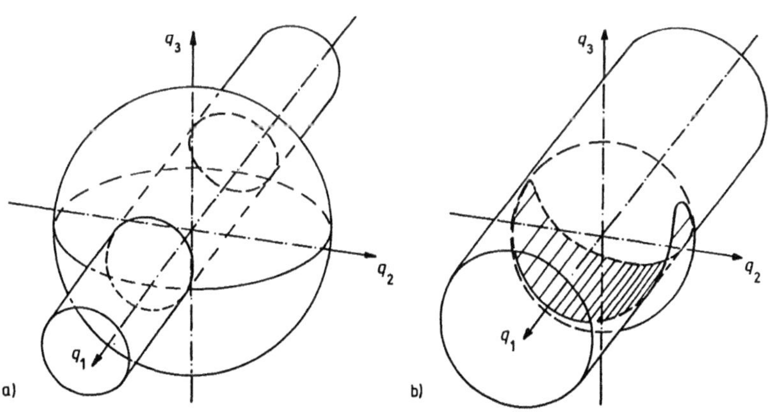

a) b)

Abb. 9.23 R^2 und ρ^2 sind Erhaltungsgrößen, falls man die Dissipation „abschaltet". Zwei grundsätzlich verschiedene Situationen sind möglich: a) Zwei getrennte Kurvenstücke, b) eine geschlossene Kurve. $q_1 = E$, $q_2 = P$ und $q_3 = \tilde{D}$

die das System bloß dämpfen wie etwa das Glied $-\beta P$. Andere treiben es jedoch an: nämlich D_0, die Pumpstärke. Das Resultat, das man anschaulich erwartet, besteht in einem „Atmen“ der Kugel einerseits, gegenüber dem Zylinder andererseits. Dabei werden sich die beiden in den Abb. 9.23 dargestellten Verhältnisse abwechselnd immer wieder einstellen. Die „Klingen“ werden also immer wieder neu hergestellt. Ebenfalls klar wird aus unseren Betrachtungen, daß das System, bedingt durch die Klingen, äußerst sensibel wird gegenüber den Anfangsbedingungen: Ursprünglich benachbarte Trajektorien laufen sehr schnell auseinander. Man kann diese sensible Abhängigkeit von den Anfangsbedingungen geradezu als Charakteristikum chaotischer Bewegung bezeichnen.

Es macht übrigens keine großen Schwierigkeiten, sich ein entsprechendes Programm für den Computer herzustellen, so daß dieses Verhalten auch an Folgen von Computerbildern (am besten in einem Film) verfolgt werden kann. Das Ergebnis unterstützt unsere hier entwickelten Vorstellungen.

Aus unserer Diskussion können wir nun entnehmen, daß die Frage nach der Determiniertheit des Verhaltens eines Systems vor der Entdeckung chaotischen Verhaltens nicht präzise genug gestellt worden ist. Unerwartetes Verhalten wird auch in scheinbar bloß stetigen Systemen möglich. Die Aussage, aber im Prinzip kann man doch alles beantworten, wird unrealistisch. Wir werden auf diesen Punkt im unserem Resümee zu diesem Kapitel noch näher einzugehen haben.

Wir wollen diesen Abschnitt mit einer wichtigen Bemerkung abschließen. Eine eingehende mathematische Untersuchung dynamischer Systeme, die kontinuierlich von der Zeit abhängen (wie beispielsweise die Lorenzgleichungen (9-89) bis (9-91)) müssen mindestens drei nichtlinear gekoppelte Variable (in unserem Beispiel die Größen E, P und D) aufweisen, damit das von uns diskutierte Verhalten überhaupt auftreten kann (vgl. auch die Aussagen von Abschnitt 5.2). Denken wir nun an die Poincaréabbildung, die wir in Abschnitt 9.1 besprochen haben, und erinnern uns daran, daß man mit Hilfe dieser Methode die Dimension des betrachteten Systems um 1 verringern kann, gleichzeitig ein – zwar äquivalentes – aber zeitlich diskretes System nun behandeln muß. Es zeigt sich dabei, daß der Graph dieser Abbildung invertierbar ist: einem festen Punkt zum Zeitpunkt N ($N = 1, 2, 3, \ldots$) entspricht ein eindeutiger Vorgänger $N - 1$. Wir schließen daraus, daß diskrete Dynamiken, denen zur Beschreibung ihrer Dynamik eine invertierbare Abbildung zugeordnet werden kann, mindestens durch zwei Variable charakterisiert sein müssen, damit chaotisches Verhalten des Systems beobachtet werden kann. Die logistische Abbildung, so erinnern wir uns, zeigt chaotisches Verhalten, obwohl sie nur von einer Variablen abhängt. Der Grund liegt darin, daß diese Abbildung nicht im oben vorgestellten Sinne invertierbar ist. Wie man leicht nachweisen kann am Graphen der Abbildung, hat jeder Punkt x_{n+1} zwei mögliche Vorgänger x_n. Wählt man also zum Zeitpunkt N einen Punkt x in dem vorgegebenen Intervall, dann kann man nicht sagen, von welchem früheren Punkt aus das System dort hin gelangte.

9.4.2 Die Smalesche Vorstellung

Unabhängig von Lorenz hat der amerikanische Mathematiker Smale (und in etwas anderem Zusammenhang auch der russische Mathematiker Anosov) entdeckt, daß auch in deterministischen Systemen Unvorhersagbares passieren kann. An dieser Stelle können wir seiner Argumentation jedoch nicht im Detail folgen. Allerdings lohnt es sich, einen Punkt herauszugreifen, der uns in unseren Anschauungen über chaotische Bewegungen wieder etwas weiter bringen wird. Die Frage nämlich, die aus dem vorangegangenen Abschnitt zurückbleibt, ist die nach der geometrischen Verwirklichbarkeit unserer bisher entwickelten Vorstellungen. Trajektorien, wie wir sie hier betrachten, dürfen sich ja gemäß unserer Aussagen in Kapitel 5, die auf mathematischen Beweisen beruhen, nicht überschneiden. Wie also können sich die Trajektorien solcher Systeme dennoch konsistent mit dieser Forderung in völlig erratischer Weise in einem endlichen Gebiet des Zustandsraumes verhalten?

Man kann dazu auf sehr frühe, in der Mathematik entwickelte Vorstellungen zurückgreifen. Eine mögliche Lösung bietet die sogenannte Cantormenge. Es handelt sich dabei um ein sehr einfaches Konstrukt, das aber alle unsere verbliebenen Probleme erklären kann, und worauf auch die grundlegenden Ideen Smales mit zurückzuführen sind. Wir betrachten den Zahlenstreifen zwischen 0 und 1 (vgl. für das folgende die Abb. 9.24). Die Cantormenge dieses Zahlenstreifens kann man nun folgendermaßen konstruieren. Wir teilen den Streifen in drei gleiche Intervalle der Länge 1/3 und nehmen das mittlere (offene) Intervall heraus. Mit den beiden verbliebenen Intervallen verfahren wir in entsprechender Weise. Jedes zerteilen wir wieder in drei gleich große Intervalle, von denen wir wieder jeweils das mittlere herausnehmen. Damit bleiben nun 4 Intervalle zurück, mit denen wir entsprechend verfahren. Dieses Spiel können wir ad infinitum fortsetzen. Die zurückbleibenden Punkte bezeichnet man als Cantormenge. Man kann nun zeigen, daß die so zurückbleibenden Punkte nicht mehr abzählbar sind. Legt man sie jedoch – zugegebenermaßen eine etwas skurrile Vorstellung – in eine Reihe dicht nebeneinander, so haben sie die Länge Null.

Das so konstruierte künstlich anmutende Gebilde zeigt aber die Eigenschaften der Selbstähnlichkeit. Vergrößern wir nämlich

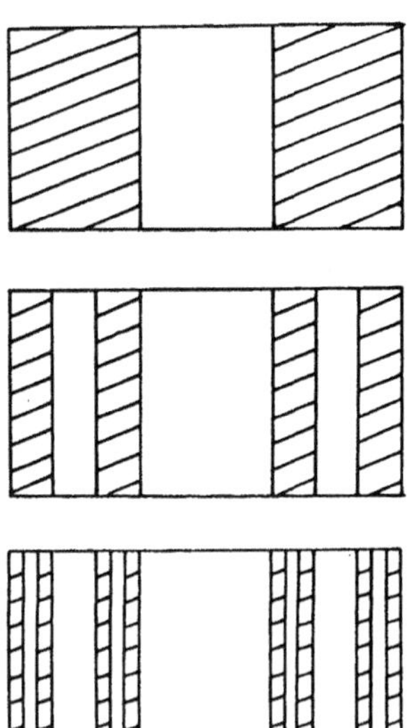

Abb. 9.24
Cantormenge (vgl. Text)

nach dem ersten Schritt beispielsweise das rechte der beiden zurückgelassenen Intervalle um den Faktor 3, dann sieht es genauso aus, wie das ursprüngliche Intervall, von dem wir ausgegangen sind. Fährt man in dieser Weise fort, dann entdeckt man immer wieder das gleiche Gebilde. Offenbar handelt es sich hierbei um ein elementares Beispiel von Selbstähnlichkeit. Sie besteht offenbar nach jedem einzelnen Schritt in derselben Weise wieder. Sie ist nicht nur asymptotisch verwirklicht, wie wir das bei der logistischen Abbildung beispielsweise kennengelernt haben, sondern besteht nach jedem Schritt exakt.

Wie kann man nun dieses Gebilde auf unsere Abbildungen übertragen. Betrachten wir dazu ein vorgegebenes Gebiet, dessen einzelne Punkte einer gewissen Abbildungsvorschrift unterworfen werden sollen. Wir können diese Abbildungsvorschrift in einzelnen Schritten schematisch nachvollziehen (vgl. Abb. 9.25). Die Gesamtheit der betrachteten Punkte legt ein bestimmtes Gebiet fest, beispielsweise das dargestellte Rechteck. Wir nehmen nun an, daß wir die Abbildung in einzelne Schritte zerlegen können. In einem ersten Schritt (man betrachte etwa das Gebiet als durch ein Gummituch repräsentiert) ziehen wir dieses Gebiet

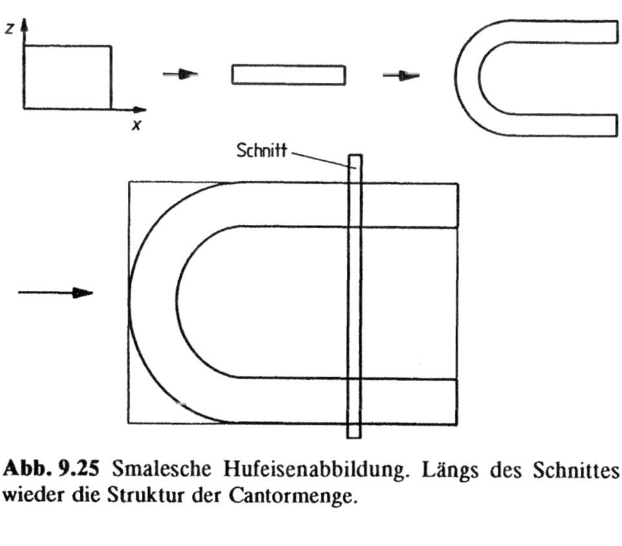

Abb. 9.25 Smalesche Hufeisenabbildung. Längs des Schnittes erkennt man wieder die Struktur der Cantormenge.

in die Länge, wobei wir seine Ausdehnung in z-Richtung stauchen. In einem zweiten Schritt falten wir dann dieses Gebiet übereinander, um es schließlich wieder in das ursprüngliche Gebiet einzubringen. Zum einen sehen wir, daß das Gebiet, das nun unserer ursprünglichen Punktmenge zur Verfügung steht, geschrumpft ist. Diese Tatsache charakterisiert dissipative Systeme, auf deren Verhalten wir uns im folgenden konzentrieren wollen (bei den sogenannten konservativen Systemen bliebe die den ursprünglich den Punkten zur Verfügung gestellte Fläche erhalten). Zum anderen aber erkennen wir ohne weiteres die Struktur der Cantormenge in unserem System wieder (vgl. Abb. 9.25).

Einen möglichst einfachen Attraktor, der all unsere soeben erarbeiteten Vorstellungen bestätigt, hat O. E. Rössler aufgefunden. Bei der Modellierung chemischer Reaktionen stieß er auf den folgenden Satz von Gleichungen für das zeitliche Verhalten dreier variierender Konzentrationen von Substanzen, die wir mit x, y und z bezeichnen werden:

$$\dot{x} = -y - z \,, \tag{9-95}$$

$$\dot{y} = x + ay \,, \tag{9-96}$$

$$\dot{z} = b + z(x - c) \,, \tag{9-97}$$

mit den beiden Kontrollparametern a, b und c. Das Verhalten der Trajektorien zu diesem Attraktor, das wiederum durch bereits dargestellte Näherungsverfahren numerisch gewonnen wurde, ist in Abb. 9.26a dargestellt. Bemerkenswert an diesem Attraktor ist jedoch, daß die oben beschriebene Faltung bei ihm am offensichtlichsten dargestellt werden kann. Wir haben dieses in Abb. 9.26b getan. Die Abbildung bestätigt eindringlich die Vorstellungen, die wir anhand der Cantormenge entwickelt haben. Man entnimmt ihr, daß ursprünglich benachbarte Trajektorien sehr schnell (exponentiell) auseinanderlaufen. Andererseits garantiert die angedeutete Faltung des Gebiets, daß das System trotz seines erratischen Verhaltens im Laufe der Zeit nur ein endliches Gebiet des Zustandsraumes ausfüllt.

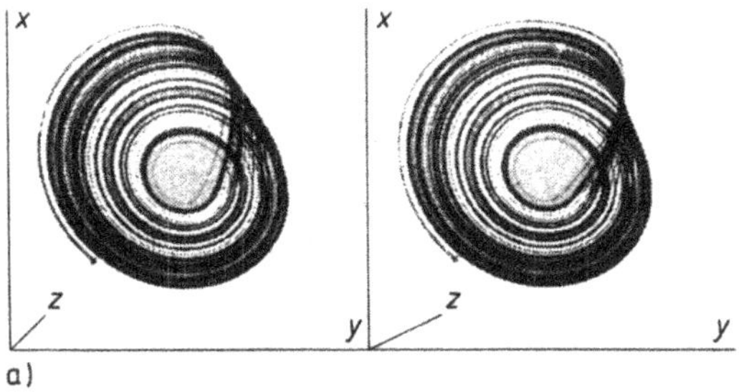

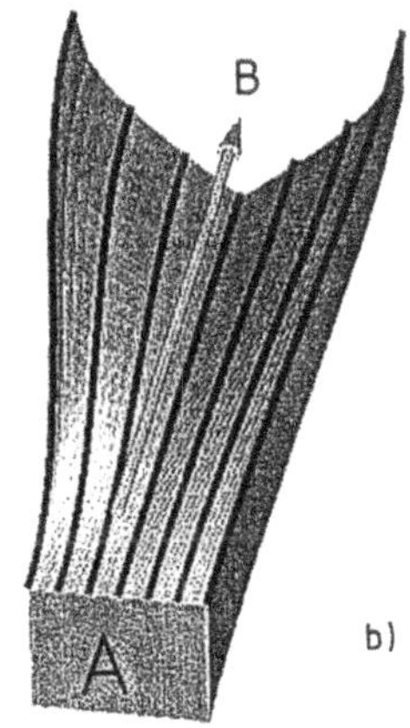

Abb. 9.26
a) Trajektorienbild des Rösslerattraktors. b) Der dargestellte Fluß läuft exponentiell auseinander, wird bei B gefaltet und wieder mit A verheftet.

9.4.3 Der von Ruelle und Takens vorgeschlagene Weg

Dieser Weg ins Chaos orientiert sich am nächsten an dem von Landau vorgeschlagenen und in Abschnitt 6.5 beschriebenen Weg zur Turbulenz. Ruelle und Takens (und später Newhouse) haben die Verträglichkeit der Vorstellungen Landaus mit neuen Gedanken, die auf die russischen Mathematiker Pontrajegin und Andronov (s. Abschnitt 5.5) zurückgehen, untersucht. Deren Ansatz führte zu einer grundlegend neuen Auffassung über dic Rolle der mathematischen Methoden bei der Modellbildung selbst, so daß es uns lohnenswert erscheint, sie an dieser Stelle noch einmal kurz anzudeuten.

Diese Wissenschaftler sind zu der Erkenntnis gelangt, daß es im Grunde genommen doch ein auch „im Prinzip" undurchführbares Unternehmen bedeute, jedes nur denkbare dynamische System zu untersuchen und die es beschreibenden mathematischen Gleichungen jeweils zu lösen. So erweist es sich beispielsweise als unmöglich, sämtliche möglichen Ausnahmefälle in eine solche Betrachtung aufzunehmen und erschöpfend zu diskutieren. Dementsprechend erhebt sich dann die Frage, welches Konzept man einem solchen Vorhaben entgegensetzen könne. Sie fanden die folgende Antwort: Aus allen möglichen Verhaltensformen von Systemen, läßt sich „typisches“ oder wie man es in der Mathematik nennt, generisches Verhalten, herausfiltern. In einem mathematisch wohldefinierten Sinne (s. Kapitel 5) läßt sich dann sagen, wie sich die „meisten“ Systeme unter vorgegebenen Bedingungen verhalten werden.

Eine solche Gelegenheit, dynamische Systeme einzuteilen, bietet die mathematische Begriffsbildung der *Äquivalenzrelation.* Die bisher wohl bewährteste Äquivalenzrelation ist die der topologischen Äquivalenz. Zwei Systeme heißen dort äquivalent, wenn es eine eineindeutige stetige Abbildung zwischen ihren Trajektorien gibt, die die Orientierung der Phasenkurven erhält (vgl. Kapitel 5). Eine Instabilität läßt sich in diesem Zusammenhang deuten, als der Wechsel des Systems von einer Äquivalenzklasse in eine andere. Man spricht dann von einer strukturellen Instabilität oder einer qualitativen Änderung, die sich in diesem System abspiele.

Es ist keineswegs von vornherein klar, daß diese Vorschrift auch für die Systeme bedeutsam ist, die wir in der Physik oder allgemeiner in der Synergetik betrachten. Tatsächlich jedoch hat das Studium vieler Systeme von der mikroskopischen und mesoskopischen Ebene her erwiesen – und das ist eine Leistung der Synergetik –, daß es sich bei dieser Vorschrift um diejenige handelt, die sich von allen bisher bekannten Relationen als die geeignetste für unsere Zwecke erweist.

Kombiniert man nun die von Landau entworfene mit der oben entwickelten Vorstellung – und genau dies haben Ruelle und Takens getan – dann kommt man zu folgendem „Szenario“ für ein System auf seinem Weg zum Chaos. Zunächst finden wir – bei einer Erhöhung eines Kontrollparameters – wieder zunächst eine oszillatorische Instabilität, wie wir das von der Landauschen Vorstellung her bereits kennen. Danach finden wir eine zweite oszillatorische Instabilität und quasiperiodisches Verhalten. Bei der darauf folgenden Instabilität macht dann das System einen abrupten Übergang zu chaotischem Verhalten. Und so sollten sich alle „typischen“ Systeme verhalten, die diesen Weg zu chaotischem Verhalten einschlagen. In verschiedenen Modell-Systemen ist dieses Verhalten auch tatsächlich beobachtet worden.

Wir müssen jedoch hervorheben, daß auch dieser Weg zum Chaos nicht universell ist im Sinne des ursprünglichen Anspruchs des Landaubildes: Es handelt sich nicht um den einzig möglichen Weg. Wie wir bereits oben gesehen haben, existieren auch andere Pfade, die zum Chaos hinführen.

9.4.4 Die Intermittenz

Häufig anzutreffen ist der Übergang ins Chaos über intermittentes Verhalten. Dabei sind verschiedene Typen intermittenten Verhaltens möglich. Wir beschreiben den in diesem Zusammenhang am einfachsten darzustellenden Weg. Zunächst nähern wir uns dem Problem wieder vom beobachteten Phänomen her. Man kann sich das im folgenden geschilderte Verhalten selbst leicht anhand einer Skizze verdeutlichen. Wir malen eine Folge von Bildern, die bei jeweils anderem Kontrollparameter aufgenommen sind. Für kleine Werte des Kontrollparameters zeichnen wir rein periodisches Verhalten einer Amplitude in der Zeit. In der nächsten Serie, bei erhöhtem Wert des Kontrollparameters, sollen plötzliche und unkontrollierte „Ausbrüche" des Systems auftreten, die die streng periodischen Phasen unterbrechen. Bei einer weiteren Steigerung des Kontrollparameters sollen sich diese Ausbrüche immer mehr häufen und die periodischen Phasen immer kürzer werden, bis sie schließlich ganz verschwinden.

Intermittentes Verhalten kann man sich in ganz anschaulicher Weise auch an der turbulenten Flüssigkeit klar machen, wie wir das in Abb. 9.27 beschrieben haben.

Das Auftreten der einfachsten Form der Intermittenz kann man sich, lokal zumindest, wieder an einer eindimensionalen diskreten Abbildung verdeutlichen (vgl. Abb. 9.28). Man findet in diesem Bild eine lange Phase regulärer Bewegung, bis das System schließlich den aufgezeichneten schmalen Schlauch verläßt. Zu erklären bleibt nach dem Verlassen, wie das System wieder in diesen Schlauch zurückfindet. Dazu ist eine lokale Betrachtungsweise, wie sie in Abb. 9.28 vorgestellt ist, nicht mehr ausreichend, vielmehr muß das System global behandelt werden. Man muß – was nicht immer einfach ist – einen sogenannten Reinjektionsmechanismus angeben. Damit ist gemeint, daß das System, bedingt

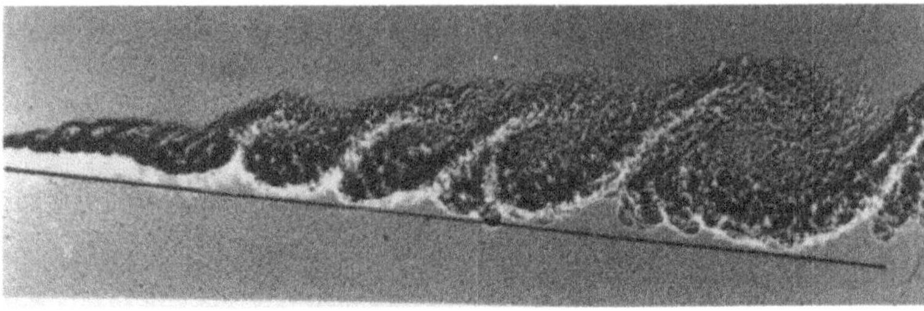

Abb. 9.27 Intermittenz bei turbulenter Strömung an der Grenze zu laminarer Strömung

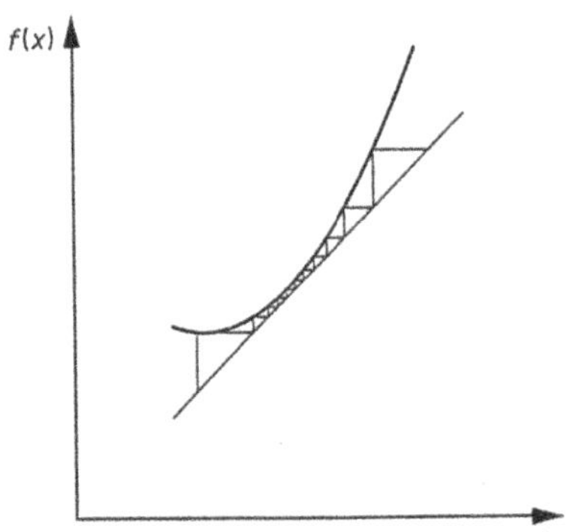

Abb. 9.28
Lokale Darstellung intermittenten Verhaltens für den Fall einer eindimensionalen diskreten Abbildung

durch seine globale Dynamik, immer wieder nach einer gewissen Zahl von Schritten (Ausbrüchen) in den in Abb. 9.28 angedeuteten periodischen Schlauch zurückfindet.

9.5 Zurück zum Bénardproblem

An dem im Abschnitt 6.2.8 ausführlich diskutierten Beispiel des Bénardproblems auf der Kugel wollen wir das Auftreten eines weiteren Typs chaotischen Verhaltens darlegen. Wir erinnern daran, daß wir dieses Problem unter folgendem Aspekt untersucht hatten: Wir hatten im Bereich der Parameter, der Rayleighzahl und dem Radius der inneren Kugel nämlich, ein Gebiet herausgesucht, in dem zwei verschiedenartige Muster die Bedingungen für eine Instabilität vorfinden. Sie waren numeriert mit dem Index $l = 1$ und $l = 2$ bei jeweils $(2l + 1)$-facher Entartung. Bereits in Abb. 6.34 hatten wir angedeutet, daß dabei auch ein Parametergebiet existiert, in dem chaotisches Verhalten auftritt. Auch diese Form des Chaos läßt sich anhand unseres Modells der „Rasierklingen" wieder verstehen. Neben dem zugehörigen Temperaturfeld in Abb. 9.29 sind in Abb. 6.33 die „reinen" Strömungsverhältnisse aufgezeichnet. Ist nun ein solches Strömungsbild stabil, dann können wir ihm im Zustandsraum des Systems einen stationären Punkt zuordnen, der die Eigenschaften eines Attraktors

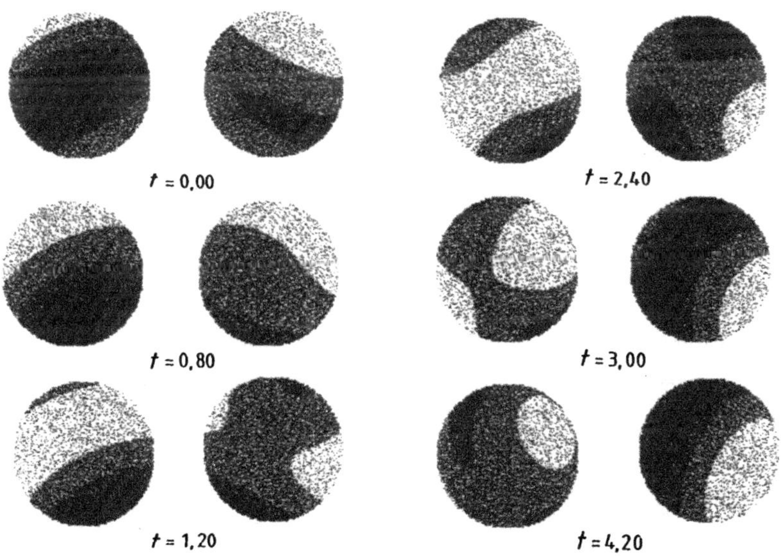

Abb. 9.29 Abgebildet sind verschiedene Strömungsmuster sowie die zugehörigen Temperaturfelder, zwischen denen das System bei der chaotischen Bewegung wechselt.

aufweist. Im Falle chaotischen Verhaltens bleiben zwar die Eigenschaften eines singulären Punktes erhalten, die eines Attraktors für diese Zustände gehen zumindest teilweise verloren. Es gibt danach im Zustandsraum Richtungen, längs denen ein Phasenpunkt angezogen wird, aber auch solche, längs denen er abgestoßen wird. Gibt es nun verschiedene stationäre Punkte, wie das in unserem Beispiel der Fall ist, so können zwischen ihnen stabile und instabile Richtungen miteinander verbunden sein. Die Messerklingen bilden dann offenbar die stationären Punkte selbst.

9.6 Zur Charakterisierung des Chaos

Es sind viele Möglichkeiten vorgeschlagen worden, Chaos zu charakterisieren und zu messen. Es handelt sich hierbei noch immer um ein Gebiet aktueller Forschung. Wir müssen uns an dieser Stelle damit begnügen, zwei Merkmale hervorzuheben. Richtlinien für unsere Auswahl bildeten vor allem Einfachheit und Anschaulichkeit.

9.6.1 Die Lyapunov-Exponenten

Bereits bei der Diskussion des Lorenzmodells haben wir darauf verwiesen, daß chaotisches Verhalten durch eine, wie man sagt, sensitive Abhängigkeit des Verhaltens eines Systems von den Anfangsbedingungen charakterisiert werden kann. Ein quantitatives Maß dafür bieten die sogenannten Lyapunovexponenten. Sie messen die mittlere exponentielle Divergenz der Trajektorien, die von benachbarten Punkten aus starten (veranschaulicht ist dies in Abb. 9.22). Begründen läßt sich ihre Definition von den Vorstellungen her, die wir über ein lineares System schon an verschiedenen Stellen dieses Buches dargelegt haben. Wir betrachten eine Gleichung der Form

$$\frac{dA}{dt} = \lambda A \,, \tag{9-98}$$

die die linearen Abweichungen von einem stationären Punkt bei $A = 0$ beschreibt. Betrachten wir nun diesen stationären Punkt bei $A = 0$, dann sehen wir, daß eine Trajektorie, die von einem benachbarten Punkt aus startet, mit der „Rate" λ sich von ihm entfernt. Der Faktor im Exponenten der Lösung von Gleichung (9-98) ($A(0)$ bezeichnet den vorgegebenen Anfangswert)

$$A = A(0)\exp(\lambda t)\,, \tag{9-99}$$

kann aus der Lösung (9-99) folgendermaßen gewonnen werden

$$\lambda = \frac{\ln\left(\frac{A}{A(0)}\right)}{t}\,. \tag{9-100}$$

Das Ergebnis wird dabei vom Anfangswert $A(0)$ unabhängig, wenn man den Grenzwert $t \to \infty$ bildet. Dieses hier angedeutete Konzept ist nun auf unsere sich chaotisch verhaltenden Systeme verallgemeinerbar: Man definiert als Lyapunovexponenten dic Größen

$$\lambda = \lim_{t \to \infty} \frac{1}{t} \ln A(t)\,, \tag{9-101}$$

wobei $A(t)$ jetzt die Abweichung von einer vorgegebenen Trajektorie bezeichnet. Man kann in der Tat λ als mittlere Divergenzrate (Rate des Auseinanderlaufens von Trajektorien) interpretieren, wenn man sich an die in Abschnitt 2.2 dargestellte Definition der Mittelwertbildung erinnert. Definiert wird durch (9-101) offensichtlich ein Zeitmittelwert.

Ganz entsprechend, wie wir das soeben für ein zeitlich kontinuierliches System dargestellt haben, kann man auch für zeitlich diskrete Abbildungen verfahren. Wieder mißt man, wie eine kleine Abweichung von der ursprünglichen Trajektorie im Mittel wegdivergiert. Das Ergebnis lautet in diesem Falle

$$\lambda = \lim_{n \to \infty} \frac{1}{n} \sum_{n=0}^{n-1} \ln\left|f'(x_n)\right|\,, \tag{9-102}$$

wobei f' die Ableitung der Funktion f bezeichnet. Ein Beispiel des Lyapunovexponenten für die logistische Abbildung als Funktion des Kontrollparameters σ ist in Abb. 9.30 dargestellt und erklärt. Ein positiver Lyapunovexponent ist ein Indikator dafür, daß sich ein vorliegendes System in einem chaotischen Zustand befindet.

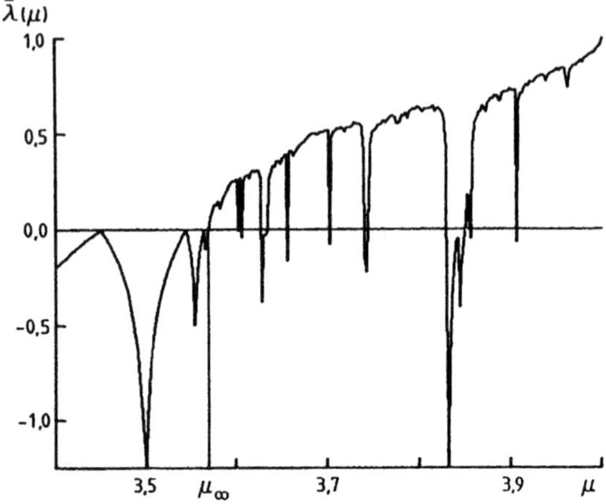

Abb. 9.30 Lyapounov-Exponent (hier mit $\bar{\lambda}$ bezeichnet) der logistischen Abbildung als Funktion von $\mu = \sigma$ aus (9-9). μ_∞ steht für die Werte σ_n im Grenzfall $n \to \infty$.

9.6.2 Die fraktale Dimension

Eine zunächst ganz anders erscheinende Größe, die fraktale Dimension eines Attraktor nämlich, wird in vielen Arbeiten zur Charakterisierung chaotischen Verhaltens benützt. Als ein Beispiel verweisen wir auf die Analyse der fraktalen Dimension im Falle von EEGs von neurologisch kranken oder gesunden Menschen. Wieder handelt es sich um eine direkte Verallgemeinerung einer Größe, die wir bereits aus der Anschauung kennen, jetzt einer Verallgemeinerung des Dimensionsbegriffs. Es fällt ja keineswegs schwer, einfachen Attraktoren eine Dimension zuzuordnen. Einen Punkt beispielsweise können wir als ein nulldimensionales Objekt auffassen. Entsprechende Attraktoren sind uns bereits des öfteren begegnet. Einer Linie werden wir die Dimension 1 zuordnen. Linienförmige Attraktoren kennen wir in der Form von Grenzzyklen. Flächenhafte Attraktoren sind uns im Falle eines Torus begegnet, auf dem beispielsweise quasiperiodische Bewegungen möglich werden. Offenbar sehen wir uns, von diesen Beispielen motiviert, vor die Frage gestellt, wie wir in systematischer Weise die Dimension eines Attraktors bestimmen können.

Folgendes Verfahren dazu kann man vorschlagen. Betrachten wir zu seiner Veranschaulichung einen Grenzzyklus (vgl. Abb. 9.31). Um diesen Grenzzyklus bauen wir ein „Haus“ in Form eines Quadrats, das aus lauter quadratischen gleichartigen Steinen zusammengesetzt werden soll und den Attraktor vollständig umhüllt. Offenbar haben wir damit ein zweidimensionales Gebilde gefunden, in das wir den eindimensionalen Attraktor, den Grenzzyklus nämlich, vollständig einbetten können. Auch können wir aus diesem „Gebäude“ wieder einige Steine entfernen (vgl. Abb. 9.31), ohne daß die Einbettung des Attraktors in unser

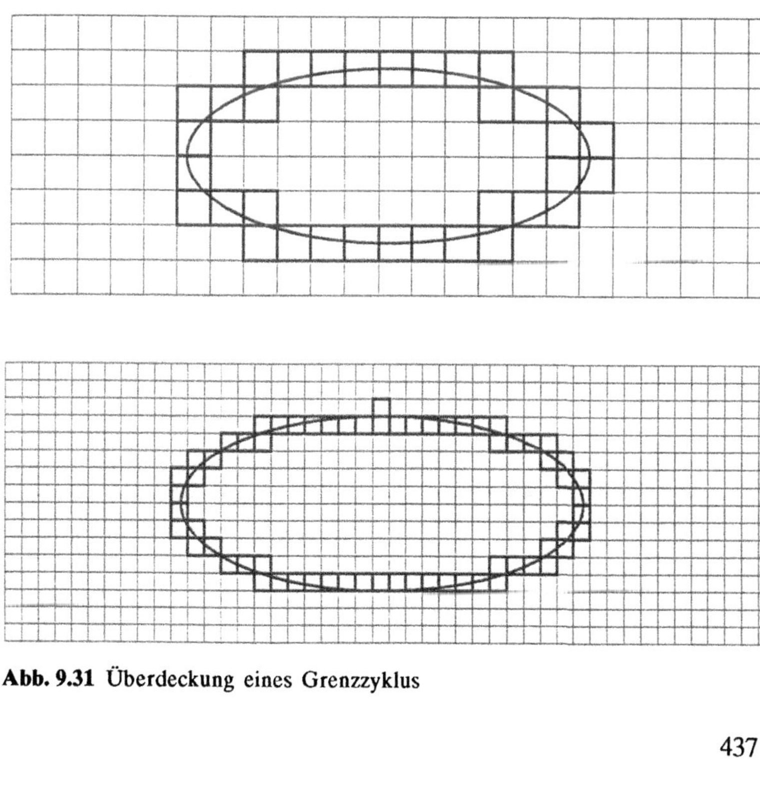

Abb. 9.31 Überdeckung eines Grenzzyklus

Gebäude gefährdet wäre. Wir stellen uns die Frage, wie viele der Bausteine müssen wir belassen, wenn wir unser Ziel, den Attraktor durch sie vollständig zu umschließen, erreichen wollen. Die Antwort ist nicht schwierig: Die Zahl der Steine $N(\varepsilon)$, die wir zurückbehalten müssen, hängt natürlich von der Länge ε unserer Steine ab und ist proportional zur Länge L des Attraktors

$$L \sim \varepsilon N(\varepsilon) \tag{9-103}$$

(~ meint hier ungefähr). Wir versuchen nun dieses Resultat zu verallgemeinern. Wie bereits früher festgestellt, hat der Attraktor, den wir gerade betrachtet haben, die Dimension $d = 1$. Wir können mithin unsere Formel für die Zahl der notwendigen Bausteine (9-103) auch allgemeiner schreiben als

$$L^d = V \sim N(\varepsilon)\, \varepsilon^d\,. \tag{9-104}$$

Wir finden also folgende Näherungsformel für das Volumen V des Attraktors:

$$V \sim N(\varepsilon)\, \varepsilon^d\,. \tag{9-105}$$

Die Dimension d eines beliebigen Attraktors können wir aus der angegebenen Näherungsformel gewinnen, indem wir den Logarithmus in (9-105) bilden und das Ergebnis dann nach d auflösen:

$$d \cong \frac{\ln V}{\ln \varepsilon} - \frac{\ln N(\varepsilon)}{\ln \varepsilon}\,. \tag{9-106}$$

Ein Schönheitsfehler unseres Resultats (9-106) besteht nun darin, daß das Ergebnis von der gewählten Größe der Kästchen (und auch ihrer Form übrigens) abhängt. Wir können dieses dadurch vermeiden, daß wir in der angegebenen Formel (9-106) den Grenzübergang zu beliebig kleinen Kästchen vollziehen: $\varepsilon \to 0$. Wenn wir dies tun, dann verschwindet offenbar das erste Glied auf der rechten Seite von (9-106), weil V eine fest vorgegebene endliche Größe ist, das Volumen des Attraktors, und wir erhalten endgültig

$$d = -\lim_{\varepsilon \to 0} \frac{\ln N(\varepsilon)}{\ln \varepsilon}\,. \tag{9-107}$$

Man prüft leicht nach, daß die angegebene Formel (9-107) in der Tat alle uns bekannten einfachen Fälle von Attraktoren richtig behandelt. Es muß deshalb für uns interessant werden, sie auch auf die von uns angegebenen schwierigeren Fälle anzuwenden. Diese Formel legt die fraktale Dimension – wie man sagt – eines Attraktors fest.

Betrachten wir dazu die in Abschnitt 9.4.2 ausführlich diskutierte Cantormenge als Beispiel. Sie ist deshalb ja besonders einfach, weil sie die Eigenschaft der Selbstähnlichkeit nicht bloß asymptotisch aufweist, sondern in jedem Schritt ihrer Konstruktion gegenüber dem vorhergehenden Schritt. Ihre Dimension können wir deshalb schon bei einem Nachvollzug des ersten Schrittes sofort exakt angeben. Betrachten wir also den ersten Schritt zur Konstruktion der Cantormenge (vgl. Abschnitt 9.4.2). Das Intervall der Zahlen zwischen Null und eins wird dabei in drei gleiche Teile geteilt, und der mittlere Abschnitt wird herausgenommen. Die beiden verbleibenden Anteile enthalten gemäß der Konstruktionsvorschrift den „Attraktor" vollständig. Wenden wir nun (9-107) an, dann sieht man, daß $\varepsilon = 1/3$ und $N(\varepsilon) = 2$ zu wählen ist. Tatsächlich können wir durch diese Wahl von N die verbliebene Menge der Punkte vollständig überdecken. Man prüft nun leicht nach, daß entsprechendes für jeden Schritt bei der Konstruktion der Cantormenge gilt.

Mithin finden wir, daß sie gemäß unserer Formel nicht, wie man naiv erwarten könnte die Dimension Null hat. Vielmehr hat sie die Dimension

$$d = \frac{\ln 2}{\ln 3} \cong 0{,}6 . \qquad (9\text{-}108)$$

Erinnern wir uns an die Konstruktion von Smale, die der Cantormenge eine besondere Rolle beim Verständnis der Struktur von seltsamen Attraktoren zuordnet, dann erwartet man, daß solche fraktale Dimensionen auch bei chaotischen Attraktoren von besonderer Bedeutung sein sollten. Die Dimension eines Attraktors, insbesondere eines seltsamen, stellt mithin ein wichtiges Merkmal zu seiner Charakterisierung dar. Für den Lorenzattraktor, um ein mehr realistisches Beispiel anzuführen, wurde bei den von Lorenz untersuchten Parameterwerten die

Dimension 2,06 angegeben. Der Lorenzattraktor ist in diesem Zusammenhang insbesondere deshalb interessant – wir können dieses Resultat leider nur erwähnen – weil in seinem Falle auch eine exakte Relation zwischen den bereits oben eingeführten Lyapunovexponenten und der fraktalen Dimension des Systems angegeben werden kann. Eine ganze Reihe von Verallgemeinerungen der hier vorgestellten Konzepte zur Charakterisierung chaotischen Verhaltens konnten übrigens inzwischen bereitgestellt werden.

9.7 Zusammenfassung

Wir haben den Versuch unternommen, eine kleine Zusammenstellung chaotischer Erscheinungen auszubreiten. Keineswegs stellt dieser Abschnitt den Anspruch auf Vollständigkeit. Viele Erkenntnisse moderner Chaosforschung mußten wir wegen der damit verbundenen mathematisch-technischen Schwierigkeiten auslassen. Andere, die wir hier nicht angesprochen haben, sind in der zitierten Literatur aufzufinden. Es konnte uns an dieser Stelle nur darum gehen, die Bedeutung der mit dem Chaos verbundenen Phänomene exemplarisch hervorzuheben. So fehlt – um nur einen wichtigen Punkt zu nennen – die Berücksichtigung des Einflusses von Schwankungen, die das Problem offenbar noch weiter komplizieren.

Das grundlegende Ergebnis dieses Abschnitts besteht darin, daß wir unsere Vorstellungen über deterministische Systeme völlig neu konzipieren müssen. Nichtlineare deterministische Systeme sind in ihrem Verhalten über lange Zeiten nicht mehr vorhersagbar. Ihre Bewegung kann beispielsweise durch die Lyapunovexponenten in einem ersten Schritt charakterisiert werden. Chaotisches Verhalten bedarf mindestens eines positiven Lyapunovexponenten, wie wir gesehen haben. Sein Auftreten besagt, daß benachbarte Trajektorien exponentiell auseinanderdivergieren. Praktisch bedeutet das, daß jede kleinste Störung eines Systems es einen völlig anderen Weg einschlagen läßt, als man bei seiner ursprünglichen Präparierung annehmen konnte.

Diese Resultate sind beispielsweise wichtig in einer Diskussion über die Genauigkeit von Wettervorhersagen. Die Atmosphäre kann man in hochturbulenten Zuständen vorfinden, die man wieder durch exponentiell divergierende Trajektorien sich veranschaulichen kann. Kleinste Störungen können wieder das System in ganz andere Zustände bringen, als man ursprünglich annehmen konnte. Eine einigermaßen verläßliche Aussage über das Wetter ist schon aus diesem Grunde nur über relativ kurze Zeiträume möglich. Und auch dann nur, wenn man die in Kapitel 6 diskutierten Methoden kollektiver Strömungsformen anwendet.

10 Grenzen und Fehlinterpretationen von Thermodynamik und statistischer Physik

Die Ergebnisse der Synergetik setzen uns instande, die Grenzen der Thermodynamik aufzudecken und Fehlinterpretationen von statistischer Physik und Thermodynamik nachzuweisen. Unser wichtigster Kronzeuge ist hierbei wieder der Laser, da dieser nicht nur theoretisch bis ins einzelne erforscht ist, sondern dessen physikalische Eigenschaften, die von der Theorie vorausgesagt werden konnten, im einzelnen experimentell nachgeprüft worden sind. Hierbei wird es zweckmäßig sein, zwischen drei verschiedenartigen Systemen zu unterscheiden. Bei dem ersten handelt es sich um ein isoliertes System, das keinerlei Verbindungen zur Umwelt unterhält. In diese Klasse wollen wir auch solche Systeme tun, die sich im thermischen Gleichgewicht mit einem Wärmebad befinden. Zu verschiedenen Zeiten kann es auch an verschiedene Wärmebäder mit verschiedenen Temperaturen gekoppelt sein, wie wir das beim Carnotschen Kreisprozeß gesehen haben. Wichtig für uns ist, daß es jeweils nur an *ein* Wärmebad gekoppelt ist und daß im Sinne der Thermodynamik Austausch von Energie (und evtl. Materie) unendlich langsam erfolgt. Die Behandlung derartiger Systeme hatten wir in Kapitel 2 kennengelernt. Die zweite Klasse von Systemen bezieht sich auf solche, die noch nahe am thermischen Gleichgewicht sind, die aber mit einem Wärmereservoir in Verbindung stehen, wobei der Austausch von Energie und eventuell Materie mit dem Wärmebad in einer endlichen Zeit abläuft. Dabei kommt es, wie wir in dem Kapitel 3 über irreversible Thermodynamik gesehen haben, zu Relaxations- und Dissipationsvorgängen. Ein typisches weiteres Beispiel ist der elektrische Strom, wobei sich die Elektronen, die den Strom tragen, im Wärmebad des Kristallgitters befinden. Betrachten wir die Eigendiffusion von Atomen oder Molekülen in Gasen, so wirkt das Gas als sein eigenes Wärmebad. Die dritte Klasse schließlich, mit der sich die Synergetik befaßt, sind Systeme fern vom thermischen Gleichgewicht. Diese können nur dadurch fern vom thermischen Gleichgewicht erhalten werden, daß ihnen einerseits ständig Energie oder auch Materie von außen her, sei es von einem Reservoir oder mehreren solchen, zugeführt wird und daß andererseits ständig Energie oder gegebenenfalls auch Materie an andere Reservoire abgegeben werden. Wie wir an zahlreichen Beispielen in diesem Buch gesehen haben, sind derartige Systeme in der Lage, spezielle Strukturen, etwa zeitliche Oszillationen oder räumliche Muster, auszubilden, die solange erhalten bleiben, wie der Energie- bzw. Materiestrom durch sie hindurch von außen her gespeist wird. Die zentrale Frage, der wir uns in diesem Kapitel zuwenden wollen, ist die Diskussion darüber, ob die Methoden und Konzepte, die zur Behandlung der Klassen 1 und 2 entwickelt worden sind, ausreichen, um die Systeme der Klasse 3 zu behandeln. Mit anderen Worten: Sind Thermodynamik und die konventionelle statistische Physik in der Lage, Methoden und Konzepte zur Behandlung dieser letzteren Klasse bereitzustellen?

Beginnen wir dazu mit der Thermodynamik. Diese ist insbesondere durch den 1. und 2. Hauptsatz gekennzeichnet.

Der 1. Hauptsatz, der Energieerhaltungssatz, gilt natürlich auch für offene Systeme fern vom thermischen Gleichgewicht. Die in sie hineingepumpte Energie wird entweder in dem System gespeichert oder wieder an die Umgebung abgegeben. Anders verhält es sich mit dem 2. Hauptsatz in seiner mathematischen Form. Bei diesem tritt ja der Begriff der Entropieänderung dS/dt auf. Die Entropieänderung ist aber definiert durch die reversibel zu- oder abgeführte Wärmemenge dQ_{rev} dividiert durch die absolute Temperatur T: dQ_{rev}/T. Damit wird schon erhellt, daß wir den Begriff der Temperatur bei diesen Systemen brauchen. Nun kann man sich aber leicht klar machen, daß offene Systeme keineswegs durch eine einheitliche Temperatur oder überhaupt durch eine Temperatur gekennzeichnet werden können. Denken wir etwa an ein Ensemble von Atomen, von denen jedes 3 Energieniveaus für ein Elektron hat. Wie wir schon beim Laser gesehen haben, können wir durch Lichteinstrahlung erreichen, daß Elektronen aus dem untersten Niveau in das oberste Niveau übergehen, von wo sie dann zum Beispiel unter Energieabgabe, etwa durch Ausstrahlung, in den mittleren und schließlich in den unteren Zustand übergehen können. Untersucht man die Besetzung der Energieniveaus, so kann man leicht zeigen, daß diese Besetzungen von der eingestrahlten Lichtenergie und den Relaxationszeiten innerhalb der atomaren Niveaus abhängen. Die Verteilungsfunkion ist dann keineswegs durch eine einheitliche Temperatur T zu kennzeichnen. In Abb. 10.1 ist ein Atom im thermischen Gleichgewicht mit einem solchen gepumpten Atom in seinen Besetzungszahlen verglichen.

Wenn wir also von einer Entropie in einem System fern vom thermischen Gleichgewicht sprechen wollen, so können wir nur

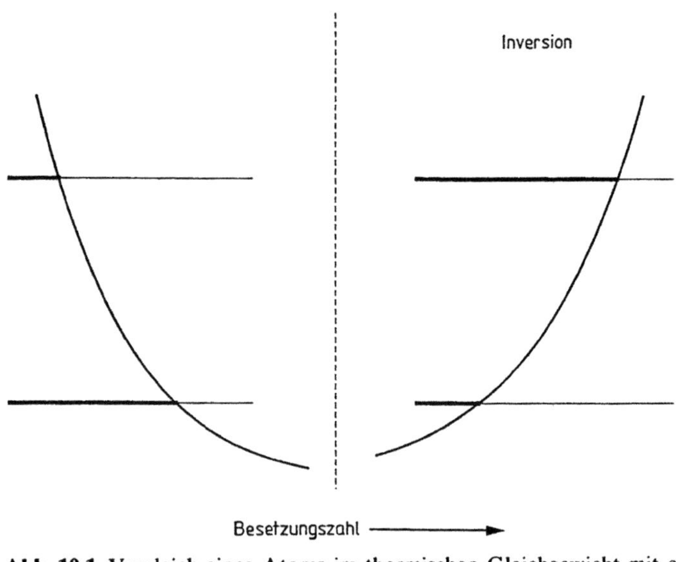

Abb. 10.1 Vergleich eines Atoms im thermischen Gleichgewicht mit einem gepumpten Atom. Maßgeblich ist im thermischen Gleichgewicht die Boltzmannverteilung.

eine statistische Definition der Entropie verwenden, so wie wir sie in Kapitel 2 kennengelernt haben. Im folgenden wollen wir also an eine solche Definition denken. Es gab nun bekannte Wissenschaftler, die folgendes behaupteten:

Auch bei Systemen fern vom thermischen Gleichgewicht gilt

$$dS < 0 \,, \tag{10-1}$$

d.h. die Entropie nimmt ab, wenn das System vom ungeordneten in den geordneten Zustand übergeht. Tatsächlich kann man aber mit Hilfe der Laserverteilungsfunktion, die wir in Kapitel 4 kennengelernt haben, die statistisch definierte Entropie berechnen. Dabei ergibt sich, daß die Entropie im geordneten Zustand keineswegs abnimmt, sondern noch zunimmt. Dies widerspricht jeder herkömmlichen Denkweise und ist gegen die Intuition, die von der statistischen Physik seit Jahren genährt wird.

In der statistischen Physik wird ja, was wohl auf Boltzmann zurückgeht, die Meinung vertreten, daß mit Entropiezunahme auch die Unordnung in einem System wächst. Machen wir dazu aber ein Gedankenexperiment, das der Realität sehr nahe kommt. Denken wir uns einen Gaslaser in einem Zimmer aufgebaut, dessen Wände ein Wärmereservoir bilden. In diesem Zimmer befinde sich nun eine Batterie, mit deren Hilfe ein elektrischer Strom durch den Gaslaser geschickt wird. Mit Hilfe dieses Stromes können durch Zusammenstöße von frei dahinfliegenden Elektronen mit den in den Atomen umlaufenden Elektronen diese angeregt, d.h. auf höhere Bahnen gebracht werden, so daß hier ein Nichtgleichgewichtszustand entsteht. Dabei setzt der uns bekannte Laserprozeß ein, und es entsteht das hochgeordnete Laserlicht. Betrachten wir das Zimmer mit den darinstehenden Apparaten als abgeschlossenes System, so gilt hierfür natürlich nach wie vor der 2. Hauptsatz. Die Gesamtentropie (aber hier im statistischen Sinne) muß im Laufe der Zeit zunehmen. Ersichtlich haben wir anfänglich einen Nichtgleichgewichtszustand vor uns, der, solange die Batterie nicht erschöpft ist, aufrechterhalten werden kann und einen Ordnungszustand des Lichtes zur Folge hat. Innerhalb eines abgeschlossenen Systems kann also, während die Entropie zunimmt, durchaus ein spezieller geordneter Zustand geschaffen werden. Hierbei steigt aber nicht nur die

Entropie des gesamten Systems an, sondern auch im Teilsystem „Laserlicht"! Dieser Ordnungszustand zerfällt lediglich, wenn die Batterie erschöpft ist und das System insgesamt ins thermische Gleichgewicht übergeht, wobei sich die Wände geringfügig erwärmt haben. Wie dieses einfache Beispiel erhellt, ist die Frage von Ordnung und Unordnung viel subtiler, als zumeist angenommen wird.

Hier können wir auch gleich noch eine Diskussion vorwegnehmen, auf die wir erst im 2. Band genauer zurückkommen können, nämlich auf die Frage, wie der hochgeordnete Zustand des Lebens entstehen kann, obwohl in einem abgeschlossenen System die Entropie nur zunehmen kann. Boltzmann hatte hierzu vorgeschlagen, daß es sich bei der Entstehung des Lebens um eine gewaltige Fluktuation handelt, die nach den Gesetzen der statistischen Mechanik durchaus möglich, wenn auch höchst unwahrscheinlich, ist. Auch hier ist das Laserbeispiel in mehrerer Hinsicht höchst aufschlußreich: Erstens erkennen wir, daß es sich beim Laser wie auch beim Leben um offene Systeme handelt, durch die Energie oder auch Materie hindurchgeht. Zweitens aber, und das ist in unserem Zusammenhang wichtig, haben wir beim Laser gesehen, daß es nicht die Fluktuationen sind, die das geordnete Laserlicht zustande bringen, sondern gerade die inhärenten deterministischen Vorgänge, die also keineswegs Zufallsereignisse sind, sondern einer strengen Dynamik unterliegen. Die Fluktuationen sind bei dem zunächst geschaffenen instabilen Zustand, der durch die hohe Inversion der Elektronen in den Atomen hervorgerufen wird, nur Auslöser, nicht aber Ursache für den sich ausbildenden geordneten Zustand des Laserlichts. Dieses Beispiel zeigt deutlich, daß dem inzwischen bekannt gewordenen Ausspruch eines Chemie-Nobelpreisträgers "Order through fluctuations" (Ordnung durch Fluktuationen) die theoretische und experimentelle Grundlage fehlt.

Wie wir schon früher gesehen haben und soeben nochmals bemerkten, kann die Entropie für einen Nichtgleichgewichtszustand dann berechnet werden, wenn wir die Verteilungsfunktion kennen. Umgekehrt gestattet es das Prinzip der maximalen Information oder der maximalen Entropie, was nur zwei Namen für die gleiche Sache sind, die Berechnung der Verteilungsfunktion aus der Forderung, daß die Entropie maximal wird. Allerdings sind bei dieser Maximalisierung ***bestimmte Nebenbedingungen*** zu berücksichtigen. Auch hier tut sich ein fundamentaler Unterschied zwischen der Gleichgewichtsthermodynamik und der statistischen Physik des thermischen Gleichgewichts einerseits und der Nichtgleichgewichtsphysik andererseits auf. Im thermischen Gleichgewicht sind nämlich die Nebenbedingungen durch die Erhaltungssätze gegeben, wie zum Beispiel durch den Erhaltungssatz der Energie, des Impulses, des Drehimpulses usw. Damit ergibt sich dann durch die Forderung, daß die Entropie maximal wird, die Verteilungsfunktion zu $f_n = Z^{-1} \exp(-E_n/kT)$, wobei E_n die Energie des Zustandes n des Systems und Z die Zustandssumme sind. Unter anderen Verhältnissen bekommen wir statt E die freie Energie F usw. Auf jeden Fall haben wir hier bestimmte Nebenbedingungen in Form von Erhaltungssätzen zu berücksichtigen. Fern vom thermischen Gleichgewicht können die aus der Forderung der maximalen Entropie bestimmten Verteilungsfunktionen nur dann mit denen, die aus einer mikroskopischen Theorie kommen, in Übereinstimmung gebracht werden, wenn die Nebenbedingungen völlig anders sind. Sie beziehen sich nämlich jetzt auf die ersten bis vierten Momente der in Betracht zu ziehenden Ordnungsparameter, d. h. wir haben Größen der Gestalt $\langle q \rangle, \cdots, \langle q^4 \rangle$ zu berücksichtigen, wobei $\langle \cdots \rangle$ die Mittelung über Fluktuationen bedeutet. Wie wir schon früher sahen, ist diese Verteilungsfunktion beim Laser mit höchster Präzision gemessen worden, was voll und ganz die theoretischen Voraussagen bestätigt.

Beleuchten wir nun das Verhältnis zwischen der statistischen Physik von Systemen im thermischen Gleichgewicht und der Synergetik noch von einem anderen Gesichtspunkt her, nämlich von der Verteilung der Energie auf die verschiedenen Freiheitsgrade. Für Systeme im thermischen Gleichgewicht gilt der sogenannte Gleichverteilungssatz, nach dem jedem Freiheitsgrad die mittlere Energie von $\frac{1}{2} k_B T$ zukommt. Fliegen zum Beispiel Atome in einem Gas wild durcheinander, so haben diese natürlich immer wieder ganz verschiedene Energien. Mittelt man aber über die Energie eines Atoms im Laufe der Zeit, so ergibt sich hierfür als mittlere Energie in einer Bewegungsrichtung $\frac{1}{2} k_B T$ oder in den drei Richtungen $\frac{3}{2} k_B T$.

Bei den Systemen fern vom thermischen Gleichgewicht sind die Verhältnisse völlig anders. Hier entsteht durch den „Darwinismus" der verschiedenen Bewegungsformen, die wir gelegentlich auch Moden genannt haben, eine Ungleichverteilung. Einige Bewegungsformen sind energetisch hoch angeregt, während alle anderen praktisch immer noch im thermischen Gleichgewicht, d.h. praktisch nicht angeregt sind. Dies spiegelt sich auch in den entsprechenden Verteilungsfunktionen wider; in der Thermodynamik gehen in dieser nur Energien und Teilchenzahlen sowie die dazugehörigen Multiplikatoren, die sogenannten chemischen Potentiale, ein, während in den Nichtgleichgewichtsverteilungsfunktionen Übergangsraten, mit denen die Prozesse stattfinden, in charakteristischer Weise eingehen. Die fundamentalen Unterschiede von Systemen im thermischen Gleichgewicht und solchen fern vom Gleichgewicht treten natürlich in ganz besonders deutlicher Weise dadurch zutage, daß Systeme im thermischen Gleichgewicht einem *mikroskopischem Chaos*, hingegen aber einer *makroskopischen Homogenität* zustreben. Bei Systemen fern vom thermischen Gleichgewicht herrscht mikroskopisch nach wie vor im wesentlichen Chaos, das aber von den sich ausbildenden makroskopischen Strukturen völlig überdeckt wird. Zu diesen Strukturen können sowohl räumliche als auch zeitliche Strukturen, d.h. Oszillationen, die ungedämpft verlaufen, gehören. Solche Oszillationen sind in der Gleichgewichtsthermodynamik und statistischen Physik ausgeschlossen.

Zur Behandlung solcher Strukturbildungen mußten Methoden entwickelt oder herangezogen werden, die der statistischen Physik oder Thermodynamik völlig fremd sind. Dazu gehört insbesondere das Versklavungsprinzip, das eine ungeheure Reduktion der Freiheitsgrade ermöglicht und zeigt, daß die Dynamik von Systemen in der Nähe ihrer Instabilitätspunkte durch wenige Ordnungsparameter bestimmt wird.

Zusammenfassend können wir also folgendes feststellen: Zwischen Systemen im und nahe am thermischen Gleichgewicht und solchen fern vom thermischen Gleichgewicht bestehen fundamentale Unterschiede. Diese manifestieren sich in der makroskopischen Welt durch die Homogenität der Systeme im thermischen Gleichgewicht einerseits bzw. durch die Inhomogenität bei der Strukturbildung der Systeme fern von diesem Gleichgewicht andererseits. Die physikalischen Konzepte und mathematischen Methoden, um diese beiden verschiedenen Arten von Systemen zu behandeln, unterscheiden sich grundlegend. Die Synergetik ist so zu einer neuen selbständigen Wissenschaft geworden, die weit über Thermodynamik und statistische Physik hinausgeht und deutlich aufzeigt, wo die Grenzen zwischen Systemen im thermischen und fern vom thermischen Gleichgewicht liegen.

Programmiervorschläge

```
PROGRAM BAUM(INPUT,OUTPUT);


CONST  PI = 3.14159265;

VAR
       WI1,WI2,WINKEL,SCAL,X0,Y0,XLANG:REAL;
                                  IDICK:INTEGER;

 PROCEDURE MOVE(VAR X,Y:REAL); EXTERNAL;
 (* Graphic-Cursor nach x,y *)
 PROCEDURE DRAW(VAR X,Y:REAL); EXTERNAL;
 (* zeichnet Linie nach x,y *)
 PROCEDURE FEDER(VAR I:INTEGER); EXTERNAL;
 (* verschiedene Linienstaerken *)



 PROCEDURE AST(VAR XLANG,WINKEL,X0,Y0:REAL; VAR IDICK:INTEGER);

 (* zeichnet einen Ast der Laenge XLANG mit Winkel WINKEL ab X0,Y0 *)

 VAR
     X1,Y1,XLAN1,WIN1:REAL;
              IDICK1:INTEGER;
```

```
BEGIN
 X1:= X0 + XLANG*COS(WINKEL); Y1:= Y0 + XLANG*SIN(WINKEL);
                          (* bis hier wird der Ast gezeichnet *)

 FEDER(IDICK); MOVE(X0,Y0); DRAW(X1,Y1);    (* Ast zeichnen *)

 XLAN1:= XLANG*SCAL;            (* Laenge des naechsten Astes *)
 IDICK1:= IDICK - 3; IF IDICK1<=0 THEN IDICK1:= 1; (* Dicke *)
  IF XLAN1 > 2.0     (* Nur weiter in der Rekursion wenn
                         Laenge d. Astes > 2, Abbruchkriterium *)
  THEN BEGIN
   WIN1:= WINKEL + WI1; AST(XLAN1,WIN1,X1,Y1,IDICK1);
                                        (* Rekursion, 1.Ast *)
   WIN1:= WINKEL + WI2; AST(XLAN1,WIN1,X1,Y1,IDICK1);
                                        (* Rekursion, 2.Ast *)
  END;

 END;


BEGIN           (* Das Hauptprogramm *)

 WRITE('Die Winkel in Grad (z.B. -30  40) ? '); READLN(WI1,WI2);
 WRITE('Die Laengenskalierung (<1) ? '); READLN(SCAL);

 WI1:= WI1*PI/180; WI2:= WI2*PI/180;

 XLANG:= 150; IDICK:= 21;            (* Anfangslaenge, Dicke *)
 WINKEL:= PI/2.0;                       (* Senkrechter Stamm *)
 X0:= 500.0; Y0:= 0.0;               (* Hier beginnt der Stamm *)

 AST(XLANG,WINKEL,X0,Y0,IDICK);     (* der Stamm, 1.Rekursion *)

END.
```

```
C
C       Logistische Abbildung
C
        A=3.2                   ! Parameterwert für Periode 2
        X_AUF=600.              ! Auflösung in horizontaler Richtung
        Y_AUF=400.              ! Auflösung in vertikaler Richtung
        X0=150.                 ! Ursprung horizontal
        Y0=50.                  ! Ursprung vertikal
        I_PARA=300              ! Anzahl der Punkte der Parabel
        I_WIE_OFT=100           ! Anzahl der Iterationen
        X_START=.3              ! Startwert für die Iteration
C
        SKX=X_AUF-2.*X0         ! Skalenfaktor in x_Richtung
        SKY=Y_AUF-2.*Y0         ! Skalenfaktor in y-Richtung
C
        CALL INIT
C
        CALL MOVE(X0,Y0)                  ! Ursprung
        CALL DRAW(X_AUF-X0,Y0)
        CALL DRAW(X_AUF-X0,Y_AUF-Y0)
        CALL DRAW(X0,Y_AUF-Y0)            ! Rahmen zeichnen
        CALL DRAW(X0,Y0)
        CALL DRAW(X_AUF-X0,Y_AUF-Y0)
C
        CALL MOVE(X0,Y0)                  ! Ursprung
        DO I=1,I_PARA
          X_N=FLOAT(I-1)/FLOAT(I_PARA-1)  ! x-Wert für die Parabel
          Y_N=A*X_N*(1.-X_N)              ! y-Wert für die Parabel
          X_WO=X0+X_N*SKX         ! x-Wert in Bildschirmkoordinaten
          Y_WO=Y0+Y_N*SKY         ! y-Wert in Bildschirmkoordinaten
          CALL DRAW(X_WO,Y_WO)    ! Parabel zeichnen
        END DO
C
        X_N=X_START               ! Startwert für die Iteration
        CALL MOVE(X0+X_N*SKX,Y0) ! Startwert in Bildschirmkoordinaten
```

```
C
      DO I=1,I_WIE_OFT             ! Schleife für die Iteration
        X_NPLUS1=A*X_N*(1.-X_N)  ! I-ten Iterationsschritt ausrechnen
        Y_N=Y0+X_NPLUS1*SKY        ! umrechnen in Bildschirmkoordinaten
        CALL DRAW(X0+X_N*SKX,Y_N)      ! Strich vertikal zur Parabel
        CALL DRAW(X0+X_NPLUS1*SKX,Y_N)
C                            ! Strich horizontal zur Winkelhalbierenden
        X_N=X_NPLUS1               ! Ausgabe wird Eingabe des nächsten
      END DO                       ! Schritts
C
      CALL PLEND
      STOP
      END
C
C   Bifurkation-Diagramm der logistischen Abbildung
C
      X_AUF=600.           ! Bildschirmauflösung in horizontaler Richtung
      Y_AUF=400.           ! Bildschirmauflösung in vertikaler Richtung
      A_START=2.8          ! Startwert für den Kontrollparameter A
      A_END=4.             ! Endwert für den Kontrollparameter A
      I_ANZAHL=600         ! Anzahl der Schritte zw. A_START und A_END
      I_WIEVIELE=500       ! Anzahl der Iterationen pro Parameterwert
      I_VORLAUF=100        ! Anzahl der Iterationen hin zum Attraktor
      X_START=.8           ! Startwert für die Iteration
C
      DA=(A_END-A_START)/FLOAT(I_ANZAHL)  ! Schrittweite für A
      DX=X_AUF/FLOAT(I_ANZAHL)            ! horizontale Schrittweite
C
      DO I=1,I_ANZAHL
        A=A_START+FLOAT(I)*DA             ! der aktuelle Parameter A
        X_N=X_START                       ! Reset der Iterationsvar.
C
        DO II=1,I_VORLAUF               ! Da der Startwert kein Punkt
          X_NPLUS1=A*X_N*(1.-X_N)       ! des Attraktors ist, wird die
          X_N=X_NPLUS1                  ! Abbildung ohne Grafik iteriert
        END DO                          ! bis der Attraktor erreicht ist.
```

```
        DO II=1,I_WIEVIELE
          X_NPLUS1=A*X_N*(1.-X_N)      ! Iteration der Abbildung
          X_N=X_NPLUS1                 ! Ergebnis ist neue Eingabe
          X_WO=FLOAT(I-1)*DX           ! x-Koordinate des neuen Punktes
          Y_WO=X_N*Y_AUF               ! y-Koordinate des neuen Punktes
          CALL PIXEL(X_WO,Y_WO)        ! Pixel setzen
        END DO                         ! nächster Iterationsschritt
      END DO                           ! nächster Kontrollparameter
      STOP
      END

C
C   Der Lorenz-Attraktor
C
      X_AUF=600.                ! horizontale Auflösung des Bildschirms
      Y_AUF=400.                ! vertikale Auflösung des Bildschirms
      X0=X_AUF/2.               ! Nullpunktsverschiebung in x-Richtung
      Y0=Y_AUF/10.              ! Nullpunktsverschiebung in y-Richtung
      SKX=X_AUF/75.             ! Skalenfaktor in x-Richtung
      SKY=Y_AUF/75.             ! Skalenfaktor in y-Richtung
      RAY=29.                   ! Rayleigh-Zahl    (Parameter r)
      BE=8./3.                  ! Geometrie-Faktor (Parameter b)
      SIG=10.                   ! Prandl-Zahl      (Parameter Sigma)
      X=.2                      !
      Y=.2                      ! Startpunkt
      Z=.2                      !
      DT=.005                   ! Zeitschritt
      I_MAXIMAL=25000           ! Anzahl der Integrationsschritte
C
C  Die zweidimensionale Darstellung des dreidimensionalen Attraktors
C  erfolgt mittels einer Zentralprojektion.
C
      PHI=100.                       ! geographische Länge und Breite
      TE=90.                         ! des Blickpunkts
      UA=3000.                       ! Abstand Blickpunkt-Objektebene
      UB=3000.                       ! Abstand Blickpunkt-Bildebene
      CALL ZPROWI(PHI,TE,UA,UB)      ! Init. der Zentralprojektion
      CALL ZPRO(X,Y,Z,PX,PY)         ! Projektion des Startpunkts
```

```
      PXA=PX*SKX+X0                     ! x-Wert, y-Wert des Startpunkts
      PYA=PY*SKY+Y0                     ! in Bildschirmkoordinaten
      CALL MOVE(PXA,PYA)                ! Startpunkt setzten


C
C Zeitliche Integration der Gleichungen mit einem Runge-Kutta-Verfahren
C
      DO I=1,I_MAXIMAL                            ! Integrationsschleife
        X1=(-SIG*X+SIG*Y)*DT
        Y1=(RAY*X-Y-X*Z)*DT                       ! 1. Runge-Kutta-Schritt
        Z1=(X*Y-BE*Z)*DT
        X2=(-SIG*(X+X1)+SIG*(Y+Y1))*DT
        Y2=(RAY*(X+X1)-(Y+Y1)-(X+X1)*(Z+Z1))*DT   ! 2. Schritt
        Z2=((X+X1)*(Y+Y1)-BE*(Z+Z1))*DT
        X=X+(X1+X2)/2.                            ! Der neue Punkt ergibt
        Y=Y+(Y1+Y2)/2.                            ! sich bei diesem Ver-
        Z=Z+(Z1+Z2)/2.                            ! fahren 2. Ordnung als
C                                                 ! Mittelwert
        CALL ZPRO(X,Y,Z,PX,PY)                    ! Punkt projezieren
        PX=PX*SKX+X0                              ! Umrechnung auf Bild-
        PY=PY*SKY+Y0                              ! schirmkoordinaten
        CALL DRAW(PX,PY)                          ! Trajektorie zeichnen
      END DO
      STOP
      END
```

```
C
C       Zentrale Projektion
C
C       ***********************************
        SUBROUTINE ZPROWI(PHI,THET,UAA,UBB)
C       ***********************************
C
        COMMON /WINKEL/ CPHI,SPHI,CTHET,STHET,EEX,EEY,EEZ,UA,BA
C
        PI-3.141593
C
        UA-UAA                   ! Abstand Blickpunkt-Objektebene
        BA-UBB                   ! Abstand Blickpunkt-Bildebene
        PHI-PHI*PI/180.          ! Umrechnung der Projektionswinkel
        THET-THET*PI/180.        ! ins Bogenmaß
        CPHI-COS(PHI)
        SPHI-SIN(PHI)            ! Sinus und Cosinus der
        CTHET-COS(THET)          ! Projektionswinkel
        STHET-SIN(THET)
        EEX-STHET*CPHI
        EEY-STHET*SPHI           ! Einheitvektoren für die Projektion
        EEZ-CTHET
C
        RETURN
        END
```

```
C
C
C       ****************************
        SUBROUTINE ZPRO(X,Y,Z,XX,YY)
C       ****************************
C
        COMMON /WINKEL/ CPHI,SPHI,CTHET,STHET,EEX,EEY,EEZ,UA,BA
C
        XX=Y*CPHI-X*SPHI
        YY=Z*STHET-CTHET*(X*CPHI+Y*SPHI) ! Zentralprojektion:
        ER=X*EEX + Y*EEY + Z*EEZ         ! Aus den Koordinaten X,Y,Z des
        VORF=BA/(UA - ER)                ! des dreidimensionalen Raums
        XX=VORF*XX                       ! wird die zweidimensionale
        YY=VORF*YY                       ! Projektion XX,YY berechnet.
C
        RETURN
        END
```

Bildquellenverzeichnis

Abb. 1.1 M. P. Kage, W. Nachtigall: Faszination des Lebendigen (Herder Verlag, Freiburg 1980), S. 26. Photo: Manfred P. Kage, Institut für Wissenschaftliche Fotografie, Lauterstein

Abb. 1.2 Erich Kolb: Lehrbuch der Physiologie der Haustiere (Fischer-Verlag, Stuttgart 1967)

Abb. 1.3 H. Ritter: Salzkarawanen in der Sahara (Atlantis Verlag, Zürich und Freiburg 1980), S. 17

Abb. 1.4 H. J. Lugt: Vortex Flow in Nature and Technology (Wiley, New York 1983), S. 121. Photo von A. Rosko, California Institute of Technology, Pasadena, California

Abb. 1.5 W. B. Krantz, K. J. Gleason, N. Caine: Patterned Ground, Scientific American, December 1988, S. 44 und 45

Abb. 1.6 Bilderberg/Archiv der Fotografen, Hamburg. Photo von K. D. Francke

Abb. 1.7 W. Weimer: Verallgemeinerte Ginzburg-Landau-Gleichungen für die Dynamik der atmosphärischen Zyklogenese (Dissertation Universität Stuttgart 1989), S. 34

Abb. 1.8 S. Chandrasekhar: Hydrodynamic and Hydromagnetic Stability (Clarendon Press, Oxford 1961), S. 10

Abb. 1.9 H. L. Swinney, P. R. Fenstermacher, J. P. Gollub in: Synergetics, A Workshop, ed. by H. Haken (Springer Series in Synergetics, Vol. 2, Springer, Berlin, Heidelberg, New York 1977), S. 60

Abb. 1.10 R. P. Feynman, R. B. Leighton, M. Sands: The Feynman Lectures of Physics, Vol. II (Addison-Wesley, Reading, MR 1965), S. 41–8

Abb. 1.11 H. J. Lugt: Vortex Flow in Nature and Technology (Wiley, New York 1983), S. 216. Aufnahme: NASA

Abb. 1.14 H. Haken in: Symmetrie, ed. by R. Wille (Springer, Berlin, Heidelberg, New York 1988), S. 63

Abb. 1.15 Scientific American **220**, Heft 6, (1969), S. 130: "Salts react in a gel to make the colorful Liesegang bands". Beitrag unter der Rubrik "The Amateur Scientist", betreut von C. L. Stong. Photo von Ben Rose.

Abb. 1.21 R. Hardy, P. Wright, J. Gribbin, J. Kington: Das Wetterbuch (Christian-Verlag, München 1982), S. 49

Abb. 1.24 H. J. Rösler: Lehrbuch der Mineralogie, 4. Auflage, (VEB Deutscher Verlag für Grundstoffindustrie, Leipzig 1891), S. 407. Das Photo stammt aus dem Bildarchiv des ehemaligen Mineralogischen Instituts der Bergakademie Freiberg.

Abb. 5.14 H. Haken: Physik und Synergetik, in: Zeugen des Wissens, ed. by H. Maier-Leibnitz (v. Hase und Koehler, Mainz 1987), Tafel VII

Abb. 6.1 bis Abb. 6.3 T. Schwenk: Das sensible Chaos. Strömendes Formenschaffen in Wasser und Luft (Verlag Freies Geistesleben, Stuttgart, 7. Auflage 1988), Bilder 25, 6, 35

Abb. 6.4 Aufnahme von Ray Delvert, Villeneuve s. Lot (wiedergegeben in T. Schwenk: Das sensible Chaos. Strömendes Formenschaffen in Wasser und Luft (Verlag Freies Geistesleben, Stuttgart, 7. Auflage 1988))

Abb. 6.5 G. H. Liljequist, Allgemeine Meteorologie (Vieweg, Braunschweig, 3. Aufl. 1984), Bild G unten

Abb. 6.6 bis Abb. 6.8 A. van Delden: On cumulus cloud pattern and the theory of shallow convection, proefschrift (Utrecht 1987), S. 2, 31 und 24

Abb. 6.23 J. A. Whitehead: A Survey of Hydrodynamic Instabilities, in: Fluctuations, Instabilities and Phase Transitions, ed. by T. Riste (Plenum Press, New York 1975), S. 159

Abb. 6.25 F. H. Busse in: Hydrodynamic Instabilities and the Transition to Turbulence, ed. by H. L. Swinney and J. P. Gollub (Topics of Applied Physics, Vol. 45, Springer, Berlin, Heidelberg, New York 1981), S. 127

Abb. 6.27 H. Haken: Advanced Synergetics (Springer, Berlin, Heidelberg, New York 1983), S. 8

Abb. 6.30 bis Abb. 6.37 R. Friedrich, H. Haken: Static, wavelike, and chaotic thermal convection in spherical geometries, Phys. Rev. **A 34**, 2100 (1984). Dort S. 2103–2113

Abb. 6.42 und Abb. 6.50 H. J. Lugt: Vortex Flow in Nature and Technology (Wiley, New York 1983), S. 173 und 135

Abb. 6.54 H. Haken, W. Weimer: Synergetics: a systematic approach to instabilities, fluctuations, and pattern formation and the application to baroclinic instability of the atmosphere, in Z. Geomorph. N. F. Suppl.-Bd. 67 (1988), S. 105

Abb. 6.56 T. Schwenk: Das sensible Chaos. Strömendes Formenschaffen in Wasser und Luft (Verlag Freies Geistesleben, Stuttgart, 7. Auflage 1988), Bild 38. Photo von Walter Roggenkamp, Dachsberg.

Abb. 7.1 T. Winfree, private Mitteilung

Abb. 9.10 H. Bunz: Zur Dynamik nichtlinearer angetriebener Oszillatoren (Dissertation, Universität Stuttgart 1987), S. 109

Abb. 9.27 H. J. Lugt: Vortex Flow in Nature and Technology (Wiley, New York 1983), S. 121

Abb. 9.30 H. Haken: Advanced Synergetics (Springer, Berlin, Heidelberg, New York 1983), S. 56

Literaturverzeichnis

Das Literaturverzeichnis stellt nicht den Anspruch auf Vollständigkeit. Weitere Literaturangaben findet man in H. Haken, *Synergetik. Eine Einführung* (Springer, 2. Auflage, Berlin 1983) und H. Haken, *Advanced Synergetics* (Springer, Berlin 1983).

Zu Kapitel 1

H. Haken, *Erfolgsgeheimnisse der Natur* (DVA Stuttgart 1980)
H. Haken, *Synergetics. An Introduction* (Springer Series in Synergetics Vol. 1, Springer, 3rd edition, Berlin 1983)
H. Haken, *Advanced Synergetics* (Springer, Berlin 1983)

Zu Kapitel 2

R. Becker, *Theorie der Wärme* (Heidelberger Taschenbücher, Springer, Berlin 1985)
F. Schlögl, *Probability and Heat* (Vieweg, Braunschweig 1989)
H. Haken, *Synergetics. An Introduction* (Springer Series in Synergetics Vol. 1, Springer, 3rd edition, Berlin 1983)

Zu Kapitel 3

H. Haken, *Synergetics. An Introduction* (Springer Series in Synergetics Vol. 1, Springer, 3rd edition, Berlin 1983)
P. Glansdorff, I. Prigogine, *Thermodynamic Theory of Structure, Stability and Fluctuations* (Wiley, New York 1971)

Zu Kapitel 4

H. Haken, *Laser Theory,* in *Encyclopedia of Physics,* ed. by S. Flügge, Vol. XXV/2c, *Light and Matter* Ic (Springer, Berlin 1970)
H. Haken, *Licht und Materie II* (Bibliographisches Institut, Mannheim 1981)

Zu Kapitel 5

H. Haken, *Erfolgsgeheimnisse der Natur,* DVA Stuttgart (1980)
H. Haken, *Synergetics. An Introduction* (Springer Series in Synergetics Vol. 1, Springer, 3rd edition, Berlin 1983)

H. Haken, *Advanced Synergetics* (Springer, Berlin 1983)
A. Wunderlin, H. Haken, *Some Applications of Basic Ideas and Models of Synergetics to Sociology* (Springer Series in Synergetics, Vol. 22, ed. by E. Frehland, Springer, Berlin 1984)

Zu Kapitel 6

T. Schwenk, *Das sensible Chaos* (Verlag Freies Geistesleben, Stuttgart 1962)
H. J. Lugt, *Vortex Flow in Nature and Technology* (Wiley, New York 1983)
H. Haken, *Erfolgsgeheimnisse der Natur* (DVA, Stuttgart 1980)
H. Haken, *Synergetics. An Introduction* (Springer Series in Synergetics Vol. 1, Springer, 3rd edition, Berlin 1983)
H. Haken, *Advanced Synergetics* (Springer, Berlin 1983)
R. Friedrich, H. Haken, Phys. Rev. **A34**, 2100 (1986)
M. Bestehorn, H. Haken, in: *Complex Systems-Operational Approaches,* ed. by H. Haken (Springer, Berlin 1985)

Zu Kapitel 7

H. Haken, *Synergetics. An Introduction* (Springer Series in Synergetics Vol. 1, Springer, 3rd edition, Berlin 1983)
G. Nicolis, I. Prigogine, *Die Erforschung des Komplexen* (Piper, München/ Zürich 1987)

Zu Kapitel 8

H. Haken, Z. Phys. B **70**, 121 (1988)
A. Fuchs, H. Haken, Z. Phys. B **71**, 519 (1988)
H. Haken, Z. Phys. B **71**, 521 (1988)
H. Haken, Biol. Cyber. **56**, 11 (1988)

Zu Kapitel 9

I. Ekeland, *Das Vorhersagbare und das Unvorhersagbare* (Harnack-Verlag, München 1985)
H.-O. Peitgen, P. H. Richter, *The Beauty of Fractals* (Springer, Berlin 1986)
H. Haken, *Synergetics. An Introduction* (Springer Series in Synergetics Vol. 1, Springer, 3rd edition, Berlin 1983)

Namen- und Sachwortverzeichnis

Abbildung, logistische 385
Abhängigkeit, sensitive, von den Anfangsbedingungen 421
Absorption 162
adiabatisch 59
Ähnlichkeit 335
Ähnlichkeitstransformation 292
Ähnlichkeitsverhalten 278
Äquivalenzrelation 238, 430
Akkretionsmodell 266
Aktivatorsubstanz 358
Amplitude 157, 160
Anomalie 262
Arbeit 47, 49
Atmosphäre 258
Atome 83
Attraktor 209, 218
autokatalytisch 351
Aufmerksamkeitsparameter 377

baroklin 329
Basissystem, orthonormiertes 222
Belousov-Zhabotinsky-Reaktion 12, 347, 359
Bénard-Instabilität 7, 40
Bénardproblem 267, 304, 326
Besetzungszahl 444
Bewegung, antizyklonische 326
–, kollektive 279
–, periodische 216
–, quasiperiodische 218
–, thermische 113
–, überdämpfte 172
Bezugssystem, beschleunigtes 318
Bienenwabenmuster 300
Biologie 345
Bit 87
Boltzmannkonstante 113, 120
Boltzmannsche Formel 124
Boltzmannverteilung 444
Brownsche Molekularbewegung 194

Cantormenge 426, 439
Carnotscher Kreisprozeß 59
Celsius 45
Chaos 382, 421
Chaos, deterministisches 20
–, makroskopisches 20, 383
–, mikroskopisches 20, 191, 383
Charakterisierung des Chaos 434
Charakteristiken 328
Chemie 345
Computer, synergetischer 14, 360
Corioliskraft 319
Coriolisparameter 322
Couette-Strömung 312
Cumulus-Wolken 258
Curietemperatur 201

Darwinismus 448
– der Lasermoden 188
Determinismus 381
diathermisch 50
Dichte 268
Differentialquotient 210
Differenzquotient 210
Diffusion 145, 353
Diffusionskonstante 147, 354
Dimension, fraktale 436
Dipolmoment 177
Dissipationslänge 339
Dreikörperproblem 381
Druck 49
Dynamo 266, 302

Ebene, makroskopische 30
Eigenvektor 224
Eigenwert 224
Ei-Henne-Problem 184
Einheitsvektor 222
Einschwingvorgang 174
El-Niño-Ereignis 262

Emission, induzierte 163
–, spontane 161, 190
Emissionsprozeß 159
Energie 25
–, freie 78
–, innere 47
–, potentielle 172, 272
Energiebilanz 168
Energieniveau 159
Entropie 25, 63, 69, 74, 445
Entropiedichte 125
Entropiedifferenz 72
Entropieproduktion 136, 139
Erdatmosphäre 315
Erddrehung 317
Erde 264
Erdkern 265
Erdmagnetfeld 303
Ereignismenge 116
Erhaltungsgröße 148, 422
Erhaltungssatz 447
Erkennung von Gesichtern 374
Evolutionsgleichung 209
Exponentialgesetz 160
Extremalprinzip 74

feature 361
Feigenbaumkonstante 411, 418
Feld, erdmagnetisches 265
–, skalares 126
Ferromagnet 200
Festkörperlaser 155
Festland 262
Fixpunkt 211, 387
Fixpunktgleichung 388
Fließgleichgewicht 29
Flüssigkeit 252
Fluktuation, kritische 192, 204
Fokus 214
Freiheitsgrade 85
Frequenz 160, 297
Fundamentalgleichung der
Thermodynamik 76

Gas 252
–, ideales 45, 46, 80
Gaußsche Glockenkurve 109
Gebiet, kritisches 230
Gedächtnis, assoziatives 15
Gehirn 360, 378
Geophysik 253
geostrophisch 325
Geschwindigkeitsmode 287
Gesellschaft 242
Gibbssche Verteilung 120
Gleichgewicht, lokales,
thermisches 125, 127
Gleichgewichtszustand 54
Gleichung, logistische 385
Gleichverteilung 94
Gleichverteilungssatz 117
Gliazelle 242
Grauwert 374
Gravitation 315
Grenzzyklus 216, 352
Größe, dimensionslose 278
–, makroskopische 294
Gruppenfoto 377

Hadleyzelle 322
Häufigkeit, relative 92, 93
Hauptsatz 25
–, erster, der Thermodynamik 50
–, zweiter, der Thermodynamik 53
Helmholtzoszillator 396
Hierarchie 228, 232
Homöomorphismus 238
Hopfbifurkation 246
Hyperebene 104
Hyperfläche 229

Idealmuster 363
Information 86, 92
Informationskompression 377
Inhibitor 358
inkohärent 151
inkommensurabel 297
Instabilität 37, 224, 255
–, barokline 329
–, strukturelle 237, 430
–, symmetriebrechende 203
Instabilitätspunkt 225
Intensität 164, 195
Intensitätsschwankung 196

Intermittenz 431
Inversion 166
irreversibel 25, 56

Jaynessches Prinzip 102

Katalysator 347
Kausalität, zirkuläre 184
Kelvin 45
Klima 261, 263
Klimagürtel 261
Knoten 214
Koch-Kurve 17
Koexistenz 185
Kolmogorovspektrum 342
Konkurrenz 185, 283
Kontinentaldrift 264
Kontrollparameter 32, 208
Konvektion 131
Konvektionsinstabilität 272
Konvektionsströmung 267
Konvektionszone der Sonne 266
Konzentration 346
kooperieren 301
Koordinatensystem 221
Kopplungskonstante 180
Kraft, fluktuierende 208
–, thermodynamische 135, 139
Krampfadermuster 299
Kreisfrequenz 160
Kreisprozeß 61
Kronecker-δ
Kurve, neutrale 286
Kybernetik 153

Lagrange-Multiplikator 97
Lampe 183
Landaumodell 332
Langsamerwerden, kritisches 192, 204
Laser 10, 150, 155, 183, 420
Laserbedingung 166, 169
Laserschwelle 198
Leben 446
Licht 151
–, kohärentes 153
Lichtgeschwindigkeit 158
Liesegang-Ringe 12
Linienbreite 195
locking 298
Lorenzattraktor 421
Lorenzmodell 419
Loschmidtsche Zahl 115
Lotka-Volterramodell 352
Lyapunov-Exponent 434

Machscher Kegel 328
Mäander 254
makroskopisch 88
Magnetisierung 201
Magnetohydrodynamik 302
Materiestrom 355
Maxwellsche Geschwindigkeits-
verteilung 103, 111
Meinungsbildung 242
Merkmal 369
Merkmalvektor 378
mikroskopisch 88
– chaotisch 151
Mittel 93
Mode, instabile 232
–, kollektive 224, 282
–, stabile 232
Modulation 299
Moleküle 83
Monsun 321
Muster, bimodales 297
–, hexagonales 40
Musterbildung 12
Mustererkennung 360

Nebenbedingung 56, 95
Negentropie 29
Neuron 242
Newtonsches Grundgesetz 84, 169
Nichtgleichgewicht 128
Nichtgleichgewichtsphasenübergang
204, 378
Nichtgleichgewichtsprozeß 130
Nichtgleichgewichtssituation,
stationäre 133
Nichtgleichgewichtszustand 56
Nichtlinearität 168, 191, 228, 232
Normierungsfaktor 197

Ordner 35
Ordnungsparameter 35, 201, 294, 447
Ordnungsparametergleichung 233, 295
Orthonormalsystem 222
Oszillator, harmonischer 171
Ozean 261
Ozonloch 264

Parameterraum 229, 243
Partition 238
Passat 321
Periodenverdopplung 393
perpetuum mobile erster Art 52
– – zweiter Art 55
Phasendiagramm 308
Phasendiffusion 195
Phasenübergang 200
Photon 198
Photonenzahl 164
Pixel 374
Plancksche Konstante 159
Plasmaphysik 302
Population 384
Potential 174, 175
Prandtlzahl 278
Prinzip der minimalen Entropieproduktion 140
Prototypmuster 363

Quantentheorie 158
quantitativ 236
quasistatisch 58
Quelle 214

Ratengleichung 351
Rauschen 190
Rayleighzahl 277
–, kritische 283
Reaktion, chemische 345
Reaktionsgeschwindigkeit 347
Reaktionsgleichung 346
Realisierungen, mikroskopische 88
Reibungskraft 170
Reinjektionsmechanismus 431
Resonator 158
reversibel 25, 58
Reynoldszahl 336
Rikitake-Modell 304
Rösslerattraktor 429
Rolle 38
Rollenmuster 279
Rossbywelle 327
Rossbyzahl 321
Ruelle und Takens 429
Rückkoppelung 153

Saite, eingespannte 156
Sattelpunkt 214
Schrittmacher 154
Schätzung, unvoreingenommene 102
Schwankungsquadrat, mittleres 113, 196
–, relatives 14
Schwingung der Saite 156
Seeklima 262
Selbstkonsistenz 291
Selbstorganisation 24, 150, 154, 185
Selbstregulierung 175
Selbstähnlichkeit 17, 398, 426
–, asymptotische 399
Selektionsprinzip 188
Senke 214
Shannon 86
Silikatmantel 264
Sinneseindruck 360
Sinneswahrnehmung 378
Skalarprodukt 221
Smalesche Hufeisenabbildung 427
Smalesche Vorstellung 425
Solarkonstante 316
Sonneneinstrahlung 316
Sonnenfleck 266
Spiralwelle 12, 346
Stabilisierung 175
Stabilität der Fixpunkte 390
–, lineare 390
Stabilitätsdiagramm 306
Stammfunktion 70
Stoßzeit, atmosphärische 321
–, turbulente 253
Strömungsform 329
Strömungsmuster 253
Struktur, hexagonale 7

Strukturbildung 4
Superposition 280
Symmetriebrechung 37, 38, 300
Synergetik 30
–, makroskopische 247
–, phänomenologische 242
System 49
–, abgeschlossenes 50
–, deterministisches 381
–, dynamisches 239
–, isoliertes 50
–, offenes 29, 50
–, zeitlich diskretes 383
–, zusammengesetztes 77
Taylor-Problem 8, 310
Taylor-Proudman-Theorem 328
Taylorwirbel 312
Temperatur 44
–, absolute 66
Temperaturausgleich 70
Temperaturmode 287
Temperaturskala 45
Termschema 159
Thermodynamik 24, 43, 75, 443
–, lineare irreversible 135
–, irreversible 125
Torus 218, 297
Trägheitsbereich 340
Trajektorie 212
Trajektorienschar 212
Transportkoeffizient 136
Treibhauseffekt 264
Turbulenz 332
–, vollentwickelte 335

Unabhängigkeit, statistische 16
Untersystem 30

Variable, extensive 78
–, intensive 78
Vektor 221
Vektorfeld 126
Vektorrechnung 221
Verbundwahrschienlichkeit 116
Vergrößerungsfaktor 408
Versklavung 37
Versklavungsprinzip 182, 225, 231, 294, 448
Verteilungsfunktion 197
Viskosität 269, 334
–, kinematische 270
Volumen 49
Volumenausdehnungskoeffizient, thermischer 268
Vorausberechenbarkeit 382

Wände, adiabatische 50
Wärme 25
–, spezifische 135
Wärmekapazität 48
Wärmeleitfähigkeit 135
Wärmeleitung 131
Wärmemenge 47
Wärmestrom 134
Wärmetod 28
Wahrscheinlichkeit 85, 89, 92
Wahrscheinlichkeitsdichte 85, 89
Wechselwirkung, nichtlineare 288
Weg zum Chaos 382, 419
Welle, elektromagnetische 151
Wetterkarte 329
Wettervorhersage 22, 263, 382, 441
Wirbel 325
Wirbelstraße 5
Wirkungsgrad, maximaler 64
Wolkenstraße 256, 279
Wolkenbildung 256

Zähigkeit, dynamische 269
Zeitpfeil 74
Zeitskala 228
Zeitumkehrinvarianz 84
Zentripetalkraft 319
Zerfallskonstante 161
Zirkulation, allgemeine 315
–, meridionale 322
Zustand, stationärer 36
–, zeitlich periodischer stationärer 393
Zustandsgleichung 46
Zustandsraum 207, 221
Zustandssumme 106
Zustandsvektor 381
Zustände, makroskopische 90
–, mikroskopische 90
zyklonisch 326

Albert Einsteins Relativitätstheorie

Die grundlegenden Arbeiten herausgegeben von Karl von Meyenn

1990. VI, 331 Seiten. (Facetten) Gebunden.
ISBN 3-528-06336-X

Der Name Einstein verbindet sich im wesentlichen mit der Entwicklung der Speziellen und der Allgemeinen Relativitätstheorie. Die vorliegende Auswahl von Einsteins Arbeiten zur Relativitäts- und Gravitationstheorie umspannt die Entwicklung dieses Gedankengebäudes bis etwa zu Einsteins Todesjahr 1955. In die Anthologie wurden solche Abhandlungen aufgenommen, die man im Hinblick auf die weitere Entwicklung der Physik als „grundlegend“ bezeichnen kann.

Der Herausgeber des Buches, der Physik-Historiker Karl von Meyenn, berichtet in seinem Vorwort über Umstände und Entstehungsgeschichte der ausgewählten Beiträge und führt so in den historischen Kontext ein. Das Vorwort wird durch ein umfangreiches Quellenverzeichnis sowie eine Chronologie zur Geschichte der Relativitätstheorie ergänzt. Es folgt – gedacht als Einleitung in die physikalische Thematik – der Beitrag „50 Jahre Relativitätstheorie“, den Hermann Weyl 1951 veröffentlichte.

Verlag Vieweg · Postfach 58 29 · D-6200 Wiesbaden

vieweg

GPSR Compliance

The European Union's (EU) General Product Safety Regulation (GPSR) is a set of rules that requires consumer products to be safe and our obligations to ensure this.

If you have any concerns about our products, you can contact us on ProductSafety@springernature.com

In case Publisher is established outside the EU, the EU authorized representative is:

Springer Nature Customer Service Center GmbH
Europaplatz 3
69115 Heidelberg, Germany

Batch number: 08566374

Printed by Printforce, the Netherlands